U0873115

高温结构陶瓷研究浅论

郭景坤 寇华敏 李 江 著

科 学 出 版 社

北 京

内 容 简 介

本书以先进结构陶瓷研究的思路为主题，重点针对陶瓷材料的脆性问题进行阐述。第 1 章介绍了中国陶瓷的发展历程；第 2~7 章则围绕陶瓷材料的脆性问题的缘由，寻求其缓解途径和介绍有效的改善材料性能的途径。第 8~10 章则介绍当前先进结构陶瓷的发展热点——纳米陶瓷、透明陶瓷和陶瓷材料的结构与功能一体化。

本书可供从事无机非金属材料研究的研究人员、教师、研究生和高年级本科生参阅。

图书在版编目(CIP)数据

高温结构陶瓷研究浅论/郭景坤，寇华敏，李江著. —北京：科学出版社，2011
ISBN 978-7-03-030734-7

Ⅰ. ①高… Ⅱ. ①郭… ②寇… ③李… Ⅲ. ①高温结构材料-陶瓷-研究 Ⅳ. TQ174

中国版本图书馆 CIP 数据核字(2011)第 059980 号

责任编辑：钱 俊／责任校对：李 影
责任印制：徐晓晨／封面设计：耕者设计工作室

科学出版社 出版
北京东黄城根北街 16 号
邮政编码：100717
http://www.sciencep.com
北京凌奇印刷有限责任公司印刷
科学出版社发行 各地新华书店经销
*
2011 年 5 月第 一 版 开本：B5(720 × 1000)
2025 年 8 月第六次印刷 印张：18 3/4
字数：365 000

定价：108.00元
(如有印装质量问题，我社负责调换)

前　言

中国陶瓷的发展历经万年，积累了珍贵而又富有实用价值的经验。我国科研人员从20世纪50年代开始涉足于先进陶瓷的研究。关于先进陶瓷的工艺与理论方面的专著和教学用书已经出版了不少，本书试图就先进结构陶瓷研究思路的形成和发展作浅近的阐述，以供对有兴趣于这方面研究的研究人员、教师、研究生和高年级本科生参阅，能以为是有所裨益足矣！

本书的第1章以很长的篇幅引用了中国古陶瓷研究的权威专家李家治教授关于中国古陶瓷发展的五个里程碑和三大技术成就的论点，循此思路来介绍中国陶瓷的发展历程及其辉煌的成就。作者们认为中国的陶瓷材料研究工作者应该了解一下我们的祖先长期积累的来之不易的丰硕财宝，我们有义务将之发扬光大！以下各章则是沿着陶瓷材料脆性问题的由来，试图能找到可以使之缓解从而可以改善陶瓷材料性能的途径，这是本书思路的主线。书中涉及的结构陶瓷材料的设计、制备工艺、烧结等问题都并不作系统的介绍，而是择主线所需作重点的阐述。纳米陶瓷、透明陶瓷和陶瓷材料结构与功能一体化是当前陶瓷材料研究的重要趋向，因而予以重点的描述。

本书尽可能收集最新的相关研究资料，特别是国内的最新研究成果予以报道。对李伟东教授、王士维教授、施剑林教授、黄莉萍教授、谭寿洪教授、阮美玲高级工程师和潘裕柏教授提供的珍贵资料谨表深切的谢意！

本书从发起、构思到落笔为时匆匆，定有疏漏及不妥之处，祈望读者不吝指点，但求非拾陈蹈故之嫌愿矣！

郭景坤　寇华敏　李　江

2010年6月

目　　录

第1章 概 述

1.1 先进结构陶瓷

材料是科学技术的先导与基础，也有人认为材料的发展是人类进步的里程碑。在20世纪60年代，更把材料、信息和能源作为当代人类文明的支柱；在70年代又把新型材料、信息材料和生物技术看作新技术革命的主要标志。这都反映出材料及其发展与整个人类文明和进步息息相关的联系。社会的需求是材料发展的源泉，新材料的出现又促进了整个社会的进步。因此，对材料的研究及其发展就一直受到人们的关注和青睐。

在远古时代人类可用的材料只是在自然界存在的天然材料，如石材、木材、竹材、草类、藤类、兽皮、兽骨和贝壳等。人类学会了用火，即人类有了获得高温的能力，这是人类进步的一个里程碑。人们的生活，需要和各种各样的容器和器皿打交道，在长期的生产和生活中人们发现：泥块被火烧过以后会变硬，有些泥土加入少量水以后可以被捏成各种形状，再在火上一烤，居然非常硬实。如把它捏成坛状或其他形状，经火烧过后，可以储物，还可以盛水而不漏。陶器的制作技术也就形成。在中国，这样的历史过程可以追溯到一万年以前。三千多年前，在我国发现有原始瓷的制作。金属材料的发明，丰富了人类生活的内涵。有机和高分子材料的出现，更是使人类的生活多彩缤纷。

随着科学技术的发展以及新型材料的出现，材料的分类也就越来越细。最初只是无机非金属材料即陶器，之后有金属材料，如铁器、铜器、锡器等。到近代，出现了人工合成的有机材料和高分子材料。复合材料在各个方面都体现出了其优越性，它独特的制备工艺，使其在材料领域中独树一帜。半导体材料成为新技术发展的引路者，它大都是无机物及其化合物，也有金属间化合物和有机化合物。半导体材料的发展促进了信息技术的高速前进，把信息材料单独立类也就很自然了。材料应用到生物和医学领域变得越来越广泛，因此，生物医用材料也就应运而生。能源从来就是人类文明的支柱，能源材料理所当然地受到人们的重视，作为单独立类也是无可争议的。随着工业化进程的迅速发展，环境和生态的保护也已成为迫在眉睫而急需解决的问题，相应材料的发展更是必须先行。材料从性能上来分类，有以力学性能和热学性能为主的结构材料；还有以其他性能如电、磁、光、声为主的功能材料。现在已提出结构与功能一体化的设想，实际上，结构材料与功能材料研究思路的相互融合是不可避免的。

有人比喻材料如同萝卜、青菜一大堆，这是非常确切的说法。萝卜尚且有白萝卜、胡萝卜以至“心里美”之分；青菜更是种类繁多，如白菜、菠菜、甚至观音菜等，难计其数。它们虽同属蔬菜类，但各有其味，这就是它们的共性与个性。材料的种类的多样性和复杂性正反映出材料与各门学科之间的密切关系。在自然科学的整个领域中，没有一个学科不对材料提出它们的特殊要求，这是造就材料个性的重要原因之一，也构成材料具有跨学科性质的必然趋势。没有相应新材料的发展，将阻碍其他学科的发展进程，因而材料的先导性是明显的。材料的发展需要其他学科的促进和诱导，但和其他学科又是相辅相成的，因为材料毕竟是基础。

先进结构陶瓷是材料领域中的一员，它脱胎于古老的传统陶瓷材料。所谓“先进”，最主要的是它采用的原料是人工合成的，而传统陶瓷则是采用天然的原料。在工艺技术上，先进陶瓷广采当前科学与工程的最新成就，在科学上，它不断创立自己的、特色的理论，解释和指导陶瓷材料在工艺、显微结构和性能之间的关系。在对材料，特别是新材料的工艺、显微结构和它的相应性能还不甚了解之前，必要的探索研究是必需的，而且是不可避免的。有人称这一过程为“炒菜”，这个比喻是非常形象化的。梨子不尝一口，焉知其为甜抑酸？因此，必须要“炒”！但是在你“炒”以前，也必须要作充分的思考，这样“炒”希望得到什么信息？其次是如何“炒”？“炒”了以后，必须细尝其味，为何会出现此味？再者，“炒菜”手法各有不一，各种调料味道迥异，加什么、加多少、如何加法，能没有讲究吗！“炒”是为了探索出其中的规律，这在科学技术研究中，特别是在材料研究中不失为一种有效的方法与思维，但绝不能到此为止，最终的目的是要通过各种途径和手段来知道它的“所以然”。常听说人工晶体的生长，某人去操作就生长得特别好，而旁人就不容易掌握好；陶瓷一般是不透明的，而某些陶瓷就可以烧成透明，但也不是很容易就可以把它烧到透明的。难道这其中不是有必然的道理吗？我们的任务就是要找到它的“必然”！常提倡一个科技工作者，不妨时时作些“胡思乱想”，假如在十项“胡思乱想”中有一项是合理的，说不定它将会发展成一项大发明！同时，也认为一个科技工作者也应有些“逆向思维”。为什么一定要想得和常规的一样呢？！不那样行不行？不那样会有什么后果？只要不会影响周边和相关的人、事与物。何妨试试！

1.2 中国陶瓷的发展历程

中国陶瓷的发展具有长达万年的历史，它的辉煌的成就是中华民族的骄傲，是对人类文明的重大贡献，是世界文化宝库中的重要组成部分。了解中国陶瓷的发展历程，知晓陶瓷工艺各个环节不断改进的缘由，作为一个陶瓷材料的研究者来说是必要的，对研究思路的形成具有极好的启发意义。李家治教授主编的《中国科学技术史陶瓷卷》[1]是了解中国陶瓷发展的最具权威的一本专著，它精辟地反映了历年来中外学者们对中国陶瓷科学技术内涵的探秘，展现了我国有关研究部门、高等学校、历代名瓷产区和考古部门的专家学者们对中国历代陶瓷所进行的系统研究和所积累的珍贵研究成果的精髓，而又以现代科学技术的观点加以剖析和阐释。根据它的论述，可以用五个里程碑来概括中国陶瓷的创造和成就的发展进程，以及用三大技术突破来总结它们的主要成就[1,2]。在本书中大段地引用了李家治教授的观点，借此介绍我国祖先在陶瓷研究上的思路及其发展，它是一个很好的借鉴。中国陶瓷技术的发展经历了上万年的历程，从完全的经验积累，到有意识的探索，最终步入科技发展规律的范畴，这样的范例是很了不起的，值得我们去深入地了解，从中可以找到有益的启发。

1.2.1 中国陶瓷科学技术史的五个里程碑

1. 第一个里程碑——新石器时代早期陶器的出现[1]

近年来，在河北省徐水县南庄头遗址发现，并经 C^{14} 测定的距今为 10800~9700 年的陶瓷碎片以及在江西省万年县仙人洞、广西壮族自治区桂林市甑皮岩和广东省英德县青塘等遗址发现的距今为 10000~7000 年的陶瓷碎片都是我国最早的属于新石器时代早期的陶器，也是世界上最早的陶器之一。这些陶器所用的原料都是就地取土，用盘(叠)筑或手捏成型的罐、钵之类的器物。它的烧成温度都在 700℃上下，估计是平地堆烧而成。距今 9300 ~ 7150 年的河南省新郑县裴李岗遗址中发现一座横穴窑。这一简单的陶窑的发现表明我国在当时已开始采用窑炉来烧制陶器，从而能使陶器的烧成温度提高到 800~900℃。到了新石器时代的中、晚期，大量出土的陶器表明，所用的原料虽然还是就地取土，但我国的先民们已经懂得选择那些易于成型、干燥收缩和烧成收缩都较小的易熔黏土作为制陶原料，其主要成分是 SiO_2，含量达 54% ~ 73%。这是因为其中含有较多的石英砂也有角闪石、白云石等，含有较多的 CaO 和 MgO。氧化铝含量则在 5% ~ 23%，由于含铁量较高，从 1.42%到 12.28%，而且都是在充分的氧气氛下烧成，温度只有 700℃上下，故烧成的陶器大多是灰红色；也会在黏土中加入一些碳化后的草木碎叶和谷类的碎壳、煅烧后的贝壳和各种砂粒而使陶器变成黑色。在黄河流域的仰韶文化中期、大汶口文化晚期时期的遗址中发现，在陶坯成型工艺中已出现模制法以及慢轮和快轮的陶轮成型方法。利用惯性转动的快轮即是现代陶瓷工业中所用的辘轳车的雏形。在烧成方面，开始出现竖穴窑，温度可达 850℃，由于对窑室和火道等的改进，使陶器的烧成温度可达 900~1000℃，吸水率在 5%~12%。

到了商代已有印纹硬陶和原始瓷器的出现。驰名的“秦砖汉瓦”和惊动世界的秦代兵马俑群更是陶瓷工艺与艺术融合的典范。图 1.1 是距今约一万年的上山遗址陶器，当时已可以把陶土捏制和烧成为有实用意义的陶器。图 1.2 是甑皮岩遗址第四期出土较为完整的一个敞口罐，距今 9000~8000 年，甑皮岩遗址位于广西桂林市区南面独山之西南麓，是目前中国发现人类居住时间跨度最长的新石器时代洞穴遗址[4]。

图 1.1　上山遗址的陶器，距今约一万年[3]

图 1.2　敞口罐，距今 9000~8000 年[4]

2. 第二个里程碑——新石器晚期印纹硬陶和商、周时期原始瓷的烧制[1]

所谓印纹陶是一种拍印成以四方连续纹样为主的、有规则的几何形图案的陶器。它所选用的原料仍是易熔黏土，一般烧成温度为 1000℃左右，为印纹软陶；而选用含 Fe_2O_3 较低的、较纯的黏土，烧成温度提高到 1100℃，则已是印纹硬陶了。印纹硬陶的强度和坚硬性大大地提高，而且印纹装饰罐距今 9000~8000 年，其发现地甑皮岩遗址位于广西桂林市区南面独山之西南麓，是目前中国发现人类居住时间跨度最长的新石器时代洞穴遗址[4]，这使印纹装饰罐成为极有观赏艺术价值的制品。从印纹硬陶发展到原始瓷，主要是在原料上发生了改变。从统计上看，各地印纹硬陶的化学组分比较分散，而原始瓷的则较为集中，在原始瓷中已较多地选用瓷石质原料。原始瓷的烧成温度也提高到 1100~1200℃。据研究的结果显示，新石器时代陶器的烧成温度平均为 880℃，印纹硬陶为 1090℃，而原始瓷的烧成温度为 1120℃，但较多的是在 1200℃以上烧成。烧成温度的提高主要应归功于我们祖先对陶窑的改进，如龙窑的发明，龙窑一般在窑两侧沿窑的长度方向等距离设置投燃料(木柴)孔，有相当长度的龙身，它的底部是向上倾斜的，极利于拔风，龙尾不设烟囱或设一个不高的烟囱。这样的窑炉设计构思不断地得到改进，为我国瓷器烧成的成功提供了实践的可能性。

在瓷坯的表面施以瓷釉，也是瓷器的主要特征。为了美观和不易渗水，采用比较细的黏土原料，在陶器的表面加涂一层涂层，即所谓陶衣。随其中含铁量的高低，可成为红色和白色。人们发现商代前后的泥釉黑陶的玻璃态含量还是很低，也发现用草木灰或与黏土的混合料作为涂层材料。约在 3500 年前的我国商代即出现原始瓷釉，这是世界上最早的高温釉，它的熔剂含量已达到 20%，CaO 含量达 10%左右，习称为高钙釉。图 1.3 是在河南郑州二里岗商城遗址出土的原始瓷尊，商早期(公元前十六~公元前十四世纪)的器物，它的造型和纹饰都已相当精美。

图 1.3 商早期(公元前十六~公元前十四世纪)原始瓷尊，在河南郑州二里岗商城遗址出土[3]

3. 第三个里程碑——汉、晋时期南方青釉瓷的诞生[1]

我国南方盛产瓷石，主要含有石英、绢云母以及少量长石和高岭石类矿物。瓷石在化学组成上属高硅(74%~79%)、低铝(13%～18%)，熔剂总量在 8%左右。它们的烧成温度在 1200~1300℃, 甚至更高。其中的铁(2%左右)和钛(低于 1%)的含量较高，瓷胎是白中带灰色，釉则呈青色。最典型的是东汉(公元 25～220 年)晚期浙江东北地区的越窑，它是一种石英-云母-高岭石系的高硅质瓷。它外观坚实致密，多数为白色或略带灰色调，断面有玻璃态光泽，薄层微透光，强度较高，气孔率和吸水率都非常小；在显微结构上则含有较多的玻璃态和一定量的莫来石晶体。这些都构成了瓷的应有特征——“素肌玉骨之象”。这使得我国成为世界上出现瓷器最早的国家。

中国龙窑的结构设计保证了窑内高温的获得。还有值得提出的是窑膛内的气氛，在窑膛内的某些部位富含较强的还原性，再加之使用瓷质匣钵，而且在匣钵口用釉料密封，保证了烧成过程中的稳定的还原气氛，明亮青色秘色瓷由此烧成。“千峰翠色”、“掠翠融青”来之不易！在五代、北宋时期兴起的龙泉窑青釉瓷由于原料的用料纯净，含铁、钛量较低，钙低钾高，烧成温度高和烧成的还原气氛得到较好的保持，故瓷胎色白致密，厚釉青翠光润如玉，驰名于世。在浙江中部地区的婺州青釉瓷始于东汉晚期，自唐朝以后发现带有月白和天青(浅蓝)色的调乳浊釉瓷器，被确证为分相釉。分相后的液滴尺寸能满足瑞利(Rayleigh)散射所要求的条件，这与后期的钧瓷的分相釉极为相似。图 1.4 是唐代四川邛崃窑青瓷釉分相结构的显微照片[5]。

图 1.4 青瓷釉分相结构的显微照片[5]

在唐、宋期间出现了广东新会窑青釉瓷，新会窑位于广东新会古井区崖东乡官冲村，故又名官冲窑。它采用的是广东沿海地区所产的高岭石质黏土，故属石英-长石-高岭石系的瓷质。在唐代我国南方也已出现低硅高铝质瓷，而不是我国北方所独有。图 1.5 是在江苏宜兴西晋墓出土的越窑青釉兽形樽，乃西晋永宁二年(公元 302 年)的制品。它的纹塑细腻、形象生动、寓意深刻，堪称珍品。

图 1.5 越窑青瓷兽形樽，西晋永宁二年(公元 302 年)，在江苏宜兴西晋墓出土，南京博物院藏[3]

4. 第四个里程碑——隋、唐时期北方白釉瓷的突破[1]

经过长年的经验积累，人们深知，原料的选取是瓷器质量优劣的重要决定因素。但原料还是就地取材的，因此，建窑的选址当然也在原料产地的附近。人们一直期望着能烧制出白色的釉瓷，虽然曾用加施化妆土以改善其白度，但终非根治之举。在我国北方黄河两岸，特别是河南、河北等地盛产富含高岭石的二次沉积黏土，它们的氧化铝含量高，二氧化硅含量低，而且铁、钛含量亦较低。在北齐末年至隋代初期，即出现有北方白釉瓷，它与南方的青釉瓷不同，是属石英-长石-高岭石系的瓷质，在瓷胎的显微结构中可以看到明显的高岭石的痕迹。我国是在世界上最早使用高岭土制造硬质瓷的国家，这种瓷质的组成已经非常接近于现代瓷。瓷釉中富含 $Na_2O(K_2O)$，说明在瓷釉的配方中已含有长石的成分，是一种碱钙釉。窑炉的结构有很大的改进，是一种大燃烧室、小窑室，而且是双烟囱的结构，是一种小型的半倒焰馒头窑。瓷的烧成温度已达 1300℃，甚至可以到 1380℃。再加上在窑具设计上的改进和各种组合装烧的方法，综合以上各个因素，就烧制出如银、似雪的白釉瓷。它的代表作出自河南临城、内邱的邢窑、黄河南岸巩县的巩窑和河北曲阳县的定窑。图 1.6 是中国最早的白瓷的胎和釉之间的显微照片，在晶界相中出现了钙长石的反应层[6]。图 1.7 是白釉龙炳鸡首壶，隋大业四年(公元 608 年)陕西西安李静训墓出土，中国国家博物馆藏。它造型特异、栩栩如生、构思深邃、瓷艺精湛。陶瓷的工艺和艺术的融合表现得淋漓尽致，令人赞叹不已！

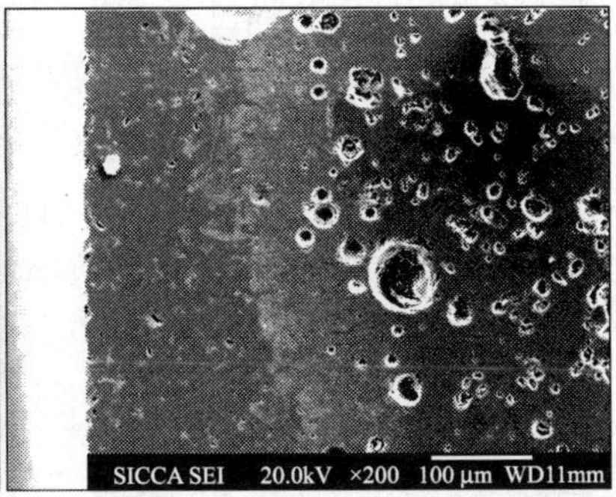

图 1.6 巩义白河窑北魏白瓷断面显微结构(中国最早的白瓷)，在胎和釉的交界区域形成钙长石析晶反应层[6]

5. 第五个里程碑——宋代到清代颜色釉瓷、彩绘瓷和雕塑陶瓷的辉煌成就[1]

宋代(公元 960 年)以后，直到清代，我国陶瓷工艺和艺术发展已经达到炉火纯青的境地。宋代汝、官、哥、钧、定的五大名窑既有各自的特色，又有相继相承之共性。

图 1.7　隋大业四年(公元 608 年)的白釉龙炳鸡首壶，陕西西安李静训墓出土[3]

汝窑青釉瓷造型精湛，常有刻花纹样装饰，线条流畅、开片密细、釉色莹润。后为宫廷赏识，设置官窑，专为宫廷烧制御用青釉瓷。它的淡青色的细纹片釉和满釉烧支更为日后的技术发展开创了先河，北宋的官汝窑和官钧窑以及南宋的修内司官窑和郊坛官窑均为传世之作。

在图 1.8 和图 1.9 中可以看到在钙釉的显微结构研究中发现的伴随着料熔融以及钙长石晶体的熔析平衡过程，晶从缝隙或晶体周缘的玻璃熔体中同时发生着液-液分相和混溶之间的动态平衡过程。析晶-分相伴生结构是中国古代温钙釉中最重要的一个共性结构特征[6,7]。

在哥窑的瓷胎中 Al_2O_3 和 TiO_2 的含量高以及在釉中 K_2O 和 Na_2O 含量高为传世哥窑的特征。在传世哥窑的显微结构中可观察到较多的钙长石晶体，其周围还聚集有众多的小尺寸散射颗粒和小气泡，呈现釉层的乳浊状态。由于在瓷胎和釉中的化学组分不同，造成大的热膨胀系数的差异，在瓷件冷却时就产生很多不规则的裂纹。这种工艺制作中发生的缺陷，却造就意料不到的艺术效果，俗称开片。烧成后再经过陶工们的巧妙的染色，显现出“金丝铁线”或“金丝银线”的艺术效果。在烧制过程中采用刮釉露足的垫烧工艺，使瓷件的底足成为黑褐色，在口沿薄釉处显出灰褐色，而被称之为“紫口铁足”。同时沿袭了汝窑的经素烧后多次施釉的工艺，烧制出薄胎厚釉的制品，增强了它的玉质感。曾有“油(釉)色莹彻，为世所珍”、“澄泥为范，极其精致”之赞词。图 1.10 是宋代哥窑鱼耳炉的照片。

1996 年在杭州凤凰山麓万松岭下修内司营附近发现了老虎洞窑窑址。在对找到的众多出土瓷片的瓷胎和釉进行化学组成和显微结构的分析、观察以及多方的论证后，可以基本认为杭州凤凰山下的老虎洞是传世哥窑的窑址，哥窑瓷烧制时间大致范围为元代。当然，还是需要更多的出土证据予以确认[9]。

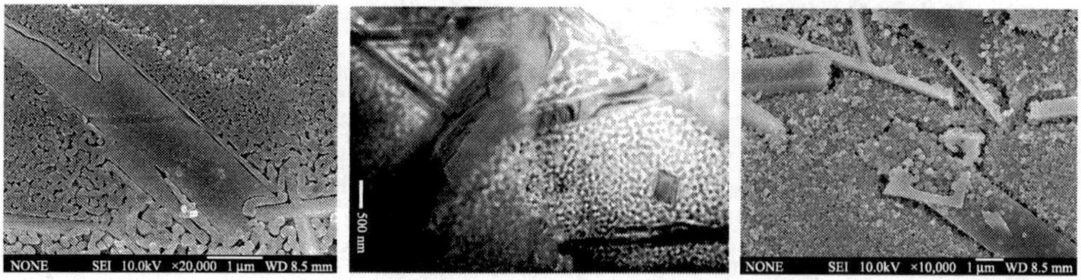

图 1.8　汝官窑青瓷釉的析晶-分相伴生结构[6]

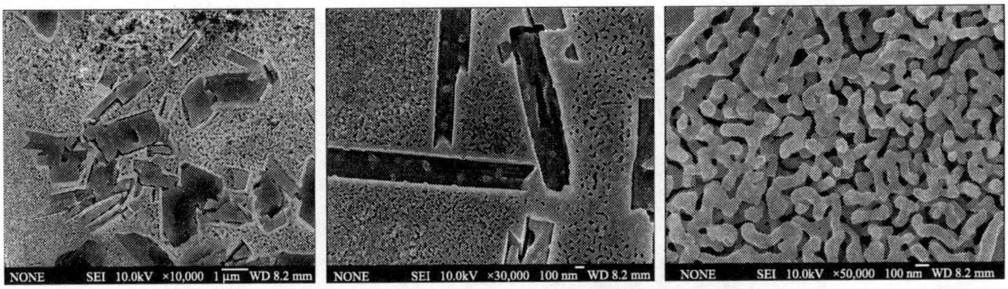

图 1.9 青瓷釉的析晶-分相伴生结构[7]

图 1.10 宋代哥窑鱼耳炉，高 9cm，口径 11.8cm，足径 9.6 cm，故宫博物院藏[8]

钧釉瓷中出现的鲜明的天蓝色的乳光，是由于釉中两种互不混溶的玻璃分相所产生，分相小滴是投射白光散射的结果。以铜及其氧化物着色的紫红釉是中国古瓷最早出现红釉的创举。高分辨电镜对钧红釉的观察证实釉中红色区有完整的立方赤铜矿微晶析出；此外，在某些钧瓷釉中也观察到完整的金属铜微粒，这都是构成钧红釉呈色的原因。窑炉中气氛的氧化与还原程度对瓷的呈色是大有讲究的。在当时是不可能控制窑内气氛的均匀程度的，但是日久所积累的经验，使烧窑师们能判断出某处窑位是最有利于对瓷件呈色的。图 1.11 是宋代钧窑鼓钉三足洗[10]。

福建建阳的建窑黑釉瓷，多制作茶具，故常称之为建盏。图 1.12 是宋代建窑兔毫盏。在建盏中钙长石晶束的形成，以及液相分离后形成的氧化铁微晶，构成千变万化的花纹与兔毫纹。

图 1.11　宋代钧窑鼓钉三足洗，高 9.2cm，口径 24.3 cm，足距 16 cm[10]

图 1.12　宋代建窑兔毫盏，高 5.8cm，口径 11.4 cm，足径 3.7 cm，故宫博物院藏[11]

图 1.13 和图 1.14 是建盏兔毫纹形成的两种机理的显微照片。福建建窑兔毫釉的显微结构有两种形成机理：① 釉层中液相分离→氧化铁在釉表面定向析晶，并在釉

层中析晶；② 釉层中钙长石析晶→晶间液相分离→氧化铁在釉面及釉层中析晶[12]。驰名中外的建盏，以白兔毫黑釉至为珍贵，是一种高硅高钾和低铝质釉。黑胎中的高含铁量表明烧成时的重还原气氛。鹧鸪斑则是一白色的钙－碱釉点上而成，金黄色斑则是含铁量较高而含钾量稍低的釉，高温时易流散，周界易扩散。最为稀世的是油滴建盏，釉的配方与众不同，低铁、低铝、高硅是其特点。

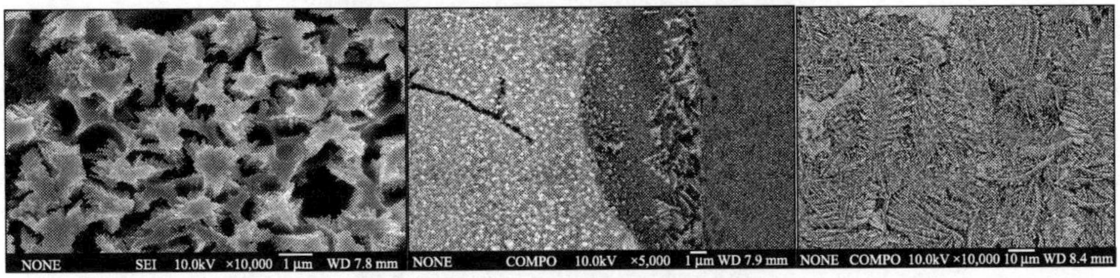

图 1.13　兔毫釉显微结构形成机理 1：分相-析晶[12]

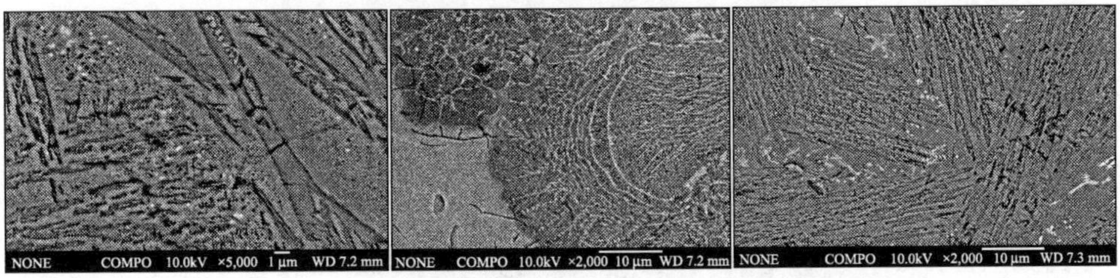

图 1.14　兔毫釉显微结构形成机理 2：析晶-分相-析晶[12]

从五代开始烧制瓷器的江西景德镇集全国各地瓷窑之所长，目前已成为中国瓷都。在元代即开始烧制以 CoO 着色的釉下彩青花瓷和以 CuO 着色的釉下彩釉里红，以及两者相结合的青花釉里红，开创了高温釉下彩的先例。明代中期结合釉下青花和釉上彩的斗彩到清代的以低温釉上彩绘画的五彩瓷，均堪称传世杰作。特别应提到的是当时对窑炉气氛的掌握，已有相当的经验积累。以 CuO 为着色料的铜红釉，闻名的有霁红、郎窑红、豇豆红。气氛中的还原程度的不同造成 Cu^{2+}、Cu^{+}和 Cu^{0} 的比例不一，则会产生不同程度的暗红、黑红、绿和蓝色；含氧化铁的着色可呈现青、黄、绿、褐、黑色。图 1.15 是明宣德霁红釉僧帽壶。江苏宜兴地区蕴藏着丰富的紫砂土，且当地又以产茶闻名，逐步形成专攻紫砂茗壶的特色，它集制陶工艺、雕塑、金石、绘画、书法和诗词于一体，构成天下无双的陶器工艺美术品。

经过数千年的经验积累以及不断的技术探讨和改进，再加上现代科学技术的认识和先进的工艺装备，当代的瓷器制作，可以说是已达到炉火纯青的境地。图 1.16 是中国工艺美术大师秦锡麟教授的作品——《雁荡飞鹭》青花釉里红瓷瓶，在高超的陶瓷工艺中凝聚了古老东方艺术的神韵，而又表现出当代的美学雅趣；个性化的独特创造，融汇古今，体现了弘扬与发展中国古代陶瓷工艺和艺术的典范。

图 1.15　明宣德霁红釉僧帽壶，通高 19.5cm，通流长 19.5 cm，足径 7.5 cm[13]

图 1.16　中国工艺美术大师秦锡麟教授的杰作《雁荡飞鹭》[14]

图 1.17 是中国工艺美术大师张育贤先生的作品——《白菜与蜗牛》，它饱含着万物的生机，白菜的叶脉纹理清晰，色泽温润逼真，蜗牛长长的触角，背负着沉重的躯壳，似乎在蠕动着，欣赏此件作品，使人不由得联想到悠悠然的乡村田园风光而忘却都市的喧闹。能想象这是一件白瓷的制件吗！工艺与艺术得到完美的融合，不失为传世之作[15]。

图 1.17　中国工艺美术大师张育贤先生的杰作[14]

1.2.2　中国陶瓷三大技术的突破

1. 高铝质黏土和瓷土在陶瓷中的应用

陶瓷的制作首先是原料。传统陶瓷所用的原料都是就地取材。早期的陶器都是用一般的泥土，夹杂有很多砂粒，不易成型，烧成后的陶器表面粗糙；之后的原料则选用易熔黏土，或经淘洗。我国幅员辽阔，就地取材成分各异，大致可分为我国北方和

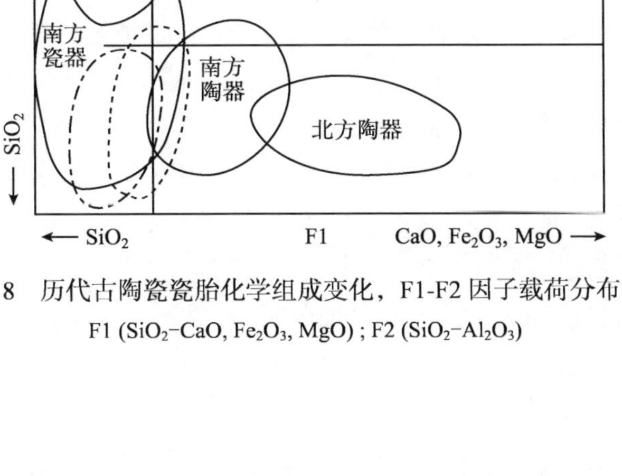

图 1.18　历代古陶瓷瓷胎化学组成变化，F1-F2 因子载荷分布简图

F1 (SiO_2–CaO, Fe_2O_3, MgO)；F2 (SiO_2–Al_2O_3)

南方用料的差异。在我国南方主要是石英–云母–高岭土系的高硅质瓷，而在北方则是属石英–长石–高岭土系的瓷质，但有一共同之点就是都含有高岭土的成分，这是成瓷的主要物质之一。我国始用高岭土作为瓷器的一种原料应是在北齐后期(公元六世纪末)。高岭土的应用是我国陶瓷技术的重大突破，我国也成为在世界上第一个在瓷器中使用高岭土的国家。 图 1.18 和图 1.19 分别是我国历代陶瓷瓷胎化学组分变化的 F1(SiO_2–CaO, Fe_2O_3, MgO) / F2(SiO_2–Al_2O_3) 以及 F1 / F3 (Fe_2O_3–CaO)因子载荷图[15]。从图中可以看到陶器经印纹硬陶、原始瓷而发展成瓷器，胎中的 SiO_2 含量逐渐增多，作为助熔剂的 CaO、Fe_2O_3、MgO 则逐渐减少；在北方地区，明显地显示出 Al_2O_3 含量增高的倾向，这是应用了高岭土作为原料所致。

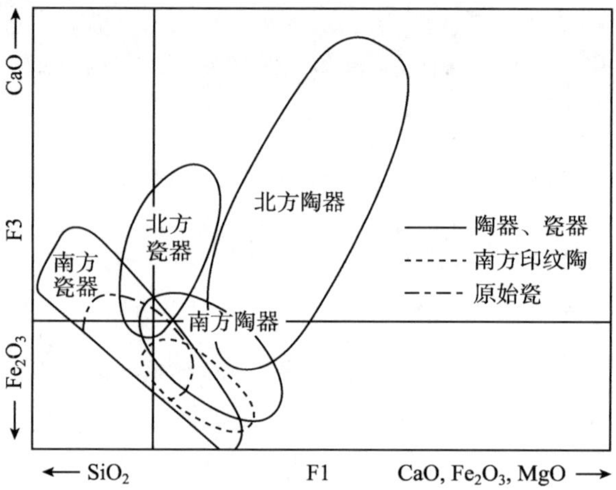

图 1.19　历代古陶瓷瓷胎化学组成变化，F1-F3 因子载荷分布简图

F1 (SiO_2–CaO, Fe_2O_3, MgO) ; F3 (Fe_2O_3–CaO)

2. 高温烧成

悠久的陶瓷烧成经验逐步积累，从无窑烧成到有窑烧成，随着窑炉设计的不断改进，烧成温度从 700º C 逐渐飙升至 1300º C, 最高达 1380℃，这正是瓷器烧成的最佳温度。人类文明的标志之一是人们对高温获得的程度。瓷器的高温烧成是我国陶瓷技术突破的一大成就。高温技术的掌握及原料的成功选择，促成了以印纹陶为代表的硬陶制品的出现；同时又为釉和原始瓷的形成创造了条件。高温的获得与窑炉的设计息息相关。最值得一提的是龙窑的设计，它巧妙地利用了山的坡度，窑室沿山而筑，极利于抽风，高高翘起的龙尾，恰是拔火的烟囱。图 1.20 是 1984 年在浙江上虞百官镇附近所发掘出的商代烧制印纹陶的窑群平、剖面图，其中 Y2 号窑保存得最好。这种合乎科学原理的设计，正是高温获得的原因所在，真可谓“巧夺天工”，“龙之缘”也！

燃料则选用含有大量松脂的松枝。各种有利的因素集于一体，高温自然就会产生，令人拭目以待，一睹瓷器珍品之芳姿，当惊叹神火之奥妙！

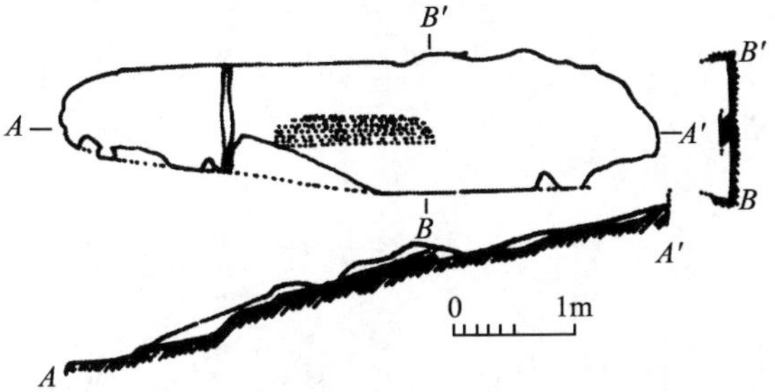

图 1.20 在浙江上虞百官镇发现的 Y2 号商代烧制印纹陶的龙窑的平、剖面图

3. 釉的发明

从陶器到瓷器，除胎质烧结程度的差异外，很主要的一点是表面施釉技术的成熟。釉的发明使瓷器具有外观光洁、平滑、不透气、不吸水、色彩鲜艳、艺术效果突出等特点。它使瓷器从日常器皿一跃而成为实用与艺术鉴赏兼具的制品。

从新石器时代到公元前 1600 年的商代所出现的彩陶上的陶衣和泥黑陶，由于在组成上缺少助熔剂，也未曾达到应有的高温，因此虽然具有釉的形式，但没有达到釉的效果。商代以后，由于采用了石灰石和草木灰，增加了 Ca 的含量，同时也降低了釉的熔融温度，使当时可以达到的 1200℃的温度就足以形成合格的釉层。从釉的显微结构中可以看到有釉、分相釉、析晶釉和析晶-分相伴生釉(分别见图 1.4、图 1.6 和图 1.9)之分，按照釉的化学成分可分为钙系釉和铁系釉。在钙系釉中又以 RO(CaO 和 MgO)和 R_2O(K_2O 和 Na_2O)含量的多寡来分成钙釉→钙碱釉→碱钙釉。以 b 为 RO 在碱性氧化物(R_2O + RO)的物质的量为 1 时的系数，罗宏杰的实验统计结果认为[15]钙釉、钙碱釉和碱钙釉的划分是：

钙釉 $b \geqslant 0.76$

钙碱釉 $0.76 > b \geqslant 0.5$

碱钙釉 $b < 0.5$

也就是当碱金属氧化物的含量超过 50%时，釉的黏度较低，流动性好，光滑度也高，大大地增加了瓷器的美感。汉代时期我国南方的青釉瓷和隋唐后在北方出现的白釉瓷，已经表现出很高的技艺。富铁的黑釉瓷晶莹滋润，漆黑光亮。到了宋代，各式釉种的出现更是表现出我国制瓷工艺达到了炉火纯青的阶段。越窑青釉瓷的“千峰翠色”被誉为“秘色瓷”，“类银”、“似雪”的白釉瓷，驰名的“唐三彩”，令人赞赏不已的建盏兔毫和鹧鸪斑，难觅的“霁红”釉，釉里红釉下彩所呈现宝石红色的纹饰，将釉里红与青花两种釉下彩的相互搭配而构成的青花釉里红更是含蕴诱人，以及前文所提到的具有不互溶液相的分相结构和纳米液滴所呈现的乳光，缤纷的釉下彩和釉上彩，等等。

流传万年的我国陶瓷工艺与艺术，充分体现了华夏文化的深厚底蕴，是中华民族值得自豪和继续奋进的动力！

1.3　中国陶瓷对世界的影响

中国陶瓷发展的万年历程，是华夏文明的特征之一。中国的瓷器通过陆上的丝绸之路和海上的丝绸之路大量地流传到西方。从英文单词 china 我们可以想象当年中国陶瓷对世界的影响。China 既是中国的国名，又可译为“瓷器”(china)。对于其中的原因比较常见的有两种解释。一种说法是 18 世纪以前中国的昌南镇(景德镇旧称昌南镇)出产的瓷器十分精美。当这样的瓷器通过丝绸之路最终到达欧洲时，受到欧洲各国人民的喜爱。这样，欧洲人就根据“昌南”的发音 china，作为瓷器和生产瓷器的中国的名称。另一种说法是据《英汉词海字典》(*English-Chinese Word Ocean Dictionary*)的解释，china 作为瓷器的英文名称是源于波斯语 chini，其含义是“中国的，中国人”。波斯当时是丝绸之路的终点站，波斯当地人把中国人制作的瓷器称为 chini，欧洲人当时获得中国的瓷器都是经由波斯，他们也跟着波斯人称瓷器为 chini，只是产生了元音音变，由 chini 变成 china。但不管是何种解释，“china”既是中国国名又是瓷器是无疑的[16]。由于中国人在世界上“瓷垄断”近千年之久，陶瓷成了最无争议的中国元素之一，是华夏文化的一个重要特征。

1.4　用现代的科学技术研究古陶瓷

古陶瓷的断源、断代，不仅对考古有非常重要意义，而且古陶瓷的工艺及其发展深蕴着先人们的智慧和有着丰富的科学内涵，这是弘扬中华文化的最直接的见证，用现代的科学技术来研究和澄清古陶瓷科学技术的发展历程，为古代陶瓷的物理化学基础和形成机理研究以及科学保护工作提供科学依据，无疑是当代陶瓷科学研究者的责任之一。

首先，古代陶瓷是以硅酸盐矿物为原料烧结而成的。古陶瓷的化学组成，包括它的胎和釉取决于古陶瓷制作时所用的原料，一般总是就地取材。因此，不同地域的原料化学组分的变异和古陶瓷的发展过程有着密切的关系。我国在大半个世纪对中国古陶瓷的研究中，积累了大量的各著名窑址制品的胎和釉的化学组成的数据以及它们的变迁规律，包括它们的微量元素的含量与分布。按地球化学理论，岩石和矿物总是带着产地的某些特征信息，如微量元素含量、同位素比值等，这是由形成岩石和矿物的条件所决定的，如同人的指纹一样，后天无法伪造。古陶瓷原料在加工和烧结成陶瓷的过程中，经过物理和化学等变化，原料的部分信息仍然保留在古陶瓷中，形成了自然科学和人文科学工作者都认同的微量元素含量等“指纹”信息。由于古陶瓷中的微量元素种类和含量不随年代变迁而变化，所以用微量元素含量来分析古陶瓷的产地具有重复性和权威性。

现代化学组成的分析技术完全有能力准确地获得以上的数据，包括无损的能量色散 X 射线荧光分析(EDXRF) 、质子激发 X 射线荧光分析(PIXE)和有损的波长色散 X 射线荧光分析(WDXRF)、等离子光谱(ICP-AES)、中子活化分析(NAA)等，再用 SPSS(Statistics Package for Social Science)软件包来分析、拟合。目前最有效的是用多元统计分析，它通过聚类分析、因子分析、对应分析和判别分析，对试样进行分类，从它们的聚类特征来了解它们的配方特征；从样品的因子载荷分布图来了解它们的化学组成变量之间的关系，进而可以了解陶瓷形成的物理化学内涵(图 1.18 和图 1.19)。对其变量进行分析可以得出它的产地的依据[15]。

用碳 14(^{14}C)法或热释光(TL)法可以测出陶瓷样品的烧制年代。对古陶瓷样品的热膨胀性能的测定可以准确地得出它们的烧成温度。在样品的热膨胀测定中，当温度到达样品的烧成温度时，热膨胀曲线会出现拐点，从而可精确地给出该试样的烧成温度。陶瓷烧成温度的确定，是陶瓷工艺发展的明显佐证，也是人类文明进步的一个标志。

对古陶瓷的显微结构的研究，给出了古陶瓷奇妙的外观显示的真谛；对古陶瓷烧成气氛影响的研究，揭示了胎和釉显色的物理和化学依据。

目前，在我国的古陶瓷数据库中存有近万种中国古陶瓷胎和釉的化学成分汇总数据。这些数据固然可以作为对古陶瓷断源、断代的一种参照依据，但还是需要更多的旁证数据才能最终断定。当然，中国数据库的内容还需要大大地加以充实和完善，这也是中华文化的一种财富积累。

现代科学和技术的成就为古陶瓷的研究提供了必要的手段，要完全揭开万年古陶瓷之秘，来日虽方长，但这毕竟是历史的存在，终有“止境”之时！而且研究历史，不仅是“弘扬”，更重要的是“励今”！

1.5　中国先进陶瓷的研究

1.5.1　中国先进陶瓷研究概况

现代陶瓷或称先进陶瓷，是从传统陶瓷技术脱胎而来的。它沿用了传统陶瓷的工艺思路，它和传统陶瓷的主要区别在于所用原料的差异，前者是采用人工合成的原料，而后者则是采用天然原料。先进陶瓷博取其他先进科学技术的成就，对陶瓷的工艺、理论、显微结构与性能之间的关系作系统的科学研究，自成学科。它作为材料科学的一员，既具有材料问题的共性，也有其独特的个性。现代的先进陶瓷与古陶瓷的关系，是继承与发展、弘扬与励今、仿古与制精、融合与创新。

从 20 世纪 50 年代起， 我国即开始先进陶瓷的研究。最先研究的是氧化铝陶瓷，亦即微晶刚玉陶瓷。由于使用的是钢质的球磨桶对氧化铝粉进行粉碎、球磨，必然混入较多的铁质，必须要用大量盐酸来进行处理，予以去除。这一工艺工作量大，既要用大量盐酸，又极其耗时。 谢瑞宝和王佩琴提出：将氧化铝泥浆在钢球磨桶中球磨后，不再对氧化铝陶瓷泥浆进行酸处理。在这种泥浆中含铁可高达 5%，名之曰“金属陶瓷”。采用泥浆浇注法成型，烧成后的样品呈褐黑色，具有较好的耐磨性能，适于作耐磨材料和切削刀具使用。

20 世纪 50 年代末期，针对我国丰富的稀土矿物资源，开展了稀土氧化物-BeO、ZrO_2、TiO_2 等高温氧化物的二元相图研究，在稀土氧化物-BeO 系统研究中给出了 6 个二元系统的相关系；稀土氧化物-ZrO_2 系统研究中，给出了 7 个二元相图在 2000℃以上的高温相图；在氧化物-TiO_2 系统相图研究中，给出了 5 个二元系统的相关系，提出了 3 个二元系统的陶瓷相图[17-19]。50 年代末，研究稳定氧化锆陶瓷材料，也进行过氧化铍陶瓷研究。为了我国核工业需要，研究了氧化钙陶瓷和氧化镁陶瓷[20]。1959 年 Coble[21] 研究成功半透明氧化铝陶瓷。60 年代初，我国才开始这方面研究。1969 年，用半透明氧化铝陶瓷材料作为灯管，制成的高压钠灯点亮在我国北京和上海的街头。1965 年我国开始研究氮化硅结合碳化硅陶瓷，也曾用化学蒸汽沉积(CVD)法，研究 BN 的合成。70 年代初开始从事改善陶瓷材料脆性问题的研究，研究成功的碳纤维补强石英复合材料，具有很高的强度和断裂功，被成功地应用在我国空间技术上。70 年代末期，我国从事氮化硅陶瓷和碳化硅陶瓷的研究，研究成果分别被推广到浙江奉贤密封件厂和浙江嘉善的工厂进行生产，这是我国较早地将先进陶瓷材料进行投产的项目之一。

20 世纪 70 年代后期，我国在原先从事氧化物相图研究的基础上，为了配合氮化物陶瓷材料研究的需要，开展了氮化物相图及其相关联的研究。所选择的对象是 M-Si-Al-O-N 系统，先后发现了 76 个共存区和多个新化合物[22-29]；对 α-Sialon ($M_xSi_{12-(m+n)}Al_{m+n}O_nN_{16-n}$, M = Ca, Mg, Y 等元素)、β-Sialon ($Si_{6-z}Al_zO_zN_{8-z}$) 和 O-Sialon ($Si_{2-x}Al_xO_{1-x}N_{2-x}$) 的结晶化学与性能及其它们之间相平衡的关系作了较全面的研究，全面测定了 Si_3N_4-AlN-YN-Y_2O_3-Al_2O_3 系统的亚相关系[30-34]。

1975年Garvie等[35] 提出了氧化锆相变增韧的设想后，在我国也掀起了这方面研究的热潮。70年代后期，我国即关注陶瓷发动机材料的研究。用热压氮化硅陶瓷研制成功转子发动机中的气缸刮片，在转子发动机中应用，通过了 600 h 的台架试验和 30000 km 的道路试验[36]。在中国“六·五”国家科技攻关计划期间，已开始针对陶瓷发动机材料作较全面的研究。此外，对纳米陶瓷、陶瓷材料的胶态成型、陶瓷材料的低温烧结、层状陶瓷复合材料、SiC基复合材料、超高温陶瓷材料、碳纳米管 / 陶瓷复合材料、透明陶瓷、大尺寸轻量化SiC陶瓷光学部件等均进行研究。氧化铝陶瓷、氮化硅陶瓷、碳化硅陶瓷、氧化锆陶瓷(包括光纤连接器)、高压钠灯和金卤灯用半透明氧化铝陶瓷管等均已有批量生产。

1.5.2 先进陶瓷的分类

先进陶瓷分成两大类——结构陶瓷与功能陶瓷。在本书中，仅就先进结构陶瓷方面研究思路的发展予以阐述，而不作陶瓷工艺和理论上的介绍，因为它们可以在很多的专业书籍中找到，无须在此赘述。

随着无机新材料的发展，从化学组成上而言，陶瓷材料已经不局限于传统的硅酸盐类物质，还包括含氧酸盐、氧化物、氮化物、碳化物、硼化物、氟化物、硫系化合物、硅、锗、Ⅲ-Ⅴ族化合物及Ⅱ-Ⅵ族化合物等。随着陶瓷材料的外延不断得到拓展，这一学科在国家建设中也日益凸显了其不可替代的战略地位，在科学技术、工业、军事技术和生物医学等领域都发挥着重要的作用。在本书中，我们关注的就是先进陶瓷材料，与传统的陶瓷不同，为了取得优异的材料性能，先进陶瓷材料在制备上普遍要求原料具有较高的纯度，同时精确控制材料的化学组成、添加物的数量和分布以及材料的显微结构。下面，我们将简要介绍目前陶瓷材料的分类。

从材料的用途上来分类，我们通常把先进陶瓷材料分为结构陶瓷和功能陶瓷两大类。结构陶瓷是指用于各种结构部件，主要发挥其力学、热学等功能的高性能陶瓷，因此又可称之为高温结构陶瓷。功能陶瓷是指那些可利用电、磁、声、光等功能性质或其耦合效应以实现某种使用功能的先进陶瓷，也称之为电子陶瓷。然而，随着社会的不断进步，人们对材料的使用要求日益提高，功能陶瓷也需要承担一定载荷，并很可能需要具有一定的强度要求和在耐外界冲击等苛刻环境下使用，于是提出沿用结构陶瓷中的强化与增韧机理以改进功能陶瓷的力学性能。另外，通过在结构陶瓷当中添加功能性组分，也逐渐开发了它的光、电、磁等方面的应用。此外，利用日益完善的陶瓷制备技术，通过精确控制结构陶瓷制备过程，发现某些结构陶瓷本身就是很好的功能材料，因此便衍生了结构功能一体化的概念，这也是当前陶瓷材料发展的重要方向之一。

从化学组成上来分类，先进结构陶瓷主要有以下几种：① 氧化物陶瓷（Al_2O_3、ZrO_2、MgO、CaO、BeO、TiO_2、ThO_2、UO_2等）；② 氮化物陶瓷（Si_3N_4、SiAlON、AlN、BN、TiN）；③ 碳化物陶瓷（SiC、B_4C、ZrC、TiC、WC、TaC、NbC、Cr_3C_2等）；④ 硼化物陶瓷（ZrB、TiB_2、HfB_2、LaB_2等）；⑤ 其他结构陶瓷（莫来石陶瓷、$MoSi_2$、硫化物以及复合陶瓷等）。

从相别来分类可以分成单相陶瓷和多相陶瓷。在复相陶瓷中则有纤维（或晶须）补强陶瓷基复合材料、第二相颗粒弥散复相陶瓷、金属-陶瓷、高分子-陶瓷以至多相陶瓷。

陶瓷材料的分类方法还有很多，比如，按照晶粒尺寸的大小可以分为传统意义上的微米陶瓷以及目前的研究热点纳米陶瓷。

关于这些问题我们将在接下来的章节中具体阐述。

参 考 文 献

[1] 李家治. 中国科学技术史陶瓷卷[M]. 北京：科学出版社，1998.

[2] 严东生,张福康.中国古代陶瓷科学和技术的发展过程. 中国古陶瓷研究 [C]. 北京:科学出版社，1987: 1–13.

[3] 国家文物局. 奇迹天工–中国古代发明创造文物展[M]. 北京:文物出版社，2008.

[4] 中国社会科学院考古研究所等编. 桂林甑皮岩 [M]. 北京: 文物出版社，2003.

[5] Li W D, Li J Z, Wu J, et al. Study on the phase-separated opaque glaze in ancient China from Qionglai Kiln [J]. Ceram. Int., 2003, 29: 933–937.

[6] Li W D, Li J Z, Ceng Z Q, et al. Study on Ru ware glaze of the Northern Song dynasty: One of the earliest crystalline-phase separated glazes in ancient China [J]. Ceram. Int., 2005, 31: 487–494.

[7] 李伟东，李家治，邓泽群，等. 杭州凤凰山麓老虎洞出土瓷片的显微结构 [J]. 建筑材料学报，2004，7(3)：245–251.

[8] 故宫博物院，吕成龙. 故宫藏传世瓷器真赝对比，历代古窑址标本图录 [M]. 北京:紫禁城出版社, 1998: 36.

[9] 李家治. 简论官哥二窑，科技研究为官、哥等窑时空定位[M]. 北京:科学出版社，2007.

[10] 同[8]: p. 64.

[11] 同[8]: p. 222.

[12] Li W D, Luo H J, Li J Z, et al. Studies on the microstructure of the black-glazed bowl sherds excavated from the Jian Kiln Site [J]. Ceram. Int., 2008, 34: 1473–1480.

[13] 同[8]: p.122.

[14] 百度网. 中国工艺美术大师作品，2008.

[15] 罗宏杰.中国古陶瓷与多元统计分析[M]. 北京:轻工业出版社，1997.

[16] 童琳玲，沈惠娟. 从几个陶瓷术语的英译名看中国陶瓷对界的影响[J]. 中国陶瓷，2009, 45(2): 37, 38.

[17] 严东生，郭祝崑，韩文龙，等. 稀土氧化物-氧化铍系统的相平衡研究[J].硅酸盐学报，1981, 9(2): 191–196.

[18] 黄振坤，林祖纕，严东生. R_2O_3(R:La、Nd、Gd、Ho、Yb)-TiO_2系统相关系和结晶化学规律性的

研究 Ⅰ.R_2O_3(R:La、Nd、Gd、Ho、Yb、)-TiO_2 系统的相平衡关系[J]. 硅酸盐学报，1979, 7(1): 1–10.

[19] 林祖鑲，田顺宝，俞慧君. Lr_2O_3-zrO_2 系统的相平衡与结晶化学[J]. 稀土，1983, 2: 1–8.

[20] 唐永康，徐明智，张世经，等. 超纯氧化钙坩埚制造工艺的研究 [R]. 科学技术报告. 北京：中华人民共和国科学技术委员会，1965.

[21] Coble R L. Sintering alumina: Effect of atmospheres [J]. J. Amer. Ceram. Soc., 1962, 45(3): 123–127.

[22] Huang Z K, Tien T Y, Ten T S. Subsolidus phase relationships in Si_3N_4-AlN-rare-earth oxide systems [J]. J. Am. Ceram. Soc., 1986, 69(10): c241, c242.

[23] Sun W Y, Yen T S. Phase relationships in the system Ca-Al-O-N [J]. Mater. Lett., 1989, 8(5): 150–152.

[24] Sun W Y, Huang Z K, Tien T Y, et al. Phase relationships in the system Y-A1-O-N [J]. Mater. Lett., 1991, 11(3,4): 67–69.

[25] Sun W Y, Tien T Y, Yen T S. Subsolidus phase-relationships in part of the system Si, Al, Y/N, O-the system Si_3N_4-AlN-YN-Al_2O_3-Y_2O_3 [J]. J. Am. Ceram. Soc., 1991,74(11): 2753–2758.

[26] Sun W Y, Tien T Y, Yen T S. Solubility limits of α'-SiAlON solid solutions in the system Si,Al,Y/N,O[J]. J. Am. Ceram. Soc., 1991, 74(10): 2547–2550.

[27] Cao G Z, Huang Z K, Fu X R, et al. Phase equilibrium studies in Si_2N_2O-containing systems: I. phase relations in the Si_2N_2O-Al_2O_3-Y_2O_3 system [J]. Int. J. High Tech. Ceram., 1985, 1(2): 119–127.

[28] Sun W Y, Huang Z K, Cao G Z, et al. Phase relationships involving mixed O′-β′ sialons in the Y-Si-Al-O-N system [J]. Int. J. High Tech. Ceram., 1987, 3(4): 277–284.

[29] Sun W Y, Li W L, Yan D S. Studies on phase distribution in (O′ + β′)-sialon composites [J]. J. Eur. Ceram. Soc., 1989, 5(2): 99–104.

[30] Wang P L, Sun W Y, Yen T S. Sintering and formation behaviour of R-a'-sialons (R=Nd,Sm,Gd,Dy,Er and Yb) [J]. Eur. J. Solid State Inorg. Chem., 1994,31 (2): 93–104.

[31] Wang P L, Zhang J H, He J B, et al. Formation behavior and microstructure of multi-cation α-sialons containing neodymium and ytterbium or yttrium [J]. J. Eur. Ceram. Soc., 2000, 20(12): 1978–1995.

[32] Wang P L, Zhang C, Sun W Y, et al. Characteristics of Ca-a-sialon--phase formation, microstructure and mechanical properties [J]. J. Eur. Ceram. Soc., 1999, 19(5): 553–560.

[33] Wang P L, Sum W Y, Yan D S. Formation and densification of R-alpha'-Sialons(R=Nd, Sm, Gd, Dy, Er and Yb) symposium on silicon nitride ceramics: scientific and technological advances, at the 1992 fall meeting of the materials research society, 1992, Boston [C]. Mater. Res. Soc. Conf. Proc., 1993, 287: 387–392.

[34] Wang P L, Li Y W, Yan D S. Effect of dual elements (Ca, Mg) and (Ca, La) on cell dimensions of multi-cation a-sialons [J]. J. Eur. Ceram. Soc., 2000, 20: 1333–1337.

[35] Garvie R C, Hannink R H, Pascoe R T. Ceramic steel? [J]. Nature , 1975, 258: 703, 704.

[36] 中国科学院上海硅酸盐研究所志编纂委员会. 中国科学院上海硅酸盐研究所所志(1959.01 – 2009.01)[M]. 2009: 164.

第 2 章　先进结构陶瓷的性能特征

2.1　陶瓷材料的特性

从晶体结构上来说，陶瓷材料的结合力主要为离子键、共价键或离子-共价混合键。正是这些化学键的特点，如高的键能和键强以及大的极性赋予了这类材料高熔点、高强度、耐磨损、高硬度、耐腐蚀和抗氧化等的基本属性。因此，陶瓷材料可以承受金属材料和高分子材料难以胜任的严酷工作环境，已成为许多新兴科学技术得以实现的关键材料，确切地起到了材料作为科学技术的先导和基础的作用，在能源、航空航天、机械、交通、冶金、化工、电子和生物医学等方面有着广泛的应用。归纳起来，陶瓷材料具有以下几个突出特性。

2.1.1　高硬度、高强度

陶瓷材料作为无机非金属材料的一个重要门类，取得了很大的发展。结构陶瓷以其高机械强度、高硬度、耐腐蚀性等优点被广泛用于冶金、矿厂及航天等领域。硬度是结构陶瓷的一项重要技术参数，它是衡量材料力学性能的一项重要指标，是指物体抵抗外力进入其中的能力，即外力与物体的形变之间的关系。材料的硬度主要取决于其内部化学键的类型和强度。简单来说，共价键型硬度最高，然后依次是离子键、金属键、分子键。原子价态和原子间距决定化学键强度，因而也是决定材料硬度大小的重要因素。陶瓷材料的化学键主要有离子键和共价键，陶瓷材料的高硬度是其内部结构牢固性的表现。

氧化铝可以说是应用最为广泛的结构陶瓷材料之一，由于铝、氧之间的键合力很大，所以氧化铝陶瓷特别耐酸、碱侵蚀，还能抵抗很多种熔融金属和玻璃熔体的侵蚀。氧化铝陶瓷的硬度仅次于金刚石、碳化硼和碳化硅；微晶刚玉瓷的硬度很接近于金刚石。氧化铝陶瓷用于制造高速切削刀具时，其中某些性能胜过硬质合金，还可制作拉丝模、人造宝石、量具测量部分的镶块、内燃机火花塞、高温炉零件、生产合成纤维的喷丝嘴、导丝器等；致密度高的可用作真空陶瓷，多孔的可用作绝热材料。除此之外，刚玉陶瓷也是重要的坩埚材料。而添加少量氧化钇和氧化铝的热压氮化硅陶瓷，其室温抗弯强度可达到 1500 MPa，在陶瓷材料中名列前茅，是世界上最坚硬的物质之一。

2.1.2　耐磨损、耐腐蚀、耐高温

为了提高切削刀具的切削性能，20 世纪以来，刀具材料经过了高速钢和硬质合金

两次发展过程，目前正在进入陶瓷刀具大发展的阶段。新型陶瓷以其耐高温、耐磨削的特点，已在 20 世纪中期引起了高速切削工具行业的注意。陶瓷刀具不仅硬性高，而且具有高耐磨性，因此便成为制造切削刀具的理想材料。它不仅用于切削，而且越来越多地用于铣削，它的切削速度比硬质合金刀具约高 1 倍，耐用寿命长 4 ~ 9 倍，工序与劳动量减少 40%左右；美国使用陶瓷刀具加工硬度为 R_C32 的金属材料时，切削速度可达 1200 r / min，切削深达 10mm，走刀量达 0.64 mm / r。用热压 Si_3N_4 陶瓷刀具加工硬度为 R_C66 的冷硬铸铁及高温合金时，切削速度可达 610 m / s，切削深达 6 mm，走刀量达 0.5 mm。我国研制的 Si_3N_4 复合陶瓷刀具具有良好的耐磨性，其使用寿命为硬质合金刀具的 10 ~ 100 倍，且抗热冲击性能良好，对 HRC65 硬化铸铁毛坯件粗加工的切削深度达 10 mm，即使在 1000 ~ 1300°C 的高温条件下也能维持其切削能力，并可干切与湿切。

目前，制造陶瓷切削刀具的材料主要有氧化铝、氧化铝-碳化钛、氧化铝-氮化钛-碳化钛-碳化钨、氧化铝-碳化钨-铬、氮化硼和氮化硅等。这类材料制作的刀具没有冷却液也可以工作，比起硬质合金来具有切削速度高、寿命长等优点。目前，已广泛使用陶瓷材料做钻头、丝锥和滚刀。陶瓷除作切削刀具外，利用其耐磨、耐腐蚀的特性还可用作各种机械上的耐磨部件。这样，既可节省许多金属材料，又能提高生产效率。当前已有不少金属部件开始使用陶瓷材料制造，而且取得了很好的应用效果。如用特种陶瓷制作农用水泵、砂浆泵、带腐蚀性液体的化工泵及有粉尘的风机中的耐磨、耐腐蚀件或密封圈等都已取得良好的实用效果。此外，高纯氧化铝(刚玉)可制作金属拉丝模(尤其在高温下的热拉丝更显示出陶瓷的优越性)，工业陶瓷中使用的球磨筒和磨球，金属表面除锈用的喷砂嘴，喷洒农药用的喷头等。总之，凡是需要耐磨、耐腐蚀的场合，几乎都会看到特种陶瓷的踪迹。

结构陶瓷在许多苛刻介质和环境中具有比普通金属和合金更好的耐腐蚀性能。这是由于氧化物、碳化物和氮化物等强离子键或共价键的化合物具有较高的化学稳定性，但在某些情况下，它对全面或局部腐蚀敏感。由于电绝缘性，不论是在电解质溶液还是非电解质溶液中，结构陶瓷一般也具有较好的承受能力，能耐酸、碱腐蚀作用的陶瓷件在化学工业中很早就得到了应用。目前国外多用 Al_2O_3、ZrO_2 陶瓷来制造泵和阀门。

碳化硅陶瓷具有很高的高温强度，在 1400°C 时抗弯强度仍保持在 500~600MPa，工作温度可达 1700°C。用热压工艺可以制得接近理论密度值的高致密碳化硅陶瓷，它的抗弯强度即使在 1400°C 左右的高温下仍可达到 500~600MPa，而其他陶瓷材料在 1200°C 以上，强度都会急剧下降。因此，碳化硅是在高温、空气中强度最高的材料。最常见的硼化物陶瓷包括硼化铬、硼化铝、硼化铁、硼化钨和硼化锆等，其特点是高硬度，同时具有较好的耐化学侵蚀能力，熔点范围为 1800~3000°C。比起碳化物陶瓷，硼化物陶瓷具有较高的抗高温氧化性能，使用温度达 1400°C。硼化物陶瓷主要用于高温轴承，内燃机喷嘴，各种高温器件，处理熔融铜、铝、铁的器件等。氮化硅极耐高温，强度一直可以维持到 1200℃的高温而不下降，受热后不会熔成融体，一直到 1900 °C 才会分解，有惊人的耐化学腐蚀性能，能耐几乎所有的无机酸(氢氟酸除外)和 30%以下的烧碱溶液，也能耐很多有机酸的腐蚀，同时又是一种高性能电绝缘材料。由于其热膨胀系数小，抗温度急变能力很强，因此氮化硅陶瓷具有优良的力学性能，在工程技术的应用上已占有重要地位。

2.2　无水冷陶瓷发动机材料及其部件的研制

1986 年中国国家科学技术委员会组织全国 17 个相关单位对无水冷陶瓷发动机和材料及其部件开展研制。陶瓷无水冷发动机是利用陶瓷材料耐高温、强度高、隔热性能好的特点，对柴油机燃烧室零部件采用陶瓷或陶瓷涂层隔热，减少由气缸盖、气缸套传出的热量，去除气缸套、气缸盖中的冷却水，进而取消发动机独立的冷却水系统，同时通过增压器回收排气能量，提高发动机的热效率。

之所以要将无水冷陶瓷发动机单独提出，是因为陶瓷发动机材料及其部件的研制体现了陶瓷材料制作的最高水准。陶瓷材料如能通过在发动机上的使用，也就意味着它在其他场合下的应用有了保证。陶瓷发动机材料牵涉很多方面，充分体现了各自材料的个性，其中最主要的当推氮化硅陶瓷。氮化硅陶瓷材料的制作工艺有很多种，这都是应不同的使用要求而设计的。而可以应用于陶瓷发动机的材料还有碳化硅陶瓷、氧化锆陶瓷和莫来石陶瓷，在文献[1]—[4]中有比较详细的记载，这里仅将用于陶瓷发动机的有关陶瓷材料以及无水冷陶瓷发动机装车的行车试验加以阐述。

在表 2.1 中列出了相关陶瓷材料及其部件的性能和在发动机上的台架试验与行车试验情况。从试验结果来看，各类陶瓷材料，总体上说，都能满足它们在陶瓷发动机的相应部位上使用的要求。图 2.1 是无水冷陶瓷发动机的部分零部件照片。 图 2.2 是氮化硅陶瓷活塞顶。

我国曾用注射成型的方法或压滤成型的方法对形状复杂的增压器陶瓷涡轮转子作成型工艺研究，最后通过热等静压烧成，制成陶瓷涡轮转子(图 2.3)。它在 73000 r/min 的台架冷吹试验下，持续了 32.5 h[6]。 这一试验结果表明氮化硅陶瓷材料是有可能制备成形状复杂的制品的，但是，陶瓷材料的可靠性，还是值得深入研究解决的课题！图 2.4 是安装有相应陶瓷零部件的陶瓷无水冷柴油机的照片。

表 2.1　无水冷陶瓷发动机部件的性能

部　件	材　料	体积密度/(g/cm³)	抗弯强度/MPa	断裂韧性/(MPa·m$^{1/2}$)	韦布尔模数	硬度/HR_A	台架及行车试验	参考文献
活塞顶	RBSN-GPS Si_3N_4 [5%~20%(质量分数)Y_2O_3,La_2O_3]	3.35~3.42	750	7.2	12.3	90~92	台架试验 700 hrs,大客车行车>5000 km，沙漠车 11212 km	[1]p.169,[2]p.282,[3]p.745
活塞顶	HP β-Si_3N_4(rc)/Si_3N_4(rc：棒晶)		886	11.4			台架试验 > 100hrs	[2] p.273 [3] p.354
活塞顶	HP Si_3N_4 (Y_2O_3,,Al_2O_3)	3.51	920 827 (1000°C)	9.5			B135 绝热发动机台架试验 100hrs	[1] p.358,
气门导管	GPS Si_3N_4 (Al_2O_3,Y_2O_3)	3.23~3.28	700~800	7~8	>10	91~92	6105 机台架试验 700 hrs,大客车、沙漠车道路试验	[2] p.277
气门	PLS Si_3N_4　(Al_2O_3,Y_2O_3,ZrO_2)	3.20	>800	8.51(最大值)			6105 柴油机台架试验 500hrs	[2]p.345 [3] p.739
摇臂镶块,气门座	PLS Si_3N_4(Y_2O_3, Al_2O_3)干压和等静压二次成型	3.34	768.5	6.05		*Hv*(MPa) 1638.8 ×9.8	724 hrs 台架试验 沙漠车行车试验 11212 km	[2] p.334
气门	GPS Si_3N_4 (Al_2O_3,Y_2O_3,MgO)	98.5%~99.3% (ρ_{th})	810	8.3			6105 机柴油机台架试验 500 hrs	[2] p.429
涡流室镶块	RBSN-GPS Si_3N_4 (Al_2O_3,Y_2O_3)	3.20~3.26	650~500 750 (1200°C)	6.5~8.2		90~92	S-195 型柴油机 2000hrs,行车试验	[1] p.146 [4]p.763
挺柱	HP Si_3N_4 [3%~5%(质量分数) Al_2O_3,4%~6%(质量分数)Y_2O_3,5%~10%(质量分数)TiC]	3.44	890~940	8~10		*Hv* 1700	沙漠车中使用>1000 hrs	[2] p.478
气门	PLS Sialon	3.18	727 502(1200°C)	8.5			492QA 型汽油机，台架试验 304 hrs	[2]p.250 [4]p.739
针阀	HP Y-TZP	6.09	972	9.6		*Hv* 13.2 GPa	台架考核后，沙漠车行驶 11212 km	[2]p.385 [4]p.731
电热塞	HP Si_3N_4 (Al_2O_3,CeO_2, La_2O_3, AlN)	3.24~3.26	850~ 600~650 950 (1200°C)	8.5~9.5		92~93	满足使用要求，曾投产	[1] p.182
气门	Sialon [5%Y_2O_3(质量分数), 24%ZrO_2(质量分数)]	>95% ρ_{th}	>700	>7			2135G 汽油机台架 试验 300 hrs	[1] p.130

续表

部　件	材　料	体积密度/(g/cm^3)	抗弯强度/MPa	断裂韧性/(MPa·m$^{1/2}$)	韦布尔模数	硬度/HR_A	台架及行车试验	参考文献
气门座	Ce-TZP[$CeO_2$12mol%, $Al_2O_3$13%(质量分数),$TiO_2$1%]		746	7.84			2135G 汽油机 台架试验 300 hrs	[1] p.130
无环活塞	HP SiC	3.17~3.22	550 500 (1300°C)	5.5	13	93~94	384 hrs 台架试验	[1] p.460
活塞/缸套	PLS-SiC	3.11	460 430 (1500°C)	3.7	15	>90	384 hrs 台架试验	[4]p.771,[1] p.460
喷嘴环	重结晶 SiC	~85% ρ_{th}	70~90 100~110 (1400°C)				135 机涡轮增压器台架试验 200 hrs	[1] p.200
缸套上圈	Mg-PSZ[10%(摩尔分数) MgO]	≥ 5.75	800~1000 450 (800°C)	11~14 4.5 (800°C)	25	Hv 1100 kg/mm^2	6135 柴油机台架试验 500 hrs	[1]p.383
气门座	Mg-PSZ [10%(摩尔分数) MgO]	≥ 5.75	800~1000 450 (800°C)	11~14 4.5 (800°C)	25	Hv 1100 kg/mm^2	492QA 汽油机台架试验 560 hrs	[1]p.383
活塞顶	HP 莫来石[20%(体积分数) Y-TZP,30%(体积分数)SiCp]		611	7.1	15.3		台架试验 701 hrs	[2]p.433
缸盖底板	HP 莫来石[15%(体积分数) Y-TZP, 20%(体积分数)SiCp) 压滤成型	~100% ρ_{th}	704 481 (1200°C)	9.78 7.31 (800°C)			B135 单缸绝热机，断水、增压工况下台架试验 300 hrs	[1] p.96, 376 [2] p.321
排气涡壳、道、管	钛酸铝陶瓷	3.32	51.3	热膨胀系数(RT-1000°C): 1.22×10^{-6} °C^{-1} 导热系数(800°C)：0.86W/(m·K)			台架试验 724hrs； 沙漠车行车试验 11212 km	[2] p.290，296
排气净化器	堇青石蜂窝陶瓷载体	400 孔 / in^2，壁厚 0.30~0.39mm；热膨胀系数(RT-800°C): 2.04×10^{-6}~2.34×10^{-6} °C^{-1}					1000hrs 耐久考核， 50000km 行车试验	[1]p.220
排气管过滤器	堇青石-莫来石复合体泡沫陶瓷	容重：0.25~0.35 g/cm^3，抗弯强度：1.5 MPa，耐温 1300°C 热膨胀系数：2.89×10^{-6}/ K，碳颗粒过滤效率为 50%					485Φ 型柴油机 台架试验 500 hrs	[2] p. 340
热阻涂层	等离子喷涂金属-氧化锆涂层复合涂层	涂层壁厚：1.0~1.2 mm，气孔率：7.59%~9.14%，体积密度：5.58~5.81g/cm^3					6135 柴油机 749hrs 耐久试验	[1] p.347
热阻涂层活塞	等离子喷涂 ZrO_2-MgO 陶瓷涂层	涂层壁厚：2 mm					台架试验 200 hrs	[1] p.353

注：RBSN 反应烧结氮化硅；GPS 气压烧结；HP 热压烧结；PLS 无压烧结。

$1in^2=6.451600\times10^{-4}m^2$。

图 2.1　无水冷陶瓷发动机部分零部件

图 2.2　氮化硅陶瓷活塞顶

图 2.3　增压器涡轮氮化硅陶瓷转子(用注射成型工艺成型)

图 2.4　陶瓷无水冷柴油机

2.2.1　无水冷陶瓷发动机的台架试验和行车试验

无水冷陶瓷发动机采用的原型机是 6105QA 型柴油机，它的主要技术参数见表 2.2。在 1985~1990 年我国进行了无水冷陶瓷发动机的研制，在经过 400 h 的台架耐久试验后，安装于大客车中，作上海—北京—上海的道路行车试验，行程 3105 km。6105 陶瓷无水冷发动机的隔热度为 20%~25%，耗油率最大降低 5.3%，净功率工况最大降低 5.5%。图 2.5 是安装有 6105 无水冷陶瓷发动机的大客车[5]。

表 2.2　6105 无水冷陶瓷发动机主要技术参数

型式	直列、四冲程、增压、取消冷却水系统
燃烧室	根据陶瓷活塞结构特点重新设计直喷花瓣形燃烧室
缸数	6
缸径/mm	105
行程/ mm	120
标定功率/kW	95.6
额定转速/(r/min)	2200
最大扭矩/(N·m)	441
最大扭矩转速/ (r/min)	1400~1800

1995 年 6105 无水冷陶瓷发动机安装在 EQ2060H 沙漠越野车上（图 2.6），在新疆北部和南部的柏油路、沙漠路面、沙滩路、砂石路、泥浆路行驶，经过 8 个月，从−19℃气温的初春到 42℃的盛夏的实际考验，累计行驶了 11212 km，试验后拆检的陶瓷零部件均完好，最低油耗 213.567g /(kW · h) [6]。

图 2.5　安装有 6105 无水冷陶瓷发动机的大客车

图 2.6　安装有 6105 无水冷陶瓷发动机的沙漠越野车

2.2.2　陶瓷绝热涡轮复合式发动机

我国第一台陶瓷绝热涡轮复合式发动机（简称绝热机）原理样机于 1991 年初在上海研制成功[7]。这是在 B6135Z 增压水冷柴油机基础上用陶瓷隔热燃烧室零部件，取消水冷却，采用排气能量回收系统组装而成。图 2.7 是 6135 绝热机陶瓷隔热燃烧室的结构图。图 2.8 是安装有相应陶瓷零部件的绝热发动机照片。它在标定工况下的燃油消化率 g_e 为 206.31g / (kW · h)，比原型机降低 5.2%；排气温度高达 755°C（远高于原型机的 644°C）；空气流量为 0.3kg/s,增大了 11.2%；动力涡轮回收功为整机功率的 6%~7%；增压器综合效率为 57%；动力涡轮效率为 75%左右。

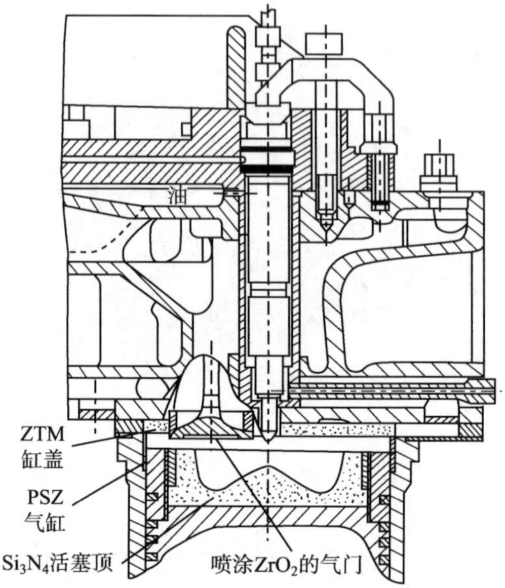

图 2.7　6135 绝热机陶瓷隔热燃烧室的结构图

图 2.8　安装有相应陶瓷零部件的陶瓷绝热发动机

2.3　高温结构陶瓷的发展

我国十余年来针对陶瓷发动机材料的研制，奠定和发展了先进结构陶瓷材料研究的基础，在工艺研究及其装备上有了明显的改善，在陶瓷材料的理论研究上也有了相当的积累，这使我国在这方面材料的研究水平上了一个台阶，在国际上也占有一席之地。通过陶瓷发动机材料及其零部件的研制，大大拓展了先进结构陶瓷材料在其他诸多领域上的应用。

2.3.1　氮化硅陶瓷

氮化硅陶瓷作为机械密封件，其制品陶瓷轴承、轴承球和切削刀具等均已规模化地投入生产，进入市场，图 2.9 为各种氮化硅陶瓷制品照片。

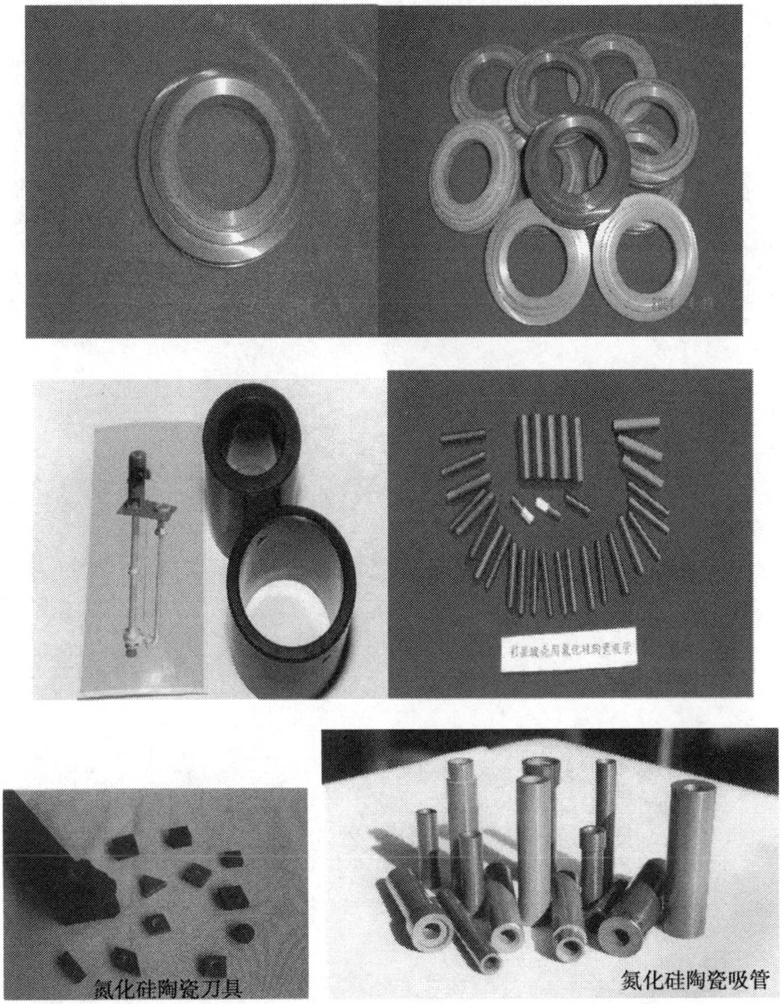

图 2.9　各种氮化硅陶瓷制品照片

2.3.2　碳化硅陶瓷

碳化硅陶瓷作为耐磨件、高温轴承也已被大量地应用。碳化硅陶瓷材料由于其突出的性能，在其他很多领域中得到广泛的应用，在国内也已经形成批量生产的产业群。

图 2.10 和 图 2.11 是碳化硅陶瓷的一部分制品照片。由于碳化硅陶瓷在结构上具有稳定性，近期在光学仪器中被用作大尺寸光学反射镜，备受人们的青睐。它不仅要求大平面的高精度的结构平整，而且要达到轻量化，这在国际上成为近期热点研究的重要方向。高精度的大平面，一般都用 CVD 方法沉积一层致密的碳化硅陶瓷，然后作表面的精密加工，以达到光学上的要求。而更重要的是庞大的轻量的结构高度稳定的机座材料。各家均有其所长，有用反应烧结碳化硅陶瓷的、有用纤维基体浸渗碳化硅的、也有多种工艺相结合的。至于"轻量化"，则大都采用高精度电脑控制的镂刻技术，既可以减轻坯体的重量，又能满足结构强度上的要求。

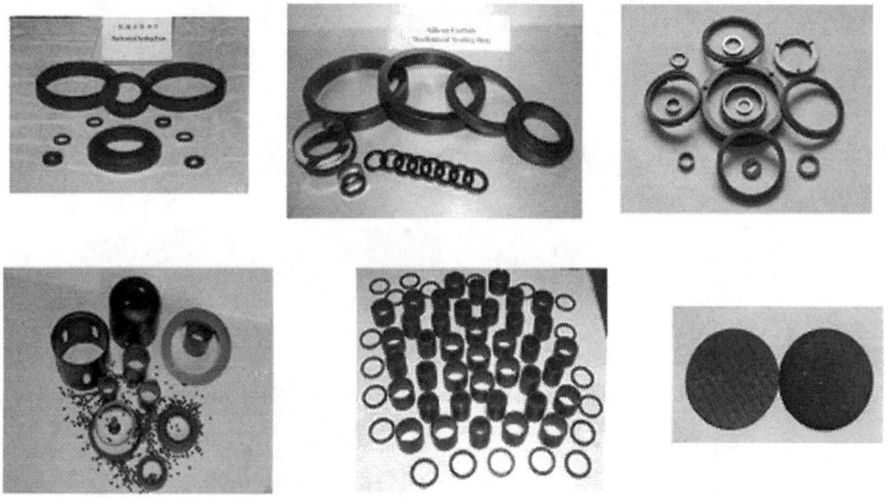

图 2.10　碳化硅陶瓷，各种机械密封件、基片

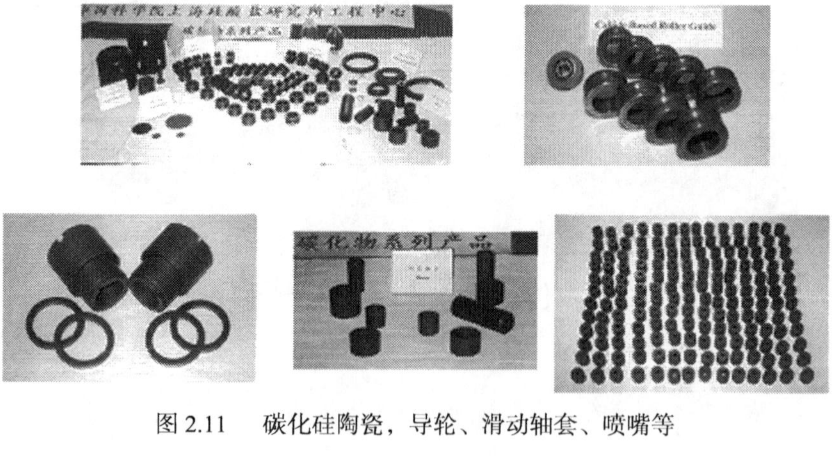

图 2.11　碳化硅陶瓷，导轮、滑动轴套、喷嘴等

2.3.3　氧化锆陶瓷

氧化钙稳定的氧化锆陶瓷极适合用作熔炼铂的坩埚。在大规模地生长各种人工晶体的过程中，大量地使用这类坩埚。氧化钇稳定的四方相氧化锆陶瓷（Y-TZP）由于其优越的断裂韧性和高强度以及极佳的耐磨性能，引起人们的注意，现已有多家工厂进行生产。把它做成刀具切削瓜果，无锈蚀污染之虞。人们曾一度制作过 Y-TZP 无磁调试工具，颇受电子行业的欢迎。

光纤连接器是光纤通信系统中不可缺少的无源器件，其中的陶瓷插芯和陶瓷套筒是它的核心部件。Y-TZP 陶瓷的高强、高韧特性使其成为首选的材料。首先采用低成本的共沉淀和后处理工艺，制备出高比表面积、高烧结活性的氧化锆粉体，用注射成型和适宜的烧成技术得到 Y-TZP 的毛坯制件，再经高精密的后加工即成为成品。此光纤连接器中的插芯，长度为 11mm，而中心却要求有一个ϕ0.125 mm 通透的小孔。2006 年，我国已建成年产 1920 万只陶瓷插芯和套筒的生产线。图 2.12 和 图 2.13 是氧化锆陶瓷光纤连接器的照片。

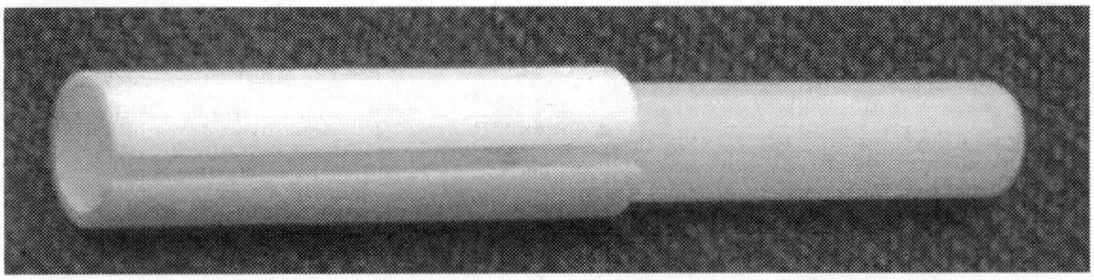

图 2.12　氧化锆陶瓷光纤连接器的放大照片

插芯中的小孔尺寸为ϕ0.125 mm × 11 mm，同心度精度达 0.5 μm

图 2.13　批量生产的氧化锆陶瓷光纤连接器

2.3.4　半透明氧化铝陶瓷

半透明氧化铝陶瓷用作高压钠灯的灯管已有 30 余年的历史。现在发展成为挤出成型管材/干压成型有台阶和无台阶端塞的方法，通过共烧结工艺获得的半透明氧化铝陶瓷灯管一体化技术，所制作的灯管不仅已用于高压钠灯上，现在还作为金卤灯的灯管应用，相应的生产线也在建立。陶瓷金卤灯是当今国际上先进光源的代表之一，其显色指数可达 90~98，金卤灯的光通量利用率是高压钠灯的 4~8 倍；另外，陶瓷金卤灯的光效比石英金卤灯高出 20%。陶瓷金卤灯是集高压钠灯和石英金卤灯的优点于一身的高效节能绿色照明光源，可大幅提高照明质量。陶瓷金卤灯的全球发展势头迅猛，每年以 20%~30%的幅度增长。表 2.3 是各种照明灯的有关数据的比较。图 2.14 是高压钠灯用的半透明氧化铝陶瓷灯管。图 2.15 是金卤灯用的半透明氧化铝陶瓷灯管（五件套和一体管）。图 2.16 是装配好的[图(a)]和点亮的[图(b)]半透明氧化铝陶瓷金卤灯。

表 2.3　各种照明灯的效果比较

光源	主要指标	主要应用范围
荧光节能灯	光效(70~85 lm/W)、寿命(8000h)、显色指数(Ra 70~85)	家居、室内照明
高压钠灯	光效(120~150 lm/W)、寿命(24000h)、显色指数(Ra 25~30)，250W 光通量 27500 lm	公路、铁路、城市街道、港口码头等泛光照明
陶瓷金卤灯	光效（90~95 lm/W）、寿命（12000~20000h）、显色指数（Ra 80~95），250W 光通量 25000 lm	工业、商业、体育场馆等大面积照明，汽车前照灯
LED 灯	光效（目前可达到 25~75 lm/W）、寿命(可达 10 万 h)、显色指数（Ra 75~80）	电子交通信号灯、交通标志灯牌等局部照明
普通白炽灯	光效（15 lm/W），寿命（1000h）、显色指数（Ra 100）	家居、室内照明

图 2.14　高压钠灯用的半透明氧化铝陶瓷灯管

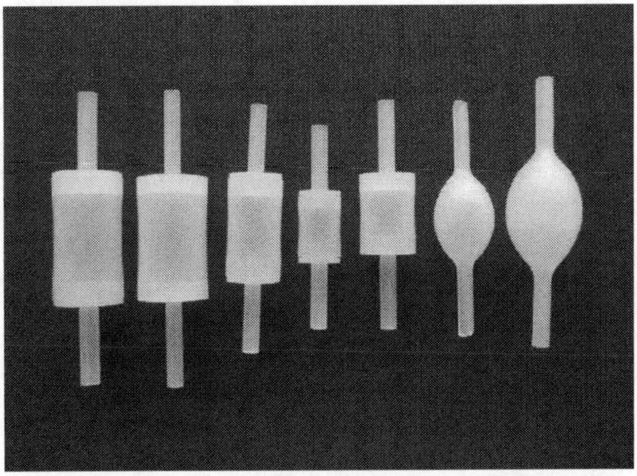

图 2.15　陶瓷金卤灯用半透明氧化铝陶瓷灯管（五件套和一体管）

(a)　(b)

图 2.16　装配好的[图(a)]和点亮的[图(b)]半透明氧化铝陶瓷金卤灯

参 考 文 献

[1] 严东生，史绍熙，江作昭，等. 发动机用先进陶瓷[G]. 北京：科学出版社，1993.

[2] 郭景坤，高孝洪. 高性能陶瓷论文集[G]. 北京：人民交通出版社，1998.

[3] Carlsson R, Johasson T, Kahlman L. Proceeding of 4th international Symposium on Ceramic Materials and Components for Engines[C]. 1991. Elsevier Apple Science, 1992.

[4] Yan D Fu X, Shi S X. 5th International Symposium on Ceramic Materials and Components for Engines[C]. Shanghai, China, 1994, World Scientific, (1995).

[5] 张南林，钟胜元，冯经图，等. 6105 陶瓷无水冷发动机的研制[G]. 严东生. 发动机用先进陶瓷，北京：科学出版社，1993: 316–325.

[6] 徐志南，冯宝霞，范元，等. 6105 无水冷陶瓷发动机沙漠装车实际使用试验报告[G]. 郭景坤，高孝洪. 高性能陶瓷论文集. p. 468–472，北京：人民交通出版社，1998: 468–472.

[7] 张连方，朱敏学，糜振琥. 我国研制的陶瓷绝热涡轮复合式发动机[G]. 严东生，史绍熙，江作昭，等. 发动机用先进陶瓷. 北京：科学出版社，1993: 400–407.

第 3 章 陶瓷材料的脆性

3.1 陶瓷材料在外力下的形变和断裂

3.1.1 材料在外力作用下的形变

当材料受到外加载荷作用时，往往会发生一定程度的变形，随着外力增加，而相继发生弹性变形、塑性变形，直至材料发生断裂而遭到破坏。弹性变形是可逆变形，此时相当于组成固体的原子或分子的键与键之间在外力作用下被拉伸或压缩，产生势能，也就是我们通常所说的弹性能的来源。弹性变形的特征是当外力撤销后材料可以完全回复到变形前的状态，这个阶段的应力-应变特性曲线是线性的。而塑性变形阶段的应力-应变特性曲线呈非线性，是外力到达一定程度而发生的永久性不可回复变形，主要与位错移动有关。材料发生塑性变形而不断裂的能力称为延展性。在塑性区内，应力-应变曲线的斜率随着应变的增大而降低，但是使塑性变形继续下去仍需要不断地提高应力。也就是说，材料因塑性变形而硬化了，这种现象称为应变硬化，是金属晶体中位错与位错交互作用的结果，这种交互作用大大降低了位错的可移动性或完全阻止了位错的运动。在聚合物中，应变硬化是分子键沿应力的作用方向排列起来的结果。陶瓷材料中位错移动很困难，因此陶瓷的塑性变形也就非常困难，因而陶瓷

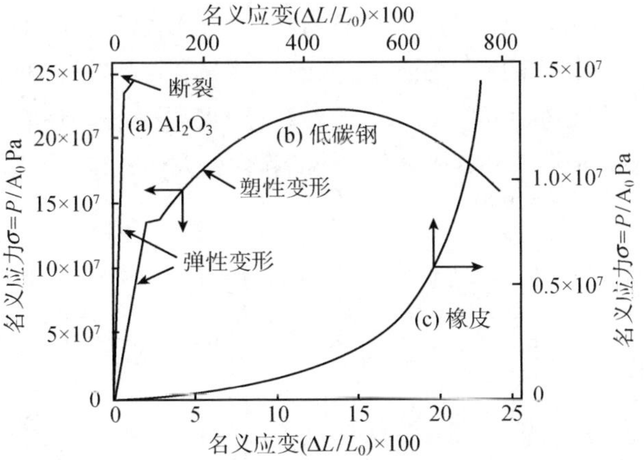

图 3.1 不同材料的拉伸应力-应变曲线

材料是脆性的，而其形变的特征与材料本身的基本结构密切相关。比较一下最为常见的金属、高分子以及陶瓷材料，我们可以发现：金属材料(图 3.1 中的低碳钢)具有典型的弹性变形、塑性变形直至断裂的变形曲线；具有卷曲长链的聚合物材料(图 3.1 中的橡胶)的弹性变形也极大，常用"高弹性变形"来强调这类材料特性；对陶瓷材料(图 3.1 中的氧化铝)而言，我们可以发现其塑性变形范围很小或者基本没有，即还没有发生塑性变形就断裂了，因此，我们称陶瓷材料为脆性材料。测定陶瓷材料的室温强度时只能获得一个断裂强度，是材料发生断裂时对应的应力值，而测定金属材料则可获得屈服强度（开始发生塑性变形时对应的应力值）和极限强度（材料断裂时所对应的应力值）。

3.1.2　陶瓷材料的脆性断裂

物质的脆性并无一个严格的普遍定义，一般是用这一词来表明物质损坏过程的特征。陶瓷脆性的表现是：缺乏塑性变形的能力，没有其他能量吸收的过程，致使外加负荷的能量都集中于裂纹的扩展上，从而用新表面的表面能来吸收能量。因此裂纹的扩展速度极其迅速，有时往往在瞬时间就能使坯体遭到灾难性破坏而使材料失效。陶瓷的这种脆性断裂间接地反映在其较低的抗机械冲击强度和较差的抗温度骤变性上，直观地则表现在陶瓷一旦受到临界的外加负荷则具有灾难性断裂毁坏特征等方面。多晶陶瓷材料的脆性断裂过程一般经历三个步骤：晶内形成裂纹；裂纹扩展；裂纹进一步穿过晶界达到另一晶粒。

脆性也可以从材料裂纹的扩展过程中形成的新的表面所吸收的能量来衡量，这个量假如以单位面积来计算即所谓断裂功或称断裂能。它反映了材料断裂所需的能量，也与材料中所储存的弹性应变能有关，因此可以被用作判定材料韧性的准则。对比图 3.2 和图 3.3 我们可以发现：对脆性材料而言，断裂后，测得它的残余应变量和形状变化都是极小的，它的应变能也相应较小。而如果一试样在断裂后测得它的残余量和形状应变变化都是很大的，那么，这一试样的断裂称为韧性断裂，该试样材料称为韧性材料。图 3.2 和图 3.3 中所示为纯粹的脆性或韧性材料，而对绝大多数材料而言，

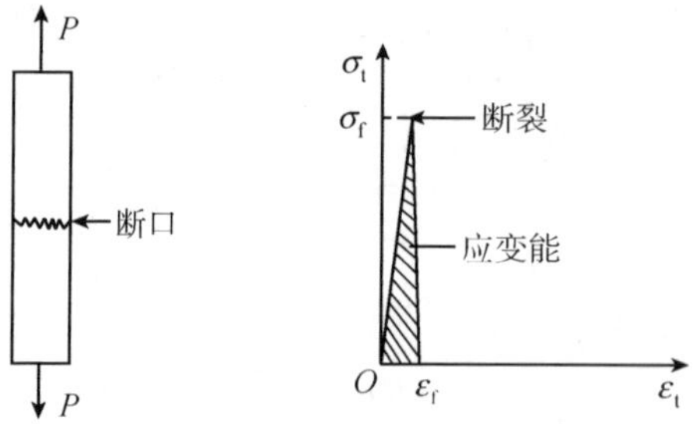

图 3.2　脆性材料拉伸应力-应变曲线

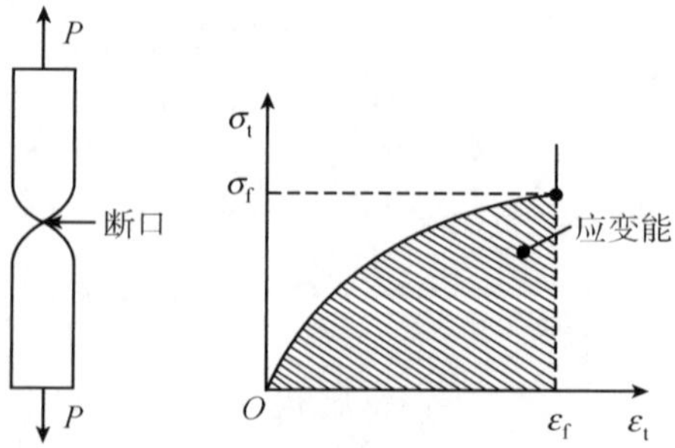

图 3.3　韧性材料拉伸应力-应变曲线

其断裂过程一般同时包括脆性断裂和韧性断裂，但其中一种形式必定起着主要作用。例如，金属材料具有很好的延展性，其主要为韧性断裂，而陶瓷材料则主要是脆性断裂。表 3.1 列出了有关材料的断裂功，稍作比较我们可以发现，钢和有色金属等韧性材料的断裂功数值比脆性的陶瓷材料要高出 3~4 个数量级，而陶瓷材料经过增韧后，其断裂功可大大提高，甚至可与金属材料相比拟。

表 3.1　各种材料的断裂功[1]

材料	体积密度/(g/cm^3)	晶粒尺寸/μm	断裂功/(J/m^2)	参考文献
氧化铝				
GMB395(95% Al_2O_3)		20	44	[2]
Lucalox(99.9%Al_2O_3)		35	22	
LucaloxHS(99.9% Al_2O_3)		8	18	
氧化铍				
99.5%BeO	2.97	17	28.6	[3]
99.95%BeO	2.92	28	39.8	
氧化镁				
	3.48	10	16	[4]
	3.51	50	19.5	
	3.56	100	35	
锆钛酸铅				[2]
PZT5800			2.8	
钛酸钡			4.5	[2]
氮化硅				
反应烧结			11.4	[5]
热压 HS-130	2.65		43	[6]
热压 13%Y_2O_3			109	[6]
碳化硅				
反应烧结 Norton KT			19	[6]
热压 Norton NC203			19	[6]
热压 2% Al_2O_3			22	[6]
热压 2%B_4C			24	[6]
直接结合	2.77		11.1	[7]
石英玻璃			4.42	[8]
铝硅酸盐玻璃			4.63	[8]
硼硅酸盐玻璃			4.68	[8]
锂铝硅微晶玻璃			3	[9]
石墨	1.81	<25	68.1	[10]
硬铝			1.4×10^5	
铜			5×10^4	[11]
铸钢			5×10^4	
铸铁			4×10^3	
36%(体积分数)碳纤维补强锂铝硅酸盐玻璃复合材料			3×10^3	[10]
碳纤维补强石英复合材料			1.1×10^4	[12]
钨芯碳化硅补强氮化硅复合材料[纤维含量 5%~25%(体积分数)]			2×10^2~9×10^2	[13]

3.2 陶瓷材料产生脆性断裂的原因

3.2.1 陶瓷材料的键型

陶瓷材料呈现脆性，首先是其共价键的特征所致。组成陶瓷的化合物往往都有离子键和共价键的键性，这些化学键的原子不像金属键那样排列紧密，而是有许多空隙，难以引起位错的移动。共价键有方向性，使晶体结构复杂，且具有较高的抗畸变和阻碍位移运动的能力。另外，陶瓷材料属多晶体，它的晶界会阻碍位移的通过，聚集的位移会引起裂纹形成。加上材料在实际制备中形成的难以避免的显微和亚显微裂纹，其微结构上的不均匀性更是在所难免。此外，晶界、气孔、晶相、二相夹杂及裂纹等显微结构因素，也都导致陶瓷呈现脆性。

材料的脆性行为不仅与固体物质的内在弹性性质有关，而且与物质形变和所施负荷的速率的平衡有关。因此，有人对材料的脆性断裂现象做如下的定义：材料在受应力后，在材料中将在低于其本身结合强度的情况下作应力再分配，当外加应力的速率超过这种应力再分配所需时间的那个速率时，就发生脆性断裂。

3.2.2 陶瓷材料的理论强度

由于工艺制备因素的影响，陶瓷材料内部和表面形成了各种各样的缺陷，至于更为微观的，在此则不作考虑，仅就如各种位错的堆积、气孔、微裂纹、有害物质的富集及表面损伤等进行讨论。这些缺陷的存在正是使得陶瓷材料的实际强度大大低于它的理论强度的主要原因。假如我们把这些缺陷看成一种裂纹源，了解这些裂纹的扩展机理，结合陶瓷的脆性表现，就不难理解陶瓷强度远低于理论值的本质。

关于断裂的分析，大都出于 Griffith 的概念[14,15]：材料中已经含有了一些裂纹，而正是这些裂纹所引起的应力集中使得材料的强度低于理论断裂强度。因此，断裂并不是两个理想晶面的分离过程，而是固有裂纹的扩展过程。首先，认为在裂纹尖端存在着应力集中，即在裂纹尖端的应力远大于受应力体内的其他部位，这种应力的集中正是驱使裂纹扩展的动力。从裂纹扩展过程中的能量平衡，可推导出临界断裂应力(σ_c)的一般关系式

$$\sigma_c = A\sqrt{\frac{\gamma E}{c(1-\mu^2)}} \tag{3.1}$$

其中 A 是一个与坯体的尺寸、裂纹的几何形状、部位和加荷方式有关的常数；γ 是形

成单位面积新表面的表面能；c 是裂纹长度的半数；μ 是材料的泊松比。由于 μ 值对很多脆性材料来说一般均在 0.3 左右，且随显微结构的变化不大，可近似地认为$(1-\mu^2)$等于 1，则式(3.1)就可近似的写成

$$\sigma_c = A\sqrt{\frac{\gamma E}{c}} \tag{3.2}$$

从原子间的结合情况来看，材料的理论强度就是要分离邻近原子或离子所需的最大应力。从原子间的结合力并且引进材料在断裂时形成单位新表面所做的功可得出

$$\sigma_M = \sqrt{\frac{E\gamma}{a}} \tag{3.3}$$

其中 a 是每一近邻原子对的距离；E 是弹性模量。σ_M 是可承受的最大应力，也可以理解为理论强度。将式(3.2)与式(3.3)相比较，当裂纹长度接近于 a 时，则临界断裂应力 σ_c 就可以接近于理论强度 σ_M。也就是裂纹的尺寸控制到晶格的面间距的水平，就有可能使材料强度接近到理论强度，当然，这在实践中是很难做到的。可见控制材料的裂纹源，即材料缺陷的形成是何等重要。

上面只提到材料中裂纹对强度的关系。材料要达到断裂的程度，必须在外加的能量下使这些裂纹扩展或汇集到与坯体的外形尺寸相仿的水平。

Irwin[16]认为裂纹要是伸展一个单位长度就需要释放相应数量的储存能，而提出一个应变能释放速率的概念。当储存能的释放速率等于或大于形成新裂纹表面所消耗的能量速率时，就发生裂纹的扩展。将它与 Griffith 的概念结合到一起，同时考虑到对脆性材料来说，外加能量主要是消耗在形成新表面的需要上，而忽略了裂纹扩展中所引起的声能、热能等，也没有动能上的损失，最后可推导出

$$K_{IC} = \sqrt{2E\gamma_F} \tag{3.4}$$

K_{IC} 是临界强度因子，也是表征材料韧性的一个参数，故也称为断裂韧性；γ_F 就是断裂功。陶瓷材料的裂纹扩展阻力行为(R 阻力曲线行为)又称为 R 或 K_R (与裂纹扩展阻力行为相关的断裂韧性)曲线行为，相对于用 K_{IC} 值评判材料韧性，与裂纹扩展过程紧密相关的 R 曲线行为可更为确切地描述材料的增韧行为。当有裂纹偏转、裂纹分叉、相变增韧、微裂纹增韧、残余应力及裂纹桥联等增韧行为存在时，在裂纹的稳态扩展过程中，随着裂纹尺寸的增加，裂纹扩展阻力将会增大，材料表现出 R 曲线行为。阻力曲线的存在，使得材料在缓慢加载情况下，失稳断裂之前存在裂纹稳态扩展过程，从而降低了材料强度的离散性，提高了陶瓷构件应用的可靠性。表 3. 2 列出了有关陶瓷材料的断裂韧性数值。

表 3.2　有关陶瓷材料的断裂韧性数值[1]

材料	密度/(g/cm^3)	晶粒尺寸/μm	抗弯强度/MPa	临界断裂韧性/(MPa · m$^{1/2}$)	参考文献
氧化铝：					
P-Al_2O_3(0.5%MgO)	3.86	29	195	4.21	[17]
T-Al_2O_3(0.5%TiO_2)	3.76	27	135	3.70	
Ⅱ-Al_2O_3(1%CaO，4%滑石)	3.69	16	208.3	3.46	
氮化硅：					[18]
反应烧结（α/β；最大气孔尺寸/μm）65/35；<20	2.61		292	1.76	
30/70；25			265	1.88	
70/30；60	2.35		165	1.45	
热压　室温	3.18~3.19			4.5	[19]
1000°C				6.3	
1350°C				10.3	
热压碳化硅(含 Al_2O_3)				4.0(室温) 2.0 (1500°C)	[20]
烧结碳化硅(含 B)				3.0	
石墨	1.71			0.7	[21]
石英玻璃				0.753	[22]

3.3　陶瓷的显微结构与脆性的关系

陶瓷中存在大量的晶界、气孔和杂质等缺陷，它们对材料性能有重大影响。

1. 晶界和界面

对单晶材料来说，内部的微粒在三维空间呈有规律的、周期性的排列，或者说晶体的整体在三维方向上由同一空间格子构成，整个晶体中质点在空间的排列为长程有序，所以单晶就是一个晶粒。陶瓷材料是典型的多晶无机材料体系，它包含多个晶粒，每个晶粒的大小和形状不同,而且取向也是凌乱的，因此和单晶不同，没有明显的外形，也不表现各向异性。对单相陶瓷材料而言，只有一种组分，取向不同的两个相邻晶粒之间就构成了界面，由于两晶粒的取向不同，在晶界面上，原子排列从一个取向过渡到另一个取向，故晶界处原子排列处于过渡状态，相当于插入了一排位错，图 3.4 是热压烧结得到的 Al_2O_3 陶瓷的 TEM 显微结构，相邻晶粒间的晶界清晰可见，通过图 3.4 左图可以看出材料的晶粒尺寸在 0.5 μm 左右，分别测量图 3.4 右图中两晶粒的晶面间距，可以得出此晶界的两侧分布对应的 Al_2O_3 的$(1\,0\,\bar{2})$晶面和$(2\,\bar{1}\,\bar{2})$晶面[23]。而对多相陶瓷材料，如果相邻晶粒不仅取向不同，而且结构、组成也不相同，即它们代表不同的两个相，则其间界称为界相。图 3.5 是 Co/ Al_2O_3 复合材料的 TEM 显微结构照片，图 3.5 左图中的浅色晶粒为 Al_2O_3，深色晶粒为金属 Co，在这种复合材料中，我们不仅可以看到相邻 Al_2O_3 晶粒间的晶界，还有 Al_2O_3 和 Co 间的界面，图 3.5 右图是 Al_2O_3 和 Co 两相界面的高分辨电子显微镜(HRTEM)照片[24]。由于原子(离子)间结合键的变化及结构畸变，相界面同样具有特殊的界面能，可以与晶界类同看待。界面是复合材料所特有和极为重要的结构特征，是各个相之间连接的“纽带”，也是应力及其信息传递的桥梁。可以这样说，复合材料的制备加工过程就是复合材料界面结构形成的过程，也是复合材料结构及性能控制的基础。

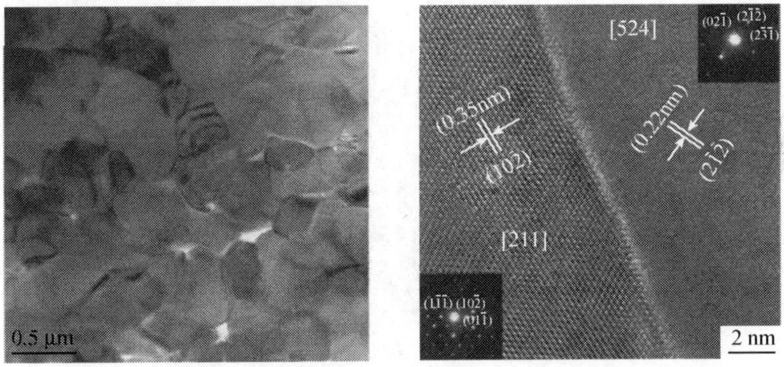

图 3.4　Al_2O_3 陶瓷的晶界[23]

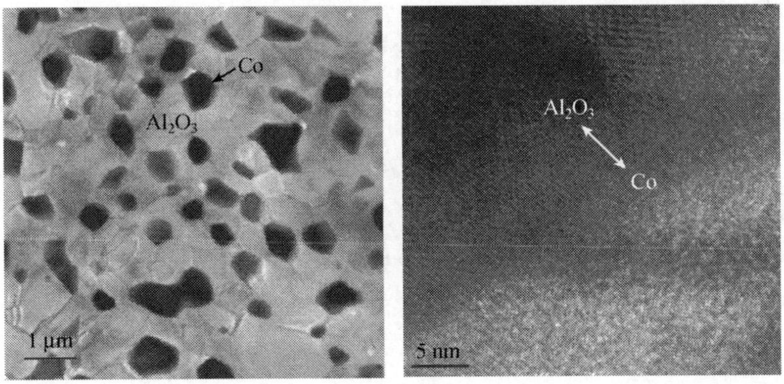

图 3.5　Co/ Al_2O_3 复合材料的晶界和界面[24]

晶界上两个晶粒的质点排列取向有一定的差异，两者都力图使晶界上的质点排列符合于自己的取向。当达到平衡时，晶界上的原子就形成某种过渡的排列，由于晶界区包容了偏离正常点阵位置的原子，因此存在界面能和界面张力。显然，晶界可以看作材料内部的缺陷，而且由于晶界上原子排列不规则而造成其结构比晶粒内部疏松，这就使得晶界具有一些不同于晶粒的特性，主要表现在以下几个方面：

(1) 晶界上原子排列较晶粒内疏松，因而晶界受腐蚀(热侵蚀、化学腐蚀)后，很易显露出来，因此我们通常通过化学腐蚀或热腐蚀以观察陶瓷的晶粒大小和界面气孔等显微结构，图 3.6 是 Ce:LuAG 陶瓷的表面抛光后的热腐蚀照片[25]，可以看出材料的平均晶粒尺寸为 6μm 左右，从图中我们还可以看出，材料的晶界比较洁净，几乎没有气孔，说明材料有非常高的致密度。

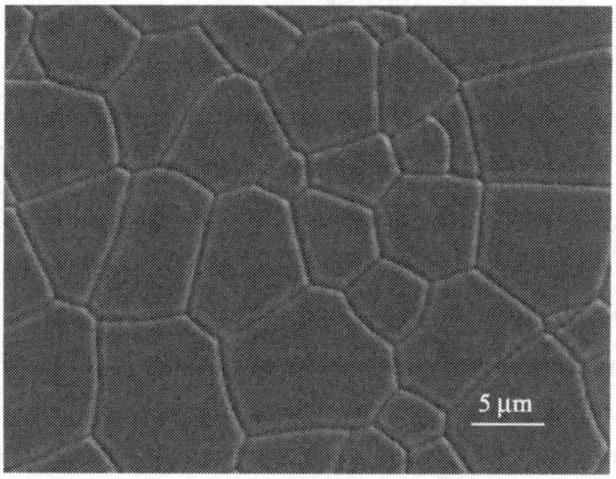

图 3.6　Ce:LuAG 陶瓷材料的晶界热腐蚀抛光的 EPMA 照片[25]

(2) 由于在晶界上结构疏松，相对晶粒内部比较不稳定，因此晶界是原子(离子)快速扩散的通道，并容易引起杂质原子(离子)偏聚，同时也使晶界处的熔点低于晶粒，所以杂质、第二相、位错甚至非晶相等都能优先聚集在晶界上。利用晶界的这一特性，我们通常在难以烧结的陶瓷体系中添加烧结助剂以降低烧结温度，如在 Al_2O_3 粉体中加入 SiO_2、CaO、MgO、BaO 等助剂，它们能与其他成分在烧成过程中形成二元、三元或多元低共熔物。由于液相的生成温度低，合理控制烧结助剂的含量，使得液相均匀分布于基体材料的晶界处，即烧结助剂形成的晶间液相有利于晶界迁移，并且能够使体系的传质方式由扩散传质变为黏性流动，加快烧结时物质的传输速率，这样有利于气孔排出，因而可以降低陶瓷的烧结温度。而如何实现陶瓷材料的低温烧结一直是材料学家非常关注的一个研究课题，对调控材料的性能起着非常重要的作用，如液相烧结 SiC 的烧结温度低，这样使材料在结构上晶粒细小均匀呈等轴晶状，同时由于晶界液相的引入和界面结合弱化，材料的断裂模式也相应发生变化，变为纯粹的沿晶断裂模式，与穿晶断裂相比，沿晶断裂改变了裂纹扩展路径，结果使材料的强度和韧性都发生了变化。

(3) 晶界上原子排列混乱，存在着许多空位、位错和键的变形等缺陷，使之处于应力畸变状态，因此晶界处很容易出现显微裂纹。不同的材料类型进行复合时，相界通常是其结构和性能的弱区，决定了复合材料的最终性能。根据相与相之间是否发生反应，可以分为反应相界和无反应相界。反应相界通常要比无反应相界具有更高的界面结合能。界面结合能越大，界面结合强度也越大。界面结合太强，则限制界面的局部脱离，降低增韧效果；界面结合太弱，将造成增韧颗粒在断裂过程中没有发生塑性变形即被拔出，使增韧颗粒的固有韧性得不到利用，对韧性的提高也不利[26]。

2. 气孔，杂质及其他

气孔可以用气孔体积分数和它们的大小、形状和分布来描述。用烧结方法制备的陶瓷产品中总存在残余的微气孔，它是由原始粉料压块内颗粒间的空隙遗留下来的，可存在于晶界上和晶粒内部。气孔分为开口气孔和闭口气孔，在烧结前，几乎全部是开口气孔。在烧结过程中，气孔体积分数下降，虽然有些开口气孔被直接排除，但许多气孔变成了闭口气孔，其体积分数增加，直到烧结过程接近结束时才逐步减少。气孔率的高低几乎与陶瓷制备过程中的每一道工序都有关系，如初始粉料的颗粒尺寸及其粒度分布、烧结温度、升降温速度、烧结气氛以及添加剂等。在烧结的初始阶段，样品的气孔率很高，气孔尺寸大，它作为晶界上的粒状夹杂物和晶界一起移动，逐渐聚集在晶粒间的三角区(trijunction)。由于气孔对晶界的推移有阻滞作用，因此晶粒生长的速度是受到抑制的。而由于晶界是晶格缺陷区，结构相对疏松，于是这些停留在晶界上的气孔将沿着晶界这一通道逐渐排出体外。理论上讲，所有晶界上的气孔均可通过延长烧结时间而被全部排除，但在实际工艺中则必须以合理的时间在较高温度下完成烧结。当进入烧结后期时，样品中的气孔率已大大降低，气孔难以拖住晶界，晶粒生长速度加快，从而进入二次再结晶的易发阶段，在初始粒度不均匀的区域或局部温度偏高的区域将首先发生晶粒的反常长大。快速移动的晶界把大量气泡陷入长大了的晶粒内，气孔与晶界的距离变大，成为极难消除的闭口气孔。另外，即使在烧结过程初期，如果升温速度过快，或粉体粒度的分散性大，小晶粒不断融入大晶粒，使部分晶粒生长过快，导致气孔来不及排除而留在晶粒内。如图 3.7 所示为不同烧结温度下 Yb:YAG 陶瓷的断口形貌，可以看出，随着烧结温度的提高，晶粒尺寸逐步变大，气孔随之被排出，当烧结温度达到 1730℃ 时，从晶界的热腐蚀照片看出，此时材料已经接近完全致密[27]。

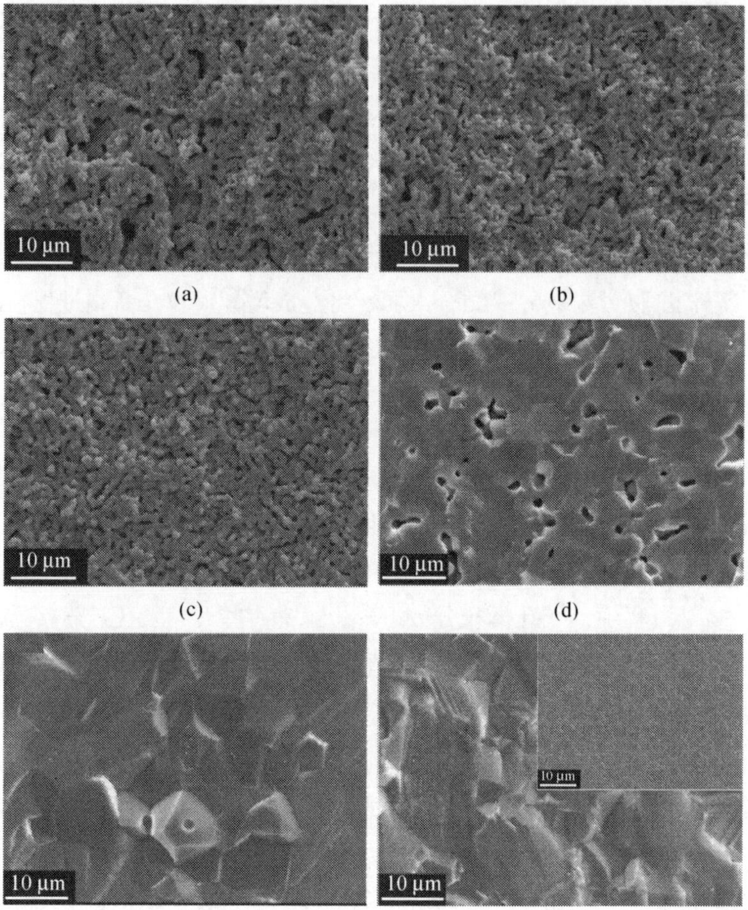

(a) (b)
(c) (d)
(e) (f)

图 3.7 不同烧结温度下 Yb:YAG 陶瓷的断口形貌[27]
(a)1300℃；(b)1400℃；(c)1500℃；(d)1600℃；(e)1700℃；(f)1730℃

3. 微裂纹

微裂纹的来源是由于热膨胀系数不同而引起的边界应力。由于陶瓷材料是由多组元组成，各组分的热膨胀系数存在差异。材料内部各个晶粒之间的热膨胀也不同，在冷却时两相之间就产生应力，因此很容易使晶粒之间出现间隙并产生微裂纹。即使是单相材料，对于各向同性的材料，纵横向的热膨胀特性应当相等，也就是说对于立方晶系，热膨胀系数是各向同性；而对于各向异性的材料，如α-Al_2O_3，它属于六方密堆积晶体结构，它的晶体结构示意图如图 3.8 所示，是由氧离子密堆积而铝离子填充这些密堆积所形成的八面体空隙构成的结构，铝离子在结构中并不填充全部空隙，而只填充总数的三分之二。这种结构表现出很强的各向异性，它们的热膨胀系数由两个方向决定，即平行晶轴和垂直晶轴，不同晶轴的热膨胀系数也不同，晶粒之间也会产生同样的现象。

陶瓷烧结就是一个高温物理和化学过程，是在高温下将气孔逐渐排出，使材料达到一定的致密度和强度，而后冷却到使用温度的过程。样品从烧成温度冷却时就会形成残余热应力，在使用过程中热应力容易在表面引起高的应力而产生表面裂纹。

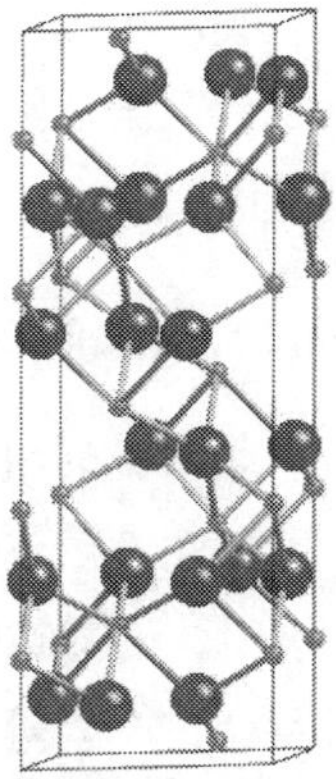

图 3.8　α-Al_2O_3 的晶体结构示意图

陶瓷表面的机械磨损和化学侵蚀是裂纹形成的另外一个主要原因：陶瓷材料是以共价键、离子键或二者混合的化学键形成的物质，其弹性模量和剪切模量均高于金属材料。所以在常温下对剪切应力的变形阻力很大，相应切削加工的挤压应力也较金属材料的大。另外，由于陶瓷材料中位错缺陷的分布密度比金属材料小，位错迁移率很低，导致材料在受力后易于产生裂纹且裂纹尖端的应力难以松弛。因此，切削加工时不像金属材料那样，在剪切力作用下产生塑性变形和位错塞积，而是表面首先产生裂纹。

断裂韧性可通过压痕法(IM)或单边切口梁(SENB)法进行测试，当材料中含有纤维或其他一维相时，压痕法往往不能准确地测出裂纹长度，此时一般采用单边切口梁法来测定断裂韧性。

3.4　陶瓷脆性的可改善性

从上面的说明已经知道陶瓷材料的脆性是物质的化学键合性质和它的显微结构所决定的，因此，要解决它并不是一件容易的事情。但是可以通过一定的途径来减缓它对材料的损害，以改善陶瓷材料的性能，这习惯上称为改善陶瓷材料的脆性。半个世纪研究工作的成果提出了多种行之有效的途径，首先认识的是在陶瓷材料中弱界面的建立，而使裂纹的扩展可以通过它们的解离来吸收外来能量，而不至于损害整个材料。如第二相的引入、自增韧陶瓷材料、陶瓷材料的晶界应力设计、功能梯度材料、叠层材料和纳米陶瓷材料等。在此基础上又提出了多相材料，同时也注意到了各种途径的协同效应。总之，陶瓷材料的脆性是可以在很大程度上得以改善的，增韧的主要机理有以下几种。

3.4.1　相变增韧[28]

相变增韧是一种有效的补强、增韧方法，它是利用多晶多相陶瓷中某些相组分在不同温度的相变，从而达到补强、增韧的效果，这统称为相变增韧。在 ZrO_2 四方相多晶体(TZP)或以四方相 ZrO_2 为第二相颗粒的陶瓷基复合材料(如 PSZ、ZTA)中，裂纹尖端附近高应力的作用导致四方相 ZrO_2 晶粒(t 相)转变为单斜相(m 相)，这种马氏体相变所产生的晶格体膨胀和剪切在裂纹尖端形成屏蔽，减缓裂纹尖端应力集中，阻止裂纹扩展，从而提高了材料的断裂韧性。目前，相变增韧已成为结构陶瓷增韧的主要手段之一，也是研究得较为成熟的一种增韧机理，我们将在第 4 章对这种增韧机理和手段做详细讨论。

3.4.2　裂纹偏转

裂纹偏转机理源于在基体/分散相界面上围绕分散相粒子的应力场，该应力场也是由于弹性模量或热膨胀系数的差异而引起的。由于存在局部的张应力和压应力，裂缝扩展时，必然选择局部的张应力区域而不会进入压应力区域，裂纹发生偏转，改变扩展路径，产生弯曲、倾斜和扭曲，形成非平面裂纹面；裂纹扩展路径延长，消耗更多的裂纹扩展能，从而起到增韧作用[图 3.9(a)]。裂纹偏转程度越大，增韧效果越好。具体来说，增韧效果与补强剂的形状、位置及周围的应力场有关。补强剂为具有较大长径比的棒状颗粒时增韧效果最好，在适当的范围内增加补强剂的含量有利于提高增韧效果[29,30]。

3.4.3　裂纹弯曲

当异质相颗粒足够强时，基体中扩展的裂纹在遇到异质相颗粒时将不能轻易穿过该颗粒，从而可能在该颗粒之间发生弯曲。此时，要使裂纹摆脱颗粒的钉扎继续向前扩展，必须进一步提高裂纹扩展驱动力，从而起到增韧的作用[图 3.9(b)]。

3.4.4　裂纹桥联

当纤维、晶须或金属颗粒作为第二相时，由于颗粒尺寸长度较大(金属会发生形变)，裂纹有时不是靠偏移或弯曲绕过异质相颗粒，而是直接穿过颗粒，此时颗粒起到裂纹桥联的作用，可以明显提高 *R*-曲线上的韧性平台。对于颗粒状的纳米材料，虽然 *R*-曲线上的韧性平台改变不大，但却可以使 *R*-曲线在短的裂纹长度上出现陡然上升的情况。对金属/陶瓷基复合材料来说，金属颗粒的弹性拉长使裂纹桥联是金属陶瓷中的有效增韧机制。当裂纹扩展到陶瓷/金属界面时，由于延性金属颗粒和脆性基体的形变能力不同，引起裂纹局部钝化，某些裂纹段被迫穿过颗粒，而被拉长的金属颗粒起桥联作用[图 3.9(c)]。延性颗粒的弹性形变有助于金属陶瓷韧性的提高，即在这个过程中金属相将发生塑性变形并消耗很多的能量，从而提高了材料的韧性。

3.4.5　纤维(或晶须)与微颗粒增韧

在基体中掺入高强度、高韧性的纤维或高韧性的金属微粒，可使宏观裂纹在穿过纤维或微粒时受阻，从而提高了材料的强度和韧性．当金属颗粒作为异质相时，金属颗粒在裂纹扩展应力作用下的塑性形变过程可以消耗大量能量，从而提高材料的断裂韧性。当异质相为铁电或压电相时，电畴在裂纹尖端应力的作用下转向或产生压电效应时也会消耗一定量的机械能，同样可以起到增韧作用。另外晶须的脱黏、拔出作用也是晶须增强的机理[图 3.9(d)]

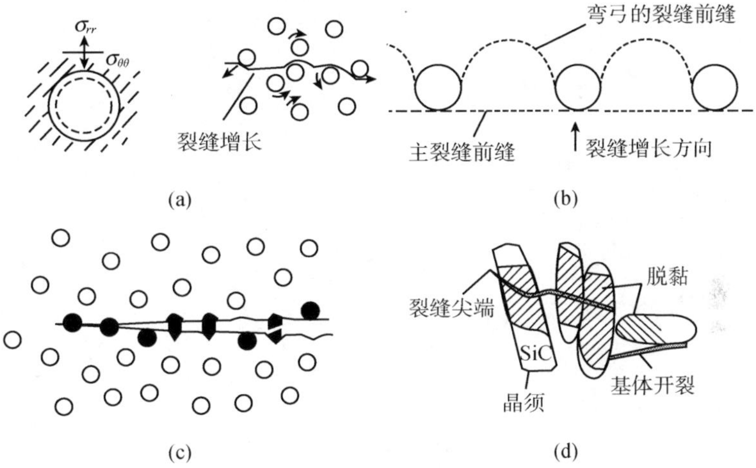

图 3.9　增韧机理示意图[31]

3.4.6　残余应力增韧

残余应力增韧是复合陶瓷主要的增韧方式之一。由于第二相颗粒和基体之间的热膨胀系数和弹性模量不匹配，在颗粒–界面区域将形成残余应力场。当裂纹扩展到第二相颗粒区域时，裂纹尖端将与颗粒周围应力场相互作用。如果裂纹终止于应力场区域，就是所谓的裂纹钉扎增韧；如果裂纹发生偏转绕过颗粒继续向前扩展，即所谓的裂纹偏转增韧；如果裂纹扩展的驱动力足够大，就穿过颗粒形成穿晶断裂。例如，对 Al_2O_3 基金属陶瓷来说，通常加入的第二相颗粒的膨胀系数大于基体，在压应力和拉应力的共同作用下，裂纹在基体中沿着与径向正应力垂直、与切向正应力平行的方向扩展，从而增加了裂纹扩展的路径，增加了裂纹扩展的阻力，提高了材料的韧性。由于复合材料中残余应力的存在，复合材料的断裂韧性(K_{IC})值为

$$K_{IC}= K_{I0}+2q(2D/\pi)^{1/2} \tag{3.5}$$

其中 K_{I0} 为基体的临界断裂强度因子；q 为局部残余应力；D 为压应力区域的长度。

陶瓷材料的脆性一直是困扰陶瓷材料研究工作者的基本问题，很多研究工作都是围绕着如何改善或减缓陶瓷材料脆性对材料性能的影响，提高陶瓷材料的可靠性和一致性而展开的。通过以上的增韧机理以及各种途径的协同效应，陶瓷的脆性在很大程

度上是可以改善的。关于陶瓷材料的强化和增韧，我们将在第 4 章中详细介绍。表 3.3 列出了几种陶瓷增韧的成功体系和所得到的结果。

表 3.3　陶瓷增韧的典型体系[32]

主要增韧方式和机理	所获得的最大断裂韧性值 /($MPa \cdot m^{1/2}$)	典型的材料体系
相变增韧	≈20	$ZrO_2(MgO)$
		HfO_2
微裂纹增韧	≈10	Al_2O_3/ ZrO_2
		Si_3N_4/SiC
		SiC/TiB_2
金属陶瓷	≈25	Al_2O_3/ Al
		Al_2O_3/ Ni
		WC/ Co
晶须/板条增韧	≈15	Si_3N_4/SiC
		Si_3N_4/ Si_3N_4
		Al_2O_3/SiC
纤维增韧	≥30	CAS^a/SiC
		LAS^b/SiC
		Al_2O_3/SiC
		SiC/SiC
		SiC/C
		Al_2O_3/Al_2O_3

a. 钙铝硅玻璃陶瓷；b. 锂铝硅玻璃陶瓷。

参 考 文 献

[1] 郭景坤. 纤维补强陶瓷复合材料的进展[J]. 材料科学进展, 1989, 7(2): 7–13.

[2] Freiman S W, Mokinney K R, Smith H J. Fracture Mechanisms of Ceramics 2. Edited by Bradt R C, Hasselman D P H, Lange F F. Plenum Press, 1974: 165.

[3] Lynch J F, Bradt R C. Work of fracture of BeO [J]. J. Am. Ceram. Soc., 1973, 56(4): 228, 229.

[4] Hasselman D P H, Coppola J A, Krohn D A, et al. Non-recoverable elastic energy and crack propagation in brittle materials [J]. Mater. Res. Bull.,1972, 7(8):769–772.

[5] Coppola J A, Bradt R C, Richerson D W, et al. Fracture energy of silicon nitride [J]. Bull. Am. Ceram. Soc., 1972, 51(11): 847–851.

[6] Freiman S W, Williams A, Mecholsky J J, et al. Ceramic microstrctures. Edited by. Fulrath R M, Pask J A. Westview Press, 1977: 824.

[7] Coppola J A, Bradt R C. Measurement of fracture surface energy of SiC [J]. J. Am. Ceram. Soc., 1972, 55(9): 455–460.

[8] Wiederhorn S W. Fracture surface energy of glass [J]. J. Am. Ceram. Soc., 1969, 52(2): 99–105.

[9] Sambell R A J, Briggs A, Phillips D C, et al. Carbon fiber composites with ceramic and glass matrices. Part 2. Continuous fibers [J]. J. Mater. Sci., 1972, 7(6): 676–681.
[10] Swanson G D. Fracture energies of ceramics [J]. J. Am. Ceram. Soc., 1972, 55(1): 48, 49.
[11] Tattersall H G, Tappin G T. The work of fracture and its measurement in metals, ceramics and other materials [J]. J. Mater. Sci., 1966, 1(3):296–301.
[12] Crivelli-Visconti I, Cooper G A. Mechanical properties of a new carbon fibre material [J]. Nature, 1969, 221: 754, 755.
[13] Lindley M W, Godfrey D J. Silicon nitride ceramic composites with high toughness [J]. Nature, 1971, 229:192, 193.
[14] Griffth A A. The phenomenon of rupture and flow in solids [J]. Phil. Trans. Roy. Soc. Lond.,1920, A221:163–198.
[15] Green D J.陶瓷材料力学性能导论 [M]. 龚江宏译. 北京：清华大学出版社, 2003.
[16] Irwin G R. Fracture [M]. Handbuch der Physik, Berlin: Springer-Verlag, 1958, 6: 551–589.
[17] 张清纯，林素贞. Al_2O_3 某工程陶瓷环的微观结构与段类关系研究 [R]. 中国科学院上海硅酸盐研究所工作报告，1978.
[18] Fuller E R, Wiederhorn S M, Roberts D E. Mechanical property testing of refractory concretes at high-pressure and temperature [J]. Am. Ceram. Soc. Bull., 1979, 58(3):335.
[19] Henshall L, Rowcliffe D J, Edington J W. Special ceramics. Brit. Ceram. Res. Assoc., 1975, 168.
[20] Evans A G, Lange F F. Crack propagation and fracture in silicon carbide [J]. J. Mater. Sci., 1975, 10 (10): 1664–1695.
[21] Pabst R F. Fracture mechanism of ceramics 2. Edited by Bradt R C, Hasselman D D H, Lange F F. New York- London: Plenum Press, 1974.
[22] Wiederhorn S M, Roberts D E. Influnence of normal alcohols on abrasive of glass [J]. Wear, 1975, 32(1): 51–72.
[23] Li J, Pan Y B, Wu Y S, et al. Hot-pressed sintering of α-Al_2O_3-seeded nanocrystalline γ-Al_2O_3 powders [J]. Int. J. Appl. Ceram. Tech., 2007, 4(3): 276–284.
[24] Shi X M, Pan Y B, Guo J K. Fabrication and magnetic properties of cobalt-dispersed-alumina composites [J]. Ceram. Int., 2007, 33(8): 1509–1513.
[25] Li H L, Liu X J, Xie R J, et al. Fabrication of transparent cerium-doped lutetium aluminum garnet ceramics by co-precipitation routes [J]. J. Am. Ceram. Soc., 2006, 89 (7): 2356–2358.
[26] Tuan W H, Wu H H , Yang T J. The preparation of Al_2O_3/Ni composites by a powder coating technique [J]. J. Mater. Sci., 1995, 30: 855–859.
[27] Wu Y S, Li J, Pan Y B, et al. Diode-pumped Yb:YAG ceramic laser [J]. J. Am. Ceram. Soc., 2007, 90 (10): 3334–3337 .
[28] Garvie R C, Hannink R H J, Pascoe R T. Ceramic steel [J]. Nature, 1975, 258: 703, 704.
[29] Faber K T, Evans A G. Crack deflection process-I Theory [J]. Acta Met all., 1983, 31(4): 565–576.
[30] Faber K T, Evans A G. Crack deflection process- II Theory [J]. Acta Met all., 1983, 31(4): 577–584.
[31] 尹衍生，李嘉. 氧化锆陶瓷及其复相陶瓷 [B]. 北京：化学工业出版社, 2003.
[32] Evans A G. Perspectives on the development of high-toughness ceramics [J]. J. Am. Ceram. Soc., 1990, 73(2):187–206.

第 4 章　陶瓷的强化与增韧

4.1　陶瓷补强的主要机理

在晶体结构稳定的情况下，控制材料强度的主要参数有三个，即弹性模量 E、断裂能 γ 和裂纹尺寸 c。这三者中，影响最大的就是材料中的裂纹，所以材料的补强增韧措施大多从消除缺陷和阻止其发展着手。

复合是提高材料强度和韧性最常用的一种方法。陶瓷基复合材料近年来大量涌现，氧化铝、氧化锆、氮化硅、碳化硅等通常被作为基体，各种颗粒、纤维和晶须被作为增强相。复合材料的强度、韧性相对基体来说都能得到提高，这些结果来自不同补强增韧机理的结合，材料的增韧机理在上章已经介绍，下面介绍主要的补强机理。

4.1.1　异质颗粒对基体晶界的钉扎作用

根据 Hall-Petch 原理，屈服应力(或硬度) 与晶粒尺寸有如下的关系:

$$\sigma=\sigma_0 + K_H d^n \tag{4.1}$$

其中 σ 为 0.2%屈服应力；σ_0 为移动单个位错所需克服的点阵摩擦力；K_H 为常数；d 是平均晶粒直径；n 为晶粒尺寸指数,通常为−1/2 。从式(4.1)可以看出，陶瓷材料的强度与其晶粒尺寸平方根成反比关系，而由 Zener 晶界钉扎原理可知，基体晶粒尺寸与第二相颗粒的直径成正比。因此，小尺寸尤其是纳米级别颗粒的引入将导致材料强度的提高。另外，在纳米复相陶瓷中，纳米颗粒对晶界的钉扎作用还可以明显降低基体晶粒的异常长大，使得材料的显微结构更加均匀，这同样有利于材料中临界缺陷尺寸的减小和强度的改善。例如，在 Al_2O_3 基体中加入纳米 SiC 可抑制 Al_2O_3 晶粒的长大；另外纳米 SiC 的加入提高了成核浓度，在减小晶粒尺寸的同时促使晶粒大小均匀化，减小了晶粒异常长大的可能性，这种均匀细化的显微结构有利于提高材料的抗弯强度[1]。但是，应该看到这一关系式有一定的局限性。首先，强度值不可能无限地增长，不能超出理论强度的限制；其次，晶界上的任何弛豫过程都可能导致强度的降低，从而在某一临界粒径下出现反 Hall - Petch 关系式的现象；最后，Hall -Petch 关系式是以位错的塞积为理论基础的，当晶粒比较小时(纳米尺寸) ,单个的晶粒不能产生多个位错塞积，Hall - Petch 关系式就会失效[2]。

4.1.2　基体晶粒中位错网的形成

在纳米复相陶瓷尤其是氧化物基纳米复相陶瓷中，如果晶内纳米颗粒与基体存在较大的热膨胀系数差异，在烧结冷却过程中由于热应力的原因会导致在基体晶粒内部出现位错网或亚晶界，使基体晶粒的有效粒径下降，对于提高材料的强度同样具有重要的影响。在此结构中基体晶粒间的晶界称为主晶界，晶内纳米相和基体晶粒间的界面称为次界面，次界面对材料力学性能有重要影响。日本的陶瓷学家新原皓一认为纳米复合材料性能的提高与“晶内型”结构的形成及由此产生的次界面的作用有关，主要通过以下效应使材料得以增强：①减弱晶界的作用；②诱发穿晶断裂的产生；③抑制断裂过程中的位错运动[3]。

4.1.3　异质相对基体晶界的强化作用

当异质相颗粒进入基体晶粒内部，如果异质相的热膨胀系数小于基体的热膨胀系数时，将在基体晶界上施加一个压应力，从而使基体晶界得到强化(图 4.1)。在有些纳米复相陶瓷中，晶界纳米颗粒与基体晶粒会形成高强度的结合界面。另外，晶界颗粒对晶界玻璃相的强化作用同样对改善晶界强度有着重要的作用。

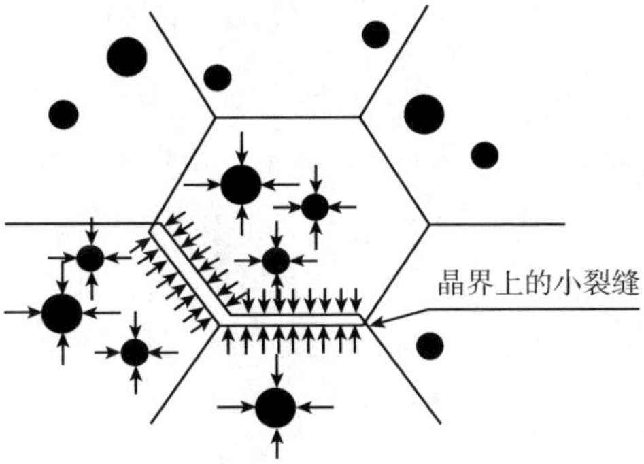

图 4.1　复相陶瓷中压应力示意图[4]

4.1.4　材料表面压应力层的形成

人为地预加应力，在材料表面形成压应力层，可以提高材料的抗拉强度。预先使陶瓷材料受到一个压缩应力，当它受张力的时候，必须先超过预加的压缩应力，然后才能对材料施加张力，这样可以提高材料承受外力的能力。预置压缩应力最常见的方法就是热韧化，将材料加热到发生黏性流动的温度，迅速冷却，材料表面立即冷却变成刚性，而内部仍处于熔融状态；继续冷却，内部将比表面以更大的速率收缩，使表面受压，内部受拉，结果在表面形成残余压应力。四方氧化锆在应力作用下发生晶型转变时会发生体积膨胀，这个变化可以向陶瓷裂缝表面施加一个压缩应力，从而阻止裂缝增长。另外，加工产生的表面压应力及退火后裂纹愈合机制同样可以促使材料力学性能的提高。研磨、抛光和退火都会影响复合材料的力学性能，其中对抗弯强度提高的作用机制主要有以下几个观点：①研磨产生表面压应力；②退火后裂纹愈合；③应力引发位错网[5]。

对陶瓷材料进行“补强增韧”，提高材料应用的可靠性和一致性，是当今学者面临的重要课题，也是陶瓷学家为之奋斗的目标。理论和实践均表明，运用陶瓷材料补强增韧机理，通过对材料的合理设计与制备，陶瓷的脆性在很大程度上是可以改善的。在本章中我们主要介绍氧化锆的相变增韧和层状陶瓷复合材料，改善陶瓷脆性的其他途径，如纳米陶瓷、复相陶瓷将在以后的章节中加以介绍。

4.2　氧化锆的相变增韧

4.2.1　氧化锆的相变机制和规律

在不同的温度下，ZrO_2 存在着三种同质异形体[6]，即单斜晶系(m-ZrO_2)、四方晶系(t-ZrO_2)、立方晶系(c-ZrO_2)。其晶型转化如下式所示：

$$\text{m-ZrO}_2 \xleftrightarrow{1170^{\circ}\text{C}} \text{t-ZrO}_2 \xleftrightarrow{2370^{\circ}\text{C}} \text{c-ZrO}_2 \xleftrightarrow{2715^{\circ}\text{C}} \text{液相 ZrO}_2$$

氧化锆具体的相转变参数描述见表 4.1。如图 4.2 所示，高温下氧化锆属立方萤石型(fluorite)结构，空间群为 Fm3m, 由 Zr^{4+} 构成的面心立方点阵占据 1/2 的八面体空隙，O^{2-}占据面心立方点阵所有的 4 个四面体空隙。四方氧化锆相当于萤石结构沿着 c 轴伸长而变形的晶体结构；单斜氧化锆晶体则可以看作四方晶沿着 β 角偏转一个角度而构成的[7]。

表 4.1　氧化锆相转变参数[8]

	m-ZrO_2	t-ZrO_2	c-ZrO_2
空间群	$P2_1/c$	$P4_2/nmc$	Fm3m
T_c^a (加热)		1150 °C　2370°C	
(冷却)		900 °C　2355 °C	
级数		1st	
配位数	4	2	2
晶格常数/0.1nm	$a = 5.142$ $b = 5.206$ $c = 5.313$ $\beta = 99^{\circ}18'$ (30°C)	$a = 3.653$ $c = 5.293$ (1393 °C)	$a = 5.272$ (2400 °C)

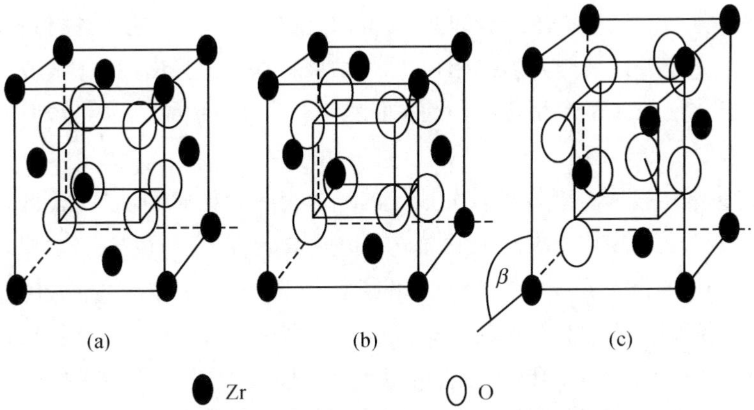

图 4.2　立方、四方和单斜氧化锆的晶体结构

(a) 立方氧化锆；(b) 四方氧化锆；(c) 单斜氧化锆

m-ZrO_2、t-ZrO_2、c-ZrO_2 三种晶型的密度分别为 5.65g/cm^3、6.10 g/cm^3 和 6.27 g/cm^3。当 ZrO_2 从高温冷却到室温时，要经历 c-t-m 的同质异构转变，其中 t-m 转变是陶瓷中典型的马氏体相变，被认为是属于马氏体相变类型的固态相变。这个过程会产生 3%～5% 的体积膨胀和 7%～8% 的无扩散剪切应变。进一步研究纯 ZrO_2 的相变动力学时发现：t-m 转变不仅具有变温特征，还存在等温转变现象[9]。当 ZrO_2 晶体尺寸小于 1000Å 或 ZrO_2 中存在某种晶体缺陷时，由于 t 相晶粒尺寸太小，不足以形成足够大的 m 相晶核，此时等温转变就会发生。在等温过程中，t 相晶粒逐渐长大，使得 m 相能够在 t/m 相界上不断形核长大，由此呈现等温特征。

在 Y_2O_3-ZrO_2 陶瓷中，加入其他稳定剂，如 CeO_2、MgO、TiO_2 均能提高 t 相稳定性，降低相变速率和相转变量，阻碍等温相变发生。增加晶粒尺寸或 Y_2O_3 含量均能有效降低 t-m 相变速率和相变数量。Y_2O_3-ZrO_2 陶瓷的 t-m 等温相变是一种受氧离子短程扩散控制的类贝氏体相变。氧空位与氧离子组成的基团使氧离子容易扩散，促使 t-m 等温相变。在相变过程中，Zr^{4+} 做切变运动，氧离子作短程扩散，相变速率受氧离子扩散所控制。相变存在着氧离子–空位的扩散，这使得掺杂离子或氧离子可能在 m 相晶胞中进行某些择优排列，并导致 Zr-O 配位层中过饱和的氧空位数量减少，降低四方相的稳定性，从而发生 t-m 相变。而在 8% (摩尔浓度)CeO_2-ZrO_2 陶瓷中，t-m 相变可以在等温和变温条件下交替进行。在 400℃ 以下等温时已有部分 t 相在快冷过程中发生 t-m 相变；在 400℃ 以上等温时，随着温度的升高，相变孕育期显著增加，相转变量减少[10,11]。由于 ZrO_2 自身马氏体转变的这个特点，可使材料韧性得到显著提高。

4.2.2　三种不同形式的氧化锆陶瓷

按照 ZrO_2 t-m 相变在陶瓷增韧中的应用，发展了三种不同形式的 ZrO_2：弥散增强氧化锆、部分稳定氧化锆(PSZ)和四方多晶氧化锆(TZP)。对前两种材料而言，至少有两相存在，立方氧化锆作为第二相存在，而 TZP 基本上只由四方相的氧化锆所构成。三种不同氧化锆的典型形貌各不相同，如图 4.3 所示。下面我们将分别加以简要介绍。

1) 弥散增强氧化锆

ZrO_2 弥散增韧陶瓷是发展较为成熟的复合材料，如 ZrO_2 增韧氧化铝、ZrO_2 增韧莫来石($3Al_2O_3 \cdot 2SiO_2$)均已发展成商品，并分别命名为 ZTA 和 ZTM，在刀具等领域发挥作用。ZTA 的抗弯强度、断裂韧性和耐热冲击温度有很大提高，美国和瑞典研制的 ZrO_2 增韧陶瓷刀片具有相当高的刀刃强度和耐磨性，用于加工合金钢时，粗车速度可达到 3.3m/s，精车速度为 15m/s。它可以在高于硬质合金刀具 4 ~ 5 倍的切削速度下加工高温合金[12]。ZTA 还可用作旋流型和 Y 型陶瓷水煤浆喷嘴，前者在水煤浆黏度高达 1600~2100cP(1cP=10^{-3} Pa·s)下仍能正常运行；后者在工业燃烧状态下有很好的雾化及燃烧效果，燃烧效率达 95%，两者都经过累计 200h 的工业燃烧试验无磨损。雾化试验表明，其雾化角和其他雾化性能指标不变[13]。图 4.3(a)是 ZTA 的显微形貌图，其中白色颗粒为立方相的氧化锆，弥散分布在氧化铝基体当中。和 PSZ 及 TZP 靠引入添加剂使立方氧化锆室温稳定不同的是，ZTA 是通过控制氧化锆的晶粒尺寸、形貌以及位置(晶内或晶间)来实现。

2) 部分稳定氧化锆

由于相变带来体积的变化，因此，纯的 ZrO_2 是难烧成致密陶瓷的，在烧结后冷却时，必然会由于四方相的相变而造成体积膨胀开裂。为了消除这种体积变化的破坏作用，最常用的办法就是在 ZrO_2 中加入适量的立方晶型氧化物稳定剂，如 CaO、MgO、La_2O_3、Y_2O_3 等。这样就有单斜、四方和立方三种晶型的氧化锆存在，称为部分稳定氧化锆(PSZ)。在应力作用下发生 t-m 马氏体转变，这种相变过程将吸收能量，使裂纹尖端的应力场松弛，增加裂纹扩展阻力，从而实现增韧。部分稳定氧化锆的断裂韧性远高于其他结构陶瓷，并由此获得了“陶瓷钢”的称誉。根据稳定剂的不同，又分别有 Ca-PSZ、Mg-PSZ、Y-PSZ 等称法(稳定剂分别为 CaO、MgO、Y_2O_3)，如 Mg-PSZ 是将含摩尔分数为 6% ~ 10% 的 MgO 和 ZrO_2 粉料成型后，在 1700~1850°C 的温度范围内烧结，快速冷却至 c+t 双相区后等温时效，使 t 相在过饱和的 c 相中析出，随后在 1100°C~1450°C 进行长时间共析热处理(1100°C 获得抗震型 PSZ，1450°C 获得高强度型 PSZ)。图 4.3(b) 中白色扁平透镜状颗粒为 Mg-PSZ 中的四方相氧化锆，沉淀在立方氧化锆基体中。

3) 四方多晶氧化锆

四方多晶氧化锆陶瓷(TZP)可看作是 PSZ 的一个分支。它在 t 相烧结、冷却过程中不发生相变，室温下保持全部或大部分(98%以上)亚稳定的 t 相。TZP 陶瓷的制备不需要热处理，但需要设计合适的烧结温度和保温时间，这两个因素决定了材料的晶粒尺寸，还需要选择稳定剂的种类以及含量，这两个因素则决定了相变临界尺寸。高的四方相对应着材料具有较高的强度[14]。图 4.3(c) 是 Y-TZP 的 SEM 照片，全部为四方相的氧化锆。

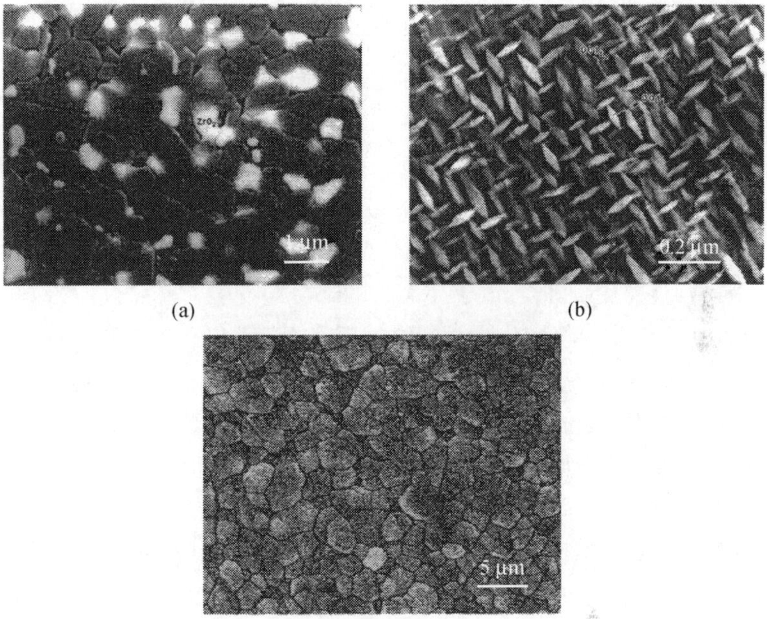

(a)　(b)　(c)

图 4.3　三种不同的氧化锆形貌[15-17]

(a) 弥散分布的四方 ZrO_2；(b) 部分稳定 ZrO_2；(c) 四方多晶 ZrO_2

4.2.3　氧化锆的增韧机理

目前国内外发展起来的 ZrO_2 增韧机理主要有[10,11,18-20]如下几种。

1) 相变增韧

相变增韧是应力诱导四方 ZrO_2 马氏体相变来改善陶瓷材料的韧性。ZrO_2 在室温下是单斜晶系，当温度达到 1170°C 时，由单斜晶型转化为亚稳态的四方晶型。在应力作用下，亚稳态的四方晶型 ZrO_2 可诱发相变重新转化为单斜晶型。在高温烧结时，ZrO_2 颗粒以四方相存在，而烧结致密后冷却时，四方相 ZrO_2 颗粒就要转变为单斜相颗粒并伴随体积膨胀。但这时周围致密陶瓷基体束缚它的膨胀，因而相变受到抑制。结果就是在室温时颗粒仍以四方相存在，因此它有一种力图膨胀而变成单斜相的自发倾向，在许多陶瓷基体中，分散这种亚稳定的 ZrO_2 颗粒会使陶瓷的韧性极大提高，

这是因为四方 ZrO_2 颗粒是处在压应力状态，基体沿颗粒连线方向也是受到应力的。当外力作用时，基体所受的外加应力解除了对 ZrO_2 颗粒的束缚，促使四方相 ZrO_2 转变成单斜相 ZrO_2 的马氏体相变，引起体积膨胀，由此诱发出弹性压应变能。而相变颗粒的剪切应力和体积膨胀对基体产生压应变，使裂纹停止扩展，以致需要更大的能量才使裂纹扩展。即在裂纹尖端应力场的作用下，ZrO_2 粒子发生四方相–单斜相的相变而吸收了能量，外力做了功，从而提高了材料的断裂韧性。

2) 微裂纹增韧

ZrO_2 在由四方相向单斜相转变时，由于发生体积膨胀，导致单斜相 ZrO_2 和基体相交界附近会诱发出细小的微裂纹。这样不论是陶瓷在冷却过程中产生的相变诱发微裂纹，还是裂纹在扩展过程中其尖端区域形成的应力诱发相变导致的微裂纹，都将起到分散基体中主裂纹尖端能量的作用，起到增韧效果。如果微裂纹处于主裂纹前端的作用区，则由于它们的延伸释放了主裂纹的部分应变能，增加了主裂纹扩展所需能量，材料的弹性应变能主要将转化为微裂纹的新表面能，从而有效地抑制了裂纹的扩展，提高了材料的断裂韧性。另外，延伸后形成的较大的微裂纹还可能导致主裂纹扩展路径发生扭曲和分叉，增加裂纹扩展路径，吸收更多的弹性应变能，从而提高断裂能，引起陶瓷断裂韧性的增加。

3) 弥散增韧

在陶瓷基体材料中加入第二相 ZrO_2 颗粒，将对裂纹起钉扎作用，使裂纹发生偏转，耗散裂纹前进的动力。同时，颗粒在基体中受拉伸时阻止横向截面收缩，消耗更多的能量，达到增韧目的。另外，第二相颗粒的强化在于颗粒与基体的热膨胀失配，使外加载荷重新分配，提高承载能力，防止基体内位错运动，以达到强化的目的。

氧化锆增韧陶瓷的部分有关性能见表 4.2。从表中我们可以看出：氧化锆增韧陶瓷材料在室温下具有最高的强度和断裂韧性，但是，在高温下由于相变作用的消失，性能急剧下降。若采用多种强化与增韧途径，虽然对室温性能有所损害，但其高温性能则大大提高，表中莫来石基复相陶瓷就是一个很好的范例。图 4.4 是 1.5 Y-TZP 的压痕相变区的压痕形貌，当压力小于 30 kg 时，均看不到裂纹产生，说明材料有较高的断裂韧性。压痕法测得其断裂韧性值为 15.5 MPa·$m^{1/2}$。

表 4.2　ZrO_2 增韧陶瓷的有关性能[13]

材料	工艺	抗弯强度/MPa		断裂韧性/(MPa·$m^{1/2}$)	硬度/HRA	参考文献
		R.T.	H.T.	R.T.		
3Y-ZrO_2	PLS	1040		10.7	89.4	[22]
3Y-ZrO_2	H.P.	1570	480 (600 °C) 212 (1000 °C)	15.3	90.2	[22]

续表

材料	工艺	抗弯强度 /MPa		断裂韧性 /(MPa·m$^{1/2}$)	硬度 /HRA	参考文献
		R.T.	H.T.	R.T.		
15%(体积分数)SiC_w(Al_2O_3 Coating)/[15%(体积分数)Mullite+TZP]	H.P.	>1100	470 (1000℃)	>12		[23]
14%～17%(摩尔浓度)CeO_2/TZP	H.P.	>600		>12		[24]
15SiC_p/Y-TZP	H.P.	1120	850 (500℃) 650 (800℃)		92	[25]
20Y-TZP/30SiC_p/Mullite	H.P.	611	620 (800℃) 610 (1000℃) 443 (1200℃)	7.1	91	[26,27]
ZrO_2/SiC_p/Mullite	H.P.	704	480 (1200℃)	9.8		[28]
10%(体积分数)SiC_w/ZrO_2	H.P.	1400		10		[29]
(Y, Mg)PSZ	PLS	680～700		15		[30]
5%(体积分数)Silicate/30%Al_2O_3/65%TZP	1350 °C PLS	640		7.2		[31]
1%(摩尔浓度)Y_2O_3/Mg-PSZ	PLS	507		11.5		[32]
2%(体积分数) Y_2O_3/Mg-PSZ	PLS	618		7.6		[32]
5%(体积分数)SiC_p/10%(体积分数)ZrO_2/Al_2O_3	PLS+ H.P.	931		4.12		[33]
25%(体积分数)β-SiC_p/20%(体积分数)(2Y)ZrO_2/Al_2O_3	H.P.	945		7.3		[34]
(Y,Mg)-PSZ/$MgAl_2O_4$	PLS	900		15		[35]
30%(体积分数)SiC_w/20%(体积分数)3Y-TZP/$ZrSiO_4$	H.P.	580	480(1000℃)	7.0		[36]
4%(质量分数) Al_2O_3/30%3Y-ZrO_2/Si_3N_4	PLS	573	339(1000℃)	5.2 7.9(1000 °C)		[37]

注：PLS(无压烧结)，H. P.(热压烧结)。

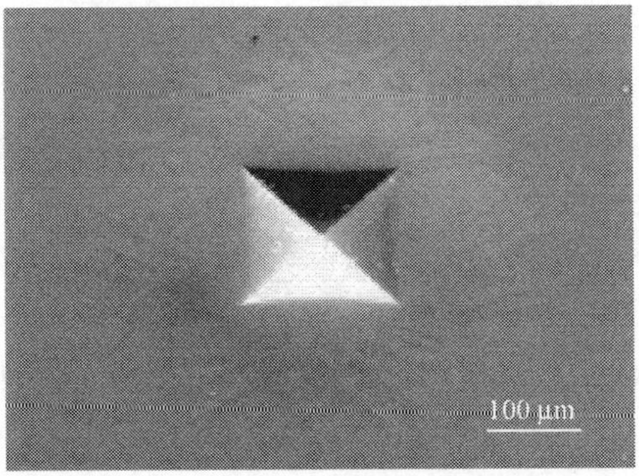

图 4.4　1 .5Y-TZP 的相变区压痕形貌 [稳定剂为 1.5%(摩尔浓度) Y_2O_3 的 TZP]，当施加载荷为 294 N 时压痕周围仍没有裂纹产生[21]

4.2.4 氧化锆相变增韧的影响因素[38-40]

氧化锆的增韧是亚稳态的四方氧化锆相变吸收能量而起作用。因此，四方相氧化锆含量和可相变的四方氧化锆含量是影响材料增韧效果的决定因素，而它们则和稳定剂的含量、ZrO_2 的颗粒尺寸、烧结温度等因素有关。关于可相变的四方相氧化锆的问题在本书的第 5 章 5.2.4 小节中将有较详细的阐述。

1) 稳定剂的含量

理论和实验均已证明，掺杂离子半径低于四价的碱土和稀土金属氧化物(如 CaO、MgO、CeO_2、La_2O_3、Y_2O_3 等)作为稳定剂是获得室温稳定的四方或立方氧化锆十分有效的方法。当在氧化锆晶体中引入一定量的低价阳离子时，它们将取代 Zr^{4+} 的位置，此时为了保持局部电中性而在点阵中引入了氧空位，分布在氧化锆体内锆离子周围的空位降低了局部氧氧之间的排斥力，使配位层产生较大的畸变，提高了相变转化的势垒，从而促进室温立方或四方氧化锆的稳定[8,41,42]。随着稳定剂含量的增加，氧化锆高温晶体形态稳定性增强，四方相含量增加，因而可相变四方氧化锆含量也增加，材料的强度和韧性相应增加，但稳定剂的含量必须适量，过量的引入将降低 t-ZrO_2 的相变活性，反而不利于韧性的提高。

2) 氧化锆晶粒尺寸

室温下亚稳定四方相能够存在的条件是四方相的表面能低于单斜相的表面能。Garvie[43] 通过热力学计算，表明纯氧化锆的晶粒尺寸小于等于 30nm 时会发生自发相变，获得亚稳定四方相氧化锆。正是由于纯氧化锆的相变临界尺寸太小，高温烧结后很难获得 30nm 左右的晶粒尺寸，加入稳定剂的目的就是提高相变临界尺寸，获得室温下可相变的亚稳四方氧化锆固溶体。当四方氧化锆烧结体的晶粒尺寸和相变临界尺寸接近时，增韧效果最佳。晶粒远小于临界尺寸，则四方氧化锆稳定，试样在断裂时四方相氧化锆不容易变成单斜相，对相变无明显作用；晶粒远大于临界尺寸时，则在基体中的四方相很容易相变成单斜相而产生微裂纹，同样削弱了相变增韧的作用，甚至会引起对材料的直接破坏。此外，作为增韧相的四方 ZrO_2 颗粒应尽可能均匀地分布在基体中，均匀分布的四方 ZrO_2 微小粒子在烧结过程中能阻止基体材料的晶粒长大，从而提高材料的强度和韧性。

3) 可相变的四方氧化锆含量

在四方相氧化锆(t-ZrO_2)中，不同晶粒的不同结晶学取向抑制了相互各向异性的应变，晶粒尺寸越大，产生的相变应力就越大。在两相的复相陶瓷中，母相与 t-ZrO_2 的弹性模量和热膨胀系数不一致，母体对氧化锆晶粒的抑制产生了应变能，在相变过程中应变能的变化(ΔU_{str})以及再加上与晶粒尺寸直接有关的表面能的变化(ΔU_s)，这两项能量变化之和决定了 t-ZrO_2 相是否能保留的条件，$\Delta G^{c}_{t\to m}$ 是 t-ZrO_2→m-ZrO_2 的化学自由能变化。当

$$\Delta U_{str} + \Delta U_s > |\Delta G^{c}_{t\to m}|$$

时，t-ZrO_2 就可以保留不相变。ΔU_{str} 随氧化锆晶粒的增大而增大；而 ΔU_s 则随氧化锆晶粒的增大而减小。氧化锆晶粒尺寸小到一定程度，ΔU_s 变大，t-ZrO_2 被保留而不会发生相变；当氧化锆晶粒尺寸大到一定程度时，尽管 ΔU_s 变小，但 ΔU_{str} 大得更多，t-ZrO_2 也能保留而不发生相变。因此，t-ZrO_2 的相变存在一个最佳的尺寸范围，即临界晶粒尺寸[44]。这是 TZP 陶瓷所特有的一个现象，在对氧化锆增韧陶瓷的研究中是必须考虑的一个重要因素。

由此，就引出了在应力诱导下可相变的 t-ZrO_2 体积分数(ΔV_t)的概念。ΔV_t 越大，则材料的增韧效果越大，断裂韧性越高。它除了与加入的稳定剂品种有关，还受它的加入量的影响，在 Y-TZP (Y_2O_3 稳定四方相 ZrO_2)中 Y_2O_3 的含量在 2.1% (摩尔体积)和晶粒尺寸为 2.3 μm时，x_t %(t-ZrO_2 含量)、ΔV_t 和 K_{IC} 是最高值[44]。Claussen[45]在 ZTA (ZrO_2 增韧 Al_2O_3) 研究中得出 t-ZrO_2 → m-ZrO_2 转变的临界尺寸是 0.4 ~ 0.8 μm 。为了得到最佳的增韧效果，应尽可能地增加可相变的四方氧化锆含量，由此可见可相变四方相氧化锆的含量在此类材料的设计中的重要性。

4.3　多种增韧机理的协同效应

在莫来石陶瓷中加入 20 % (体积分数)的 Y-TZP, 可以使这一复相陶瓷的强度增加 61 %(246~397 MPa),见表 4.3，断裂韧性增加 69 %(2.9~4.9 MPa·$m^{1/2}$)；在莫来石陶瓷中加入 20%(体积分数)SiC_p 超细颗粒，可以使复相陶瓷的强度增加 45 %(246~357 MPa),断裂韧性增加 59 %(2.9~4.6 MPa·$m^{1/2}$)。当两种添加物同时加入时，抗弯强度竟可以达到 610 MPa(增加 148%)，断裂韧性也达到 6.7 MPa·$m^{1/2}$(增加 131%)[46]。

表 4.3　莫来石基复相陶瓷的力学性能

材料体系	抗弯强度 σ/MPa	$\Delta\sigma$	断裂韧性 K_{IC}/(MPa · $m^{1/2}$)	ΔK_{IC}
莫来石	246		2.9	
20% (体积分数)Y-TZP/莫来石	397	151	4.9	2.0
30% (体积分数)SiC_p/莫来石	357	111	4.6	1.7
20% (体积分数)T-TZP/30% (体积分数)SiC_p / 莫来石	619	364	6.7	3.8

这种额外的协同效应，并不是个别的现象， 在 TiC_p / SiC_w / AlN 复相陶瓷中也有

类似的情况。如表 4.4 所示，单独加入 TiC_p 或 SiC 晶须的力学性能与两者同时加入的相比，并不是两者之和而是有额外的增量[47,48]。

表 4.4 氮化铝复相陶瓷的力学性能

材料体系	抗弯强度 σ/MPa	Δσ	断裂韧性 K_{IC} /(MPa · $m^{1/2}$)	ΔK_{IC}
AlN	308		3.12	
10W/O TiC(p)/AlN	342	34	4.05	0.93
20W/O SiC(w)/AlN	520	212	5.22	2.10
10W/O TiC(p)/20W/O SiC(w)/AlN	566	258	6.76	3.64

4.4 层状复合材料

4.4.1 层状复合思想

层状复合是一种仿生设计。人们发现，自然界的生物材料几乎都是复合材料，虽然其组分简单，但精细的复合结构保证了其优良的力学性能。贝壳的层状结构示意图如图 4.5 所示，由多层厚约 1μm 的脆性文石晶体组成，层与层之间由蛋白质软体连接。这种类似砖砌体的结构的机械性能远远高于一般文石晶体，不仅具有文石晶体的坚硬性，其断裂韧性更是比文晶石提高了 20 倍。贝壳层的增韧实际是两种增韧机制共同作用的结果：层与层之间的有机质对裂纹起到了偏转和桥联的作用；同时贝壳层发生层片间的滑移以及断裂时，其中间较软的有机质可以发生塑性变形，吸收能量从而降低了裂纹尖端的应力场强度。因此保证了贝壳优异的综合力学性能。随着 1990 年 Clegg[49]在 *Nature* 上 “A simple way to make tough ceramics”的发表，仿贝壳结构的层状复合材料由于具有结构、性能可设计的可操作性及简单性，成为目前研究较多的层状复合材料。其设计思路是在脆性的陶瓷材料中加入软质的耐高温材料制成层状复合陶瓷。除此之外，还有仿木材的年轮结构、仿骨结构、仿蛛丝结构以及仿竹子结构等。这些仿生材料的特点在于不仅仅从组分设计上对陶瓷的脆性加以改善，更重要的是从材料的宏观结构来设计新型材料，突破了复杂成分简单复合的旧思路，而是立足

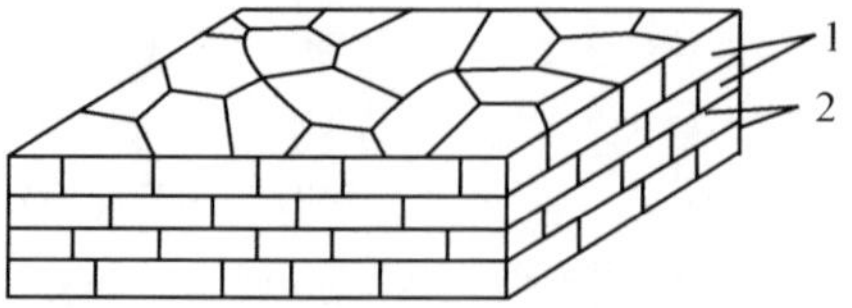

图 4.5 贝壳的层状结构示意图

1.文晶石($CaCO_3$)；2.有机质

于简单成分的多重结构复合，形成不同尺度多级增韧机制协同作用，是陶瓷补强增韧的新思想。在本书第 5 章 5.3 节功能梯度材料中提到的也有类似于层状材料的构思。

4.4.2　层状复合材料的韧化机制

与传统上通过消除缺陷(flaw-eliminate)等来提高机械性能的方法本质不同，层状复合陶瓷的增韧机理是一种能量吸收、耗散机制，与强度和缺陷无关，是一种耐缺陷(flaw-tolerance)[50, 51]。根据界面的强弱，层状复合材料可分为弱界面、强界面及延性界面材料。不同的界面结合对应着相应的增韧机理。

1) 弱界面裂纹偏转增韧

利用基体层与夹层间的弱界面使裂纹偏转或分层，从而增大裂纹扩展路径，使得能量在裂纹扩展过程中被释放，达到材料增韧的效果。图 4.6 是弱界面层状复合材料体系的断裂过程示意图，可以看出：当应力强度大到一定程度时，开槽处裂纹开始生长，不同的是裂纹不是直接穿透样品，当裂纹尖端前移到达第一层界面时，由于界面结合较弱，再加上裂纹尖端被钝化，穿层扩展受到阻碍，裂纹将首先沿着界面偏转，成为界面裂纹。裂纹在界面层的扩散过程中能量得到释放。

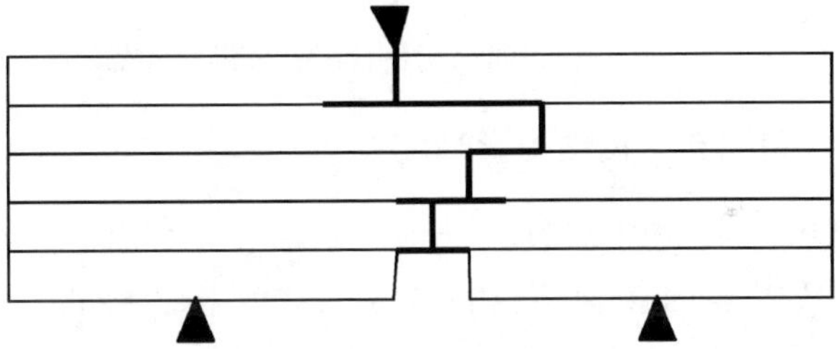

图 4.6　弱界面层状复合材料体系的断裂过程示意图[52]

这一过程重复发生，穿层裂纹和界面裂纹交替发生，直至材料破坏。这种台阶状裂纹大大增加了裂纹扩展路径，使材料的断裂韧性得到大幅度提高。因此，不提倡弱界面结合的层状复合陶瓷界面之间有力的化学结合，因为过强的化学键无法体现弱夹层的特点，反而使陶瓷的各向异性增加，不能抵抗剪切应力，材料容易遭到破坏。该类层状陶瓷的特点是断裂韧性提高幅度较大，且材料不会出现突然性脆断，但由于弱夹层的存在，材料的整体强度有所降低。

2) 延性夹层裂纹桥联增韧

利用延性层的塑性变形来消耗、吸收能量，并在裂纹尾部形成桥联而阻止裂纹扩张，从而改善材料的断裂韧性[53]。应力在延性层得到释放后，裂纹从一个应力状态有利于其扩展的方向转向另一个应力状态不利于其扩展的方向时，将导致扩展阻力的明显增大，材料因而得到了韧化。延性夹层可以选择塑性变形能力很强的金属，也可以选择树脂等有机物。

3) 强界面残余应力增韧

强界面结合是通过界面结合力使层与层之间形成相互约束，有利于在材料内部形成强大的残余应力。如果这种残余应力是人为地、有意识地设计的，就可称为预应力。这种预应力对材料强度以及韧性的提高均可发挥相当大的作用。利用材料热膨胀系数差异、收缩率的不匹配或其层中的相变，调节各自层数、层厚，使表面层产生合适的压应力，从而抑制裂纹的发生和扩展，使强度、韧性提高，表面微硬度也有一定提高。图 4.7 是强界面层状复合材料的断裂示意图。具有强-强多层界面特征的层状复合陶瓷，通常是两种强度较高的单体或复合陶瓷交错间隔、逐层叠加而获得的。

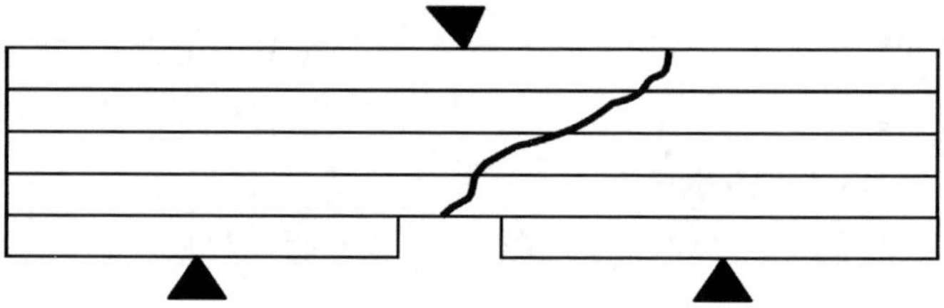

图 4.7 强界面层状复合材料的断裂示意图[52]

4.4.3 层状复合陶瓷断裂韧性的影响因素

层状复合陶瓷独特的构型增加了设计的灵活性，对不同的增韧机理和材料组成而言，其断裂韧性的影响因素也不尽相同。但有些因素是共同的，比如和其他复相陶瓷一样，层状材料在选择和确定材料的组成时，也要考虑各组成相物理和化学相容性。同时由于其结构的特殊性，还要设计和选择复合材料的层数、基体及夹层的厚度和强度等，以满足实际使用需求，这些因素也是影响层状复合陶瓷断裂韧性的共性因素，下面分别加以介绍。

1) 基体层强度的影响

Clegg[54]推导了三点弯曲测定层状陶瓷表观断裂韧性 K_{IC} 的表达式

$$K_{IC}^2 = \sigma_f Y \sqrt{C_N (1 - C_N / d)^2} \tag{4.2}$$

其中 σ_f 为无切口层状梁失效应力；d 为层状材料厚度；Y 为几何因素；C_N 为切口长度。式(4.2)表明基体层强度直接影响材料的断裂韧性值。Clegg 在 SiC/石墨层状复合陶瓷的研究中发现：当基体层的抗弯强度从 633 MPa 降低到 461MPa 时，断裂韧性从 17.7 MPa · $m^{1/2}$ 降低到 11.4 MPa · $m^{1/2}$，当强度降低到 348 MPa 时，断裂韧性仅为 8.8 MPa · $m^{1/2}$，这证明基体层的强度对断裂韧性影响非常显著。

2) 基体单层厚度

单层厚度是控制层状复合陶瓷力学性能的一个重要因素，它决定裂纹扩展到界面前的长度。一般来说，较薄的基体单层厚度对材料的整体力学性能是有益的。这是因为在材料整体厚度一定的情况下，较薄的单层厚度相当于将裂纹沿厚度方向分成更多的几段，增加了裂纹的扩展路径，因此可提高断裂韧性。此外，单层厚度变薄后，易于打破粉体团聚，减少大缺陷的产生，有助于强度提高。当单层厚度减至纳米级时，可以获得超高强度和好的韧性[55]。但由于制备工艺的限制，当厚度减薄到一定程度时便很难保证厚度方向上的均匀性，反而对提高力学性能不利。

3) 夹层厚度的影响

一般来说，夹层厚度在一定小范围波动时 (此值和材料性质有关) ，几乎对材料的表观断裂韧性和断裂功没有影响。当夹层厚度小于一定值后，断裂韧性有显著的减弱，断裂行为也发生改变，层的断裂不再是由同层裂纹生长导致，而是由脱层裂纹横穿界面的生长导致。

4) 界面状况的影响

界面的结合力的强弱对应着不同的韧化机制，对材料性能也产生不同的影响。此外，界面凸凹度对层状陶瓷断裂韧性的影响很大，界面凹凸度的增加可以提高界面断裂强度，抑制软内层的蠕变，增加界面处层与层之间的机械关联，抑制它们的相对位移。Chen 和 Mecholsky[56]研究了两种类型的 Al_2O_3/Ni 层状结构发现：界面凸凹不平的层状材料的使用寿命是界面平滑的层状材料寿命的 13 倍。

4.4.4 层状复合材料的制备方法

与一般的陶瓷块体相比，非均质的层状结构是层状复合材料的特点所在。因此，成型工序是整个层状材料制备工艺的关键，具有许多独特的工艺特点。界面层可根据不同的陶瓷基层状复合材料体系采用不同的方法获得。对于弱界面层材料，通常采用浸涂和喷涂来获得界面层。具体做法是：首先将界面层材料制成溶液或溶胶，然后用浸涂或喷涂的方法将其均匀地涂覆在基体层表面，再经干燥或凝胶处理，即可获得均匀涂层。采用金属作为界面层时，一般可直接使用金属薄片，将其置于两基层中间。某些情况下，界面层采取和基体层一样的方法来获得。常用的成型的方法有干压成型、流延成型、注浆成型、轧膜成型、电泳沉积、凝胶注模成型等。接下来我们选择最为常用的几种加以介绍。

1) 干压成型

干压法经常用于小组分简单形状的成型，其优点是成型周期短、收缩小、曲率可控。具体做法就是将粉体、烧结助剂和一定量的有机添加剂混合、球磨、干燥、过筛，根据需要的试样尺寸，将一定量的粉体依靠外压成型的方法加入到模具中，然后依次对第二层材料重复以上操作。干压成型得到的素坯密度不高，通常还要对干压成型的样品进行冷等静压处理以提高素坯密度。另外，干压成型的单层厚度有限，目前的技术最薄可以做到 100μm。

2) 流延成型

流延成型被广泛用来制备电路基板、电容器等，是制备梯度复合材料很好的成型方法之一。其工艺过程为将粉体、溶剂、增塑剂、黏结剂以及烧结助剂等均匀混合，形成稳定的、流动性好的浆料，必要时进行真空除气，然后流延成型。流延素坯膜的厚度可以控制在 0.012~3 mm，主要由刮刀的高度、流延膜的走速、浆料的黏度、干燥收缩率等多种因素共同决定。因此用这种方法可以精确控制梯度复合材料各层的组分，做到复合材料微观和宏观结构同时设计。流延法还具有工艺简单、自动化水平高、素坯膜性能均匀等优点，不足的是由于添加了各种有机助剂，因此素坯膜密度不高，干燥和烧结过程收缩大。

3) 注浆成型

注浆成型是应用非常普遍的胶态成型方法，它要求浆料的流动性和稳定性好，含水量低，触变性小。基本工艺过程为：将混合好的陶瓷浆料注入具有渗透性的多孔模具中，通过模具的毛细管力排除浆料中的液体，使其在模具中逐渐固化。这种方法也是成型层状材料的有效方法之一，交替在模具中注入不同的浆料，就可以获得想要的层状结构，每层的厚度由注浆时间控制。普通的注浆过程中无外加压力，因此坯体的致密度和强度都比较低，压滤成型和离心注浆则是借助外力改善了这一缺点，不过所得坯体的均匀性较差。注浆成型所需设备简单、成本低，比较适于制备形状复杂的零件。

4) 电沉积成型

根据电解液的组成和性质，电沉积可分为电泳沉积和电化学沉积。电泳沉积的电解液为悬浮液，沉积主要是物理过程。电化学沉积的电解液为溶液，沉积主要发生的是化学反应。运用电泳沉积法(EPD)进行成型时，陶瓷素坯直接从处于直流环境的胶体中沉积出来。沉积电极的形状根据制件的要求而定，并且要求制件能够轻易地取下来，EPD 的工艺过程如图 4.8 所示。直流电场可使带电粒子定向移动，并沉积在带相反电荷的电极上。电泳沉积适合制备微米级的沉积膜，电镀可制备纳米级的沉积膜，且界面平整度在亚微米级。

5) 凝胶注模成型

凝胶注模成型工艺是 20 世纪 90 年代初美国橡树岭国家实验室发明的一种新的陶瓷零件精密成型工艺，是传统的注浆工艺和有机化学的结合。其原理是用低浓度的有机单体溶液，掺入较高体积分量的陶瓷粉末，并使其具有水基料浆那样的良好流动性。

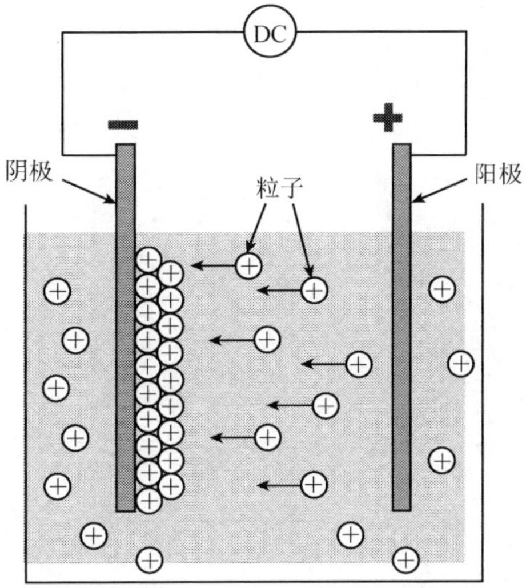

图 4.8　电泳沉积过程示意图[57]

当加入引发剂并浇注后，料浆中有机单体在一定条件下发生原位聚合反应，形成坚固的交叉链结构聚合溶剂凝胶，从而使陶瓷坯体定型。凝胶注模成型工艺也可用来制备陶瓷基体片层，再经叠层后烧结制备层状材料。凝胶注模定型过程是依靠有机单体原位聚合反应形成交叉链结构凝胶体，与注模操作完全分离，故坯体组分均匀，缺陷少，克服了传统注浆法坯体中易形成密度梯度分布，干燥过程产生不均匀变形及坯体强度低、易于塌陷破坏的问题。

上面介绍了层状复合材料常用成型方法的特点，而其原料处理、烧成工序则和一般陶瓷块体的制备工艺大同小异，在这里我们不再赘述。值得一提的是，由于基体和夹层之间物理化学参数上的差异，在烧结过程中一般引入适当的压力以增强层间结合力。表 4.5 总结了一些层状复合材料体系及其力学性能和制备方法[58,59]。

表 4.5　层状复合材料体系及其力学性能和制备方法[58,59]

材料体系		断裂韧性 /(MPa · $m^{1/2}$)	断裂功 /(J/m^2)	抗弯强度/MPa		制备方法
基体层	夹层			室温	高温	
680μmAl_2O_3	25μmAl	6.3				固态扩散连接
680μmAl_2O_3	50μmAl	11.5				
680μmAl_2O_3	250μmAl	16.1~22.0				
480μmAl_2O_3	25μmAl	10.3~11.6				
480μmAl_2O_3	130μmAl	14.5~18.7				
25μmAl_2O_3	400μm [Al_2O_3+15%(体积分数)TZP(3Y)]				130 (1400℃)	注浆、无压烧结

续表

材料体系		断裂韧性 /(MPa · $m^{1/2}$)	断裂功 /(J/m^2)	抗弯强度/MPa		制备方法
基体层	夹层			室温	高温	
SiC	C(石墨)	17.7	6 152	633		轧模、无压烧结
100μm (Si_3N_4+3%β-Si_3N_4)	30μm (25%Si_3N_4+75%BN)	15.12		498.4		轧模、浸涂、热压
100μm (Si_3N_4+20%SiC_w)	30μm (25%Si_3N_4+75%BN)	20.11		651.47		
40~60μm Si_3N_4	2~10μm (BN+12%Al_2O_3)		6500 ± 900	437 ± 42		流延、涂层、热压
150μmβ-Si_3N_4	50μm (BN+10% Si_3N_4)		4500	530		涂层、热压
330μm(Si_3N_4+BN 纤维)45° 铺叠			4700	280	180 (1400℃)	轧丝、热压
Y-ZrO_2/30%Y- ZrO_2+ Al_2O_3/ Y-ZrO_2			8200 10000	392 358		流延、热压
160μm[Al_2O_3+10%(体积分数)ZrO_2]/ 160μm[Al_2O_3+10%(体积分数)ZrO_2]		8.0		560		流延、热压
35μmCe-ZrO_2/ 35μm(50%(体积分数)Ce-ZrO_2+10% (体积分数)Al_2O_3		17.5				离心注浆、无压烧结
200μm Al_2O_3-TiC	SiC+C	5.78		605		流延、热压
450μm Al_2O_3	150μm Ni		9160 ± 910	157.6 ± 17		流延、扩散连接
200μmβ-Si_3N_4	碳纤维纸	8.36		514.1	471.9 (1300℃)	溶胶-凝胶、热压
200μm Al_2O_3	100μm W	6.16 ± 0.49		169.2 ± 8.2		离心注浆、热压
70μm (Si_3N_4+20%SiC_w)	30μm (75%BN+25% Al_2O_3)	20.36 ± 1.0		651.5 ± 75		轧模、热压
SiC	BN+ Al_2O_3	17.93				凝胶注、热压
SiC	BN+ Al_2O_3+SiC	23.78				
Si_3N_4-SiC_w	BN+ Al_2O_3	16.8(1350°C)		516.9	294.7 (1350℃)	

参考文献

[1] Righeiro J P, Pastorl J Y, Lorca J, et al. Revisiting the mechanical behavior of alumina / silicon carbide nanocomposites [J]. Acta Mater., 1998, 46(15): 5399–5411.

[2] 王宏志，高濂，郭景坤. 纳米结构材料 [J].硅酸盐通报，1999,1:31–34.

[3] 新原皓一. Nanostructure design and mechanical properties of ceramic composites [J]. 粉体およで粉末冶金，1990，37(2)：348–350.

[4] Giuseppe P, Valte S, Ken'ichi O, et al. Residual stresses and apparent strengthening in ceramic-matrix nanocomposites [J]. J. Ceram. Soc. Jpn., 1996, 104: 497–503.

[5] 刘含莲，黄传真, 秦惠芳, 等.纳米复合陶瓷材料的增韧补强机理研究进展 [J]. 粉末冶金技术，

2004,22(2): 98–103.

[6] Hannink R H, Kelly P M, Muddle B C. Transformation toughening in zirconia-containing ceramics [J]. J. Am. Ceram. Soc., 2002, 83(3): 461–487.

[7] 尹衍升，陈守刚，刘英才. 氧化锆陶瓷的掺杂稳定及生长动力学 [M]. 北京：化学工业出版社，2004.

[8] Bocanegra-Bernal M H, Diaz De La Torre S. Phase transitions in zirconium dioxide and related materials for high performance engineering ceramics [J]. J. Mater. Sci., 2002,37: 4947–4971.

[9] 郑秀华. ZrO_2 陶瓷中 t→m 等温相变 [J]. 材料科学与工程，1999，17(1)：75–79.

[10] 闫洪，窦明民，李和平. 二氧化锆陶瓷的相变增韧机理和应用 [J]. 陶瓷学报，2000, 21(1): 46–50.

[11] 喻吉良，黎俊初，杨刚，等. ZrO_2 陶瓷 t→m 相变增韧的研究回顾与展望 [J]. 国外金属加工，2004, 25(1): 5–9.

[12] 田增英主编. 精密陶瓷及应用 [B]. 北京：科学普及出版社，1993.

[13] 郭景坤. 关于先进结构陶瓷的研究 [J]. 无机材料学报，1999，14(2): 194–202.

[14] Gupta T K, Bechtold J H, Kuznicki R C, et al. Stabilization of tetragonal phase in polycrystalline zirconia [J]. J. Mater. Sci., 1977, 12(12): 2421–2426.

[15] Herer A H. Transformation toughening in ZrO_2-containing ceramics [J]. J. Am. Ceram. Soc., 1987,70 (10): 689–698.

[16] Matsui K, Horikoshi H, Ohmichi N, et al. Cubic-formation and grain-growth mechanisms in tetragonal zirconia polycrystal [J]. J .Am. Ceram. Soc., 2003, 86(8):1401–1408.

[17] Kellya J R, Kenryb I. Stabilized zirconia as a structural ceramic: An overview [J]. Dental Mater., 2008, 24: 289–298.

[18] 林广涌，雷廷权，周玉. 晶须增韧和相变增韧复合作用的机制与效果 [J].兵器材料科学与工程，1995,18(2):11–19.

[19] Heuer A H, Lange F F, Swain M V, et al. Transformation toughening: An overview. [J].J. Am. Ceram. Soc., 1986, 69(3):i–iv.

[20] Marshall D B. Strength characteristics of transformation-toughened zirconia [J]. J. Am. Ceram. Soc., 1986, 69(3):173–180.

[21] Trunec M, Chlup Z. Higher fracture toughness of tetragonal zirconia ceramics through nanocrystalline structure [J]. Scripta Mater., 2009, 61: 6156–6159.

[22] 李包顺，黄校先，郭景坤，等. 四方相氧化锆多晶陶瓷的力学性能及其增韧机理的研究[J]. 无机材料学报，1986，1(2)：129–134.

[23] 黄勇，张宗涛，郑隆烈，等. SiC(w)/TZP + mullite 陶瓷复合材料界面和组成设计与力学性能 [J]. 无机材料学报，1993，8(4)：453–460.

[24] Li L F, Li Y Y, Sbaizero O, et al. ZrO_2–CeO_2 alloys as candidate structural materials for cryogenic application [J]. J. Am. Ceram. Soc., 1997, 80(4)：1005–1008.

[25] Huang X X, Guo J K, Gui L H, et al. Sic particulate reinforced Y–TZP composites. In: Carlsson R, Johansson L. 4th International Symposium on Ceramic Materials and Components for Enfines, GotebÖrg, Sweden, 1991: 757–764.

[26] Huang X X, Hong J S, Guo J K. Sic particulate and Y–TZP reinforced mullite matrix composites. In: Carlsson R, Johansson L. 4th International Symposium on Ceramic Materials and Components for Enfines, GotebÖrg, Sweden, 1991: 795–803.

[27] 洪金生，黄校先，郭景坤. SiC 颗粒和 Y-TZP 强化增韧莫来石陶瓷 [J].无机材料学报，1990，

5(4)：340–345.

[28] 杨正方，周国生，徐兴华，等. 发动机用先进陶瓷 [M]. 北京：科学出版社，1993：96–104.

[29] Lin G Y, Lei T C, Wang S X, et al. Microstructure and mechanical properties of SiC whisker reinforced ZrO_2 (2 mol% Y_2O_3) based composites[J]. Ceram. Int., 1996, 22(3): 199–205.

[30] 马亚鲁，袁启明，谈家琪，等. 细晶(Y/Ce,Mg)-PSZ／$MgAl_2O_4$陶瓷制备工艺及性能的研究 [J]. 无机材料学报，1998，13(4): 575–581.

[31] 张玉峰，郭景坤，黄校先，等. Y-TZP/Al_2O_3复相陶瓷的液相烧结及显微结构 [J]. 无机材料学报，1998，13(4): 599–602.

[32] 陈玉如，吴厚政，张琪，等. Y_2O_3 改性的 MgO-ZrO_2 共析陶瓷 [J]. 硅酸盐学报，1997，25(4): 401–405.

[33] 郭瑞松，崔一强，杨正方，等. 氧化铝复合陶瓷烧结工艺研究与力学性能改善 [J]. 无机材料学报，1998,13(2):239–242.

[34] Lan L T, Zhou Y, Lei T C. Mechanical properties of Al_2O_3 + ZrO_2 + nano-SiCp ceramic composites [J]. Ceram. Int., 1996, 22(6): 451–456.

[35] Zhang Q, Chen Y R, Wu H Z, et al. The role of Y_2O_3 in fine-grained (Y,Mg)-PSZ/$MgAl_2O_4$ during long term heat treatment [J]. Ceram. Int., 1998, 24(3): 175–179.

[36] Shi Y, Huang X X, Yan D S. Synergistic strengthening and toughening of zircon ceramics by the additions of SiC whisker and 3Y-TZP simultaneously [J]. J. Eur. Ceram. Soc., 1997, 17: 1003–1010.

[37] 张宝清，董利民，田杰谟. 无压烧结 Si_3N_4-3YZrO_2复相陶瓷材料的力学性能和增韧机理研究 [J]. 硅酸盐学报，1997，25(2)：176–182.

[38] 林振汉. 韧性氧化锆陶瓷的力学性能 [J]. 稀有金属快报，2007，26(1)：57–68.

[39] 靳喜海，董向红，阚艳梅. 四方氧化锆相变增韧及其影响因素 [J]. 陶瓷学报，1999, 20(3): 164–166.

[40] 刘宇，邓永茜. 弥散增韧及相变增韧陶瓷综述 [J].中国陶瓷，1990，5：34–41.

[41] Bogicevic A, Wolverton C, Crosbie G M, et al. Defect ordering in aliovalently doped cubic zirconia from first principles [J]. Phys. Rev. B., 2001, 64(1): 014106.

[42] Fabris S, Paxton A T, Finnis M W. A stabilization mechanism of zirconia based on oxygen vacancies only [J]. Acta Mater., 2002, 50(20): 5171–5178.

[43] Garvie R C. The occurrence of metastable tetragonal zirconia as a crystallite size effect [J]. J. phys. Chem., 1965, 69(4): 1239–1243.

[44] 高濂，严东生，郭景坤.Y-TZP 陶瓷中 ZrO_2 颗粒大小对相变增韧的影响 [J]. 中国科学(A 辑)，1988，1:95–103.

[45] Claussen N. Prepalation in pastially stabiliged givconia [J]. J. Am. Cesam. Soe., 1976, 59(3.4): 179–182.

[46] Hong J S, Huang X X, Guo J K. Synthesis and sintered properties of mullite powder from seeded diphasic Al_2O_3-SiO_2 gel [J]. Mater. Lett., 1995, 24(5): 327–331.

[47] 蒋薪，黄莉萍. SiCw-AlN 复合材料工艺因素的研究 [J]. 硅酸盐通报, 1995, 14 (6): 4–7.

[48] 黄莉萍,童一东，陈源，等. 碳化硅晶须增强氮化铝复合材料的机械性能和界面研究[J]. 硅酸盐学报，1994 , 22(1): 16–21.

[49] Clegg W J, Kendal K, Alford N M. A simple way to make tough ceramics [J]. Nature, 1990, 374:455–457.

[50] 葛曼征，杨辉，阚红华. 层状复合陶瓷及陶瓷增韧.材料加工和研究新技术(第二卷) [M].北京:化

工出版社, 1995:536–540.

[51] Martin P H, Helen M C, Gary A M. Unique opportunities for microstructural engineering with duplex and laminar ceramic composites [J]. J. Am. Ceram. Soc., 1992, 75(7):1715–1728.

[52] 左开慧. 陶瓷/金属层状复合材料的设计及力学性能研究 [D]. 中国科学院上海硅酸盐研究所博士学位论文，2006.

[53] Pateras S K, Howard S J. The contribution of bridging ligament rupture to energy absorption during fracture of metal-ceramic laminates [J]. Key Eng. Mater., 1997, 127-131: 1127–1136.

[54] Clegg W J. The fabrication and failure of laminar ceramic composites [J]. Acta. Metall. Mater., 1992, 40 (11): 3085–3093.

[55] He J L. Plastic properties of nano-scale ceramic-metal multilayers [J]. Surface and Coatings Technology, 1998, 103, 104: 276–280.

[56] Chen Z, Mecholsky J J. Effect of interface design on high-temperature failure of laminated composites [J]. J. Mater. Res., 1996, 11 (8): 2035–2041.

[57] Sarkar P, Nicholson P S. Electrophoretic deposition (EPD): Mechanisms, kinetics,and application to ceramics [J]. J. Am. Ceram. Soc., 1996, 79 (8) : 1987–2002.

[58] 苏盛彪. 预应力陶瓷及层状陶瓷复合材料应力分析与设计[D]. 北京：中国建筑材料科学研究院，2002.

[59] 袁广江. 碳化硅基层状复合材料结构设计、制备与强韧性研究[D].北京：北京航空材料研究院，2001.

第 5 章　陶瓷材料的设计

5.1　陶瓷材料设计的提出

陶瓷材料可以通过对材料的组成、显微结构和性能之间关系的认识，根据不同需要来对其进行设计。陶瓷材料是一个多晶的集合体，这是它与单晶和玻璃的主要区别之处，所以它也可以称为多晶材料。多晶体最为明显的特征就是晶粒与相邻晶粒之间的关系，也就有了晶界这个概念的含义。第一种情况是晶粒与相邻的晶粒之间如果没有任何其他的物质存在，也就是所谓的“洁净”的界面(interface)，剩下来的就只有晶粒之间的晶格取向不同了(图 5.1)。

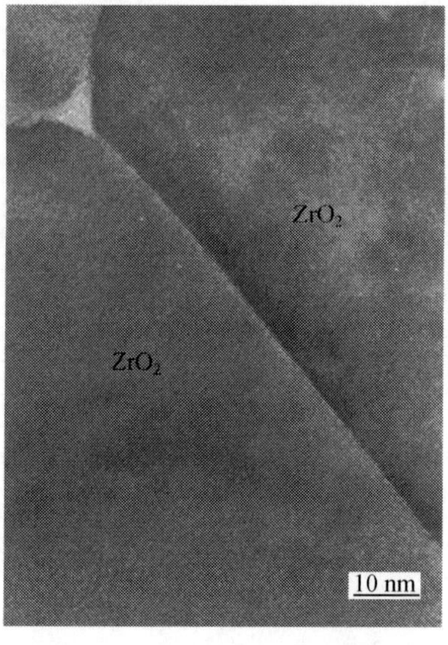

图 5.1　不同晶粒取向的氧化锆陶瓷的显微结构，显示“洁净”的界面(interface)

第二种是在晶界的两旁是两种不同相的晶体(图 5.2)，在晶界的两旁是不同化学组成的晶粒，形成界相(interphase)。由于界相的结构之间的化学上和物理上的性质差异，会出现各种不同的性状，这就成为我们可供选择的研究对象，它可以按照我们的设想来进行设计。

第三种是在晶界处存在玻璃相(G)物质的显微结构(图 5.3)。同样，玻璃相也是第二相物质，也会由于它与基体在化学上和物理上的差异而产生不同的性状。当然在晶界间还可能含有气孔以致裂纹。

在陶瓷和复相陶瓷中，界相的问题是有共性的。界相的问题包括相间的结合行为，特别是化学上的因素；相的组成和结构；界相物质在整个结构中的分布状态以及上述因素对材料性能的影响规律。对界相问题定性和定量的认识，将为材料设计提供基础。于是，可以设想：在陶瓷材料的晶界上，利用第二相物质的存在，利用它们在物性上的差异，在晶界上形成某种应力状态。它有可能产生吸引主裂纹的变向或分叉，也有可能引起材料断裂模式的改变，从而构成各种不同能量吸收的机制，对材料的强度特别是断裂韧性产生影响。陶瓷材料的晶界应力设计则是首先可以考虑的。

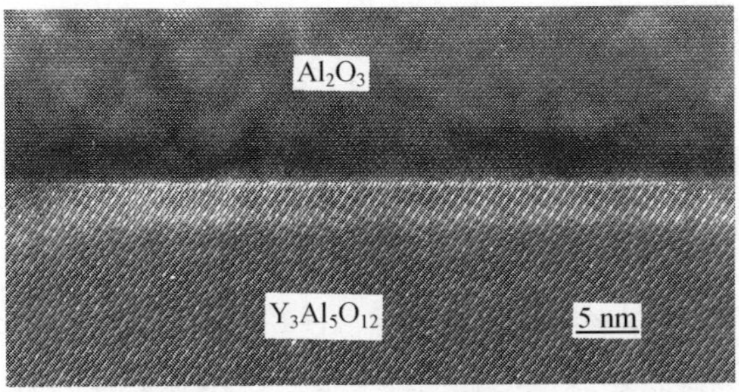

图 5.2　两种不同晶粒的界相(interphase)显微结构

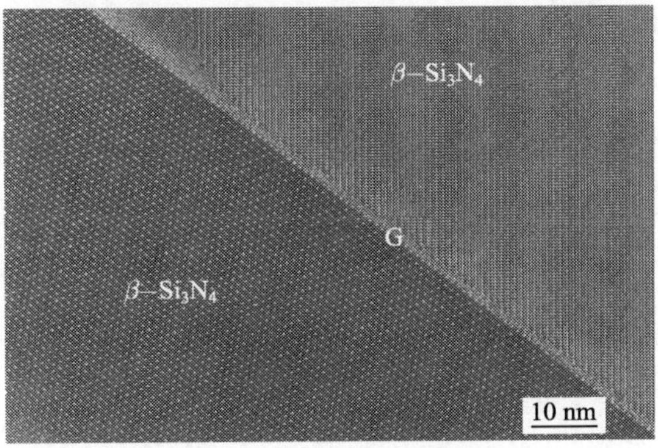

图 5.3　在晶界上存在玻璃相(G)物质的显微结构

研究结果表明：陶瓷材料中晶粒和晶界的热膨胀系数(或弹性模量)的差异导致在它们之间产生不同的应力状态，对材料的强度和断裂韧性产生明显的影响。

5.2　复相陶瓷的设计

陶瓷材料中第二相物质的加入可以处于晶界上，也可以处于主晶粒的内部(最典型的是纳米–微米的复合)，但不管如何，两相的物性差异所造成的影响是类同的。对于颗粒补强复相陶瓷，在两相间不发生化学反应的前提下，由于两相在热膨胀系数上的不匹配，当复合材料在高温烧成后的冷却过程中时，在颗粒与基体之间会产生热应力。对一颗半径为 R 的球状颗粒，处于一无限大的各向同性的基体中，则颗粒中的内应力是$-\sigma$，　而在基体距离颗粒中心为 r 的径向应力为$-\sigma R^3/r^3$、切向应力为 $\sigma R^3/2r^3$，　热应力以式(5.1)表示[1]

$$\sigma = \frac{\Delta\alpha \cdot \Delta T}{\dfrac{1+\nu_{\mathrm{m}}}{2E_{\mathrm{m}}} + \dfrac{1-2\nu_{\mathrm{p}}}{E_{\mathrm{p}}}} \tag{5.1}$$

其中α、E、ν分别代表热膨胀系数、弹性模量和泊松比；下标m和p分别代表基体和第二相颗粒；ΔT为产生应力的温度差。从上式可以看到，两相的热膨胀系数差异将会引入热残余应力。各相的弹性模量只是表现出在同样的应力条件下各相不同的应变。Lange [2] 基于能量平衡的概念，认为在冷却时裂纹形成的条件是$\sigma^2 D \geqslant$ constant，第二相颗粒的尺寸(D)小到一定程度就不至于产生裂纹， 也就是说，要引起裂纹的形成，第二相颗粒需要有一个临界尺寸。施剑林[3] 建立了一个含玻璃相的复合材料的晶界应力对材料韧性影响的薄晶界层模型。模型预示当晶界张应力增加时会出现穿晶断裂；晶界压应力增加时则出现沿晶断裂。对颗粒相复合材料的周期性应力场模型预示复合材料中裂纹的扩展都会穿越一个压、张力交替变化的周期应力场，结果材料的裂纹扩展在总体上受到抑制，复合材料的断裂韧性得到提高。韧性的提高与第二相颗粒含量增加有关，但有一个最大值。

5.2.1　基体-晶界颗粒相复相陶瓷

在第二相颗粒不与基体发生化学反应的前提下，由两相组成的复相陶瓷，则两相物理性能上的差异成为影响材料的主要因素。其中各相的热膨胀系数起了关键性的作用，各相的弹性模量表现于它们在强度分配上的差异。

1. 热膨胀系数(α)，$\alpha_m > \alpha_p$

当基体(m)的热膨胀系数大于第二相(p)的状态时，颗粒受到的是压应力，而在基体中是径向的压应力和切向的张应力。这样，切向的张应力就会使基体在颗粒的周围形成径向的微裂纹。

(1) TiC_p / 3Y-TZP 复相陶瓷[3%(摩尔分数)Y_2O_3稳定的四方相 ZrO_2]，$\Delta\alpha = 10 \times 10^{-6}\,{}^\circ C^{-1} - 7.4 \times 10^{-6}\,{}^\circ C^{-1} = 2.6 \times 10^{-6}\,{}^\circ C^{-1}$。

在这个系统中氧化锆晶体从四方相(t)到单斜相(m)的转变减弱。尽管如此，在 20 % (体积分数)TiC_p 含量时，复相陶瓷的抗弯强度(σ_b)仍可达 1073 MPa，断裂韧性为 14.56 $MPa{\cdot}m^{1/2}$，它的强化与增韧的主要机理是微裂纹的形成和裂纹的偏转，而其次才是氧化锆的相变增韧作用[4]。

(2) SiC_p / Al_2O_3 复相陶瓷，$\Delta\alpha = 8.43 \times 10^{-6}\,{}^\circ C^{-1} - 4.8 \times 10^{-6}\,{}^\circ C^{-1} = 3.63 \times 10^{-6}\,{}^\circ C^{-1}$。

在表 5.1 中列出了这个系统的力学性能。在常温下复相陶瓷的σ_b 增加 26%，K_{IC} 提高 22%；在 1200℃ 时，则分别提高 30%和 73%。发现在常温下，Al_2O_3晶粒所受的张应力却引起了材料的断裂模式由沿晶断裂转变为穿晶断裂，结果材料的强度和断裂韧性都得到改善[5]。第二相的 SiC_p 是处于晶界间或晶粒三叉晶界处，它改善了复合材料的抗蠕变行为，是由于 SiC 颗粒的钉扎作用，抑制了 Al_2O_3 的晶界滑移(图 5.4 中，箭头所指的长条状 SiC 颗粒)，但 SiC 颗粒的氧化将不利于材料性能的提高[6]。

表 5.1 SiC_p / Al_2O_3 复相陶瓷的力学性能

材料体系	抗弯强度 σ_b / MPa		断裂韧性 K_{ICs}/(MPa·m$^{1/2}$)	
	RT	1200℃	RT	1200℃
Al_2O_3	457	352	5.17	2.46
20%(体积分数)SiC_p / Al_2O_3	574	459	6.31	4.25

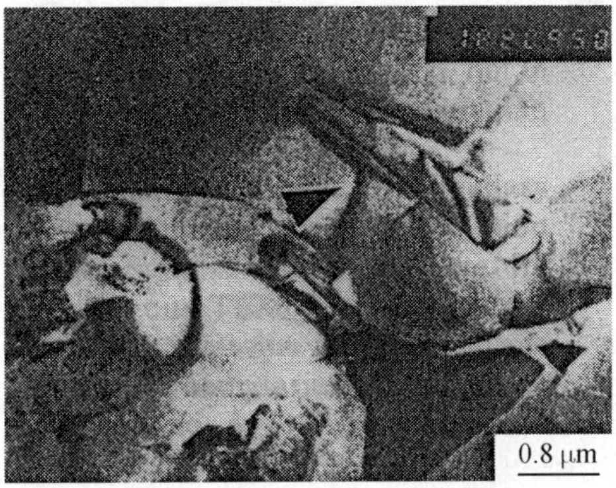

图 5.4 20%(体积分数)SiC_p / Al_2O_3 复相陶瓷，箭头所指是处于氧化铝晶界上的 SiC 晶粒

(3) $Al_2O_{3\,p}$ /3Y-TZP 复相陶瓷，$\Delta\alpha=10\times10^{-6}℃^{-1} - 8.43\times10^{-6}℃^{-1}=1.57\times10^{-6}℃^{-1}$。

氧化铝颗粒加入到3Y-TZP基体中，可以提高复相陶瓷的断裂韧性，同时与Y-TZP陶瓷一样，也具有很好的超塑性行为[7]。

2. 热膨胀系数(α)，$\alpha_m < \alpha_p$

$SiC_p / ZrSiO_4$ 和 $TiC_p / ZrSiO_4$ 复相陶瓷[8]

锆英石($ZrSiO_4$)陶瓷的热膨胀系数是 $4.1\times10^{-6}℃^{-1}$，相对于第二相 SiC_p 和 TiC_p 的 $\Delta\alpha$ 是 $-0.7\times10^{-6}℃^{-1}$ 和 $-3.3\times10^{-6}℃^{-1}$。在表 5.2 中指出第二相的加入并没有使材料的强度提高，而断裂韧性则分别提高了 27%和 50%。用 X 射线衍射方法测得它们的残余应力分别为−225MPa 和−451MPa，这是锆英石基体中的平均切向压应力值。热膨胀系数的差异越大，基体中的残余压应力值也越大。这种应力状态促使前进中的主裂纹发生偏转，这是断裂韧性提高的主要机理。裂纹大都是沿着晶界发展，这不利于高弹性模量的 SiC 和 TiC 颗粒分担负荷，因而，复相陶瓷材料的强度没有得到提升。

表 5.2 $SiC_p / ZrSiO_4$ 和 $TiC_p / ZrSiO_4$ 复相陶瓷的力学性能

	$ZrSiO_4$	20%(体积分数)SiCp / $ZrSiO_4$	20%(体积分数)TiCp / $ZrSiO_4$
相对密度 / %	99.1	97.8	97.8
弯曲强度 / MPa	310	320	310
断裂韧性/(MPa·m$^{1/2}$)	3.0	3.8	4.5
残余应力 / MPa		−225	−451

5.2.2 微晶玻璃基复合材料

在陶瓷材料中玻璃相的引入将使材料的烧结性能发生改变。大多数情况下，可以使材料的烧结温度下降，这是陶瓷材料低温烧结的有效途径。这一问题将在本书第 6 章中加以阐述。本节则集中于玻璃作为陶瓷材料的基体对材料性能的影响进行讨论。

一般来说，玻璃相物质作为基体相，其化学组成一般是各种氧化物的组合，它的热膨胀系数比较容易按照相应的相图指示来加以调整。但氧化物的加入往往会造成与第二相物质发生某些化学反应的可能，而形成一种新的界相物质，它将影响第二相与基体相之间的结合状态，这是复合材料中的又一个值得讨论的问题。LCMAS 微晶玻璃是以 β–锂辉石为主相，它的热膨胀系数为 $1.7\times10^{-6}℃^{-1}$， 而 SiC 纤维(SiC_f)的是 $3.0\times10^{-6}℃^{-1}$， 这是一个较适宜的复合材料系统。纤维的弹性模量也大大地高于基体，这都有利于使高强的纤维来承受更多的负荷。显微观察发现微晶玻璃与纤维之间有一界相层，导致基体与纤维之间有较强的结合。用单根纤维压出法测得 SiC_f纤维从微晶玻璃基体中拔出时的剪切强度为 200 MPa， 这显然不利于纤维从基体中的拔出。采用热处理的方法，使纤维与基体玻璃之间形成一富碳层，附近的玻璃也发生部分的析晶。减弱了纤维与基体之间的结合强度。结果强度增加了 40%，900℃ 的强度增加 44%，断裂韧性增加了 53%，见表 5.3。

表 5.3 热处理对 SiC_f / LCMAS 微晶玻璃力学性能的影响

	抗折强度/MPa	断裂韧性/($MPa\cdot m^{1/2}$)	900℃抗折强度/MPa
热处理前	520	16.1	480
热处理后	730	22.4	690

根据相应的相图可以知道，在 LCMAS 微晶玻璃中加入 MgO，可以使析晶时的主晶相部分转变为热膨胀系数较高的堇青石($2MgO\cdot2Al_2O_3\cdot5SiO_2$)，继续增加 MgO， 还可以生成热膨胀系数更高的斜顽辉石(α-$MgO\cdot SiO_2$)和镁橄榄石($2MgO\cdot SiO_2$)。当基体与纤维的热膨胀系数的差异变大时纤维所受的张应力增大，将减弱它们之间的结合力，有利于纤维与基体的解离和从中拔出。因此，随着基体与纤维的热膨胀系数的差异加大，复合材料的强度与断裂韧性都会增加，如表 5.4 所示[9, 10]。

表 5.4 SiC_f / LCMAS 微晶玻璃的力学性能

基体材料编号	热膨胀系数(10^{-6}/℃)	抗折强度/MPa	断裂韧性/($MPa\cdot m^{1/2}$)
LCMAS-I	1.7	730	22.4
LCMAS-Ⅱ	2.5	702	21.2
LCMAS-Ⅲ	3.2	462	16.4

5.2.3　玻璃晶界相的设计

将不同热膨胀系数的玻璃作为 Y-TZP 陶瓷的第二相，可以诱导氧化锆晶粒的相变加剧。Y-TZP 的热膨胀系数为 $11\times10^{-6}℃^{-1}$，三种玻璃相的组成及其热膨胀系数示于表 5.5。

表 5.5　三种玻璃相的组成及其热膨胀系数

	SiO_2	Al_2O_3	Li_2O	MgO	Na_2O	TiO_2	$\alpha\times10^{-6}/℃$
LAS	72.5	21	6.5				<1
MAS	58.2	19.2		13.4		9.2	6.3
NAS	44.5	31.5			16.7	7.3	11.4

热膨胀系数差别越大，增韧的效果越明显，见表 5.6。玻璃第二相的含量以 1 % (质量分数)为最佳，这是因为这一系统材料的断裂模式是沿晶断裂，这正反映了裂纹沿晶扩展是玻璃相本身的断裂韧性较差的缘故，晶界相含量略高时，增韧效果就下降。这一实验表明外力诱导氧化锆晶粒的相变是有效的[11，12]。

表 5.6　LAS，MAS，　NAS/Y-TZP 的膨胀系数与断裂韧性关系

玻璃含量(质量分数) / %	断裂韧性/($MPa\cdot m^{1/2}$)		
	LAS	MAS	NAS
0	5.48	5.48	5.48
1	7.78	6.76	5.92
2	7.22	6.51	5.60
5	6.79	6.21	5.34

5.2.4　可相变的四方相氧化锆含量的调整

在 Claussen[13]和高濂[14]的工作中均提到四方相氧化锆的相变有一个尺寸范围，因而有一个可相变四方相氧化锆的含量问题。为了降低烧成温度，在 30%(体积分数)3Y-TZP / Al_2O_3 复相陶瓷中加入 1 %(或 2%) (质量分数)TiO_2 和 1%(或 2%) (质量分数) MnO 以及添加 1 %、2%或 3% (质量分数)CAS (23.0%(质量分数)CaO、15 % (质量分数)Al_2O_3 和 62.0 % (质量分数)SiO_2) 均可大大地降低烧结温度。如两者同时加入，就可以使烧成温度降低到 1400℃ 即可烧结到 98% 以上的理论密度。高黏度的玻璃相抑制了 Al_2O_3 和 ZrO_2 的晶粒生长；同时可相变 t-ZrO_2 体积分数(ΔV_t)增加，则断裂韧性随之增加，这在图 5.5 中的可相变 t-ZrO_2 体积分数(ΔV_t)与断裂韧性的关系中明确地表现出来[15]。

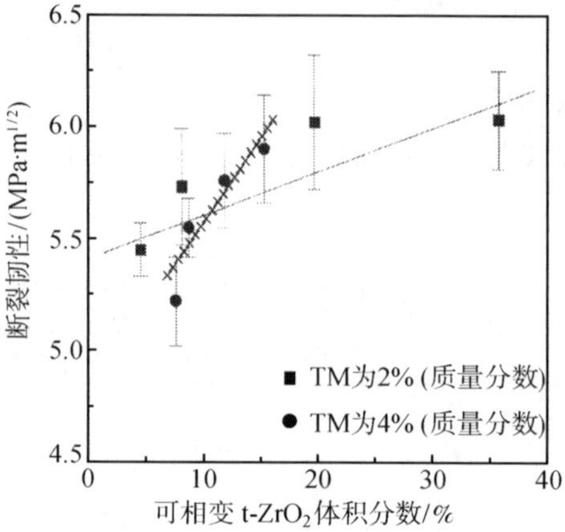

图 5.5　可相变 t-ZrO_2 体积分数(ΔV_t)与断裂韧性的关系

5.3　功能梯度材料

对材料的制备而言，遇到有两个相的共存时，就不得不考虑两者在化学上和物理上的相容性问题，已如前述，这里再叙述一个关于两相热膨胀系数差异的新构思。在高温防热陶瓷涂层的研究中很重要的一个问题是金属基体与陶瓷涂层之间的热膨胀系数上的差异而造成的涂层与基体之间的结合强度减弱、涂层开裂甚至涂层脱落的现象。在 20 世纪 60 年代初期，通常所采用的解决办法是调节涂层的热膨胀系数，而且用多层逐步变化的措施来缓解陶瓷涂层与金属基体之间由于热膨胀的差异而构成的热应力。1987 年日本的新野正之[16]提出了功能梯度材料(functionally graded material，FGM)的概念，即在一个体材料中，它的两面是由两种截然不同的材料组成，中间则由两个组分相递变化层叠而成，这样就成为一种成分、结构、密度和功能在宏观上是不均匀的，但又是逐渐变化的新型材料。所以，在同一个材料中，它的两面的性质可以是完全不同的物理和化学性质。这是一个非常好的构想，它完全摆脱了单元材料的禁锢而成为材料领域中的一个非常受人关注的研究热点。研究得最多的一面是金属，另一面是陶瓷的功能梯度材料。这种多层的不同组分材料可以用很多种复合新技术来制得。

5.4　添加物分布的均匀性问题

在陶瓷的工艺中，需要第二种(和/或第三种)物质的加入是普遍而且是必要的。添加物在母相中烧成以后，可以成为第二相存在于母相的各种位置；也有可能溶解于母相中或者是与母相反应而不独立存在。但无论如何，添加物的加入在母相中的均匀分布是重要的，不然，则失去添加物的本意。“分布”本身具有一定的与尺寸相关的含义。添加物本身是多大的尺寸？它在多大的范围内分布？对一般的陶瓷来说，母体与添加物颗粒尺寸大致在微米和纳米的量级。因此，所谓“均匀”的分布也只能在宏观的尺度上来衡量。如两种物料都是等径的球状固体，乙种物料在甲种物料中有 1%的含量，则在 1000 颗甲颗粒堆积成的正立方体中应有 10 颗的位置是乙种颗粒的，而且它们之间是等距离地分布，事实上这是不可能做到的。因此，只能以统计的角度来加以描述，那就是在 1000(或 990)颗甲颗粒中有 $10 \pm X$ 颗乙颗粒，乙颗粒之间的距离是 $A \pm Y$(距离单位)。这在光学或电子显微镜的借助下是可以做到的，但一般不会出示这些数据，除非是非常特殊的需要，也只出示它的显微照片足矣。不过还得声明，两个固相的混合是不可能“均匀”的。

这里比较着重讨论两相比较均匀地分布的问题。

5.4.1 核壳结构

在母相的颗粒表面包裹上一层其他组分的物质，使之形成一种核-壳的结构是一种很有效的方法。包裹层的厚度表明了第二相的含量，颗粒加上包裹层厚度的尺寸就是它们的均匀范围。

1. SiO_2 / 3Y-TZP 复合粉体

在 SiO_2 /3Y-TZP 的复相陶瓷中，解决第二相的添加物与母体 3Y-TZP 均匀地分布就是用第二相包裹的途径，在 3Y-TZP 粉料的悬浮液中加入四乙氧基硅烷(tetraethoxysilane，TEOS)，用溶胶-凝胶的方法可以在其表面形成一无定型二氧化硅层，它的厚度是 1.6 nm。图 5.6(a)是没有 SiO_2 层的 3Y-TZP 粉体，与之相对比，图 5.6(b)是 SiO_2 基体包裹着 ZrO_2 颗粒的两相相界结构，相界清晰分明。氧化锆呈四方相，表明二氧化硅对氧化锆有一定的稳定作用[17]。

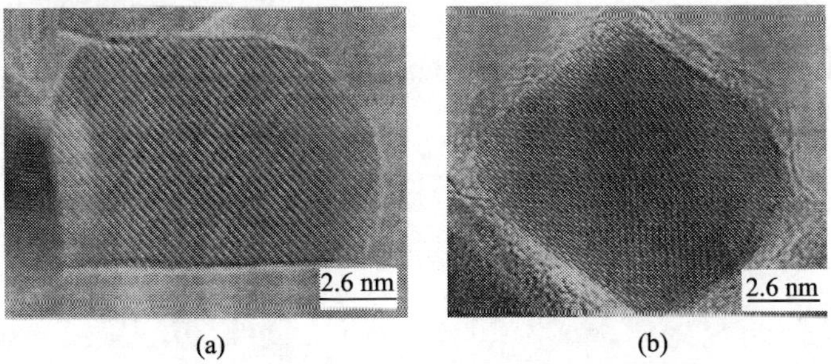

图 5.6 (a) 3Y-TZP 颗粒的 HRTEM 图像；
(b)有二氧化硅层包裹的 3Y-TZP 颗粒的 HRTEM 图像

2. $AlOOH{\cdot}nH_2O$ - Al 核壳结构和 α-Al_2O_3 空心球

金属 Al 颗粒用稀硫酸处理，有 Al^{3+}出现，再加入 NH_3 水，会使 Al^{3+} 沉淀为 $AlOOH{\cdot}nH_2O$ 包覆在变小了的铝粉表面，则形成 Al/ $AlOOH{\cdot}nH_2O$ 核壳结构的复合颗粒[18]。图 5.7 是在 600℃煅烧后的透射电子显微镜照片。如将上述的 $AlOOH{\cdot}nH_2O$ - Al 核壳结构的复合颗粒进一步在 1100℃煅烧，核中的铝则被完全氧化成氧化铝，最后却形成 α-Al_2O_3 的空心球，直径约 2 μm，壁厚为 200 nm，见图 5.8[19]。这是一种自模板形成氧化物空心球的方法，图 5.9 描述了它形成的模拟过程。图示中的 A 是金属 Al 粉，在经过稀硫酸处理后，它的表面变得粗糙，这时起始 Al 粉与酸反应后暴露出来的新鲜表面具有比较高的活性；另外，反应后 Al 粉表面的凹坑等缺陷也不稳定，可以作为非均相形核的成核点，这些都使得随后生成的物质很容易沉积在 Al 粉的表面，从而有利于形成包裹结构(B)；加入 NH_3 水后，在表面上生成 $AlOOH{\cdot}nH_2O$ 而内部仍然是金属铝的核–壳结构(C)；在 600℃煅烧中显示结晶水被排除，形成 Al/AlOOH 的核–壳结构(D)；进一步高温煅烧，表面的 AlOOH 则形成 γ-Al_2O_3，内部的金属 Al 逐步被氧化(E)；当温度高于 Al 的熔点(660℃)时，Al 核变为液相并伴随体积膨胀，此时无定形的壳层 Al_2O_3 结构疏松，导致铝核向壳层扩散并发生铺展变形，而铝一旦与空气接触会被迅速氧化生成 Al_2O_3，随着煅烧温度的升高和保温时间的延长，铝液不断向壳层扩散并被氧化，当没有达到稳定态 α-Al_2O_3 的转化温度时，生成的 Al_2O_3 以过渡态形式存在，当煅烧温度达到 1100°C 时，最终形成 α-Al_2O_3 空心球结构(F)。空心球的直径与起始铝粉的粒径相当。这样一个方法也许有望成为其他氧化物空心球的制备模式[20]。

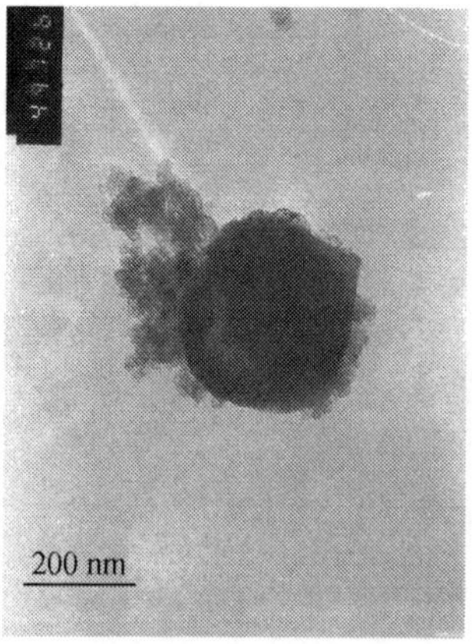

图 5.7　$AlOOH{\cdot}nH_2O$-Al 核壳结构的复合颗粒 TEM 图像

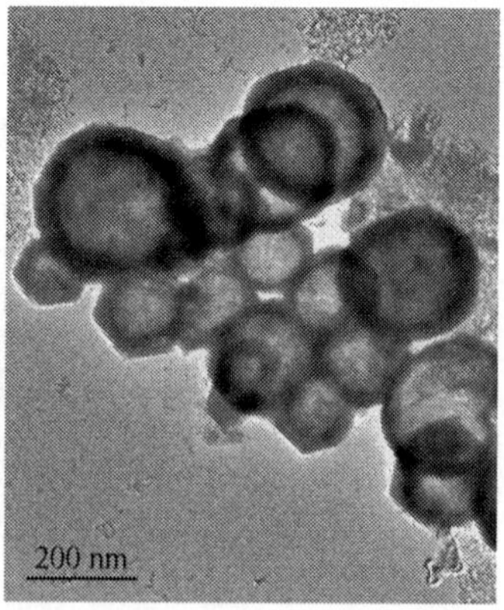

图 5.8　α-Al_2O_3 空心球的 TEM 图像

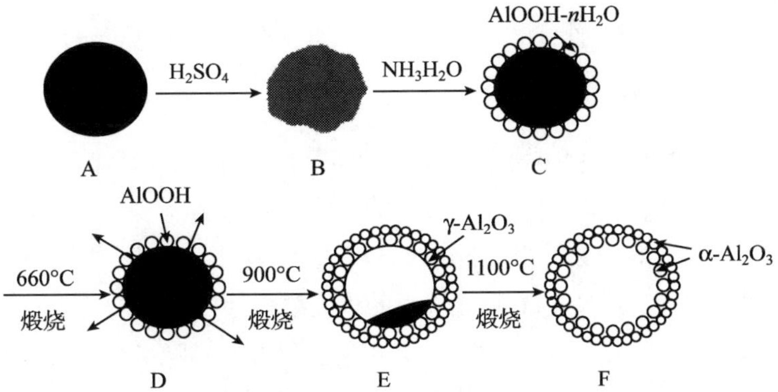

图 5.9　从 Al 粉到 α-Al_2O_3 空心球的自模板形成过程的模拟[19]

5.4.2　晶内第二相颗粒[21]

用非均相沉淀，先以纳米级固相(SiC)分散在 $AlCl_3$ 溶液中，加入 NH_3 水将悬浮液的 pH 值调节到适宜的数值(pH=9 ~ 10)，远离它的等电点(pH=3 ~ 5)，使颗粒的表面电荷是相同的，而产生由于相同的静电力所起的彼此排斥作用。同时再辅以超声振动和引入分散剂，经 700℃ 煅烧后，母相物质 **γ-Al_2O_3** 则处于纳米第二相颗粒 SiC 的外面，生成比表面为 150 m^2/g 的 Al_2O_3-5% (体积分数) SiC 的复合粉体，见图 5.10。在图中可以看到纳米级的 SiC 颗粒是被多孔的 **γ-Al_2O_3** 骨架所包围，这样，在烧结后第二相晶粒则被埋在基体晶粒中间(详见第 6 章 6.2.1 小节)。第二相颗粒所处的位置，对材料性能的影响是不同的。

用 $AlCl_3$、$ZrOCl_2$ 和 $Y(NO_3)_3$ 的混合溶液与 SiC 纳米粉料一起进行非均相沉淀，1100℃煅烧，在这个温度下既保持了 Al_2O_3 的高的活性，又能使 ZrO_2 几乎都转变成四方相。在 SiC 颗粒的周围是 Al_2O_3 和 ZrO_2，得到的就是 Al_2O_3-ZrO_2(3Y)-SiC 复合粉体，它的比表面是 13 m^2/g，如图 5.11 所示。

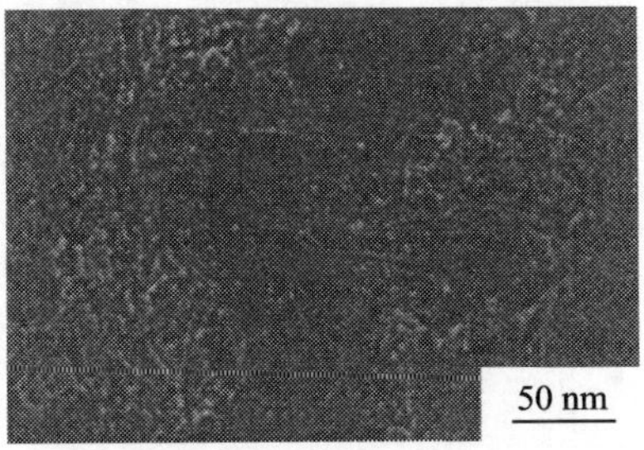

图 5.10　纳米 SiC 颗粒处于多孔的氧化铝骨架之中

图 5.11　Al_2O_3-ZrO_2(3Y)-SiC 复合粉体

5.4.3 金属–陶瓷复合粉体

1. Ni-Al_2O_3 复合粉体

金属和陶瓷两种截然不同性质的粉体要得到均匀的混合是比较困难的。对金属 Ni 与 Al_2O_3，它们之间的均匀分布是必需的。

以 NH_4HCO_3 溶液加入到 $Ni(NO_3)_2·6H_2O$ 和 Al_2O_3 混合液中，得到 $NiCO_3·2Ni(OH)_2·2H_2O$ 包裹在 Al_2O_3 颗粒表面的核壳结构，如图 5.12 所示；经过 400℃在空气中的煅烧，得到的是 NiO 包裹 Al_2O_3 核–壳结构的粉体，如图 5.13 所示；最后在氢气中还原，可以得到 Al_2O_3-Ni 具有核壳结构的复合粉体，如图 5.14 所示[22]。

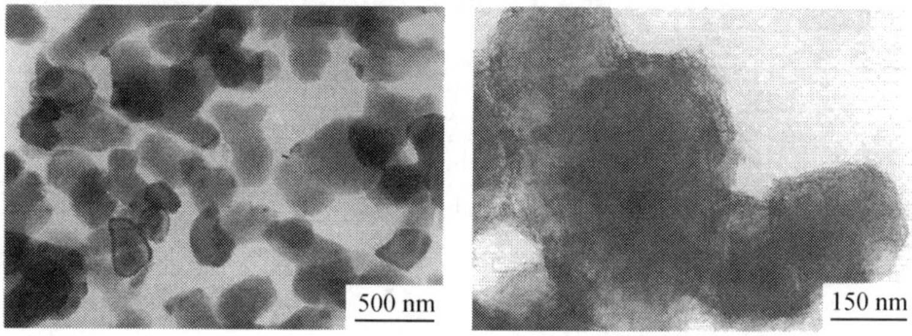

(a)　　(b)

图 5.12　$NiCO_3·2Ni(OH)_2·2H_2O$ 包裹在 Al_2O_3 颗粒表面的核壳结构
(a) 包覆前的 Al_2O_3; (b) 包覆后的 Al_2O_3

图 5.13　在空气中 400℃煅烧后得到的 NiO 包裹 Al_2O_3 核–壳结构的粉体

图 5.14　在 H_2 中 700℃还原，得到的 Ni 包裹 Al_2O_3 粉体

另外一种方法是先用醇–水法制得纳米尺寸的 NiO 粉体[23]，然后与 $AlCl_3·8H_2O$ 的溶液混合，用非均相沉淀法，加入 NH_3 水，所得沉淀物经 900℃空气中煅烧，得到 NiO-γ-Al_2O_3 ，最后在 H_2 中 700℃还原得到的是 Ni-γ-Al_2O_3，图 5.15 中看到的是黑色的金属 Ni 弥散在 γ-Al_2O_3 中的状态[24]。

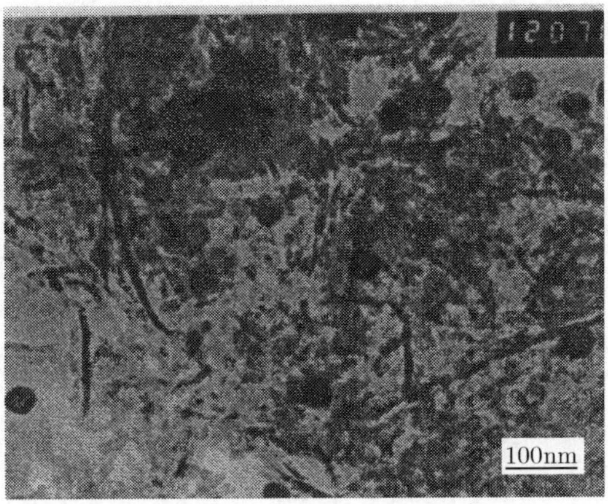

图 5.15　非均相沉淀法制得的 Ni-γ-Al_2O_3[24]

还有一种方法是直接用 $Al(C_3H_7O)_3$ 和 $NiCO_3·2Ni(OH)_2·4H_2O$ 作为氧化剂和还原剂，可得到 Ni_p-Al_2O_3 也是两者弥散分布状态的复合粉料[25]。

2. Cu - SiC_p 复合粉体[26]

无电镀覆技术可以在含有 SiC 颗粒的 $CuSO_4$ 饱和溶液中加入 Zn 粉后，在 32℃下搅拌，即得到 Cu 包裹 SiC 颗粒(详见第 10 章 10.3.3 节)。

3. Ni – YSZ 金属-陶瓷复合粉体

用 EDTA 络合物–凝胶还原的方法可以制备金属镍–氧化钇稳定氧化锆的金属-陶瓷粉体。将锆和钇的氯化物以及硝酸镍溶液与 EDTA 溶液进行反应，最后在氢气中以 800℃还原 2 h，可得到 Ni-YSZ 金属–陶瓷复合粉体。在图 5.16 中看到金属镍比较均匀地分布于 YSZ 的颗粒中，并没有形成一个相对另一个相的包裹状态[27]。

4. Al_2O_3-ZrO_2-Ni 纳米复合粉体[28]

Al_2O_3-ZrO_2-Ni 纳米复合材料是一个多相材料，三个相之间的均匀分布尤为重要。首先需要考虑的是金属 Ni 在陶瓷基体中的均匀分布，首选的方案还是非均相沉淀。在硝酸镍溶液中注入含有氨水的高 pH 值的基体混合液，再经氢气还原，结果可以得到在氧化铝和(或)氧化锆颗粒表面沉积有纳米尺寸的金属镍颗粒。在图 5.17 中黑色金属镍颗粒处于氧化铝和(或)氧化锆颗粒的表面上，用 SPS 技术，以 1350℃烧结 1 ~ 5 min，可以得到具有较高强度和断裂韧性的材料，但是 Al_2O_3 的晶粒尺寸仍然从 0.3 μm 增加到 2 μm，说明晶粒长大的速度是很快的。

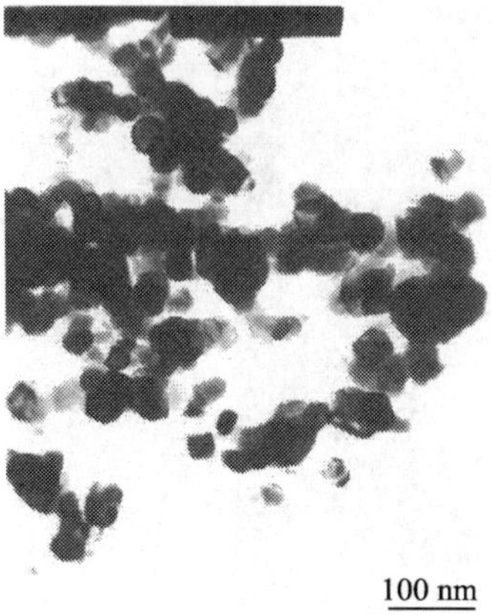

图 5.16　Ni-YSZ-金属–陶瓷粉体

图 5.17　金属镍(黑色的小颗粒)在 Al_2O_3 和(或)ZrO_2 颗粒表面上

5.4.4　碳纳米管(CNTs)

纳米管(CNTs)/ SiO_2 复合粉体

碳纳米管(CNTs)像棉花一样，相互缠在一起，但是其中有许多大的空隙，在超声波振动的作用下，接近于纳米级的固体颗粒还是有可能进去。在制备复合材料时，第一步将是把这些 CNTs 尽可能地分散。用十六烷三甲基溴化铵(cetyltrimethyl ammonium bromide，C_{16}TMAB)作为表面活性剂，再辅以超声分散的方法还是很有效的[29]。第二步就是如何使 SiO_2 颗粒能比较均匀地分散于 CNTs 之间。溶胶–凝胶的措施可以得到较好的效果。用 TEOS($Si(C_2H_5O)_4$)溶液注入，再以水解的过程来实施。图 5.18 是 CNTs / SiO_2 复合材料中碳纳米管与二氧化硅的清晰的界面[30]。

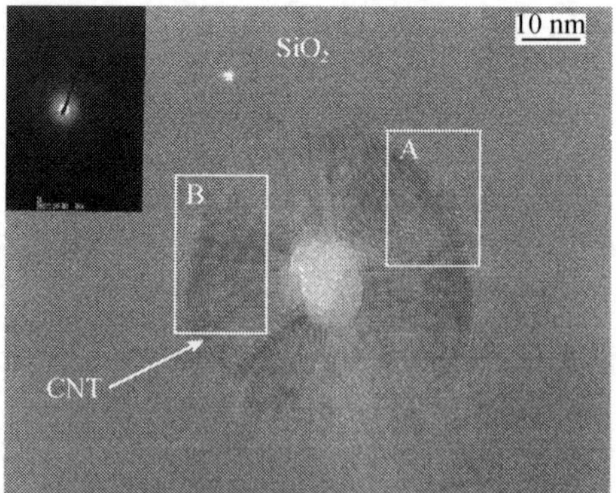

图 5.18　SiO_2 基体中的碳纳米管

CTAB 被认为是一种能够有效分散碳纳米管的阳离子表面活性剂，而 APTES 也能够与碳纳米管发生作用，将碳纳米管表面变为亲水表面，而且还能促进 TEOS 的水解。因此考虑利用 CTAB 的烷基长链与碳纳米管作用，将带正电的亲水端露在外面，在碳纳米管表面形成一层正电包裹层，而 APTES 的氨基上有孤对电子，通过孤对电子，APTES 被吸附在带正电包裹层的碳纳米管表面。这样吸附在碳纳米管表面的 APTES 促进了 TEOS 的水解，并使水解后的 SiO_2 颗粒均匀地吸附在碳纳米管表面，或许能形成均匀的包裹层。图 5.19(a)是用这种方法制备的 CNTs/ SiO_2 粉体的透射电镜照片。从图中可以看出，所有的碳纳米管都被均匀包覆。图 5.19(b)是 CNTs/ SiO_2 粉体的高分辨透射电镜照片和 EDS 能谱。从高分辨照片可以看出，包覆层的厚度约为 6nm，而且多壁碳纳米管完整的层状结构(层间距为 0.34nm)也清晰可见[31]。从对应的 EDS 能谱可以看到 Si、O、C 的元素信号峰，表明碳纳米管的外面均匀包覆了一层无定形的二氧化硅层。此方法不需要对碳纳米管进行强氧化或共价修饰，可以保留碳纳米管的大长径比和独特的 sp^2 共轭结构，因而是一种简单有效的包覆工艺，可用于制备 CNTs/ SiO_2 复合粉体，在不破坏碳纳米管独特性能的同时，改善碳纳米管在石英基体中的分散性以及两者之间的界面结合力。

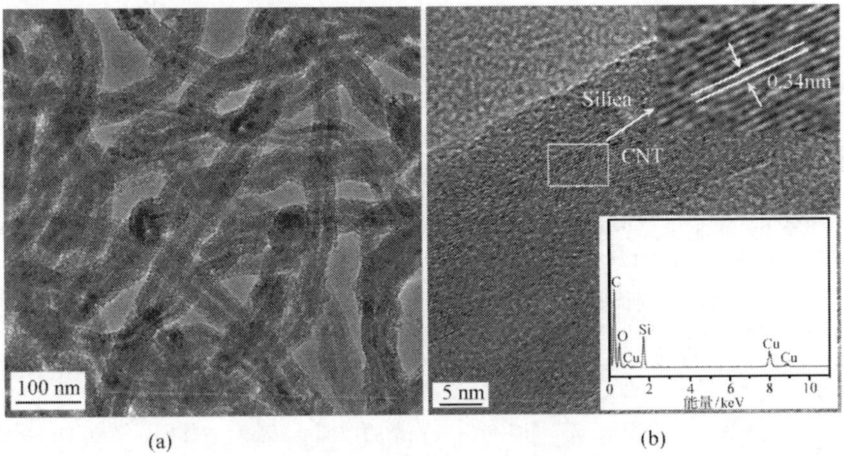

(a)　　(b)

图 5.19　(a) CNTs/ SiO_2 粉体的透射电镜照片；(b) 高分辨透射电镜照片和 EDS 能谱

5.4.5　CNTs / 莫来石复合粉体[32]

以 $Al_2O_3/SiO_2 = 3/2$ 比例直接与多壁碳纳米管(MWCNTs)混合，以乙醇为介质，用超声和磁搅拌混合。图 5.20 是 CNTs 的照片，图 5.21 是所得到的混合粉体 TEM 照片。

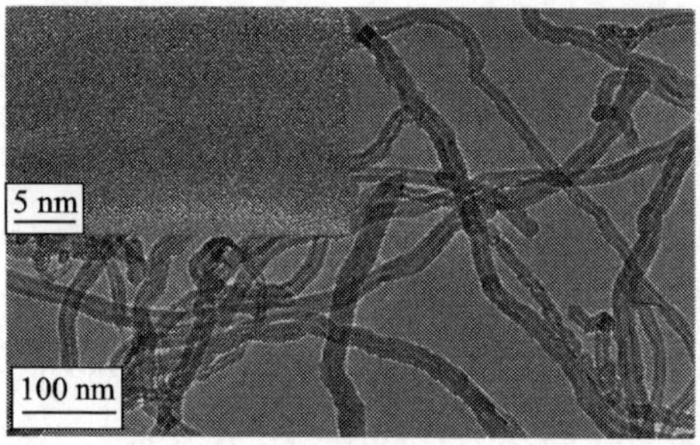

图 5.20　多壁碳纳米管(MWCNTs)的显微照片

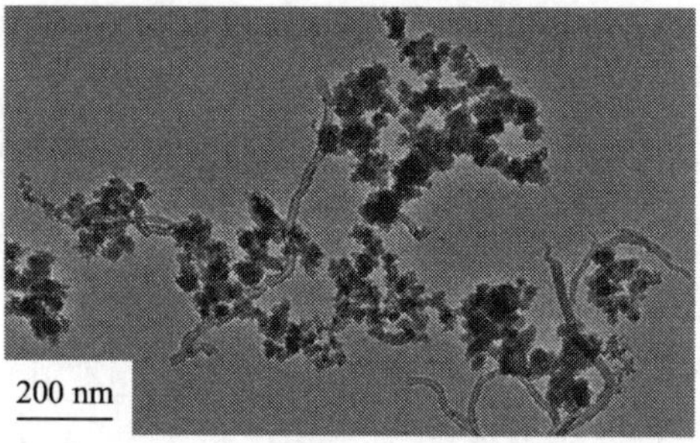

图 5.21　MWCNTs-莫来石粉体的 TEM 照片

参 考 文 献

[1] Selsing J. Internal stress in ceramics [J]. J. Am. Ceram. Soc., 1961, 44(8): 419–421.

[2] Lange F F. Creteria for crack extension and arrest in residual, localized stress fields associated with second phase particles [M]. In: Bradt R C. Hasselman D P H, Lange F F. in Fracture Mechanics of Ceramics, Vol. 2, New York: Plenum Press, 1974: 599.

[3] Shi J L, Li L, Guo J K. Boundary stress and its effect on toughness in thin boundary layered and particulate composites: Model analysis and experimental test on Y-TZP-based ceramic composites [J]. J. Eur. Ceram. Soc., 1998, 18(14): 2035–2043.

[4] Zhan G D, Lai T R, Shi J L, et al. Microstructure and mechanical properties of yttria-stabilized tetragonal zirconia polycrystals containing dispersed TiC particles [J]. J. Mater. Sci., 1996, 31(11): 2903–2907.

[5] Zhang Y F, Deng Z Y, Shi J L, et al. Microstructure and mechanical properties of SiC particles reinforced Al_2O_3 matrix composites [J]. J. Mater. Sci. Lett., 1996, 15(22): 1927–1931.

[6] Deng Z Y, Shi J L, Zhang Y F, et al. Pinning effect of SiC particles on mechanical properties of Al_2O_3-SiC ceramics matrix [J]. J. Eur. Ceram. Soc., 1998, 18(5): 501–508.

[7] Shi J L, Zhu G Q, Gao J H, et al. Biaxial stretching of superplastic Y-TZP / Al_2O_3 and Y-TZP / LAS glass composites in air atmosphere [J]. J. Mater. Res., 1998, 13(8): 2224–2930.

[8] 施鹰，黄校先，严东生. 颗粒补强锆英石复相陶瓷的理想性能、残余应力和增韧行为研究 [J]. 无机材料学报，1998，13(2)：201–206.

[9] 张玉峰，郭景坤，诸培南，等. SiC 纤维补强微晶玻璃基复合材料的界面结合 [J]. 无机材料学报，1994，9(4): 423–428.

[10] 郭景坤，张玉峰. 纤维补强微晶玻璃基复合材料中的匹配及其性质 [J].中国科学基金，1997，1: 42–44.

[11] 郭景坤. 陶瓷材料的强化与增韧新途径的探索 [J]. 无机材料学报，1998，13(1): 23–26.

[12] Shi J L, Li L, Guo J K. Boundary stress and its effect on toughness in thin boundary layered and particulate composites: Model analysis and experimental test on Y-TZP-based ceramic composites [J]. J. Eur. Ceram. Soc., 1998, 18(14): 2035–2043.

[13] Claussen N. Precipitation in partially stabilized zirconia [J]. J. Am. Ceram. Soc., 1976, 59(3, 4): 179–182.

[14] 高濂，严东生，郭景坤. Y-TZP 陶瓷中 ZrO_2 颗粒大小对相变增韧的影响 [J]. 中国科学(A 辑)，1988，1：95–103.

[15] Huang X W，Wang S W，Zhao S K，et al. Effect of liquid-forming additives on the sintering and mechanical properties of Al_2O_3/3Y-TZP(30 vol.%) [J]. Mater. Res. Bull.，2002，37(10): 1709–1719.

[16] 新野正之，平井敏雄，渡边龙三. 倾斜机能材料宇宙机用超耐热材料[J]. 日本复合材料学会志，1987，13(6)：257.

[17] Wang S W，Huang X X，Guo J K，et al. Synthesis and characterization of yttria-stabilized tetragonal zirconia polycrystalline powder coated with silica layers [J]. Mater. Lett.，1996，28(1-3): 43–46.

[18] Kou H M，Guo J K，Wang J，et al. Al / Al_2O_3 core-shell particles synthesized by wet-chemical based route [J]. Key Eng. Mater. 2006，313: 63–68.

[19] Kou H M，Wang J，Pan Y B，et al. Hollow Al_2O_3 microspheres derived from Al / AlOOH · n H_2O core–shell particles [J]. J. Am. Ceram. Soc.，2005，88(6): 1615–1618.

[20] Kou H M, Wang J, Pan Y B, et al. Fabrication of hollow ZnO microsphere with zinc powder precursor [J]. Mater. Chem. Phys.，2006，99(2–3): 325–328.

[21] Gao L，Wang H Z，Hong J S，et al. Fabrication and mechanical properties of Nano-SiC-Oxide composites [J]. Key Eng. Mater.，1999，161-163: 401–406.

[22] Li G J, Huang X X, Guo J K, et al. Ni-coated Al_2O_3 powders [J]. Ceram. Inter., 2002, 28(6): 623–626.

[23] 李国军，黄校先，郭景坤，等. 醇—水法制备纳米晶 NiO 粉体 [J]. 功能材料，2002，33(4)：398–400.

[24] 李国军，黄校先，郭景坤. 晶内/晶间复合型 Al_2O_3/Ni 纳米金属陶瓷显微结构和力学性能的研究 [J]. 无机材料学报，2003，18 (1):71–77.

[25] Pan Y B, Ning J W, Li J, et al. Effect of coating microstructure on Ni/Al_2O_3 composites [J]. Key Eng. Mater.，2003，249：55–60.

[26] Zhang R，Gao L，Guo J K. Temperature-sensitivity of coating copper on sub-micron silicon carbide particles by electroless deposition in a rotation flask [J]. Sur. Coatings Technol., 2003, 166(1): 67–71.

[27] Shao G Q，Cai H，Xie J R，et al. Preparation of nanocomposite Ni / YSZ cermet powder by EDTA complexes – gel conversion process [J]. Mater. Lett.，2003，57(21): 3287–3290.

[28] Tuan W H，Liu S M，Yang T Y，et al. Preparation of Al_2O_3 –ZrO_2 – Ni nano-comnposites by spark plasma sintering [J]. Key Eng. Mater.，2003，249: 5–8.

[29] Ning J W，Zhng J J，Pan Y B，et al. Fabrication and mechanical properties of SiO_2 matrix composites reinforced by carbon nanotube [J]. Mater. Sci. Eng.，2003，A 357: 392–396.

[30] Ning J W，Zhang J J，Pan Y B，et al. Surfactants assisted processing of carbon nanotube - reinforced SiO_2 matrix composites [J]. Ceram. Int.，2004，30(1): 63–67.

[31] Zhu Y，Pan Y B，Xu H，et al. A simple route to coat multiwalled carbon nanotubes with silica [J]. Chem. Lett.，2007，36 (9): 1098，1099.

[32] Wang J，Kou H M，Liu X J，et al. Reinforcement of mullite matrix with multi-walled carbon nanotubes [J]. Ceram. Int.，2007，33(5):719–722.

第 6 章　陶瓷的烧结

6.1　陶瓷烧结的基本问题

作者在 1980 年出版的一本小书上[1]，曾把陶瓷的工艺比喻为做元宵(南方人称汤圆)。做元宵就是首先把糯米放在水中浸泡，使其中充有水分，然后用石磨把它磨成米浆，把水沥干成一泥砣。稍加外力搓揉，就可以把它塑捏成不同的形状，加入馅料后搓圆即成生的元宵。最后施加“高温”(水煮、蒸制甚至油炸)，就熟了。所谓“熟”，就是糯米的细颗粒从原来的彼此之间的点接触变成了面接触，颗粒间的气孔也排除了，彼此粘在一起，糯柔可口，软中带韧。元宵的制浆、成型和烧成的过程不也就是陶瓷的整个制作过程吗?

陶瓷的烧结过程就是原来是点接触的堆积颗粒变成面的接触，与此同时，颗粒间的气孔也随之排除，陶瓷也就成材料，而可以表现出它的各种性能。因此，陶瓷的烧结问题首先是物料颗粒是如何从点接触变成面接触的，也就是物质是如何输运的？输运的路径如何？什么力量使它们完成这些动作的？了解了这一切，就知晓了固相烧结的整个机理。这些在很多教科书中都可以找到，本书将不予赘述。

6.2　陶瓷的低温烧结

对陶瓷材料来说，在其制作过程中烧结的一环是至关重要的，也是占整个材料制作成本的主要部分。在不损害材料的基本性能的前提下，低成本的工艺制作从来就是材料研究的目标之一。陶瓷材料的低温烧结一直是受人们关注的问题。

设法提高陶瓷的烧结驱动力，无疑是加速烧结过程的很好的思路。陶瓷烧结的驱动力是它的总表面能。增加物料颗粒的表面积，当然就是最佳的选择。纳米材料，包括纳米陶瓷，之所以受到人们的关注，除了它独特的小尺寸效应和量子效应的诱人表现外，纳米颗粒正是增加物料表面积和大幅度提升体系总表面能的途径。

用机械的方法一般来说是很难把陶瓷物料颗粒粉碎到纳米尺度，尽管现在有各种高能球磨机械可用，但机械破碎所形成的不规则形状颗粒，并不有利于颗粒的紧密堆积。因此，人们更多地去探求化学和其他物理的方法来谋求得到粒度分布狭窄、颗粒形状趋于球状的、比较容易均匀分散第二相添加物的纳米粉体。但是，纳米尺寸的粉体，正由于它们具有巨大的比表面，颗粒表面的范德华力的相互吸引，很易使颗粒团聚在一起，这又增加了一个反颗粒团聚的问题需要解决。事物往往都是如此，有一个好的思路，却又会引出一个甚至是一连串的问题在等着你。这正是材料学家所要做的工作。

陶瓷的低温烧结另一个常用而且简捷的途径是在陶瓷基体中加入第二相物质，或是形成复相陶瓷，或是形成晶界上的异相物质，阻止主晶粒的长大。但是降低陶瓷烧成温度的最有效的第二相添加物是添加物本身具有较低的熔融温度，或者是与主晶相反应形成较低熔融温度的第三相物质。本章将就上述的两条思路对陶瓷的低温烧结作简要的阐述。

6.2.1　纳米陶瓷粉体的烧结

纳米陶瓷粉体的巨大表面能成为促使材料烧结的驱动力，粒径尺寸越小，就意味着物料的扩散路径越短，越利于气孔的排除，烧结的速率也加快。 因此，就有可能并不需要外界的更高温度来加以驱动，从而可以实现比较低的温度烧结。

1. 纳米氧化物的低温烧结

1) 纳米 ZrO_2 的低温烧结

用共沉淀法制备 2.8% (摩尔分数)Y_2O_3的 ZrO_2 的纳米粉体，粒径为 22nm，比较均匀、近球状，采用测定压力连续变化下素坯密度的变化规律以确定团聚体的团聚强度，从而得到团聚强度最小的粉体制备条件。在大气气氛下 1250ºC 保温 2h，可得到相对密度为 98.5%、晶粒尺寸为 160 nm 的 Y-TZP 陶瓷。与一般的氧化锆陶瓷的烧结温度相比降低约 400ºC，但是晶粒尺寸大了接近一个数量级[2]。

曾试以快速烧成的手段来限制晶粒的长大。采用升、降温速度均为 500℃/min，保温 2min，整个烧成过程只用了 7~8min。在 1250℃烧成的试样，其相对密度达到 97.5%，平均晶粒尺寸为 120nm。晶粒尺寸虽然是降了一些，但并不明显。可见晶粒长大的速度比烧成的速度要快[3]。

2) 20% (摩尔分数)Al_2O_3-ZrO_2 纳米复相陶瓷的低温烧结

用铝和锆的氯化物混合溶液，以氨水共沉淀法，在 750℃煅烧，得到 20%(摩尔分数) Al_2O_3-ZrO_2复合粉体，只有立方相 ZrO_2 晶相，无 α-Al_2O_3 结晶相存在。用这种粉料在高温等静压下，以 1000℃，200 MPa， 保温 1h， 即可烧结到 98%的理论密度，晶粒尺寸为 50nm。低的烧成温度是获得小晶粒尺寸的主要原因，Al_2O_3 和 ZrO_2 的共存也有相互抑制晶粒长大的作用[4]。图 6.1 是 20 % (摩尔分数)Al_2O_3-ZrO_2 纳米复相陶瓷的透射电子显微镜照片，它的晶粒尺寸只有 50 nm。

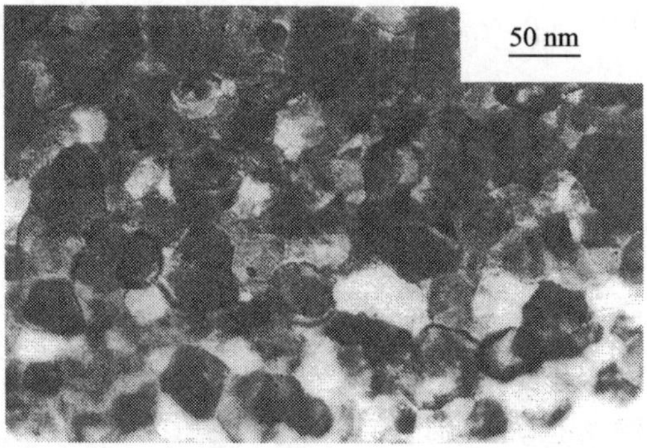

图 6.1　20%(摩尔分数)Al_2O_3 - ZrO_2 纳米复相陶瓷的 TEM 照片

3) Al_2O_3 基纳米复相陶瓷

用非均相沉淀的方法，将纳米级的 SiC 粉(70nm)分散于 $AlCl_3·6H_2O$ 溶液或 $AlCl_3·6H_2O$、$ZrOCl_2·8H_2O$ 和 $Y(NO_3)_3·6H_2O$ 混合溶液中，再以氨水使之沉淀。为了使纳米 SiC 粉能比较均匀地分散于上述溶液中，溶液的 ζ 电位用 pH 值来加以调整，使颗粒带有相同的电荷而产生相互排斥；同时辅以超声振动和有机分散剂，以期达到 SiC 颗粒的均匀和无团聚的分散。前面一种 $Al(OH)_3$-SiC 沉淀物，在空气中 700℃煅烧，得到 5%(质量分数)SiC-Al_2O_3 复合粉体，比表面为 150 m^2/g，SiC 颗粒为 γ-Al_2O_3 所包裹。而对 Al_2O_3-ZrO_2-SiC 系统，其煅烧温度则选取 1100℃，因为在这个温度下煅烧后，Al_2O_3 仍可保持高的活性，而 ZrO_2 已几乎都已转变成四方相。在 TEM 下也可以看到 SiC 颗粒被 Al_2O_3 和 ZrO_2 所包裹。将这两种复合粉体用放电等离子烧结(spark plasma sintering，SPS)，它无须保温，而且快速，因而是制备纳米陶瓷的一个有效手段。图 6.2 是 5% (体积分数)SiC_p / Al_2O_3 和 5% (质量分数)SiC / 15% (质量分数)ZrO_2 [3% (摩尔分数)Y_2O_3] / 80% (质量分数)Al_2O_3 两种复相陶瓷，用 SPS 方法烧成的温度与相对密度的关系。

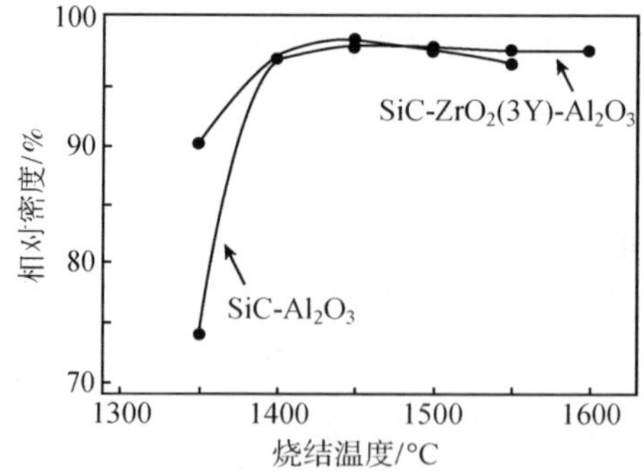

图 6.2　SPS 方法烧成 5% (体积分数)SiC_p / Al_2O_3 和 5% (质量分数)SiC / 15% (质量分数)ZrO_2 [3% (摩尔分数)Y_2O_3] / 80% (质量分数)Al_2O_3 两种复相陶瓷的致密化曲线

从图中可以看到，在 1400℃烧结(保温时间 1h)就可以达到接近于理论密度。图 6.3 是上述两种纳米复相陶瓷的烧成温度与抗弯强度的关系。在 1450℃烧成的 5%(体积分数)SiC_p / Al_2O_3 复相陶瓷，其抗弯强度竟达 980 MPa，而 5% (质量分数)SiC / 15% (质量分数)ZrO_2 [3%(摩尔分数) Y_2O_3] / 80% (体积分数)Al_2O_3 复相陶瓷则高达 1200 MPa。Al_2O_3 基复相陶瓷能达到这样高的强度是很少见的(单相 Al_2O_3 陶瓷的抗弯强度是 350 MPa)。从图 6.4 的透射电镜显微照片中可以看到 SiC 颗粒大多处于 Al_2O_3 的晶粒内部。前面已经提到，在复合粉体的制备中，采取的是非均相沉淀的方法，SiC 颗粒被 Al_2O_3 相所包裹，成为所谓的“核壳结构”，在 SPC 的快速烧结过程中，外层 Al_2O_3 的迅速烧结，孤立的 SiC 颗粒也就被埋在其中。Al_2O_3 的热膨胀系数比 SiC 的约大一倍，在高温烧结后的冷却过程中，Al_2O_3 晶粒是处于局部的张应力下，促使材料的断裂模式由原本纯氧化铝陶瓷的沿晶断裂变成穿晶断裂。同时，氧化锆相变增韧的同步作用，以及这两种强化与增韧机理的协同效应，对 1650ºC 烧结获得的纳米复相陶瓷的高性能有着主要的贡献[5]。如同在 5.2.1 节中提到的，同样是在 SiC 颗粒弥散与 Al_2O_3 基体中，但 SiC 颗粒处于什么位置，则大不相同。前者的 SiC 颗粒是处于 Al_2O_3 的晶界或三晶粒交合处，而在本节中提到的大部分 SiC 颗粒则以纳米级的尺寸处于 Al_2O_3 的晶粒内部。很显然，陶瓷材料的显微结构和晶粒尺寸的差异，对材料性能的影响是明显的。

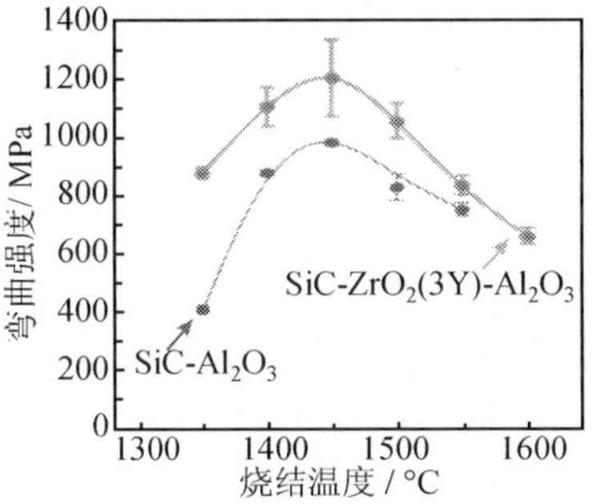

图 6.3　5% (体积分数)SiC_p / Al_2O_3 和 5% (质量分数)SiC/ 15% (质量分数)ZrO_2[3% (摩尔分数)Y_2O_3] / 80%(质量分数)Al_2O_3 两种纳米相陶瓷在不同的烧成温度和抗弯强度的关系

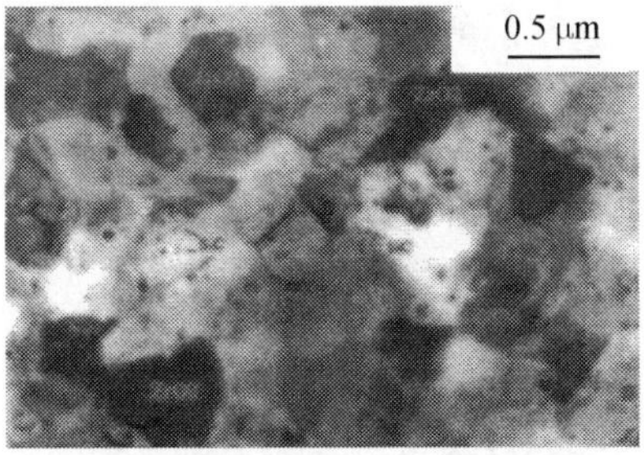

图 6.4　5% (质量分数)SiC/ 15% (质量分数)ZrO_2 [3% (摩尔分数)Y_2O_3] / 80% (质量分数)Al_2O_3 纳米复相陶瓷的 TEM 显微结构照片

2. 碳化硅陶瓷

碳化硅是共价键化合物，因此用一般的方法是很难使它烧结的(即使烧结温度高达 2000ºC 和采用热压措施)，加入一定的助烧剂也是必要的。在这里仅介绍一种能得到极高性能的后等静压烧结碳化硅陶瓷的方法。用高温等静压方法可以将碳化硅烧结到97.5%的理论密度，若再将它作一次热等静压烧结，材料则可进一步烧结致密化。如是在氮气的压力下作此后等静压烧结，则氮化硅陶瓷的密度可以达到接近于理论密度，抗弯强度高达 907 MPa，　断裂韧性为 8.4 $MPa{\cdot}m^{1/2}$，如表 6.1 所示。这是因为在高氮压和高温下，在表面上的碳化硅将与氮气发生化学反应，生成为氮化硅。当在表面所生成的氮化硅将气孔封闭时，氮气的继续渗透将被阻止，因而在碳化硅陶瓷的表面就形成一 Si_3N_4 / SiC 的梯度层[6]。

表 6.1　SiC 陶瓷在不同气氛下后等静压烧结的性能

	密度/(g/cm^3)	强度/MPa	断裂韧性/($MPa{\cdot}m^{1/2}$)
HIP	3.13±0.02[10]	582±78[5]	5.7±1.2[5]
POST-HIP(Ar)	3.16±0.01[6]	668±72[5]	
POST-HIP(N_2)	3.20±0.01[8]	907±110[7]	8.4±1.2[4]

注：括号中给出的是样品的数量；热等静压和热等静压后处理的条件(1850℃×60min, 20MPa)。

在材料的表面加以不同性质的涂层，可以引起如此大的强度上的改善，这一结果是诱人的，它的强化机理有进一步深入探讨的必要。在陶瓷材料表面再施以陶瓷涂层不失为高密度、高强度、高韧性材料获得的一条有效思路。可以设想，仿照陶瓷涂层的类似作用，在高温结构陶瓷表面形成一梯度的抗氧化涂层，使陶瓷材料可以在比较高的温度下使用而不至于被氧化(过去这个方法都是用在金属或合金的基体上的)，这对于超高温的硼化物、碳化物或氮化物是极为适宜的。之所以要用梯度的涂层，是因为它是涂层

研究中所惯用的方法。它可以使涂层与基体材料因在热膨胀问题上的差异而引起涂层与基体的结合性能变弱，甚至会使涂层出现与古代哥窑、汝窑瓷那样的“开片”问题得到缓解。过去半个多世纪以来，高温结构陶瓷的研究和陶瓷涂层的研究虽然也时有交流，但在同一个研究项目上的合作是绝无仅有的。这样做的目的就是使超高温结构陶瓷材料可以在应有的高温下长期使用。

3. 低温热压 Si_3N_4 陶瓷

在 MgO - Al_2O_3 - SiO_2 系统的相图中，可以估算出表 6.2 中所列组分的熔融温度。在表 6.2 所示的 L_A 和 L_C 液相的组成，它们在熔融时对 SI_3N_4 的润湿角分别为 3º和 30º。添加 L_A 组成液相的 Si_2N_4 较 L_C 的更易烧结。当添加 10%(体积分数) 的 L_A 液相，就可以使 Si_3N_4 在 1550℃烧结到理论密度的 99%，这是明显的有液相存在的颗粒重排和溶解－沉淀烧结机理。它具有高的抗弯强度(500 ~ 575 MPa)和高的硬度(R_A = 94~95)，断裂韧性则并不高。1200ºSi_3N_4 陶瓷的高温抗弯强度则下降约一半，这是陶瓷晶界处存在较多玻璃相之故[7]。将上述含玻璃相的氮化硅陶瓷再经过高温热处理，使其中的玻

璃相晶化，可以较大幅度地提高材料的强度特别是高温强度[8]。

表 6.2　MAS 系统中液相组分的熔融温度

液相编号		化学组成(份数)				始熔温度/ %	全熔温度/ %
		MgO	Al_2O_3	SiO_2	TiO_2		
L_A		14	24	62	—	1355	1450
L_C	L_C-1	15	35	50	—	1460	1520
	L_C-2	15	35	50	10	1460	1520

6.2.2　氧化铝陶瓷的活化烧结

直接用γ-Al_2O_3作为基体原料，加入 0.875%(质量分数)的颗粒尺寸 300nm 的α-Al_2O_3粉体作为晶种，以及 1.05 % (质量分数)MgO、3.075% (质量分数)SiO_2 在 1300℃热压烧结即可获得 98%理论密度的氧化铝陶瓷。在 1350℃烧结还可以保持清洁的晶界，1400℃则出现 MgO-Al_2O_3-SiO_2 (MAS) 低共融玻璃相，玻璃相与 Al_2O_3 反应后会出现尖晶石和莫来石相。1300℃和 1350℃热压试样的抗弯强度和断裂韧性分别为 492MPa、565 MPa 和 4.9MPa·m$^{1/2}$、4.5 MPa·m$^{1/2}$。图 6.5(a)、(b)显示在氧化铝晶粒三角交界处存在的莫来石晶粒， 图 6.5(c) 显示出氧化铝晶粒间的清洁晶界[9]。

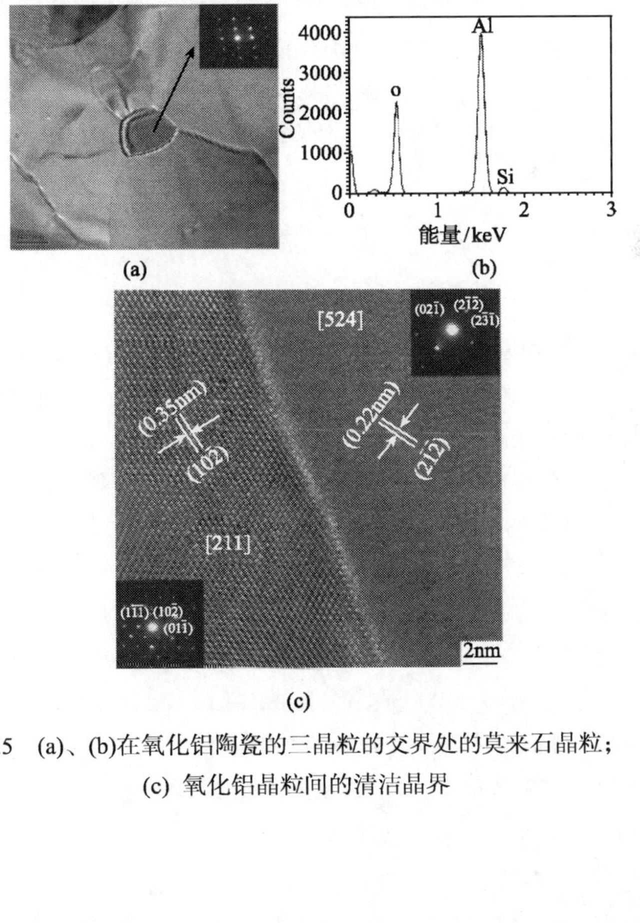

(a)　(b)　(c)

图 6.5　(a)、(b)在氧化铝陶瓷的三晶粒的交界处的莫来石晶粒；
(c) 氧化铝晶粒间的清洁晶界

6.2.3 第二相引入的陶瓷低温烧结

在第 7 章的 7.2.2 节中将会提到，为了解决 Si_3N_4 陶瓷与碳纤维在化学上的相容性，必需设法将 Si_3N_4 陶瓷的实际烧结温度下降到 1600℃以下。当时选择了一个具有低熔点的 SiO_2-MgO-LiF(SMF)作为第二相加入物，使 Si_3N_4 陶瓷的热压温度可以降低到 1450℃，避免了氮化硅和碳纤维间化学反应的进行。第二相引入的主要目的是使原来为固相烧结机理的烧成过程改变为有液相参与下的烧结，溶解–沉淀是主要的物质传递途径，既可降低烧成温度，又能加速整个烧结过程。

1. 氧化铝陶瓷的低温烧结

将 Al_2O_3、SiO_2 和 $LiCO_3$(LAS) 以及 Al_2O_3、SiO_2 和 $BaCO_3$(BAS) 在 1550ºC 熔融 6h， 形成透明的玻璃，将之破碎到小于 1mm，并作为添加剂加入到高纯的氧化铝基体中。成型后在 1550℃，保温 2h 烧成。有关性能列于表 6.3。含 LAS 玻璃的氧化铝陶瓷，由于玻璃相的热膨胀系数小于氧化铝基体，因此材料为穿晶断裂模式，得到的性能是较高的强度和较低的断裂韧性；相反，当加入的玻璃的热膨胀系数是大于氧化铝基体，它的断裂模式则是晶间断裂，得到的性能是低强度和高断裂韧性[10]。

表 6.3　含玻璃相的低温烧结 Al_2O_3 陶瓷的有关性能

组分	玻璃组分(质量分数) / %				α / ($\times 10^{-6}$/℃)	抗弯强度/MPa	断裂韧性 /(MPa·m$^{1/2}$)
	Al_2O_3	SiO_3	Li_2O	BaO			
Al_2O_3/5%(质量分数)LAS	25.4	67.1	7.5	—	4.36	404±30	3.44±0.2
Al_2O_3/5%(质量分数)BAS	21.0	28.5	—	50.5	10.7	273±42	4.76±0.3
Al_2O_3	—	—	—	—	6.8	336±28	3.80±0.2

2. TZP 陶瓷的液相烧结

含 Y_2O_3 稳定的四方相氧化锆(Y-TZP)的高强、高韧性素为人们所瞩目。它的低温烧结也被研究者重视。少量的添加剂即有可能使它的烧结温度下降很多。把它的烧结机理从固相烧结转变为有液相参与下的烧结是关键所在。1%(质量分数) 的添加物就有可能使 3Y-TZP 在 1400℃，保温 2h，烧结到 98%理论密度以上。它的抗弯强度可达 1000MPa。高强度的获得与低温烧结得到的细晶粒尺寸(约 0.2μm)有关。但是过小的晶粒尺寸，使它低于氧化锆相变的临界尺寸，故而材料的断裂韧性并不理想，仅只有 6.2 MPa·m$^{1/2}$。图 6.6 显示 3Y-TZP 陶瓷在三晶粒交界处所存在的玻璃相(箭头所指)，图(b)是它的衍射图[11]。 在 3Y-TZP 和 12Ce-TZP 混合粉料中，用 33% (质量分数) MgO-14% (质量分数)Al_2O_3-53% (质量分数)SiO_2 以及 12% (质量分数)的 TiO_2 的玻璃组分，以 1%(质量分数)量加入，以 1300ºC 无压烧结，即可得到高强度的陶瓷。图 6.7 给出了对三种氧化锆陶瓷的烧成温度与抗弯强度的关系[12]。

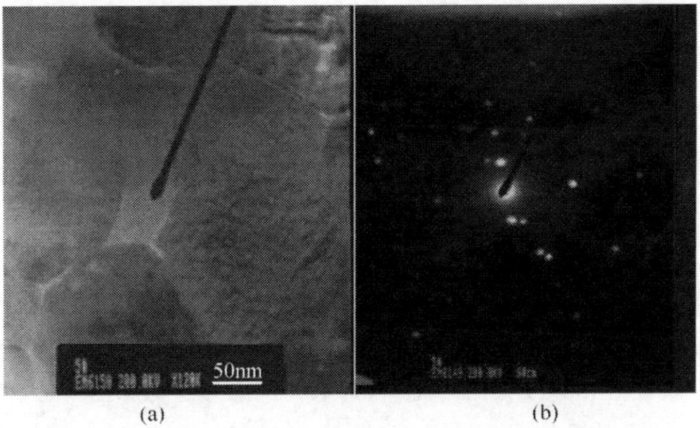

图 6.6 图(a)为 3Y / TZP 陶瓷三晶粒交界处的玻璃相 (箭头所指)，图(b)是它的衍射图

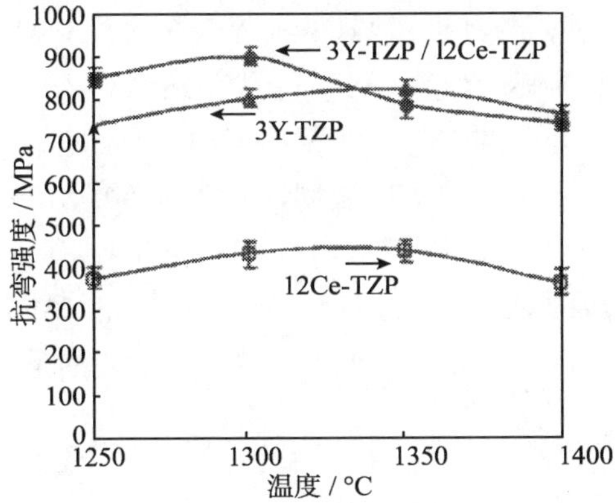

图 6.7 含 1% (质量分数)MAS 玻璃相的 3Y-TZP/12Ce-TZP 和 3Y-TZP / 12Ce-TZP 陶瓷的烧结温度下与其抗弯强度的关系

3. ZTA 陶瓷的低温烧结

在 5.2.4 节中提到了 ZTA 陶瓷，它的烧成温度一般需要在 1650℃以上，因此希望既能在较低温度下烧结，而且又可以充分发挥氧化锆的相变增韧的效果。从 CaO-Al_2O_3-SiO_2 相图中来选择适宜的玻璃相组成，用有液相参与下的烧结途径以达到 ZTA 陶瓷的低温烧结[13]。

6.3 低成本制备 Mg，Y 稳定氧化锆陶瓷

MgO 部分稳定氧化锆陶瓷的制备一般需要很高的温度烧结，而后必须长时间地高温热处理，以保证立方相氧化锆的稳定。在共沉淀 MgO-ZrO_2 粉体中，对 MgO 稳定

剂的含量和亚稳相的组成，在文献上一直存在有不一致看法。通过用盐酸的浸滤，将多余的 MgO 清除，同时用球磨促使不同煅烧温度下所得试样中可相变的四方相氧化锆(即大于相变临界尺寸部分)发生相变。最后得出，在 1450℃时，11% (摩尔分数)MgO(实际上为 10.4%(摩尔分数))全部进入 ZrO_2 晶格，相应的相是四方相和立方相；而在 750 ~ 1350℃，只有 2.2%(摩尔分数) MgO 溶入 ZrO_2 晶格，相应的相为四方相，其余的 MgO 则是分布在 ZrO_2 晶粒的表面[14]。

在此认识基础上，根据 Y_2O_3-Al_2O_3-SiO_2 系统的相图，选择约在 1350℃的低共熔区的化学组成作为烧结助剂(YAS)，它们的热膨胀系数是在 3.1×10^{-6}~5.1×10^{-6}℃$^{-1}$，小于 ZrO_2 基体，在 1400℃左右时，它们对 10.4%(摩尔分数)MgO -ZrO_2 烧结体的润湿角只有 13º~17º，润湿状态极好。

Y_2O_3-Al_2O_3-SiO_2 超细非晶态粉体的引入量为 1%(体积分数)，同时采取再加入同等化学当量的 Al_2O_3，使其与富集在 ZrO_2 晶界表面的多余 MgO 形成镁铝尖晶石，这样既可净化晶界，又能抑制 ZrO_2 晶粒长大；为了达到对 ZrO_2 的共稳定效果，在 ZrO_2 中还需加入 1.5%(摩尔分数)的 Y_2O_3。采用非均相共沉淀方法制备上述复合粉体，在 1400℃烧结 2h，可获得抗弯强度和断裂韧性分别为 801 MPa 和 8.2 MPa· $m^{1/2}$ 的(Mg，Y)-TZP 陶瓷，或者引入 1%(体积分数)MgO-Al_2O_3-SiO_2 超细非晶态粉体，1350ºC 烧结 2h 也可获得抗弯强度和断裂韧性分别为 905MPa 和 6.9 MPa·$m^{1/2}$ 的(Mg，Y)-TZP 陶瓷。这一工艺，最重要的贡献不仅是低温烧成，更重要的是无须长时间的热处理[15]。

参 考 文 献

[1] 符锡仁，郭景坤，陈辛尘，等.现代陶瓷[M]. 上海：上海科学技术出版社，1980.

[2] 徐跃萍，郭景坤，黄校先. ZrO_2-Y_2O_3 超细粉烧结动力学的研究[J]. 硅酸盐学报，1992，20(1): 35–41.

[3] 郭景坤，冯楚德. 纳米陶瓷的最近进展[J]. 材料研究学报，1995，9(5): 412–419.

[4] 高濂,宫本大树. 高温等静压烧结 Al_2O_3-ZrO_2 纳米陶瓷[J]. 无机材料学报,1999,14(3): 495–498.

[5] Gao L，Wang H Z，Hong J S，et al. Fabrication and mechanical properties of nano–SiC-oxide composites[J]. Key. Eng. Mater.，1999，161–163: 401–406.

[6] Jiang D L，She J H，Tan S H，et al. SiC-Si_3N_4 gradient composite ceramics by special HIP processing[A]. In: Carlsson R，Johansson T，Kahlman L. Proceeding of 4th International Symposium on Ceramic Materials and Components for Engine (C). 1991: 416–423.

[7] 刘海燕，严东生，郭景坤. 低温热压氮化硅的显微结构和力学性能[J].硅酸盐学报，1984，3(16): 1–6.

[8] 刘海燕，严东生，郭景坤. 低温热压氮化硅的晶界玻璃相结晶化及其对于高温强度和断裂形貌的影响[J]. 硅酸盐学报，1984，12(3): 328–332.

[9] Li J，Pan Y B，Wu Y S，et al，Microstructure and mechanical properties of hot-pressed α-Al_2O_3–seeded γ- alumina ceramics [J]. Int. Appl. Ceram. Technol.， 2007，4(3): 276–284.

[10] Wu Y Q，Zhang Y F，Pezaotti G，et al. Effect of glass additives on the strength and toughness of

polycrystalline alumina[J]. J. Eur. Ceram. Soc.，2002，22: 159–164.

[11] 孙义海，张玉峰，郭景坤. 3Y-TZP 材料的液相烧结[J]. 硅酸通报，2003， 2: 3–6.

[12] Qin H X, Huang X X. Microstructure and bending strength of 3Y-TZP/12Ce-TZP ceramics fabricated by liquid-phase sintering at low temperature[J]. J. Am. Ceram. Soc.，2000，83(11): 2881–2883.

[13] Huang X W，Wang S W，Zhao S K，et al. Effect of liquid- forming additives on the sintering and mechanical properties of Al_2O_3 / 3Y – TZP(30 vol.%) composite[J]. Mater. Res. Bull.， 2002，37(10): 1709–1719

[14] Rong T J，Huang X X，Wang S W，et al. State of magnesia in magnesia (10.4 mol.%)-doped zirconia powder prepared from coprecipitation[J]. J. Am. Ceram. Soc.，2002，85(5): 1324–1326.

[15] 荣天君.液相烧结制备氧化镁氧化钇共稳四方氧化锆多晶陶瓷的研究[D]. 中国科学院上海硅酸盐研究所博士论文，2002.

第 7 章　陶瓷基复合材料

7.1　陶瓷基复合材料的概念

陶瓷基复合材料(ceramic matrix composite)是以陶瓷材料为基体，以陶瓷纤维、晶须、晶片或颗粒为补强体，通过适当的复合工艺制备的、性能可设计的一类新型材料。陶瓷基复合材料又称为多相复合陶瓷(multiphase composite ceramic)或复相陶瓷。陶瓷基复合材料具有陶瓷的耐高温、高硬度、耐腐蚀、高耐磨性等优点，同时通过补强体的加入可以改善其本征脆性，避免突发性破坏。陶瓷基复合材料在高技术领域、航空航天、国防以及国民经济各部门具有广阔的应用前景，是军用先进材料领域的研究前沿之一，也是我国高新技术计划的研究重点[1, 2]。从第二相对复合材料的补强的角度来看，要求第二相能够分担更多的负荷，则希望第二相与基体之间有最大限度的结合。而实际的要求是第二相和基体之间的结合以适中为宜，以求取最大的拔出效应。我们的着眼点是宁愿部分地牺牲第二相的增强作用，而充分地发挥它在限制材料主裂纹扩展的功能，以弥补无机非金属材料的脆性弱点。为了区别起见，我们称之为“补强”复合材料，而不是“增强”复合材料[3]，包括纤维(或晶须)补强陶瓷基复合材料、异相颗粒弥散强化复相陶瓷、原位生长陶瓷复合材料、梯度功能复合陶瓷和纳米陶瓷复合材料。

陶瓷基复合材料的设计内容包括确定材料的组成、显微结构和制备工艺。虽然目前陶瓷学的发展水平已经有可能摆脱经验式和“炒菜配方”的研究方式，但是现有的数据积累还不足以支持定量的陶瓷基复合材料设计。然而，我们可以根据复合材料设计的定性原则和性能调整措施来改善材料的性能。

陶瓷作为一种脆性材料，其断裂应变低、断裂韧性低、强度分散，所以人们考虑加入第二相(连续纤维、晶须、颗粒等)作为增强增韧组元。当第二相与陶瓷基体具有最佳的界面结合时，可以减少脆性基体对微观裂纹的敏感性，起到改善断裂韧性的作用。陶瓷增韧的实质是增加裂纹扩展的阻力，减弱裂纹尖端处裂纹扩展的驱动力。裂纹扩展的阻力与材料的显微结构密切相关，在裂纹尖端设置若干耗散裂纹扩展能量的显微结构，就能达到对陶瓷增韧的目的。例如，设计氧化锆相变增韧陶瓷的关键是在复合材料中保留尽量多的 t-ZrO_2，并控制材料中 t-ZrO_2 自发相变成 m-ZrO_2 的起始温度略低于使用温度。而对于纤维(或晶须)补强陶瓷基复合材料显微结构的设计思路则可以归纳为：尽量消除纤维内部缺陷以提高其强度，使界面解离长度和纤维拔出长度增大。因纤维和基体之间热膨胀系数和弹性模量失配必然引起不同的应力，尽可能使纤维处于拉应力状态，选用弹性模量较高的纤维，因为在纤维须体积含量一定时，高弹性模量的纤维可以分担较多的外加负荷，增韧效果也会更好。纤维与基体间热膨胀匹配关系，一般控制基体的热膨胀系数小于纤维，纤维就可以存在于拉应力状态，也可以延长裂纹偏转的途径，并增加纤维拔出所消耗的能量。当不得不选用热膨胀系数严重失配的纤维/基体体系时，可以采取热处理的途径，以缓解纤维/基体间过强的结合。纤维表面的光洁度对纤维与基体的机械互锁和界面解离的易难关系密切，在保证纤维充分分散的前提下，尽量增加纤维含量。在同一种陶瓷基复合材料体系中设计多种的增韧机制，以便协同提高其性能。

在表 7.1 中列出了各种纤维、金属丝和晶须与陶瓷的匹配与化学反应[4]。W 丝和 Mo 丝与氧化铝和氧化锆陶瓷，在高温处理后都出现严重的垂直与金属丝的裂纹(图 7.1)。硼纤维与氧化锆，不但有裂纹，还发生明显的化学反应(图 7.2)。碳纤维与氮

表 7.1　某些纤维与陶瓷之间的匹配与化学反应[4]

基　体	纤　维	结　果
氧化铝	钨丝	基体在垂直于纤维方向上出现裂纹
氧化铝	钼丝	基体在垂直于纤维方向上出现裂纹
氧化铝	硼纤维	基体在垂直于纤维方向上出现裂纹
氧化锆	钨丝	基体在垂直于纤维方向上出现裂纹
氧化锆	钼丝	基体在垂直于纤维方向上出现裂纹
氧化铝	碳纤维	基体裂纹严重，基体与纤维脱离
氧化锆	碳纤维	基体裂纹严重，基体与纤维脱离
氧化锆	硼纤维	基体有裂纹，基体与纤维有化学反应
氮化硅	碳纤维	碳和氮化硅在 1650℃以上有化学反应
氮化硅	碳化硅晶须	1600℃以上，碳化硅晶须消失
石英玻璃	碳纤维	可以形成较好的复合材料

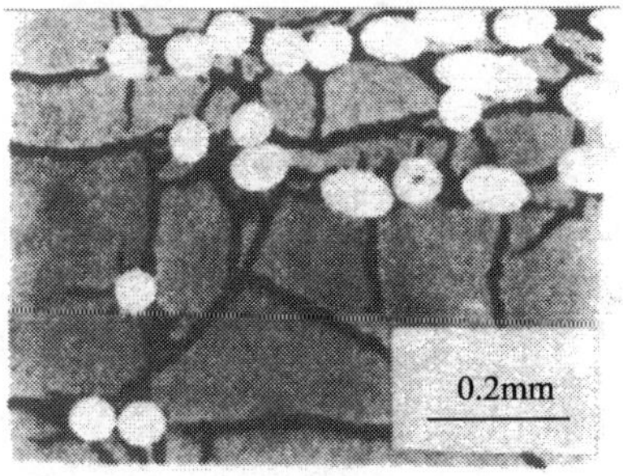

图 7.1　W 丝/氧化铝[4]

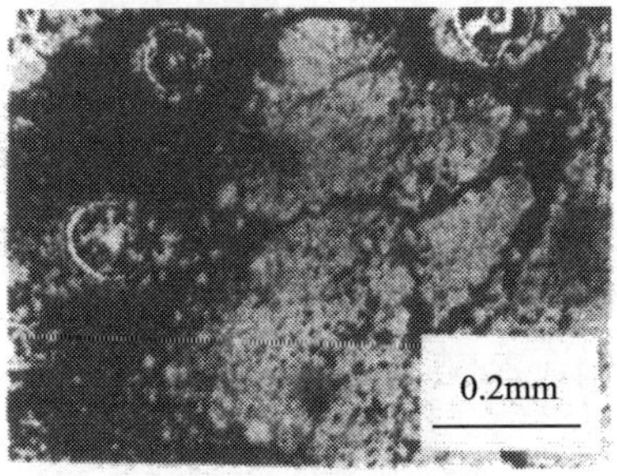

图 7.2　B 纤维/氧化锆[4]

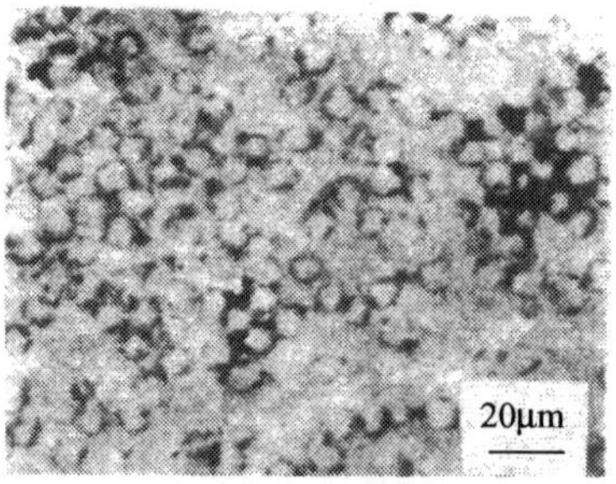

图 7.3　碳纤维/氮化硅，1650℃[4]

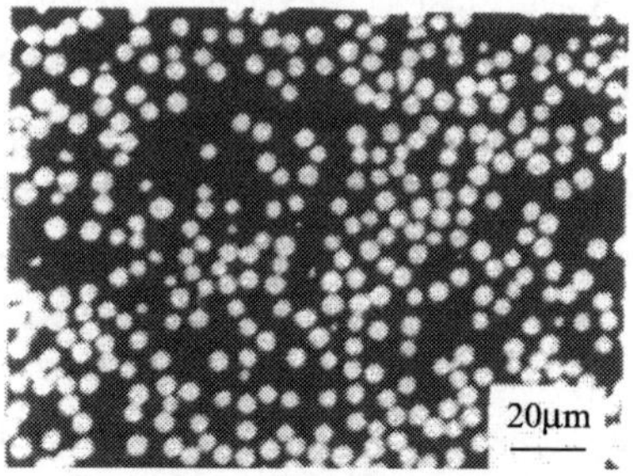

图 7.4　碳纤维/石英玻璃[4]

化硅在 1650℃发生化学反应(图 7.3)。只有碳纤维与石英是彼此相容的(图 7.4)。因此，碳纤维和石英可以成为一个好的复合材料系统[4]。Crivelli-Visconti 等[5]曾报道含碳纤维可达 50% (体积分数) 的 SiO_2 复合材料，它具有很高的强度和断裂韧性。

7.2　纤维补强陶瓷基复合材料的范例

陶瓷基复合材料由于优良的性能而具有广泛的用途和广阔的应用前景，本节将有选择性地介绍几个具有重要实用价值和应用前景的陶瓷基复合材料的范例。

7.2.1　碳纤维补强石英复合材料

1. 碳纤维/石英复合材料的一般性能

碳纤维与石英具有极好化学上和物理上的相容性，用这个系统来制备复合材料是适宜的。表 7.2 是纤维正规排列的碳纤维补强石英复合材料的物理机械性能[6]。从表 7.2 中可以看到碳纤维补强石英复合材料具有极高的强度和断裂功，它可以承受较大机械冲击和热冲击。

2. 作为防热材料的力学与环境试验[7]

1) 冲击、振动试验

碳/石英复合材料进行了冲击过载 $a = 70g$、半正弦波、冲击时间 10ms 的垂直冲击试验 8 次。用摆式冲击机进行两次横向冲击，未发生异常。在振动试验中，垂直方向和横向方向都按 10g 的扫描、共振，结果均未出现异常。

2) 常温和低温(−100℃)的振动与冲击试验

在表 7.3 和表 7.4 中列出了空间飞行器的常温和低温振动和冲击条件。试验结果表明试样没有发生破裂、连接孔开裂、共振破坏、低温脆裂等现象。

表 7.2　纤维正规排列的碳纤维补强石英复合材料的物理机械性能[6]

性　能	碳纤维补强石英复合材料	石英玻璃
体积密度/(g /cm³)	2.00	2.16
碳纤维含量(体积分数)/ %	30	
抗弯强度/MPa	5.88×10^2, 2.94×10^2 #	50
抗弯弹性模量/MPa	6.77×10^4	
抗拉强度/MPa	53 #	
抗拉弹性模量/MPa	2.58×10^4 #	
泊松比	0.14 #	
断裂应变/%	0.32#	
抗剪强度/MPa	24.5	
冲击强度/(N · m/m²)	4.09×10^6	1.02×10^5
断裂功/(J/m²)	7.90×10^3	5.94~11.3
热膨胀系数/℃ (0~900℃)	0.69×10^{-6}	0.54×10^{-6}
导热系数#/[cal/(s · cm · ℃)]	500℃, 0.00258	
	900℃, 0.00403	
	1300℃, 0.00565	
导温系数#/(cm²/s)	500℃, 0.0053	
	900℃,0.0077	
	1300℃,0.0101	
幅射系数# (半球向)	60℃,0.84	
	787℃,0.78	
	1144℃,0.70	

纤维是正交排列，无星号是单向排列。

表 7.3　飞船的常温和低温振动试验条件[7]

频率范围	15~50Hz	50~2000Hz
振动级	1.0mm (半幅)	12g
方向	平行和垂直结构面板两个方向	
试验时间	对数扫描，每个方向半循环(50~2000Hz)15min	

表 7.4　飞船的常温和低温冲击条件[7]

波　形	加速度	持续时间	方　向	次　数
半正弦波	50g	6~10ms	垂直板面	2

3) 热辐射试验

(1) 小板加热试验。试样是 100mm × 100mm × (2~2.5)mm 平板，热流取飞船伞仓部位最大的 q_m 为 125 kcal/(m² · s)。试验结果，表面温度 1014~1106℃，远低于 $\varepsilon = 0.85$ 的辐射平衡温度(1534℃)，比钼合金的表面温度(1182~1215℃)低，吸热量为钼合金的

3 倍。碳/石英复合材料在高致密度条件下仍具有较低导热系数的主要原因是碳以纤维状分散在石英中产生很大的接触热阻，在高温热压条件下石英玻璃失透导致辐射导热的减弱，以及所含微气孔对气相导热和辐射导热的抑制。

(2) 大尺寸结构面板环境试验。试样尺寸为 280mm × 280mm × 2mm。试验件先依次通过常温振动、常温冲击、低温振动和低温冲击后，再进行加热试验。采取座仓侧面最严重情况的热流，q_m 为 59kcal/($m^2 \cdot s$)。试验结果，试样完好，没有呈现出脆性破坏，防热性能好。

从以上的实验数据显示，碳纤维补强石英复合材料极适于用作空间技术材料。它已被成功地应用在我国的人造卫星、飞船和其他空间技术中。作者愿借本书的一角表示一下隐藏多年的崇敬之情。碳纤维/石英复合材料能够被用于空间技术中如此重要的部位，这在国际上是没有先例的。对当时为采用这个材料而作出决策的领导和总工程师们的胆略和尊重科学的远识表示由衷的钦佩！

国内于 1996 年用短切碳纤维补强石英复合材料，成功地应用于导弹上[8,9]。这表明碳纤维补强石英复合材料仍有极大的潜力，应该对这一材料作更深的挖掘，以充分开拓它的应用潜力。

7.2.2　碳纤维补强氮化硅复合材料

碳纤维补强氮化硅复合材料是一种在化学上和物理上都极不匹配的复合材料系统。从表 7.1 和图 7.3 中可以看到碳纤维与氮化硅在 1650℃会发生化学反应，而氮化硅陶瓷的无压烧结或热压烧结一般均要 1700℃ 以上。碳纤维的热膨胀系数为 0.67×10^{-6}℃$^{-1}$ (RT-900℃)，SMZ–Si_3N_4 是 4.62×10^{-6}℃$^{-1}$(RT-1000℃)，两者在热膨胀系数上有如此大的差异，必然形成较大的应力[10]。从图 7.5 中可以清楚地看到在氮化硅陶瓷的基体中所产生的垂直于纤维的裂纹。不解决以上的两个问题，就不可能制备出好的复合材料。

1. 氮化硅陶瓷的烧结温度

在一般情况下，氮化硅陶瓷的烧结温度都要在 1700℃以至更高。但是，陶瓷的烧结温度可以根据加入不同的助烧剂而异，氮化硅陶瓷也不例外。这里采用了 LiF-MgO-SiO_2(SML)作为烧结助剂，可以在 1450℃、25MN/m^2 热压烧结到 99%理论密度[11]。在 1450℃热压烧结，可以避免碳纤维和氮化硅基体的反应。

2. 氧化锆相变对应力的缓解

1975 年 Garvie 等[12]提出四方相氧化锆向单斜相氧化锆转变的过程中可以缓解周边的应力，同时伴随有小量的体积变化。利用这一机制，可以对陶瓷材料产生有效的增韧作用。因此，设想是否有可能利用氧化锆的这一特殊的功能，来缓解碳纤维/氮化硅系统中的热膨胀系数不匹配问题？在氮化硅陶瓷的基体中加入四方相氧化锆，在应力的状态下，四方相氧化锆的相变是一个能量的吸收过程。它将可起到缓解氮化硅基体中由于与碳纤维在热膨胀系数上的差异而形成的应力状态。实验的结果表明，这一设想是可行而且有效的[11]。

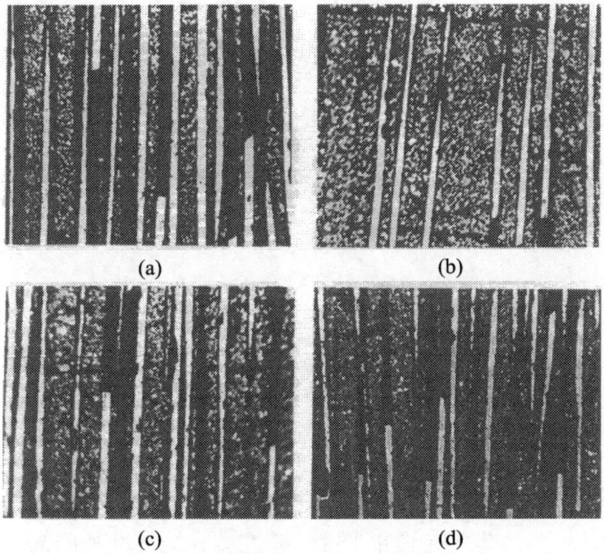

图 7.5　碳纤维/氮化硅在不同温度下热压[10]

(a) 1350℃；(b) 1400℃；(c) 1450℃；(d) 1550℃（放大倍数 × 313 倍）

图 7.6　碳纤维/SMZ-Si_3N_4 复合材料[11]

1450℃，25 MN/m^2 热压，放大倍数 × 188

图 7.6 是用 SML 为烧结助剂，另还加入 5% (质量分数)四方相 ZrO_2 的氮化硅陶瓷为基体，含 30% (体积分数) 碳纤维的复合材料，在 1450℃、25MN/m^2、保温 1h 热压烧成的光学显微照片，这表明它是一种很好的陶瓷基复合材料。表 7.5 是碳纤维/SML-Si_3N_4 复合材料的有关性能，它与相应的氮化硅陶瓷基体来比较，虽然在强度上并没有什么改进，但它的断裂功却提高了两个数量级、断裂韧性是基体的四倍。这些性能预示，这一复合材料有可能被应用于强机械冲击和热冲击的场合。

表 7.5　碳纤维/SMZ-Si_3N_4 复合材料的性能[11]

	SMZ-Si_3N_4	碳纤维/SMZ-Si_3N_4
体密度/(g/cm^3)	3.44	2.7
纤维含量(体积分数)/(%)		30
抗弯强度/(MN/m^2)	473 ± 30	454 ± 42
杨氏模量/(GN/m^2)	247 ± 16	188 ± 18
断裂功/(J/m^2)	19.3 ± 0.2	4770 ± 770
断裂韧性 K_{1c}/(MN/m$^{3/2}$)	3.7 ± 0.7	15.6 ± 1.2
热膨胀系数 coefficient (RT ot 1000℃)(× 10^{-6}/℃)	4.62	2.51

7.2.3　碳/碳复合材料

碳/碳复合材料(简记为 C/C)是由碳纤维骨架和碳基体组成。在承受高温的结构陶瓷中，它是最轻的材料，具有抗热冲击性、韧性、耐烧蚀性和耐高温摩擦等优异性能，并能在高温(2200℃)下保留高强度，在航空、航天和军事等高技术领域具有广泛的应用前景。高性能碳纤维的弹性模量超过 700MPa，其强度为 3~4GPa。C/C 中的碳纤维可以是连续的也可以是非连续的，通过调节纤维的方向和配置，可以控制 C/C 在不同方向的强度和模量，即获得不同使用要求的各向异性。制备碳/碳复合材料时，通常首先将碳纤维制成与产品形状相近的增强体坯件，然后在碳纤维坯件的间隙中导入碳源物质(液态或气态有机物)，通过加热使其热解碳化，在碳纤维周围形成碳基体。获得的 C/C 还需要经过温度至少高于制品最好使用温度的热处理，以使其获得热稳定性，增加抗热震能力和改善抗烧蚀性能。

化学气相渗透技术 (chemical vapor infiltration, CVI)是制备 C/C 复合材料最常用的方法。CVI 工艺具有纤维损伤小、基体组成和结构的可设计性强、工艺灵活、适用面广、制品性能好等优点，是制备 C/C 复合材料的主要技术。刘皓等[13]采用液相浸渍-碳化和 CVI 复合工艺，制备出在碳纤维和热解碳之间具有中间相沥青过渡层的 C/C 复合材料。图 7.7 是材料的偏光显微结构照片。从图中可以看出，中间相沥青碳(MPC)的光学活性高于热解碳(PyC)的光学活性。所制备的材料具有较高的力学性能，其中抗弯强度达到 244MPa，断裂韧性达到 9.7MPa · m$^{1/2}$。在加载过程中，材料内部多层次的界面结构通过改变裂纹的扩展路径而延缓其扩展速度，在断口形貌上呈现出锯齿状的断裂形式，纤维拔出长度适中(图 7.8)，材料表现出韧性破坏的断裂特征。

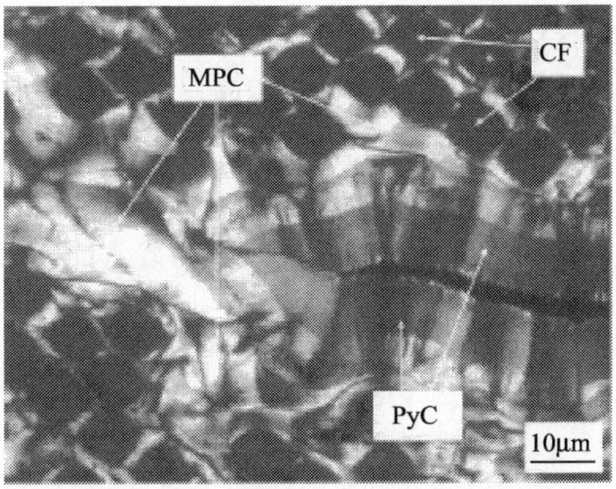

图 7.7　具有中间相沥青过渡层的 C/C 复合材料的偏光组织结构[13]

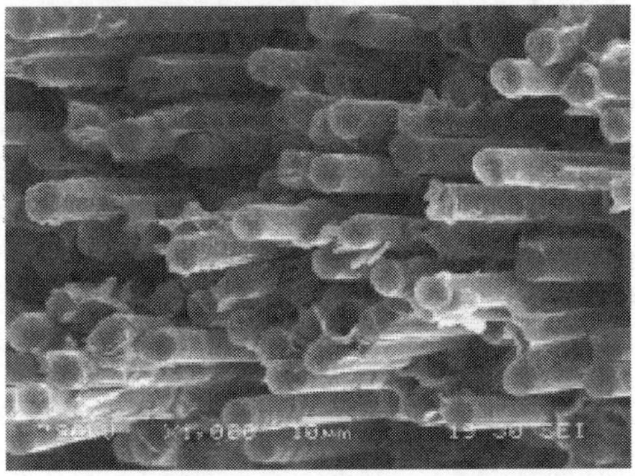

图 7.8　具有中间相沥青过渡层的 C/C 复合材料的断口 SEM 形貌[13]

等温 CVI 法 (isothermal CVI, ICVI)设备简单、操作方便，对复杂形状制品可处理性强，且具有一炉多制品同时渗透等特点，在 C/C 复合材料制备领域占据极其重要的地位。但 ICVI 工艺存在着热解反应、沉积反应和气体扩散之间的竞争，沉积速率大于扩散速率,导致严重的密度梯度，甚至出现表面结壳现象。采用低的沉积温度、低的气氛压力，可在一定程度上缓解这一问题，但致密化周期将特别长[14, 15]。为了解决这一难题，人们相继开发了一些高效的 CVI 工艺，如等温压力梯度 CVI、微波热解 CVI 和热梯度 CVI 等[16]。

基于热梯度 CVI，以液态碳氢化合物为前驱体的化学液相气化渗透(chemical liquid vapor infiltration，CLVI) 法引入了新的设计思路[17]，大大缩短了材料制备的周期。CLVI 法最早由 Houdayer 等[18, 19]提出并报道：在大约 3h 内，预制体的密度可以从原始的 0.1g/cm^3 达到 1.75g/cm^3，致密化速率可达 1.5~2mm/h，是传统等温 CVI 工艺的 100 倍以上。快速致密和低成本使该方法成为 CVI 领域的研究热点之一，在制备高温结构材料方面具有很大潜力。CLVI 法与传统等温 CVI 工艺相比，存在下面几个特点[20, 21]：① 加热方式不同，前者为冷壁，后者为热壁；② 前驱体不同，前者为液态的碳氢化合物，后者为气态烃类；③ 物质和热量的传输方向不同，前者的热量由内向外传输，后者的热量和物质均由外向内传输；④ 前者存在一个可移动的致密化前沿，由内向外移动，后者的致密化前沿由外向内移动。两种方法的区别见图 7.9。

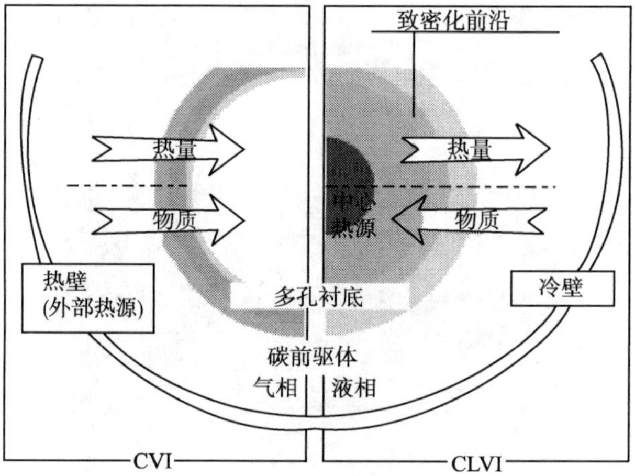

图 7.9　CLVI 工艺与等温 CVI 工艺的对照示意图[20]

孙万昌等[22, 23]采用快速化学液相气化渗透法(CLVI)制备了 2D-C/C 复合材料，沉积温度为 850~1400℃，系统压力为 0.1MPa。利用偏光显微镜及扫描电子显微镜观察了不同沉积温度制备的基体热解碳的微观组织结构及断口形貌。实验结果表明，不同微观结构的材料具有不同的强度及断裂模式。1200℃沉积的基体热解碳中粗糙层组织占大多数，其弯曲强度较高、韧性较低；1250℃沉积的基体热解碳呈现为光学各向异性程度不同的光滑层粗糙层交替层状组织，其弯曲强度较低、韧性较高，具有非脆性断裂行为。

张守阳等[24]以密度为 0.47g/cm^3 的碳毡为预制体，乙醇为前驱体，氮气为载气，在 1250℃，压力为 20kPa 的条件下，用等温压力梯度化学气相渗透法(ICVI)，经 114h 致密化，制备出密度为 1.67g/cm^3 的 C/C 复合材料。图 7.10 是渗透反应器的示意图。

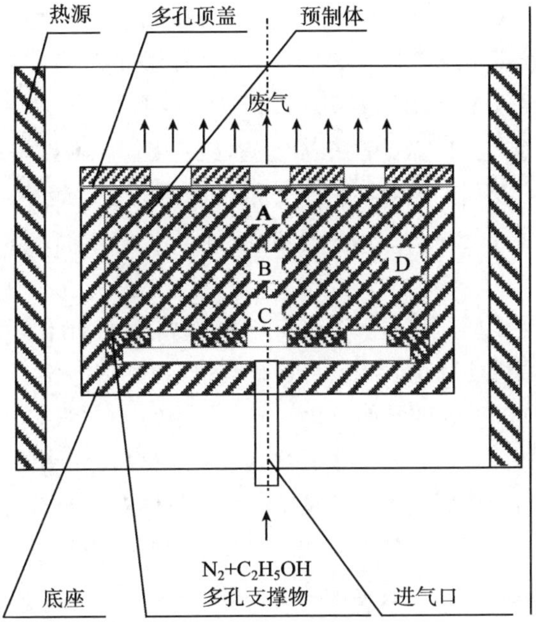

图 7.10　渗透反应器的示意图[24]

图 7.11 是抗弯强度测试后 C/C 复合材料断裂表面的 SEM 形貌照片。从图中可以看出基体热解碳组织结构均为高织构。采用三点抗弯强度对材料作力学性能测试。结果表明，该方法制备的 C/C 复合材料的抗弯强度高达 137MPa。

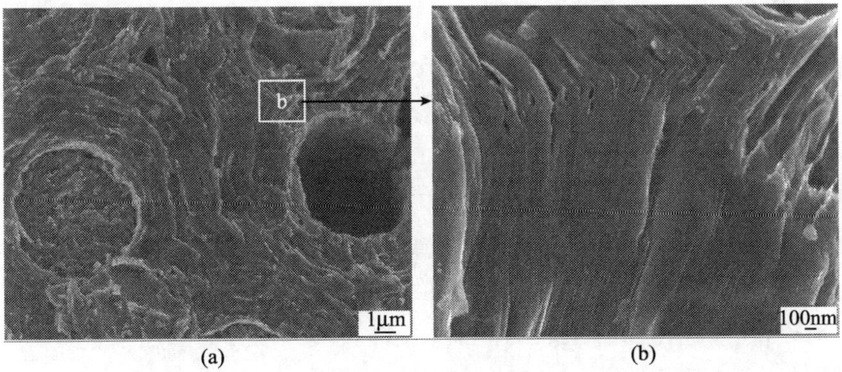

图 7.11　C/C 复合材料断裂表面的 SEM 形貌照片[24]

(a) 低放大倍数；(b) 高放大倍数

将微波加热引入碳纤维增强复合材料的致密化工艺中，发展了一种新的 C/C 复合材料致密化技术 —— 微波热解 CVI 工艺(MWCVI)。邹继兆等[25]以碳毡为预制体，N_2

为稀释气体，甲烷为碳源前驱体，在分压为 10kPa，滞留时间为 0.15s 的工艺条件下，研究了不同沉积温度对 MWCVI 工艺制备 C/C 复合材料的致密化速率、样品的体积密度及其密度均匀性的影响。结果表明：在微波热解 CVI 工艺中，随着沉积温度的降低(1150~1075℃)，碳毡预制体的致密化速率及最终体积密度呈现先升后降的趋势，1100℃沉积制备复合材料的密度在 1.7g/cm^3 密度的均匀性最好。在 1075~1150℃，热解碳的组织结构主要还是中等织构，但随着沉积温度的增加，热解碳的组织结构有朝高织构变化的趋势。

C/C 复合材料是全碳质材料。碳在高温下不软化也不熔化，直至 2500℃以上才发生升华，因此其高温性能优越。但是 C/C 复合材料的抗氧化性能不符合高温材料的要求，它在空气中从 400℃起即开始氧化，与空气中的 O_2、H_2O、CO_2 等均可发生化学反应而引起失重和性能降低，因此必须对 C/C 复合材料进行抗氧化处理，即在 C/C 复合材料表面和内部引入抗氧化物质和堵塞氧化性气体渗入内部的通道，以隔绝氧化性气体与碳元素接触。抗氧化处理可以在 C/C 复合材料的成型过程中或者成型后进行。前者主要是改善 C/C 复合材料基体的化学组成；后者是在 C/C 复合材料表面形成抗氧化覆盖层[2]。

到目前为止，已经研制的 C/C 复合材料的涂层体系主要有：玻璃涂层、金属涂层、陶瓷涂层及复合涂层等[26]。许多耐高温陶瓷和 C/C 复合材料热膨胀系数之间的差异较大而无法直接应用到 C/C 复合材料表面，大都采用过渡层/耐高温外涂层的复合方式来缓解涂层材料和 C/C 复合材料热膨胀系数不匹配的问题。碳化硅(SiC)内涂层由于和 C/C 复合材料的物理、化学相容性好而被广泛作为过渡层使用[27]。但是，由于 SiC 和 C/C 复合材料热膨胀系数之间的差异使涂层表面往往出现裂纹等缺陷[28]。在形成外涂层时，如果这些缺陷不能得到有效控制就会被完全充填。在高温氧化时，当外层被氧化并破坏后，会形成氧气通道，导致 C/C 复合材料基体的迅速氧化，降低了涂层的抗氧化能力。焦更生等[29]用包埋法在 C/C 复合材料表面制备了 SiC 涂层及改性涂层，图 7.12 是改性前后 SiC 涂层断面的 SEM 照片。从图中可以看出，添加改性剂后，涂层晶粒变小，涂层致密，表面未出现裂纹，断面孔洞的数量减少，尺寸减小。添加改性剂的 SiC 涂层在性能上优于无改性剂的 SiC 涂层。在 1773℃ 的氧化实验表明：有改性剂的 SiC 涂层的抗氧化性有了很大提高。

采用包埋法制备 SiC 涂层，具有工艺简单、涂层与基体结合强度高、能实现 C/SiC 扩散层等优点，因而所制备的 SiC 涂层具有优异的抗氧化和抗热震性能。但由于 C/C 复合材料是多相组织，不同的相结构对硅的扩散和与硅的反应能力存在差别，这将影响到 SiC 涂层的生成和涂层的结构。其主要表现为：由于碳纤维难以硅化，在材料表面生成的涂层可能并非完整的 SiC 结构，存在未被硅化的碳纤维[30]；此外，由于 SiC

涂层与 C/C 复合材料基体存在热膨胀不匹配，将会引起热应力裂纹的产生，这些因素都会导致涂层抗氧化性能的下降。在制备 SiC 涂层之前，先在 C/C 复合材料表面制备一层预碳层，使 C/C 表面形成均质结构，是一种可以消除以上不利影响且行之有效的方法[31]。在 C/C 复合材料预碳层表面包埋渗硅处理后，预碳层转变为 C/SiC 梯度过渡层，从 C/C 复合材料表面到 SiC 涂层表面，Si 和 C 元素浓度的梯度分布可大大减少热应力裂纹的产生，且由于预碳层的存在保证了 SiC 涂层的均匀性与完整性，因而可提高 C/C 复合材料 SiC 涂层的高温抗氧化性能。张雨雷等[32]采用料浆涂刷高温处理工艺在 C/C 表面制备预碳层，并对涂层的组织结构及其与 C/C 复合材料基体的结合性能进行研究。结果发现，制备的预碳层结构致密（图 7.13），与基体具有较好的结合性能，其结合强度可达 10.95MPa。

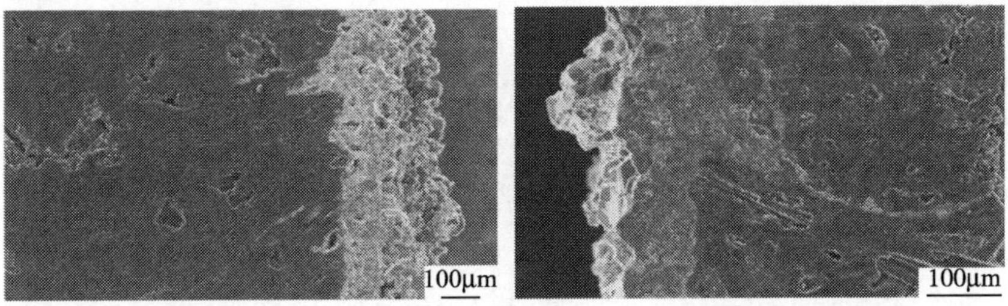

(a)　　(b)

图 7.12　(a) 包埋法制备 SiC 涂层断面的 SEM 照片；(b) 改性后 SiC 涂层断面的 SEM 照片[29]

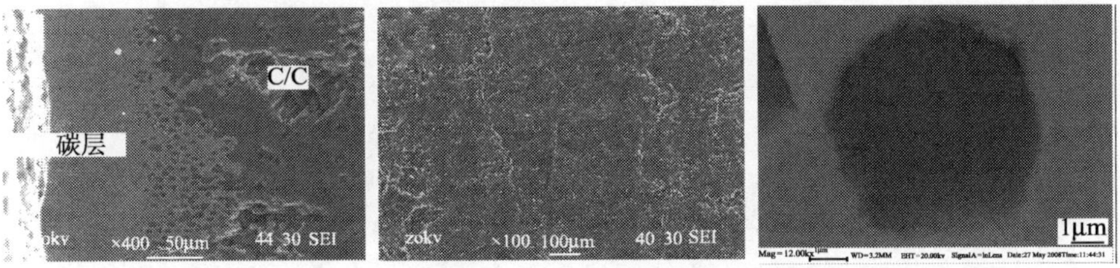

(a)　　(b)　　(c)

图 7.13　涂刷法制备预碳层的断面(a)、表面(b)及涂层中纤维(c)SEM 形貌照片[32]

难熔金属二硅化物是具有金属和陶瓷性质的化合物，有优异的高温抗氧化性能，是 C/C 复合材料高温保护抗氧化涂层的最佳材料之一[33]，其中 $MoSi_2$ 和 WSi_2 已被用于 C/C 复合材料的防氧化涂层[34,35]。但是，单一 WSi_2 硬而脆，而 $MoSi_2$ 高温塑性影响了涂层高温力学性能和作为高温材料的使用。$WSi_2/MoSi_2$ 复合材料具有比单一 WSi_2 或 $MoSi_2$ 更为优良的性能。侯党社等[36]采用包埋技术为 C/C 复合材料制备 SiC-$WSi_2/MoSi_2$ 抗氧化涂层。其中，含有 10%（原子分数）W 和 Mo 制备的复合涂层具有相对较大的厚度和致密的结构，且含有 WSi_2 和 $MoSi_2$ 含量相对较高。氧化过程中在涂层表面形成致密和稳定的 SiO_2 玻璃保护膜，在 1500℃氧化 315h 后，带有该涂层的样品仍然没有失重，且经过 18 次 1500℃↔室温急冷急热后涂层没有开裂和脱落，说明该涂层具有优异的抗氧化和抗热震性能。

7.2.4　碳纤维/碳化硅(C_f/SiC)复合材料

连续碳纤维补强碳化硅陶瓷基复合材料(carbon fiber reinforced silicon carbide, C_f/SiC)具有高强度、高硬度、耐高温、低密度等一系列优异性能，已成为航空航天领域极具发展前景的新一代高温热结构材料[37]。C/SiC 广泛应用于航空发动机的热端部件，如尾喷管调节片、密封片、航天飞行器的头锥、机翼前缘，以及火箭与动能武器的喷管及其扩张段等[38]。目前用来制备 C_f/SiC 复合材料的常用方法包括热压法[39]、化学气相渗透法[40]、反应熔体渗透法[41]以及先驱体浸渍裂解法[42]等。丁玉生等[43]采用热压烧结工艺制备了 C_f/SiC 复合材料，烧结温度为 1800~1880℃，压力为 20MPa，复合材料中碳纤维的含量控制在 55 % (体积分数) 左右。图 7.14(a)是不同烧结温度制备的 C_f/SiC 复合材料的力学性能比较。当烧结温度低于 1850℃时，弯曲强度和断裂韧性都随着烧结温度的升高而增大，烧结温度为 1850℃时，性能最佳，强度以及断裂韧性分别为 500 MPa 和 16.9 MPa · $m^{1/2}$；而烧结温度高于 1850℃达到 1880℃时，性能急剧降低。图 7.14(b)是不同烧结温度制备的 C_f/SiC 复合材料的弯曲断裂过程中的应力位移曲线。从弹性应变表现出的弹性模量可以看出，随着烧结温度的提高，弹性模量也随着增大。

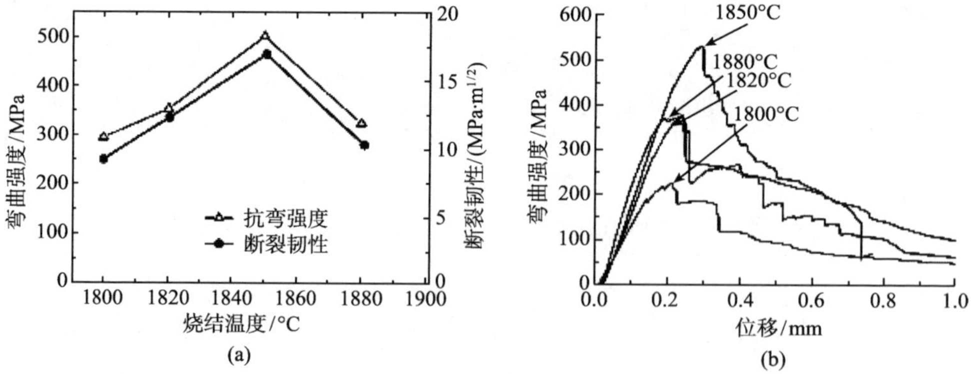

图 7.14　不同烧结温度制备的 C_f/SiC 复合材料的力学性能与弯曲断裂行为[43]

图 7.15 是不同烧结温度制备的 C_f/SiC 复合材料的断面显微结构。从图中可以看

出，在 1820℃烧结制备的 C_f/SiC 复合材料断裂后拔出的纤维表面较光滑，而在 1850℃时，纤维表面比较粗糙，表明纤维与基体之间的结合力增强，纤维与基体之间的应力传递能力增强，使复合材料性能增强；如果烧结温度过高(1850℃)，由于界面结合强度过高，裂纹扩散过程中将直接穿过纤维，而不在纤维与基体的界面结合处出现偏转，造成纤维的补强效果下降，复合材料的强度和韧性均受影响。

(a)　(b)

图 7.15　不同烧结温度制备的 C_f/SiC 复合材料的断面显微结构[43]

(a) 1820℃；(b) 1850℃

Zhang 等[44]采用化学气相渗透(CVI)的方法制备力学性能与摩擦性能优良的二维 C_f/SiC 复合材料。其密度约为 2.05g/cm^3，气孔率约为 12%，在断裂过程中表现出非脆性与非灾难性破坏行为，弯曲强度为 405MPa[45]。郭友军等[46]也采用相同的方法制备了在厚度方向上具有纤维增强的三维针刺碳纤维增强碳化硅陶瓷基复合材料，复合材料的密度和气孔率分别为 2.15g/cm^3 和 16%。三维针刺复合材料中的针刺纤维将各层紧密结合在一起，其层间抗剪切强度显著提高，为 95MPa，比二维碳布叠层 C_f/SiC 复合材料的剪切强度(35 MPa)高 171.4%。三维针刺复合材料的拉伸强度和弯曲强度分别为 159MPa 和 350MPa，断裂模式为非脆性断裂，包括裂纹扩展、偏转，碳纤维的拉伸断裂和逐步拔出。孟志新等[47]采用等温等压化学气相浸渗法(ICVI)制备了二维碳纤维增韧碳化硅碳二元基复合材料(2D C_f/SiC-C)。材料的显微结构表明：(2D C_f/SiC-C)复合材料的基体是由 SiC 与热解碳(PyC)组成的多层结构，PyC 基体层分布均匀而连续，且与 SiC 基体层结合紧密。纤维束内部 PyC 基体层较厚的 2D C_f/SiC-C 复合材料具有较高的强韧性，其拉伸强度、断裂应变、断裂韧性和断裂功分别比 2D C_f/SiC 复合材料的提高了 3 %、142 %、22 %和 58 %。SiC 与 PyC 组成的多层基体使 2D C_f/SiC-C 复合材料的纤维在拔出过程中发生了两次集中拔出(图 7.16)，且第一次集中拔出的纤维对复合材料的强韧性起主要作用。

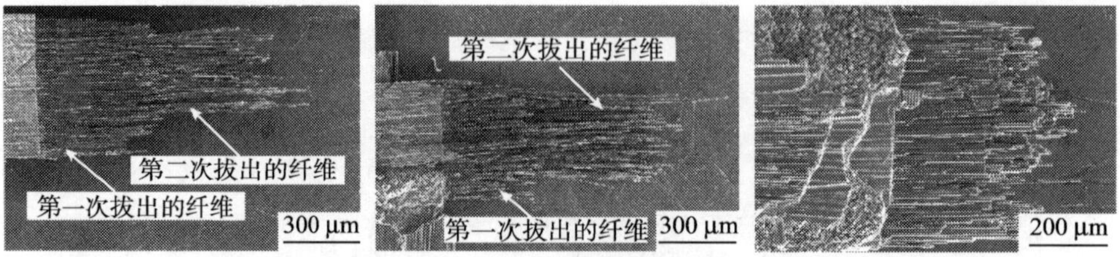

(a)　(b)　(c)

图 7.16　2D C_f/SiC-C 复合材料的纤维束拔出形貌的 SEM 照片[47]

在前面说明的 C_f/SiC 复合材料制备方法中，热压法烧结温度较高，只适合制备形状简单的部件。化学气相渗透属于比较成熟的制备方法，但是由于受反应室尺寸的限制，对大尺寸结构部件的制备比较困难。反应烧结中残留的游离硅在高温对碳纤维造成化学损伤。先驱体浸渍裂解法(PIP)作为一种比较新颖的制备方法，不仅可以在低温下实现大尺寸复杂形状部件的制备，而且可以实现规模化生长。朱云洲等[42]以聚碳硅烷作为碳化硅先驱体，以二维 0°/90°正交编织碳布叠层作为增强体，采用先驱体浸渍裂解法制备了基体在纤维束内部均匀分布的 C_f/SiC 复合材料，其三点弯曲强度达到 232MPa，断裂韧性达到 10.5MPa · $m^{1/2}$。在断裂过程中表现出明显的韧性断裂，断口有较长的纤维拔出(图 7.17)。

(a)　(b)

图 7.17　800℃(a)和 1100℃(b)制备的 C_f/SiC 复合材料的微观断口形貌[42]

将化学气相渗透(CVI)和先驱体浸渍裂解法(PIP)结合起来的混合工艺(CVI+PIP)充分利用了 CVI 工艺和 PIP 工艺反应前期致密化速率快的优点，工艺的制备周期比单一 PIP 工艺或 CVI 工艺缩短约 50%，同时继承了 CVI 工艺和 PIP 工艺可制备任意复杂形状制品、易于工业化生长的优点，是一种极具工程化应用前景

的 C_f/SiC 复合材料的制备方法。闫联生等[48]以碳纤维复合网胎针刺织物为预制体，采用“化学气相渗透法+先驱体浸渍裂解法”(CVI+PIP)混合工艺制备了密度高达 2.08g/cm^3 的 C_f/SiC 复合材料，弯曲强度和剪切强度分别达到 237MPa 和 26MPa。此外，徐芳等[41]则把化学气相渗透法(CVI)和反应熔体渗透法(RMI)结合起来制备了三维针刺 C_f/SiC 复合材料。图 7.18 是三维针刺 C_f/SiC 复合材料的光学显微照片和层间剪切断口形貌照片。从光学纤维照片中可以看出，反应生长的 SiC 主要分布在胎网层，针刺纤维束附近和无纬布层的纤维束间，在纤维束内，仍然保持致密的 C/C 结构单元特征。残余 Si 分布在 SiC 颗粒间，并且材料内的裂纹多出现在 SiC 和残余 Si 附近。从断口形貌照片可以看出，部分纤维束被切断和拔出，每根纤维外面都包围着热解碳基体，这有效地提高了三维针刺 C_f/SiC 复合材料抗层剪破坏能力，提高了复合材料的韧性。根据断口形貌和纤维的拔出长度还可以判断，纤维和周围有较合适的结合强度。

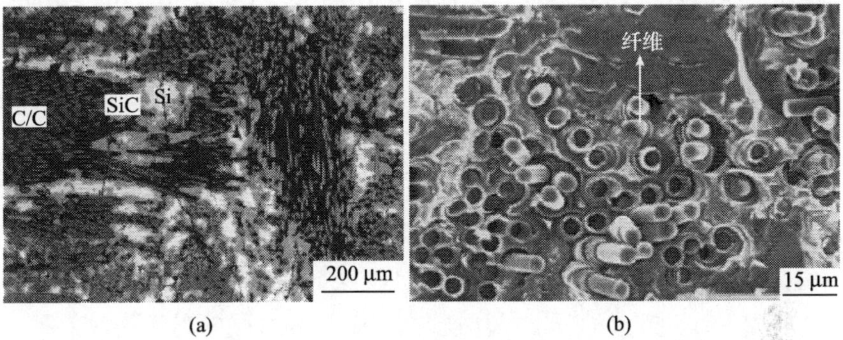

图 7.18　(a) 三维针刺 C_f/SiC 复合材料的光学显微照片；(b) 层间剪切断口形貌照片[41]

C_f/SiC复合材料在制备和使用过程中，由于SiC基体和碳纤维的热膨胀系数(CTE)不匹配，导致基体上会存在微裂纹[49]。同时，在 C_f/SiC 复合材料的制备过程中不可避免地会残留空隙[50]。微裂纹和空隙的存在为氧的扩散提供了通道，使碳纤维容易发生氧化，从而降低材料的性能。SiC 涂层在高温(>1300℃)氧化生成的 SiO_2 具有很低的氧扩散系数，并且能够对涂层中的裂纹进行填封，使 SiC 成为 C_f/SiC 复合材料常用的抗氧化涂层材料。但是在低于 SiC 的制备温度(~1000℃)时，由于 SiC 涂层与基体 C_f/SiC 复合材料热膨胀系数的差异，使涂层不可避免地存在裂纹，而且 SiC 氧化生长 SiO_2 的速度慢，流动性差，难以封填涂层中的裂纹，导致氧容易扩散至复合材料内部。Cheng 等[51]研究了三层 SiC 涂层保护的 C_f/SiC 复合材料在空气中的氧化行为。结果表明，C_f/SiC 复合材料从室温到 1500℃的氧化过程中，在 700℃时界面碳相和碳纤维的氧化最严重，氧化失重达到最大值。针对 SiC 涂层在中低温阶段抗氧化性能差的缺点，很多研究者在涂层中加入 B_4C[52]或 SiBC 体系[53]。利用氧化生成具有较低熔点(450℃)和良好流动性的 B_2O_3，愈合涂层中的裂纹，阻止氧通过微裂纹向材料内部扩散。由于 B_2O_3 的挥发性，这些含 B 涂层不适合作为外涂层，因此常被用作中间愈合层。张华伟等[54]采用化学沉积法(CVD)制备单质 B 和 BC_x 分别对 SiC 涂层进行改性，在二维碳纤维增强碳化硅(2D-C/SiC)复合材料表面制备 SiC/B/SiC 和 SiC/BC_x/SiC 两种多层自愈合涂层，对 C_f/SiC 复合材料具有更好的氧化保护作用。

连续碳纤维补强碳化硅(C_f/SiC)复合材料在航天器热防护系统和火箭发动机喷管等领域具有广泛的应用前景。力学性能表征对于了解结构材料的基础性能极为重要[55]。研究材料在外部载荷环境中的响应和破坏机理有助于改进材料的制备工艺，提高材料的服役性能。国际上对连续纤维补强陶瓷基复合材料基础力学行为的表征已经进行了较多的实验，并取得了一定的理论成果[56]。近年来，国内报道了三维和二维编织 C_f/SiC 复合材料的拉压性能和断裂韧性等[57−61] 理论和实验结果均表明，C_f/SiC 复合材料具有优异的力学性能。但是 C_f/SiC 复合材料中的碳纤维在高温氧化性气氛下易于氧化，其总体性能随着氧化失重的增加而急剧降低，从而限制了其在高温下的应用。为了准确评估这种材料在高温结构部件的潜在应用前景，需要综合分析机械载荷及环境腐蚀对材料性能的影响。Verrilli[62]等进行了 2D C_f/SiC 复合材料在 550℃和 650℃下的恒应力氧化实验，他们认为氧化是导致材料失效的主要因素。刘持栋等[63]研究发现 2D C_f/SiC 复合材料在室温和高温水氧环境下的疲劳极限(93.3MPa)明显低于其室温疲劳极限(244.8MPa)。在高温水氧环境下，足够大的外载荷将会显著削弱 SiO_2 层的封填裂纹效果，导致氧化性气氛通过外力拉开的微裂纹扩散进入材料内部。外载荷越大，纤维束间空隙、裂纹密度和裂纹宽度都将增大，气体在材料内部的扩散越快，复合材料的疲劳寿命越短。图 7.19 是高温水氧环境下疲劳失效试样的典型断口形貌。从图中可以看出，表面接近 SiC 涂层附近的碳纤维几乎被完全氧化，失去承载能力，而中心断口部位仅观察到轻微的氧化迹象。

对于 C_f/SiC 复合材料，烧蚀性能是评价其作为航天热结构材料服役性能的重要指标，也是构件选材和结构设计的关键指标，极大影响其工作效能和寿命。评价材料烧蚀性能常用的试验手段有氧-乙炔焰、等离子体、电弧风洞等，然而，最准确可信的是直接用小型火箭发动机喷管进行实验。陈博等[64]采用小型固体火箭发动机研究了 3D C_f/SiC 复合材料喷管的烧蚀性能。喉部及其上下游过渡区域烧蚀最严重，收敛段其次，扩散段最弱。3D C_f/SiC 的烧蚀涉及不同机理的非均匀烧蚀，烧蚀过程是热物理化学侵蚀和机械剥蚀综合作用的结果：涉及 SiCF 的分解流失，

SiC 和碳纤维的氧化烧蚀，还涉及低速 Al_2O_3 大粒子的化学侵蚀，高速 Al_2O_3 小粒子的机械侵蚀等。图 7.20 为 3D C_f/SiC 喉部区域碳纤维的烧蚀形貌，显示了纤维氧化烧蚀和机械侵蚀协同作用的烧结机制。

(a) (b)

图 7.19 高温水氧环境下疲劳失效试样的典型断口形貌[63]

(a) 表面区域；(b) 中心区域

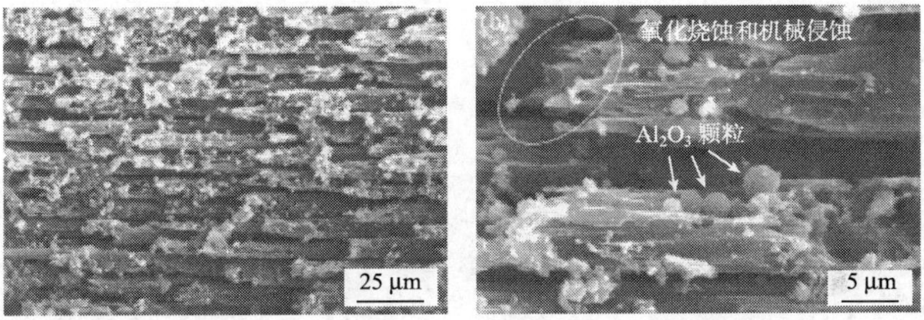

(a) (b)

图 7.20 (a) 喉部区域纤维的热化学烧蚀；(b) 机械侵蚀[64]

关于长纤维补强碳化硅复合材料的研究十分广泛，并取得了大量的成果[65]。但长纤维补强的复合材料制备工艺复杂，技术难度大，且成本高。因此，现在更多的研究目光投向了以短纤维作为增韧体的复合材料，其优点是制备工艺相对简便，不需要纤维缠绕和编织，生产设备相对简单，制造成本低[66]，其应用领域日益扩大。近年来，已有一些学者对短切碳纤维(C_{sf})补强碳化硅(short carbon fiber reinforced silicon carbide, C_{sf}/SiC)复合材料进行了研究[67,68]，并取得了一些进展。唐汉玲等[69]以 Si 作为主要烧结助剂，采用热压烧结法制备出了致密且 C_{sf} 分布均匀的短切碳纤维–碳化硅(C_{sf}/SiC)复合材料。C_{sf}/SiC 复合材料的弯曲强度随 C_{sf} 含量增加先增大后减小，含 15% (体积分数，下同) C_{sf} 的 C_{sf}/SiC 样品强度最高，达到 466MPa，并且 C_{sf} 含量小于 30% 的

C_{sf}/SiC 样品强度高于无纤维 SiC 材料。材料的 Vickers 硬度随 C_{sf} 含量增加而降低。C_{sf}/SiC 样品的断裂韧性随 C_{sf} 含量增加而逐渐增大，C_{sf} 含量为 53% 时，达到最大为 $5.5MPa \cdot m^{1/2}$，与无纤维 SiC 样品相比增加近 2 倍。

唐汉玲等[70]以短切碳纤维和 α-SiC 为原料，以少量 Si、Al 和 B 作为烧结助剂，采用热压烧结法制备了致密的 C_{sf}/SiC 复合材料，并对该材料的氧化性能进行了研究。C_{sf}/SiC 复合材料在 900℃ 以下氧化时，主要由碳纤维氧化引起失重；更高温度氧化时，基体表面氧化生成了铝硅酸盐玻璃及莫来石相，完整的氧化膜能对材料起保护作用。复合材料内部的短切碳纤维在受到基体和氧化膜双重保护下保持完好，能够继续发挥增韧作用。C_{sf}/SiC 复合材料在 1450℃氧化时，材料表面形成的氧化层薄而完整，能够对材料起到有效保护作用。因此，在此温度内，C_{sf}/SiC 复合材料具有良好的抗氧化能力。在 1600℃氧化时，材料氧化表面出现发泡现象，破坏严重，失去了防氧化能力。图 7.21 是不同温度氧化 C_{sf}/SiC 复合材料的截面形貌照片。从图 7.21 (a)中可以清晰看到，复合材料外层覆盖了一层连续完整的氧化层，其中存在一些孤立完整的孔洞。氧化层以内的短切碳纤维由于受到了氧化层和基体保护保持完好，几乎没有受到影响。从图 7.21(b)、(c)可清晰地看到许多连通的孔洞和明显变细的纤维，与图 7.21 (a)相比，氧化波及深度增加，说明材料内部有更多碳纤维被氧化，材料氧化严重。

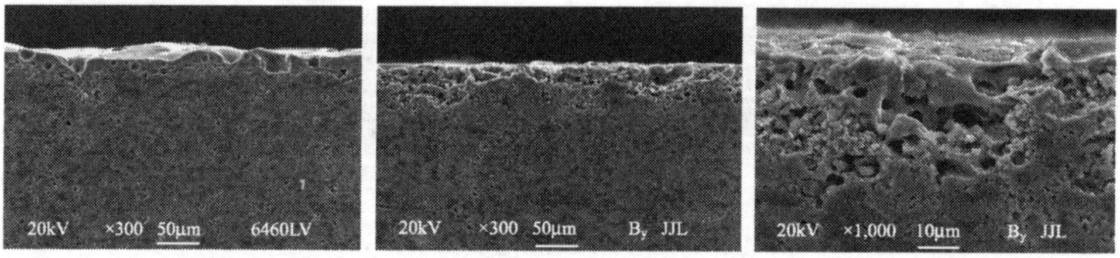

(a)　　(b)　　(c)

图 7.21　不同温度氧化 C_{sf}/SiC 复合材料的截面形貌照片[70]

(a) 1450℃；(b) 1600℃；(c) 1600℃

7.2.5　碳化硅纤维补强陶瓷基复合材料($SiC_f/CMCs$)

随着航空技术的发展，对高温结构材料提出了更高的要求，如在 1600℃及更高温度能满足强度大于 150MPa，材料的蠕变速率低于 $10^{-8}s^{-1}$；高温氧化 1000h，氧化产物厚度小于 100μm，断裂韧性大于 $10MPa \cdot m^{1/2}$。此外还应适当考虑高温疲劳破坏问题[71]。而能满足上述条件的材料主要集中在碳纤维(C_f)和碳化硅纤维(SiC_f)补强陶瓷基复合材料(CMCs)上。$C_f/CMCs$ 已被广泛应用于航空航天、军事以及民用领域。但是 C_f 在

400℃就开始氧化，这一致命弱点限制了 C_f/CMCs 的直接应用，即使对其采用了防氧化涂层处理，在高于 1500℃的温度下长期使用仍受到一定限制。SiC_f 具有高强度、高模量、良好的耐化学腐蚀性、耐高温和抗氧化性[72, 73]。这种纤维在 1200℃温度下，其拉伸强度和弹性模量均无明显下降，因此其高温稳定性比 C_f 更佳。所以 SiC_f/CMCs 是一种很有前景的高温结构材料。SiC_f 的预制体也从非连续结构、一维结构、二维结构发展到三维、多维整体结构[74]。SiC_f 增强陶瓷基复合材料的基体主要有 Al_2O_3、ZrO_2、$ZrSiO_4$、Si_3N_4 和 SiC 等[75–81]。SiC_f/CMCs 都具有较高的力学性能，抗弯强度的提高主要是由于 SiC_f 的弹性模量较大，承担了大部分基体传递的载荷。但是由于基体和 SiC_f 的热膨胀系数不匹配而导致内应力的产生，基体内存在裂纹，强度提高幅度不大。材料具有较高韧性主要归因于纤维的脱黏、拔出、断裂以及桥联等机制的共同作用，而界面层在复合材料中也起到了重要作用，它保证了纤维从基体中有足够的拔出长度，消耗裂纹扩展能。

SiC_f/CMCs 是改善陶瓷脆性及强化陶瓷复合材料的有效途径。但是作为一种高温结构材料，由于基体与纤维的热膨胀系数不匹配而产生微裂纹，影响了材料的力学性能，因此对基体热膨胀系数的设计具有一定的研究意义。在高于 1600℃的高温下，对 SiC_f/CMCs 表面采用抗氧化涂层是一种有效的抗氧化途径。

7.3　晶须补强陶瓷基复合材料

7.3.1　SiC_w/Al_2O_3 复合材料

SiC_w/Al_2O_3 复合材料具有广阔的应用前景，如用作磨料、磨具、刀具、球阀和轴承等。彭晓峰等[82]采用热压烧结工艺制得了 SiC_w/Al_2O_3 复合材料。由于 Al_2O_3 基体的热膨胀系数($\sim 7\times10^{-6}$℃$^{-1}$)比增强体 SiC_w($\sim 4.9\times10^{-6}$℃$^{-1}$)大。因此，室温下 SiC_w/Al_2O_3 复合材料中 SiC_w 所受的残余热应力为压应力。SiC_w/Al_2O_3 的增韧机制包括晶须拔出、晶须桥联、界面解离和裂纹偏转，其在不同的温度下所表现的增韧机制不同。室温下，由于残余应力场的作用，使主裂纹朝晶须扩展。此时，晶须桥联和晶须拔出是主要的增韧机制。高温时，界面解离成为主要的增韧机制，基体的断裂方式也由穿晶断裂转变成沿晶断裂。

7.3.2　SiC_w/Si_3N_4 复合材料

SiC 晶须补强 Si_3N_4 复合材料(SiC_w/Si_3N_4)具有耐高温、耐磨损、耐腐蚀、抗热震、热膨胀系数小和良导热的特性，被认为是替代高温金属材料的最佳候选发动机用材料。张玉峰等[83]采用热压烧结工艺(1780°C×1h，25MPa)制备了 SiC_w/Si_3N_4 复合材料。SiC_w 加入 Si_3N_4 基体后，材料的抗弯强度和断裂韧性都有一定的改善。在 SiC_w 的含量为 10% (体积分数) 时，SiC_w/Si_3N_4 复合材料的强度和断裂韧性分别为 946 MPa 和 $9.4MPa \cdot m^{1/2}$，而 Si_3N_4 陶瓷基体的强度和韧性为 838 MPa 和 $8.4\ MPa{\cdot}m^{1/2}$。SiC_w/Si_3N_4 复合材料的抗热震性也优于 Si_3N_4 陶瓷。SiC_w/Si_3N_4 复合材料中，晶须与基体的解离以及微裂纹的扩展都对断裂韧性的提高有贡献。周新贵和张长瑞[84]以 SiC_w 和 Si_3N_4 粉体为原料，分别以 Y_2O_3-Al_2O_3 和 Y_2O_3-La_2O_3 体系为烧结助剂(具体配方见表 7.6)，采用热压烧结工艺(1800℃ × 1h，27.5MPa，N_2 保护)制备了 SiC_w/Si_3N_4 复合材料。

表 7.6　SiC_w/Si_3N_4 复合材料的配方 [单位：(质量分数)/%][84]

编号	Si_3N_4	SiC_w	Y_2O_3	Al_2O_3	La_2O_3
1	72	20	5	3	—
2	74.5	20	3	2.5	—
3	72	20 (酸处理)	5	3	—
4	60	20	10	—	10
5	64	20	8	—	8
6	60	20 (酸处理)	10	—	10

以 Y_2O_3-Al_2O_3(编号 1~3)和 Y_2O_3-La_2O_3(编号 4~6)为烧结助剂制得的 SiC_w/Si_3N_4 复合材料的性能如表 7.7 所示。烧结助剂的加入改善了材料的烧结性能，但同时也带来了副作用 —— 形成玻璃相。这种玻璃相在高温下与晶须及基体之间的结合强度都很低。玻璃相本身强度低，且对晶须有强烈的腐蚀作用，可造成晶须强度下降，因此烧结助剂的加入对复合材料的高温强度不利。对比添加 Y_2O_3-Al_2O_3 和 Y_2O_3-La_2O_3 烧结助剂制备的 SiC_w/Si_3N_4 复合材料的力学性能可以发现，添加 Y_2O_3-La_2O_3 烧结助剂和复合材料具有较高的高温强度。

表 7.7　Y_2O_3-Al_2O_3 和 Y_2O_3-La_2O_3 为烧结助剂制得的 SiC_w/Si_3N_4 复合材料的性能[84]

编号	密度/(g/cm^3)	室温抗弯强度/MPa	1350℃抗弯强度/MPa	K_{IC}/($MPa \cdot m^{1/2}$)
1	3.26	750.2	200	8.05
2	3.28	869.5	464.2	8.77
3	3.28	805.1	271.4	9.45
4	3.43	598.1	488.5	5.52
5	3.48	720.5	612.1	6.60
6	3.54	804.3	662.6	10.47

7.4　碳纳米管补强陶瓷基复合材料

自从 1991 年 Iijima[85]发现碳纳米管(carbon nano tubes，CNTs) 以来，CNTs 以其独特的结构和性能引起广泛关注，在全球范围内展开了 CNTs 的研究热潮。碳纳米管具有很多独特而又优异的性能，所以碳纳米管补强陶瓷基复合材料在结构、功能和结构/功能一体化方面也大有作为。关于 CNTs/陶瓷基复合材料的结构/功能一体化将会在第 10 章重点介绍，这一部分主要介绍 CNTs/陶瓷基复合材料的研究现状。

Ma 等[86]将 16.5% (体积分数) 的 CNTs 与 SiC 纳米粉在超声作用下混合，然后在 2000℃，25MPa 下热压制备出 CNTs/SiC 纳米复合材料。虽然复合材料的强度和韧性比单体 SiC 陶瓷高，但提高幅度只有 10%。作者认为，CNTs 的裂纹偏转和拔出效应造成力学性能提高。李爱民等[87]研究了 CNTs/羟基磷灰石复合材料的力学性能与显微结构。结果表明：CNTs 的加入能提高羟基磷灰石的弯曲强度和断裂韧性，但弯曲强度的提高幅度较小。其原因也在于 CNTs 的分散非常困难，在羟基磷灰石基体中的分散均匀性差。Ning 等[88-90]采用热压工艺制备了 CNTs/SiO_2 复合材料，研究发现，当 CNTs 含量为 5%时，SiO_2 的力学性能明显提高。但是，当 CNTs 含量超过 5%后，复合材料力学性能反而下降。原因是 CNTs 含量增加，很难在 SiO_2 基体中均匀分散，团聚的 CNTs 导致复合材料致密化程度降低以及 CNTs 传递载荷的能力下降。另外，热压烧结时，高温和机械压力破坏了 CNTs 的结构，使其缺陷增加，这也是力学性能下降的原因。刘学建等[91]利用反应烧结制备出 CNTs 含量为 1.8% 的 CNTs/Si_3N_4 复合材料，其力学性能并没有明显改善。Sun 等[92,93]对 CNTs 进行表面处理并在 CNTs 表面涂覆一层 Al_2O_3 纳米粉，改善了 CNTs 在 Al_2O_3 水溶液中的分散均匀性，热压制备出 CNTs 分散均匀的 CNTs/Al_2O_3 复合材料。研究表明，2.2% 的 CNTs 可使 Al_2O_3 陶瓷的弯曲强度提高 10%，但断裂韧性没有提高。Hwang 等 [94]用表面活性剂辅助 CNTs 分散，表面活性剂与 CNTs 形成微团，加入的 SiO_2 溶胶以此为模板，形成 SiO_2-CNTs 微米棒，再用这种微米棒增强 SiO_2 陶瓷，当 CNTs 为 7.2%时，其硬度比纯 SiO_2 片增加了 100%。An 等[95]采用热压法制备 CNTs/Al_2O_3 复合材料，研究了复合材料的摩擦行为。当 CNTs 含量为 8.4%时，复合材料的硬度最高，随着 CNTs 含量的提高，其分散均匀性变差，局部团聚严重，与基体的结合强度降低，复合材料致密度变低，从而导致复合材料的硬度迅速降低，甚至低于纯 Al_2O_3 材料。为方便 CNTs 增强机理的研究，Xia 等[96]制备出定向排布的 CNTs 补强 Al_2O_3 复合材料，观测到复合材料中存在裂纹在界面处偏折、CNTs 桥联裂纹、CNTs 拔出三种和纤维一样的增韧机理，说明当复合材料结构趋于原子尺度时也可以发生界面脱黏和滑移。同时，对于一定形状的 CNTs，还存在 CNTs 坍塌这样新的增韧机理。Balazsi 等[97]将 CNTs 与 Si_3N_4 球磨混合，利用热等静压工艺制备 CNTs/Si_3N_4 复合材料。研究发现，在 2MPa 的压力下烧结，CNTs 能存在于复合材料中，并能明显提高 Si_3N_4 的力学性能，但压力增高会严重破坏 CNTs 的结构并导致其数量明显减少，复合材料力学性能急剧下降。

从国内外研究状况可以看出，CNTs/陶瓷基复合材料的研究仍处于初步阶段。CNTs 的补强效果并不理想，相对于微米级补强相的优势还很不明显，离理论预测的效果还有很大差距。例如，CNTs/陶瓷复合材料的力学性能提高幅度没有预期的高；CNTs 补强增韧的机理还不是很清楚；CNTs 的分散技术以及复合材料致密化工艺还需要进一步改进和创新；CNTs 的结构对复合材料显微结构与性能的影响规律也有待于深入研究[98]。对于 CNTs/陶瓷基复合材料，今后应着重开展以下几方面的研究工作：① CNTs 在基体中的均匀分散技术；② CNTs/ 陶瓷复合材料的致密化技术；③ CNTs/基体界面结构设计与控制；④ CNTs/ 陶瓷复合材料显微结构研究；⑤ 补强增韧机理研究；⑥ 其他性能的研究和开发。

7.5　颗粒弥散型陶瓷基复合材料

7.5.1　Ni/Al_2O_3 复合材料

在 20 世纪 60 年代初，人们即已关注韧性金属引入到陶瓷中，以期获得能弥补陶瓷材料的脆性的弱点[99]。在脆性 Al_2O_3 陶瓷基体中引入延性金属相被证明是能够提高其韧性的一个很有前途的方法[100, 101]。在氧化铝基金属陶瓷中，Ni/Al_2O_3 是研究较多的一个系统，然而采用传统粉末冶金工艺混合、热压制备的 Ni/Al_2O_3 金属陶瓷的显微结构很难控制，限制了性能进一步提高，影响了其在工程上应用的可靠性。虽然采用 Sol-gel 工艺能够获得均匀的显微结构，但是相对昂贵的起始原料，较长工艺周期和难于控制的干燥阶段是这个方法明显的缺点[102]。Li 等采用直接混合和包裹技术两种方法制备 NiO/Al_2O_3 复合粉体，然后在 H_2 气氛下还原制备 Ni/Al_2O_3 复合粉体，还原后复合粉体经过热压烧结获得致密的 Ni/Al_2O_3 金属陶瓷材料[103]。在前一种方法中虽然使用了化学沉淀法制备的 NiO 纳米粉体[104]，但是球磨混合后 NiO/Al_2O_3 复合粉体中 NiO 出现了较大程度的团聚。采用非均相沉淀法则成功制备了纳米 NiO 粒子均匀包裹 Al_2O_3 颗粒的复合粉体[105]。这两种复合粉体在氢气中还原后生成 Ni/Al_2O_3 复合粉体，其形貌见图 7.22。从图中可以看出，直接混合法制备的 Ni/Al_2O_3 复合粉体中金属 Ni 的颗粒尺寸为 10~106nm，而非均相沉淀法获得的球形金属 Ni 的颗粒尺寸为 10~55nm。

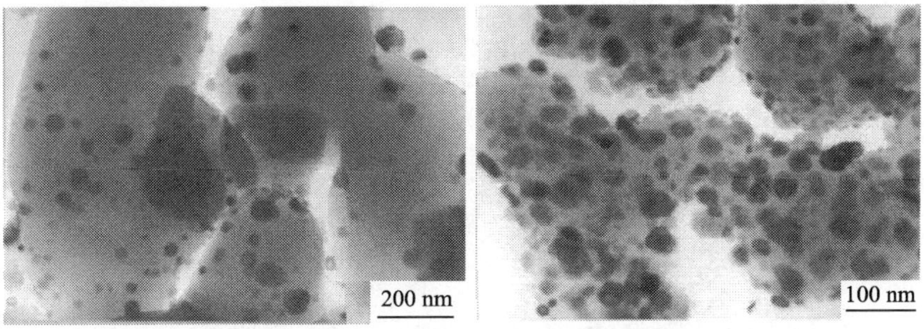

(a) (b)

图 7.22 直接混合法(a)和非均相沉淀法(b)制备的 Ni/ Al_2O_3 复合粉体的 TEM 形貌照片[103]

上述两种 Ni/Al_2O_3 复合粉体经过热压烧结工艺(1300~1500℃ × 1h，20MPa，Ar 气氛保护)获得致密的 Ni/Al_2O_3 金属陶瓷复合材料。从图 7.23 中可以看出，采用直接混合法制备的 Ni/Al_2O_3 金属陶瓷中 Al_2O_3 基体的晶粒尺寸远大于非均相沉淀法。前者很多小的金属 Ni 颗粒被包裹在 Al_2O_3 晶粒中，而大的金属 Ni 颗粒则分布在晶界上。对于后者，绝大部分金属 Ni 颗粒都分布在晶界上，而只有极少小金属 Ni 颗粒被包裹在 Al_2O_3 晶粒中。

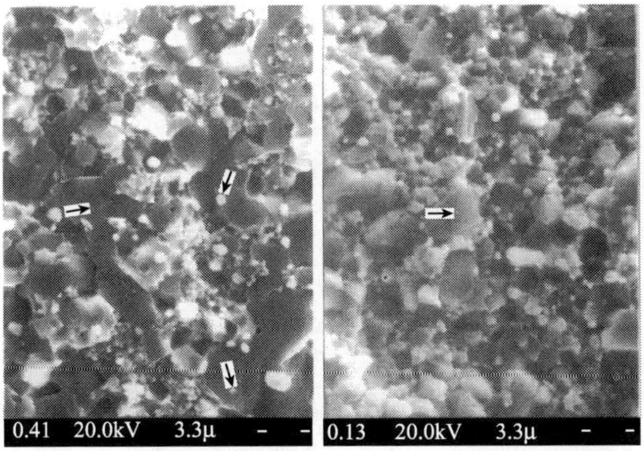

(a) (b)

图 7.23 热压烧结获得的 Ni/Al_2O_3 金属陶瓷的断口形貌[103]
(a) 直接混合；(b) 非均相沉淀法

图 7.24 是采用非均相沉淀制备的 Ni/Al_2O_3 金属陶瓷复合材料的 TEM 形貌照片。从图中可以看出，大部分金属 Ni 颗粒均分布在基体 Al_2O_3 的晶界上，这些晶界上的 Ni 颗粒能起到“钉扎”晶界、细化晶粒的作用。

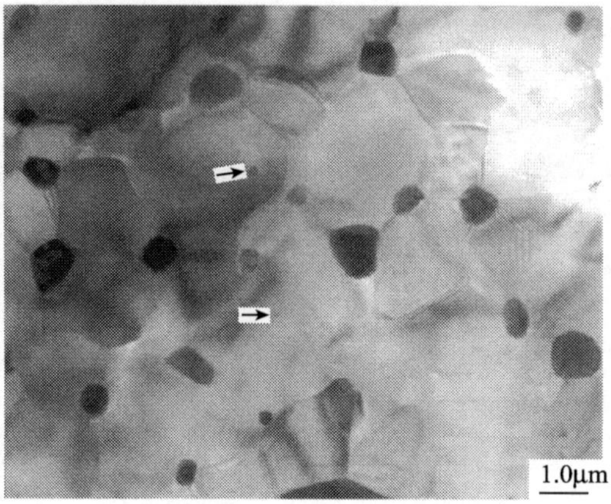

图 7.24　非均相沉淀制备的 Ni/Al_2O_3 金属陶瓷复合材料的 TEM 形貌照片[104]

Li 等[106]还以 NiO 和 $Al(NO_3)_3 \cdot 9H_2O$ 为原料，以氨水为沉淀剂，采用非均相沉淀包裹技术获得了不同金属 Ni 含量的 Ni/Al_2O_3 复合粉体，然后通过热压烧结工艺(1450℃ × 1h，20MPa，Ar 气氛保护)制备了 Ni/Al_2O_3 金属陶瓷复合材料。图 7.25 是 Ni/Al_2O_3 金属陶瓷复合材料力学性能与金属 Ni 含量的关系曲线。从图中可以得出，添加 5% (体积分数) 的 Ni 能使材料的抗弯强度比氧化铝陶瓷提高 26%；而添加 3% (体积分数) 的 Ni 则能使材料的断裂韧性比氧化铝陶瓷提高 79%。

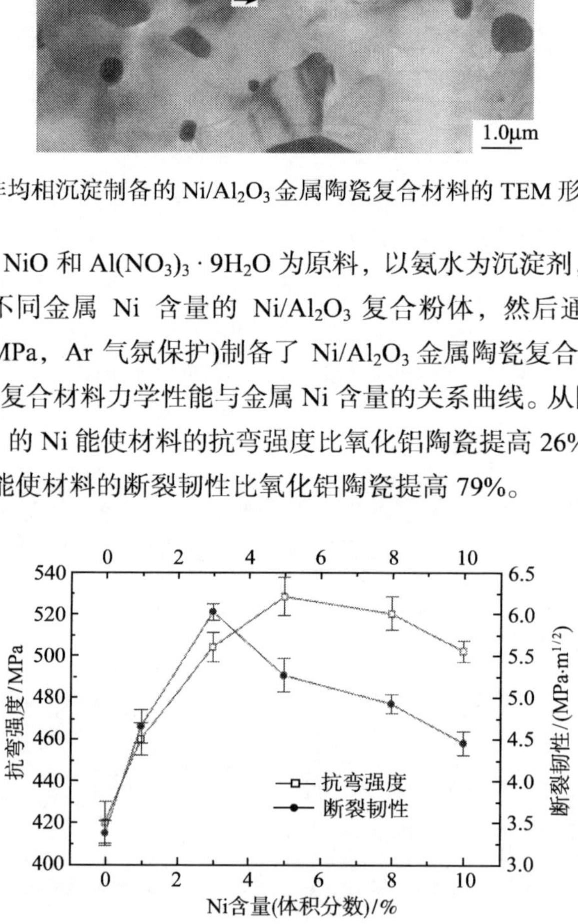

图 7.25　Ni/Al_2O_3 金属陶瓷复合材料力学性能与金属 Ni 含量的关系[106]

7.5.2　SiC_p/Si_3N_4 复合材料

在超硬、高强度材料方面，SiC_p/Si_3N_4 复合材料已用来制作陶瓷刀具、轴承滚珠、工模具和柱塞泵等。SiC_p/Si_3N_4 复合材料在颗粒增强陶瓷基复合材料中具有代表性。颗粒补强效果虽然不及纤维和晶须，但是由于其原料混合均匀性以及烧结致密化都比短纤维及晶须复合材料更简单，且易于制备形状复杂的制品，因此具有广泛的应用价值和良好的发展前景。顾培芷等[107]采用有机先驱体制备 SiC_p/Si_3N_4 复合材料，其方法为：用有机先驱体与亚微米 Si_3N_4 粉末混合，加适量的烧结助剂热压烧结。热压烧结的条件均为：温度 1600~1800℃、压强 30MPa 和 N_2 气氛保护(低压 0.1MPa)。通过研究 SiC_p/Si_3N_4 复合材料室温抗弯强度与 SiC 纳米粒子含量的关系发现，含有 5%SiC 粒子的材料强度较高(平均值为 970MPa)，比相同原料制备的 Si_3N_4 陶瓷的强度提高了 25%。随着 SiC 粒子含量的增加，材料的弯曲强度降低。这可能是由于 SiC 粒子含量增加使材料致密化更加困难，且 SiC 纳米粒子更容易聚集，导致材料力学性能降低。研究结果还表明，SiC_p/Si_3N_4 复合材料具有较好的高温性能，在 1200℃时的弯曲强度为 720 MPa，比相同原料的 Si_3N_4 陶瓷提高了 50%。

7.6　纳米陶瓷复合材料

纳米陶瓷复合材料是指通过有效的分散、复合而使异相纳米颗粒均匀弥散地保留在基体陶瓷结构之中的一类材料。按照纳米级增强相在基体陶瓷中所处的位置，纳米陶瓷复合材料分为 4 种类型[108,109]：晶内型(纳米粒子分布于基体晶粒内部)，晶间型(纳米粒子主要分布于基体晶粒间)，混合型(晶内型与晶间型同时存在)和纳米/纳米型(基体陶瓷晶粒也保持纳米尺度)，如图 7.26 所示。

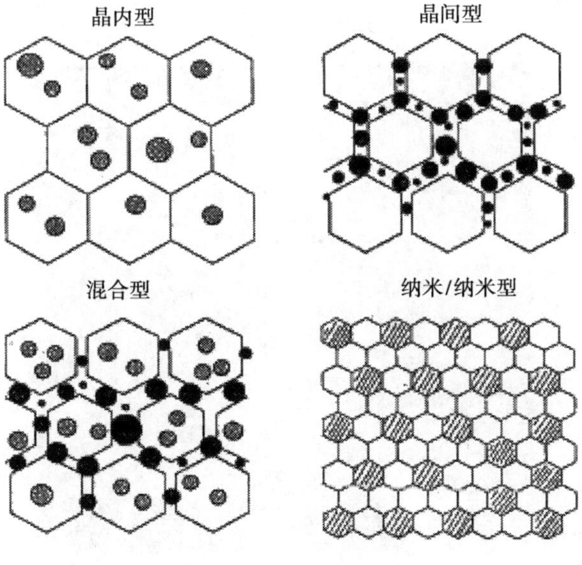

图 7.26　纳米陶瓷复合材料的分类[108,109]

就像纳米复相陶瓷的倡导者 Niihara 所指出的，通过纳米陶瓷的复相设计能够显著提高材料的力学性能，特别是在强度、硬度和断裂韧性上更加明显[108]。纳米复相陶瓷不仅提升了室温力学性能，同时也能提高其高温强度、硬度、抗蠕变和抗疲劳失效等性能[110]。就氧化铝陶瓷体系而言，放电等离子烧结技术(SPS)使获得接近理论密度、晶粒尺寸为亚微米(或纳米)的氧化铝陶瓷成为可能。氧化铝陶瓷晶粒尺寸的减小使材料的硬度显著提高，但是抗弯强度和断裂韧性的提升并不明显。例如，Zhan 等[111]指出晶粒尺寸为亚微米(~350nm)的单相氧化铝陶瓷的断裂韧性为 3.30MPa · $m^{1/2}$。而晶粒尺寸为~150nm 的纳米氧化铝陶瓷的断裂韧性则更低，仅有 3.03MPa · $m^{1/2}$[112]。

为了提高氧化铝陶瓷的抗弯强度和断裂韧性，对氧化铝进行纳米复相陶瓷设计是非常有效的。在众多氧化铝基纳米复相陶瓷中，由纳米 SiC 颗粒均匀分散在亚微米 Al_2O_3 基体中生成的 Al_2O_3-SiC 纳米复相陶瓷是最成功的范例[113]。Niihara 等[108]制备的纳米 SiC 增强氧化铝陶瓷的断裂强度大于 1GPa，断裂韧性为~4MPa·$m^{1/2}$，而单相氧化铝则分别为 350MPa 和~3MPa·$m^{1/2}$)。裂纹偏转、裂纹桥联和残余热应力引起的晶界强化是 Al_2O_3-SiC 纳米复相陶瓷力学性能提高的原因。Gao 等[114]采用 SPS 技术在 1450℃制备了 Al_2O_3-5% (体积分数) SiC 纳米复相陶瓷，其抗弯强度高达~980MPa。而采用相同的方法制备的 Al_2O_3-SiC-ZrO_2(3Y)纳米复相陶瓷的强度更高达 1.2GPa (见第 6 章 6.2.1 小节)[115]。Zhang 等[116]以石墨、钛和氧化铝粉体为原料，采用高能球磨结合放电等离子烧结技术(1480°C×4min)制备了 Al_2O_3-35% (体积分数) TiC 纳米复相陶瓷，其中 Al_2O_3 的晶粒尺寸为 400nm，TiC 的晶粒尺寸为 200nm (图 7.27)。该方法

图 7.27　Al_2O_3-TiC 纳米复相陶瓷的 TEM 形貌和电子衍射(SADP)照片[116]

制备的 Al_2O_3-TiC 纳米复相陶瓷的断裂强度高达 950MPa，而热压烧结获得的 Al_2O_3-TiC 纳米复相陶瓷的断裂强度约为 800MPa。但是无论采用何种制备方法，纳米复相陶瓷的硬度和断裂韧性都约为 20GPa 和 4 MPa · $m^{1/2}$。Al_2O_3-TiC 复相陶瓷微结构的细化有利于强度的提高，而对硬度和断裂韧性的影响并不明显。此外，在 Sun 等[117]的报道中认为 5% (体积分数) 的 SiC 颗粒对 Al_2O_3 基体的增强效果最佳。Levin 等[118]通过理论模型，得到 SiC 的含量为 5% (体积分数) 时，Al_2O_3-TiC 纳米复相陶瓷具有最大的断裂韧性。

Si_3N_4 基陶瓷材料具有良好的热机械性能，所以在高温结构陶瓷部件上深具应用潜力[119,120]。然而，为了烧结致密的氮化硅材料，通常加入烧结助剂进行液相烧结。材料中无定型晶界相的存在在一定程度上限制了其高温应用。为了克服这一局限性，通常采用减小基体晶粒尺寸或在晶界处引入超细的第二相来提高材料的强度。Park 等[121]采用热压烧结(1800℃ × 2 h) Si_3N_4 和 β-SiC 混合粉体获得了致密的 Si_3N_4-SiC 纳米复相陶瓷。在该实验中，对 Si_3N_4 和 β-SiC 粉体在 1500℃预处理有利于纳米 SiC 颗粒分布在细晶 Si_3N_4 基体的晶界上。获得的 Si_3N_4-20% (体积分数) SiC 纳米复相陶瓷的室温抗弯强度可高达 1150MPa，即使在 1200°C 的高温也能维持这个强度。Oh 等[122]采用热压烧结工艺获得了纳米 SiC 晶粒在 Si_3N_4 晶内和晶间共存的 Si_3N_4-SiC 纳米复相陶瓷。此纳米复相陶瓷的室温抗弯强度为 1100 MPa，在 1400°C 的高温抗弯强度约为 800MPa。通过对热压烧结的单相 Si_3N_4 和 Si_3N_4-SiC 纳米复相陶瓷的力学性能的比较发现[123]，无论是在室温还是在高温下，纳米复相陶瓷均具有更加优异的抗弯强度和断裂韧性。烧结助剂的添加，在烧结过程中会形成无定型的晶界相，这样会降低 Si_3N_4-SiC 复相陶瓷的高温力学性能。Wan 等[124]采用 SPS 技术使无定型的 Si-C-N 在 1600℃迅速致密化，而烧结助剂 Y_2O_3 的添加量可以减少至 1% (质量分数)。这种主要为固相烧结的机制能够限制两相的晶粒生长，并且最终生成 Si_3N_4 和 SiC 两相均为纳米晶的复相陶瓷，如图 7.28 所示。

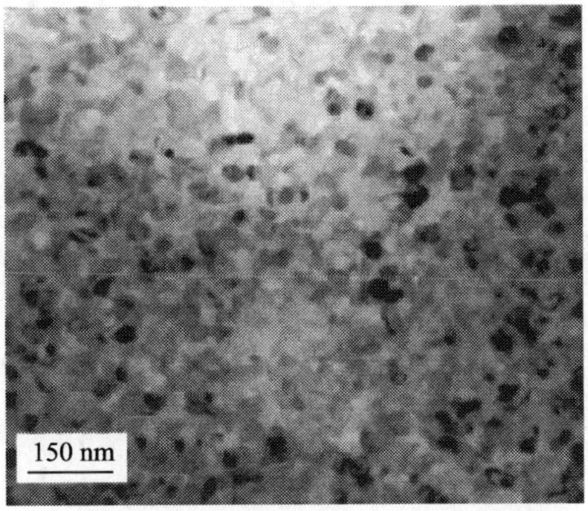

图 7.28　SPS 烧结 Si_3N_4-SiC 纳米复相陶瓷的 TEM 形貌照片[124]

Si_3N_4-SiC 纳米复相陶瓷不仅比单相 Si_3N_4 陶瓷具有高的抗弯强度，同时纳米复相陶瓷微结构的细化、无定型晶界相的减少和晶界的强化都能有效提高材料的可机械加工性、抗磨损性和高温强度。传统 Si_3N_4 陶瓷的最高使用温度约为 1200℃，而 Si_3N_4-SiC

纳米复相陶瓷的安全使用温度则高达 1400℃。

参 考 文 献

[1] 郭景坤. 陶瓷的脆性与增韧 [J]. 硅酸盐学报, 1987, 15(5): 385–393.

[2] 张长瑞, 郝元恺.陶瓷基复合材料——原理、工艺、性能与设计 [M]. 长沙: 国防科技大学出版社, 2001.

[3] 郭景坤. 纤维补强陶瓷基复合材料的进展 [J]. 材料科学与工程, 1989, 7(2): 7–13.

[4] 五室. 中国科学院上海硅酸盐研究所工作报告. 1973.

[5] Crivelli-Visconti I, Cooper G A. Mechanical properties of a new carbon fibre material [J]. Nature, 1969, 221(5182): 754, 755.

[6] Guo J K, Yen T S. Fiber reinforced ceramic composites [C]. In: Yen T S, Pask J A. Microstructure and Properties of Ceramic Materials Proc. of the First China-US Seminar, May 17–21, 1983, Shanghai, Beijing: Science Press, 1984: 281–290.

[7] 吴国庭.碳纤维增强石英在卫星、飞船防热结构上应用的探索研究 [J]. 宇航材料工艺, 1991, 4: 72–78.

[8] 韩欢庆, 雷廷权, 温广武, 等. 碳纤维补强增韧熔石英性能研究 [J]. 机械工程材料, 1996, 20(3): 28–30.

[9] 温广武. 不连续体增强熔石英陶瓷复合材料的研究 [D]. 哈尔滨工业大学博士论文, 1996.

[10] Guo J K, Mao Z Q, Bao C D, et al. Carbon fiber-reinforced silicon nitride composite [J]. J. Mater. Sci., 1982, 17(12): 3611–3616.

[11] 郭景坤, 严东生, 王荣华, 等. 氮化硅 (含 Lif-MgO-SiO_2) 陶瓷的低温热压烧结 [J]. 硅酸盐学报, 1985, 13(4): 433–438.

[12] Garvie R C, Hannink R H, Pascoc R T. Ceramic steel [J]. Nature (London), 1975, 258 (5537): 703, 704.

[13] 刘皓, 李克智, 李贺军, 等. 具有中间相沥青过渡层的碳-碳复合材料的微观结构与力学性能 [J]. 无机材料学报, 2008, 23(3): 486–490.

[14] Delhaes P. Chemical vapor deposition and infiltration process of carbon materials [J]. Carbon, 2002, 40(5): 641–657.

[15] Zhang W G, Huttinger K J. Densification of a 2D carbon fiber perform by isothermal isobaric CVI: Kinetics and carbon microstructure [J]. Carbon, 2003, 41(12): 2325–2337.

[16] 白瑞成. 碳/碳复合材料 ICVI 致密化工艺及机理研究 [D]. 西安: 西北工业大学学位论文, 2005.

[17] Golecki I. Rapid vapor-phase densification of densification of refractory composites [J]. Mater. Sci. Eng. R, 1997, 20(2): 37–124.

[18] Houdayer M, Spitz J, Trancan D. Process for the densification of a porous structure [P]. FR Patent, 8122163. 1981–09–26.

[19] Houdayer M, Spitz J, Trancan D. Process for the densification of a porous structure [P]. US Patent, 4472454. 1984–09–18.

[20] Rovillain D, Trinquecoste M, Bruneton E, et al. Film boiling chemical vapor infiltration. An experimental study on carbon/carbon composite materials [J]. Carbon, 2001, 39(9): 1355–1365.

[21] 张永辉, 王继平, 乔冠军, 等. 化学液相气化渗透法制备碳/碳复合材料研究的进展 [J]. 硅酸

盐学报, 2007, 35(3): 389–394.
[22] 孙万昌, 李贺军, 陈三平, 等. CLVI 制备 C/C 复合材料的微观结构及力学性能研究 [J]. 无机材料学报, 2003, 18(1): 121–128.
[23] 孙万昌, 李贺军, 白瑞成, 等. 微观组织结构对 C/C 复合材料力学行为的研究 [J]. 无机材料学报, 2005, 20(3): 671–676.
[24] 张守阳, 颜夏峰, 李贺军, 等. 乙醇热解制备碳/碳复合材料工艺探索及组织特征 [J]. 无机材料学报, 2009, 24(5): 1073–1076.
[25] 邹继兆, 曾燮榕, 熊信柏, 等. 沉积温度对微波热解 CVI 制备碳/碳复合材料密度及组织结构的影响 [J]. 硅酸盐学报, 2007, 35(8): 1062–1065.
[26] Huang J F, Zeng X R, Li H J, et al. Influence of the preparation temperature on the phase, microstructure and anti-oxidation property of a SiC coating for C/C composites [J]. Carbon, 2004, 42(8, 9): 1517–1521.
[27] Strife J R, Sheehan J E. Ceramic coatings for carbon-carbon composites [J]. Ceram. Bull., 1988, 67: 369–374.
[28] Hatta H, Aoki T, Kogo Y, et al. High-temperature oxidation behavior of SiC-coated carbon fiber-reinforced carbon matrix composites [J]. Composites, part A, 1999, 30: 515–520.
[29] 焦更生, 李贺军, 李克智, 等. 包埋法制备碳/碳复合材料碳化硅涂层缺陷的形成机制及控制 [J].硅酸盐学报, 2007, 35(6): 721–724.
[30] 曾燮榕, 李贺军, 杨峥, 等. 表面硅化对碳/碳复合材料组织结构的影响 [J]. 金属热处理学报, 2000, 21(2): 64–67.
[31] Ueda T, Morimoto T, Kumagai H, et al. An additional carbon layer over the surface of C/C composite substrate with the aid of polyvinyl-chloride [J]. Carbon, 1995, 33(1): 73–78.
[32] 张雨雷, 李贺军, 付前刚, 等. 碳/碳复合材料表面预碳层的制备及其性能研究 [J]. 无机材料学报, 2009, 24(1): 125–128.
[33] Soojin P, Minkang S. The effects of $MoSi_2$ on the oxidation behavior of carbon/carbon composites [J]. Carbon, 2001, 39 (8): 1229–1235.
[34] 曾燮榕, 李贺军, 杨峥. 碳/碳复合材料表面 $MoSi_2$-SiC 复相陶瓷涂层及其抗氧化机制 [J]. 硅酸盐学报, 1999, 27(1): 8–14.
[35] Cheng L F, Xu Y D, Zhang L T, et al. Oxidation behavior of carbon-carbon composites with a three-layer coating from room temperature to 1700°C [J]. Carbon, 1999, 37(6): 977–981.
[36] 侯党社, 李克智, 李贺军, 等. C/C 复合材料高温长寿命抗氧化复合涂层研究 [J]. 无机材料学报, 2008, 23(2): 213–218.
[37] 张立同, 成来飞, 徐永东. 新型碳化硅陶瓷基复合材料的研究进展 [J]. 航空制造技术, 2003, 1: 23–32.
[38] Schmidt S, Beyer S, Knabe H, et al. Advanced ceramic matrixcomposite materials for current and future propulsion technology applications [J]. Acta Astronaut., 2004, 55(3–9): 409–420.
[39] 张新明, 何新波, 张长瑞, 等. 热压烧结 C_f/SiC 复合材料的力学性能 [J]. 硅酸盐学报, 1999, 27(5): 611–617.
[40] Guo S Q, Kagawa Y. Temperature dependence of tensile strength for a woven boron-nitride-coated Hi-Nicalon(TM) SiC fiber-reinforced silicon-carbide-matrix composite [J]. J. Am. Ceram. Soc., 2001, 84(9): 2079–2085.
[41] 徐芳, 张立同, 孟祥康, 等. 碳/碳化硅刹车材料的显微结构分析 [J]. 无机材料学报, 2008,

23(2): 233–237.

[42] 朱云州, 黄政仁, 董绍明, 等. C/SiC 复合材料的常压制备与性能研究 [J]. 无机材料学报, 2007, 22(4): 685–689.

[43] 丁玉生, 董绍明, 高乐, 等. 烧结温度对 C_f/SiC 复合材料结构及性能的影响[J]. 无机材料学报, 2008, 23(6): 1151–1154.

[44] Zhang Y N, Zhang L T, Cheng L F, et al. High-load friction behavior of a hinge bearing based on a carbon/silicon carbide composite [J]. J. Am. Ceram. Soc., 2007, 90 (4): 1139–1145.

[45] 张亚妮, 张立同, 成来飞, 等. 碳/碳化硅复合材料在高温燃气环境中的铰链传动与摩擦行为 [J]. 无机材料学报, 2008, 23(3): 501–508.

[46] 郭友军, 聂景江, 徐永东, 等. 三维针刺 C/SiC 复合材料的结构特征和力学性能 [J]. 硅酸盐学报, 2008, 36(2): 144–149.

[47] 孟志新, 成来飞, 张立同, 等. 化学气相浸渗 2D C_f/(SiC-C)复合材料的微观结构与强韧性 [J]. 无机材料学报, 2009, 24(5): 939–942.

[48] 闫联生, 崔红, 李克智, 等. 碳纤维针织预制体增强 C/SiC 复合材料的制备与性能研究 [J]. 无机材料学报, 2008, 23(2): 223–228.

[49] Lamouroux F, Camus G, Thebault J. Kinetics and mechanisms of oxidation of 2D woven C/SiC composite. 1. Experimental approach [J]. J. Am. Ceram. Soc., 1994, 77 (8): 2049–2057.

[50] Yin X W, Cheng L F, Zhang L T, et al. Microstructure and oxidation resistance of carbon/silicon carbide composites infiltrated with chromium silicide [J]. Mater. Sci. Eng. A, 2000, 290 (1, 2): 89–94.

[51] Cheng L F, Xu Y D, Zhang L T, et al. Oxidation behavior from room temperature to 1500°C of 3D-C/SiC composites with different coatings [J]. J. Am. Ceram. Soc., 2002, 85 (4): 989–991.

[52] Schulte-Fischedick J, Schmidt J, Tamme R, et al. Oxidation behaviour of C/C-SiC coated with SiC-B_4C-SiC-cordierite oxidation protection system [J]. Mater. Sci. Eng. A, 2004, 386 (1, 2): 428–434.

[53] Goujard S, Vandenbulcke L, Tawil H. Oxidation tests of carbonaceous composite-materials protected by Si-B-C CBD coatings [J]. Thin Solid Films, 1994, 245 (1, 2): 86–97.

[54] 张华伟, 成来飞, 张立同, 等. C/SiC 复合材料表面 Si-C-B 自愈合涂层的制备与抗氧化行为 [J]. 无机材料学报, 2008, 23(4): 774–778.

[55] Mei H, Cheng L F, Zhang L T. Thermal cycling damage mechanisms of C/SiC composites in displacement constraint and oxidizing atmosphere [J]. J. Am. Ceram. Soc., 2006, 89(7): 2330–2334.

[56] Wang M, Laird C. Characterization of microstructure and tensile behavior of a cross-woven C/SiC composite [J]. Acta Mater., 1996, 44(4): 1371–1387.

[57] 王波, 矫桂琼, 潘文革. 三维编织 C/SiC 复合材料的拉压实验研究 [J]. 复合材料学报, 2004, 21(3): 110–114.

[58] 潘文革, 矫桂琼, 管国阳. 三维编织 C_f/SiC 复合材料的拉伸破坏行为 [J]. 硅酸盐学报, 2005, 33(2): 160–163.

[59] 潘文革, 矫桂琼, 管国阳. 二维机织碳纤维/碳化硅陶瓷基复合材料损伤分析 [J]. 硅酸盐学报, 2005, 33(11): 1321–1325.

[60] 管国阳, 矫桂琼, 张增光, 等. 平纹编织 C/SiC 复合材料的失效判据 [J]. 硅酸盐学报, 2005, 33(9): 1100–1104.

[61] 梅辉, 成来飞, 张立同, 等. 2 维 C/SiC 复合材料的拉伸损伤演变过程和微观结构特征 [J]. 硅酸

盐学报, 2007, 35(2): 137–143.

[62] Verrilli M, Opila E J, Calomino A, et al. Effect of environment on the stress-rupture behavior of a carbon-fiber-reinforced silicon carbide ceramic matrix composite [J]. J. Am. Ceram. Soc., 2004, 87 (8): 1536–1542.

[63] 刘持栋, 成来飞, 梅辉, 等. 2D C/SiC 复合材料在 1300°C 水氧化环境下的疲劳行为研究 [J]. 无机材料学报, 2008, 23(4): 729–733.

[64] 陈博, 张立同, 成来飞, 等. 3D C/SiC 复合材料喷管在小型固体火箭发动机中的烧蚀规律研究 [J]. 无机材料学报, 2008, 23(5): 938–944.

[65] 尹洪峰, 徐永东, 成来飞, 等. 连续碳纤维增韧 SiC 复合材料的制备与性能研究 [J]. 硅酸盐学报, 2000, 28(5): 437–440.

[66] 周玉. 陶瓷材料学 [M]. 第二版. 北京: 科学出版社, 2004.

[67] Walter K. Carbon fiber reinforced CMC for high-performance structures [J]. Int. Appl. Ceram. Technol., 2004, 1(2): 188–200.

[68] He X L, Zhou Y, Jia d C, et al. Effect of sintering additives on microstructures and mechanical properties of short-carbon-fiber-reinforced SiC composites prepared by precursor pyrolysis-hot pressing [J]. Ceram. Int., 2006, 32(8): 929–934.

[69] 唐汉玲, 曾燮榕, 熊信柏, 等. 短切碳纤维含量对 Csf/SiC 复合材料力学性能的影响 [J]. 硅酸盐学报, 2007, 35(8): 1057–1061.

[70] 唐汉玲, 曾燮榕, 熊信柏, 等. 短切碳纤维增强碳化硅复合材料的氧化性能研究 [J]. 无机材料学报, 2009, 24(2): 305–309.

[71] 李世波, 徐永东, 张立同. 碳化硅纤维增强陶瓷基复合材料的研究进展 [J]. 材料导报, 2001, 15(1): 45–49.

[72] Lewinsohn C A, Giannuzzi L A, Bakis C E, et al. High-temperature creep and microstructural evolution of chemically vapor-deposited silicon carbide fibers [J]. J. Am. Ceram. Soc., 1999, 82(2): 407–413.

[73] Tenailleau H, Bourrat X, Naslain R, et al. TEM/EELS characterization of a sintered polycrystalline silicon carbide fiber [J]. J. Am. Ceram. Soc., 1998, 81(8): 2037–2044.

[74] Raj R. Fundamental research in structural ceramics for service near 2000°C [J]. J. Am. Ceram. Soc., 1993, 76(9): 2147–2174.

[75] Lamicq P J, Bernhart G A, Dauchier M M, et al. SiC/SiC composite ceramics [J]. Am. Ceram. Soc. Bull., 1986, 65(2): 336–338.

[76] Park K, Vasilos T. Microstructure and thermal shock resistance of Al_2O_3 fiber/ZrO_2 and SiC fiber/ZrO_2 composites fabricated by hot pressing [J]. J. Mater. Sci., 1999, 34(12): 2837–2842.

[77] Llorca J, Singh R N. Influence of fiber and interfacial properties on fracture-behavior of fiber-reinforced ceramic composites [J]. J. Am. Ceram. Soc., 1991, 74(11): 2882–2890.

[78] Droillard C, L J. Fracture toughness of 2-D woven SiC/SiC CVI-composites with multilayered interphases [J]. J. Am. Ceram. Soc., 1996, 79(4): 849–858.

[79] Morscher G N, Martinez-Fernandez J. Fiber effects on minicomposite mechanical properties for several silicon carbide fiber chemically vapor-infiltrated silicon carbide matrix systems [J]. J. Am. Ceram. Soc., 1999, 82(1): 145–155.

[80] Nair S V, Wang Y L. Toughening behavior of a two-dimensional SiC/SiC woven composite at ambient temperature: I, damage initiation and R-curve behavior [J]. J. Am. Ceram. Soc., 1998, 81(5):

1149–1156.

[81] Lee S S, Zawada L P, Staehler J, et al. Mechanical behavior and high-temperature performance of a woven Nicalon (TM)/Si-N-C ceramic-matrix composite [J]. J. Am. Ceram. Soc., 1998, 81(7): 1797–1811.

[82] 彭晓峰, 黄校先, 张玉峰. 碳化硅晶须补强氧化铝复合材料的制备及其力学性能 [J]. 无机材料学报, 1998, 13(4): 469–476.

[83] 张玉峰, 黄校先, 郭景坤, 等. SiC 晶须补强 Si_3N_4 复合材料的研究 [J]. 无机材料学报，1992, 7(3): 329–333.

[84] 周新贵，张长瑞. 烧结助剂对热压 SiC_w/Si_3N_4 复合材料性能的影响 [J]. 国防科学技术大学学报，1998, 20(2): 105–108.

[85] Iijima S. Helical microtubules of graphitic carbon [J]. Nature, 1991, 354: 56–58.

[86] Ma R Z, Wu J, Wei B Q, et al. Processing and properties of carbon nanotubes-nano-SiC ceramic [J]. J. Mater. Sci., 1998, 33(21): 5243–5246.

[87] 李爱民. 碳纳米管/羟基磷灰石复合材料的力学性能与微观结构 [J]. 复合材料学报，2004, 21(5): 98–102.

[88] Ning J W, Zhang J J, Pan Y B, et al. Fabrication and thermal property of carbon nanotube/SiO_2 composites [J]. J. Mater. Sci. Lett., 2003, 22(14): 1019–021.

[89] Ning J W, Zhang J J, Pan Y B, et al. Surfactants assisted processing of carbon nanotube-reinforced SiO_2 matrix composites [J]. Ceram. Int., 2004, 30(1): 63–67.

[90] Ning J W, Zhang J J, Pan YB, et al. Fabrication and mechanical properties of SiO_2 matrix composites reinforced by carbon nanotube [J]. Mater. Sci. Eng. A, 2003, 357(1, 2): 392–396.

[91] 刘学建, 黄智勇, 向长淑, 等. 反应烧结工艺制备碳纳米管/氮化硅陶瓷基复合材料 [J]．硅酸盐学报, 2006, 34(2): 133–136.

[92] Sun J, Gao L. Development of a dispersion process for carbon nanotubes in ceramic matrix by heterocoagulation [J]. Carbon, 2003, 41(5): 1063–1068.

[93] Sun J, Gao L, J In X H. Reinforcement of alumina matrix with multi-walled carbon nanotubes [J]. Ceram. Int., 2005, 31(6): 893–896.

[94] Hwang G L, Hwang K C. Carbon nanotube reinforced ceramics [J]. J. Mater. Chem., 2001, 11(6): 1722–1725.

[95] An J W, You D H, Lim D S. Tribological properties of hot-pressed alumina-CNT composites [J]. Wear, 2003, 255 (1–6): 677–681.

[96] Xia Z, Riester L, Curtin W A, et al. Direct observation of toughening mechanisms in carbon nanotube ceramic matrix composites [J]. Acta Mater., 2004, 52: 931–944.

[97] Balazsi C S, Konya Z, Weber F, et al. Preparation and characterization of carbon nanotube reinforced silicon nit ride composites [J]. Mater. Sci. Eng. C, 2003, 23(6-8): 1133–1137.

[98] 马青松, 陈朝辉. 碳纳米管增强陶瓷基复合材料研究进展 [J]. 材料工程, 2007, 2: 58–61.

[99] Tinklepaugh J R, Crandall W H. Cermets [M]. Reinhold Publishing Corporation, New York, Chapman & Hall, Ltd., London,1960.

[100] Tuan W H, Brook R J. The toughening of alumina with nickel inclusions [J]. J. Eur. Ceram. Soc., 1990, 6(1): 31–37.

[101] Sekino T, Niihara K. Fabrication and mechanical properties of fine-tungsten-dispersed alumina-based composites [J]. J. Mater. Sci., 1997, 32(15): 3943–3949.

[102] Breval E, Deng Z, Chiou S, et al. Sol-gel prepared Ni-alumina composite-materials. 1. Microstructure and mechanical properties [J]. J. Mater. Sci., 1992, 27(6): 1464–1468.

[103] Li G J, Huang X X, Guo J K. Fabrication and mechanical properties of Al_2O_3-Ni composite from two different powder mixtures [J]. Mater. Sci. Eng. A, 2003, 352(1, 2): 23–28.

[104] Li G J, Huang X X, Guo J K. Preparation and characteristics of nanocrystalline NiO by organic solvent method [J]. Mater. Lett., 2001, 51(4): 325–330.

[105] Li G J, Huang X X, Guo J K. Fabrication of Ni-coated Al_2O_3 powders by the heterogeneous precipitation method [J]. Mater. Res. Bull., 2001, 36(7, 8): 1307–1315.

[106] Li G J, Huang X X, Guo J K. Fabrication, microstructure and mechanical properties of Al_2O_3/Ni nanocomposites by a chemical method [J]. Mater. Res. Bull., 2003, 38(11, 12): 1591–1600.

[107] 顾培芷, 张伟儒, 李勇, 等. 采用有机先驱体制备 Si_3N_4/SiC 纳米复相陶瓷 [J]. 硅酸盐学报, 1995, 23(3): 266–271.

[108] Niihara K. New design concept of structural ceramics—ceramic nanocomposites [J]. J. Ceram. Soc. Jpn., 1991, 99(10): 974–982.

[109] Basu B, Venkateswaran T, Kim D Y. Microstructure and properties of spark plasma-sintered ZrO_2-ZrB_2 nanoceramic composites [J]. J. Am. Ceram. Soc., 2006, 89(8): 2405–2412.

[110] Niihara K, Suzuk Y. Strong monolithic and composite $MoSi_2$ materials by nanostructure design [J]. Mater. Sci. Eng. A, 1999, 261(1, 2): 6–15.

[111] Zhan G D, Kuntz J, Wan J, et al. Alumina-based nanocomposites consolidated by spark plasma sintering [J]. Scripta Mater., 2002, 47: 737–741.

[112] Mishra R S, Leshier C E, Mukherjee A K. High-pressure sintering of nanocrystalline γ-Al_2O_3 [J]. J. Am. Ceram. Soc., 1996, 79(11): 2989–2992.

[113] Ortiz-Merino J L, Todd R I. Relationship between wear rate, surface pullout and microstructure during abrasive wear of alumina and alumina/SiC nanocomposites [J]. Acta Mater., 2005, 53(12): 3345–3357.

[114] Gao L, Wang H Z, Hong J S, et al. Mechanical properties and microstructure of Nano-SiC-Al_2O_3 composites densified by spark plasma sintering [J]. J. Eur. Ceram. Soc., 1999, 19(5): 609–613.

[115] Gao L, Wang H Z, Hong J S, et al. SiC-ZrO_2(3Y)-Al_2O_3 nanocomposites superfast densified by spark plasma sintering [J]. Nanostruct. Mater., 1999, 11(1): 43–49.

[116] Zhang Y, Wang L, Jiang W, et al. Microstructure and properties of Al_2O_3–TiC nanocomposites fabricated by spark plasma sintering from high-energy ball milled reactants [J]. J. Eur. Ceram. Soc., 2006, 26(15): 3393–3397.

[117] Sun X D, Li J G, Guo S W, et al. Intragranular particle residual stress strengthening of Al_2O_3–SiC nanocomposites [J]. J. Am. Ceram. Soc., 2005, 88(8): 1536–1543.

[118] Levin I, Kaplan W D, Brandon D G, et al. Effect of SiC submicrometer particle size and content on fracture toughness of alumina–SiC "nanocomposites" [J]. J. Am. Ceram. Soc., 1995, 78(1): 254–256.

[119] 徐鑫, 黄莉萍, 葛其明, 等. 无压烧结制备氧氮化硅陶瓷 [J]. 无机材料学报, 2001, 16(1): 165–168.

[120] 刘学建, 黄智勇, 黄莉萍, 等. 无压烧结氮化硅陶瓷的力学性能和显微结构 [J]. 无机材料学报, 2004, 19(6): 1282–1286.

[121] Park H, Kim H E, Niihara K. Microstructure and high-temperature strength of Si_3N_4-SiC nanocomposite [J]. J. Eur. Ceram. Soc., 1998, 18(7): 907–914.

[122] Oh Y S, Kim C S, Lim D S, et al. Fracture strengths and microstructures of Si_3N_4/SiC nanocomposites fabricated by in-situ process [J]. Scripta. Mater., 2001, 44(8, 9): 2079–2081.

[123] Koh Y H, Kim H W, Kim H E. Mechanical properties and oxidation resistance of Si_3N_4-SiC nanocomposites [J]. Scripta Mater., 2001, 44(8, 9): 2069–2073.

[124] Wan J, Duan R G, Mukherjee A K. Spark plasma sintering of silicon nitride/silicon carbide nanocomposites with reduced additive amounts [J]. Scripta Mater., 2005, 53(6): 663–667.

第8章 纳米陶瓷

纳米科技是20世纪80年代末90年代初诞生并逐步发展起来的前沿性交叉学科，具有十分广阔的发展前景。它将与信息技术和生物技术一样，对国防、经济和社会等领域产生深远的影响，并可能使整个工业领域产生根本性的变革[1]。

有人说，70年代微电子学产生了世界性的信息革命，那么纳米科技将是21世纪信息革命的核心。纳米技术的飞速发展极大地推动了材料科学的研究和发展，纳米材料是纳米科技中最活跃和最具应用潜力的研究方向，纳米材料的基础研究，在促进新材料的合成和赋予传统材料新的性能方面，发挥着重要的作用[2]。纳米陶瓷作为纳米材料的重要组成部分，在先进陶瓷材料中占有重要的地位[3]。纳米陶瓷不仅具有一般先进陶瓷材料耐高温、耐腐蚀、耐高压、耐磨损、高硬度和不易老化等优良特性，同时使材料的强度、韧性和超塑性得以大幅度提高，并对材料的力学、电学、热学、磁学、光学性能等产生重要影响。纳米陶瓷的产生，为陶瓷材料制备工艺学、陶瓷学理论、陶瓷材料新性能的发现开拓了一系列崭新的研究课题，从而极大地扩展了陶瓷材料的应用范围[4]。

8.1 纳米陶瓷的定义及特有的纳米效应

8.1.1 纳米材料及其基本效应

纳米(nanometer)是一个长度单位，$1\text{nm} = 10\text{Å} = 10^{-3}\mu\text{m} = 10^{-6}\text{mm} = 10^{-9}\text{m}$。这是当前材料研究中的一个热点区域。纳米尺度是一个介于宏观和微观之间的尺度范围——大于原子和分子，而小于通常的块体材料，属于介观范畴[5]。当一种材料的结构进入纳米尺度特征范围时，其某个或某些性能会发生显著的变化。纳米尺度和性能的特异变化是纳米材料必须同时具备的两个特征。

纳米材料在自然界中早就存在，如动物的牙齿、海底的贝壳、天上的陨石等。而人类对纳米材料的制备和利用也已有很长的历史，如我国古人收集蜡烛燃烧的烟尘来制造精墨，这种烟尘的主要成分就是纳米炭黑。但是古人只是无意识地制备和使用纳米材料，而对材料本身则缺乏必要的认识。直到19世纪中叶，随着胶体化学的发展，科学家才开始对纳米尺度的粒子进行了系统的研究。而真正人工研制纳米粒子则始于20世纪60年代初期，由日本科学家在实验室制备成功。“纳米材料”一词正式出现于

20 世纪 80 年代中期，一般认为是德国萨尔大学的 Gleiter 等[6]首先提出的。1989 年，纳米结构材料的概念被正式提出，并得到确立和发展。纳米材料呈现出一系列常规材料所没有的奇特性能，引起了全世界材料界的轰动和强烈关注。

当材料的结构进入纳米尺度调制范围时，会表现出表面效应(界面效应)、小尺寸效应(体积效应)、量子尺寸效应、宏观量子隧道效应和介电限域效应等纳米效应。

表面效应是指纳米粒子表面原子数与总原子之比随粒径的变小而急剧增大后所引起的热、光、电、磁及催化等性质上的变化。随着粒径的减小，纳米粒子的表面原子数、比表面积、表面能及表面结合能都迅速增大。表面原子处于裸露状态，周围缺少相邻的原子，有许多剩余键力，易与其他原子结合而稳定，具有较高的化学活性。例如，TiN 纳米的平均粒径为 45nm 时，即使耐腐蚀的氮化物也变得不稳定，在空气中加热即燃烧成白色的 TiO_2 纳米粒子[4]。大尺寸固态物质的熔点是固定的，但是随着颗粒尺寸减小其熔点显著降低，当颗粒小于 10nm 量级时尤为明显。其原因很简单，纳米颗粒的表面原子份额越大，体系总的束缚能就越小，于是为了克服晶格体系总体束缚而进入新存在状态——液态所需向其提供的能量也就越小。在低温或超低温下，纳米粒子几乎没有热阻，纳米氮化铝的热导率即使在常温下也比块体氮化铝高 4～5 倍。纳米颗粒的表面状态导致表面活性位置增加，同时表面光滑程度变差，形成了凹凸不同的原子平台，增加了化学反应的接触面，从而使其具备了作为催化剂的基本条件。催化剂的效率会随着尺寸减小到纳米量级而得以迅速提高，日本学者 Fujishima 和 Honda 于 1972 年首次报道用纳米 TiO_2 光催化离解水产生氢气[7]，这是利用纳米光催化效应的成功实例。

当纳米粒子的尺寸与光波的波长、传导电子的德布罗意波长以及超导态的相干长度或透射深度等物理尺寸相当或比它们更小时，周期性的边界条件被破坏，声、光、电、磁、热力学特性等均会随着粒子尺寸的减小发生显著变化。这种因尺寸的减小而导致的变化称为小尺寸效应，也叫体积效应。例如，鸽子、海豚、蝴蝶、蜜蜂以及生活在水中的趋磁细菌等能够在地磁场导航下辨别方向，主要是因为这类生物体内存在着磁性纳米颗粒，磁性纳米颗粒实质上是一个生物罗盘。 氧化物磁性纳米颗粒(如 Fe_3O_4)的磁性与块体材料显著不同，当颗粒尺寸减小到 20nm 以下时，其矫顽力可增加 1000 倍，若进一步减小尺寸使其小于 6nm，其矫顽力反而降为零。利用磁性纳米颗粒具有高矫顽力的特性，已制成高储存密度的磁记录粉。利用超顺磁性，人们已将磁性纳米颗粒制成用途广泛的磁性液体[8]。

量子尺寸效应是指纳米粒子尺寸下降到一定值时，费米能级附近的电子能级由准连续变成离散能级的现象，以及纳米半导体微粒存在不连续的最高被占据分子轨道和最低未被占据的分子轨道能级，从而使能级变宽的现象[9]。量子尺寸效应会导致纳米晶材料的光、热、磁、声、电等性能与常规材料有显著的不同。例如，对于粗晶状态下难以发光的间接带隙半导体，当其粒径减小到纳米量级时，会表现出明显的可见光发光现象，且随着粒径的进一步减小，发光强度逐渐增强。同时，由于量子尺寸效应，纳米半导体微粒的吸收光谱普遍存在着蓝移现象。由于量子尺寸效应，纳米颗粒在电学性能方面也具有许多独特性。例如，纳米钛酸锶、钛酸钡等颗粒由典型的铁电体变成了顺电体。纳米 Fe_2O_3、TiO_2 和 ZnO 等在室温下具有比常规氧化物高的导电性能。

微观粒子具有贯穿势垒的能力称为隧道效应[10]。研究发现某些宏观量，如微粒的磁化强度、量子相关器件中的磁通量以及电荷等也可以穿越宏观系统的势垒而产生变化，故称为宏观量子隧道效应。

随着纳米晶粒尺寸的不断减小和比表面积的不断增加，其表面状态的改变将会引起微粒性质的显著变化。介电限域是纳米微粒分散在异质介质中由于界面引起的体系介电增强的现象。纳米陶瓷的介电限域对光吸收、光化学、光学非线性等有重要影响。纳米陶瓷与介质的介电常数相差越大，介电限域效应就越明显，吸收光谱红移也就越大。

8.1.2　纳米陶瓷的定义与特性

纳米材料按材质分可分为纳米金属材料、纳米陶瓷材料、纳米高分子材料和纳米复合材料，本章将重点讨论纳米陶瓷材料。纳米陶瓷可用两种方法定义[11]：

(1) 狭义的纳米陶瓷是从传统的“陶瓷材料”概念出发，定义为：晶粒尺寸在纳米尺度范围内的多晶材料。严格地说，也就是经过烧结的陶瓷块体内部各种物相的显微尺寸包括晶粒大小、晶界厚度、第二相粒子和缺陷尺寸等均在纳米尺度。可以预期，纳米陶瓷不仅具有比传统陶瓷更高的硬度，而且具有传统陶瓷所没有的韧性，可望克服陶瓷材料脆性大这一致命弱点。Gleiter 指出，如果陶瓷晶粒尺寸从 10μm 减小至 10nm，则材料就会在室温表现出明显的塑性。

(2) 广义的纳米陶瓷不强调“陶瓷烧结体”的传统概念，定义为：具有纳米级显微结构或至少在一维方向上其尺度在纳米范围内的各种形态的无机非金属材料，也就是其特征尺度(晶粒尺寸、厚度、直径、粒径等)在纳米尺度范围内的各种形态的陶瓷材料。纳米陶瓷按形态的不同，可分为零维纳米陶瓷粉体、一维纳米陶瓷纤维、二维纳米陶瓷薄膜和三维纳米陶瓷块体[12]。

如无特别说明，本章中提及的纳米陶瓷材料都按前一种定义来理解。陶瓷材料具有耐高温、抗腐蚀、高硬度、高强度、耐磨损等其他材料无可比拟的优点。但是传统陶瓷具有致命的弱点——脆性，这个弱点使得陶瓷材料在实际使用过程中很容易造成灾难性的后果，因此在很大程度上限制了其应用范围。随着许多领域对陶瓷材料提出更高的要求和纳米技术的广泛应用，纳米陶瓷应运而生，人们希望纳米陶瓷不但要保持传统陶瓷的优点，而且还要具有良好的韧性和可加工性。1987 年，德国的 Karch 等[13]首次报道了所研制的纳米陶瓷具有高韧性与低温超塑性行为，展示了纳米陶瓷诱人的应用前景。纳米陶瓷潜在的优异性能，为解决长期困扰人们的陶瓷脆性问题提供了一条新的思路，对材料科学家有很大的鼓舞。英国的 Cahn 在 *Nature* 杂志上撰文指出，纳米陶瓷是解决陶瓷脆性的战略途径[14]。

陶瓷中晶界的结构对材料力学性能和形变特性起决定性的作用。陶瓷的晶粒尺寸减小时，晶界相的相对体积增加，即晶界相占整个体积的比例增大，晶界相的作用对整体性能的影响更为显著。据估计，对于一个晶粒尺寸约为 10nm 的纳米陶瓷块体，位于厚度为 0.5~1 nm 的晶界区域的所有原子约占总原子数的 14% ~ 27%[15]。总体来说，晶界原子占据的位置是从正常的格位释放出来的，界面原子排列的无序状态，界面原子键合的不饱和性都将引起材料物理性能上的突变，如高硬度、高强度和超塑性的出现[16]。纳米陶瓷之所以为人们所广泛重视，就是因为其在许多方面表现出传统陶瓷所没有的奇异特性。与传统陶瓷相比，纳米陶瓷具有以下特点：

(1) 纳米陶瓷的硬度和强度远高于传统陶瓷材料[17]，如纳米 TiO_2 陶瓷的显微硬度是 12.75 kPa，而传统 TiO_2 陶瓷的显微硬度则低于 1.96 kPa[4]。陶瓷的性能取决于其显微结构，其中晶粒尺寸和气孔率是两个主要因素，陶瓷的强度随着气孔率的增加按指数下降，同时强度与晶粒尺寸的平方根成反比，纳米陶瓷中的晶粒尺寸和气孔尺寸都是纳米量级，因而具有较高的强度。人的牙齿之所以具有很高的强度，是因为它是由致密的纳米羟基磷酸钙等构成。

(2) 纳米陶瓷的晶粒尺寸极小，晶界大量存在，晶面的原子排列混乱，晶粒易发生滑移，使纳米陶瓷在受力时易于变形而不呈现脆性，具有高的韧性[18]。德国萨尔兰大学的格莱特教授以及美国阿贡实验室的席格尔得到的氟化钙和二氧化钛纳米陶瓷材料在室温下表现出了良好的韧性，甚至在 180℃经受弯曲时也不产生裂纹。

(3) 纳米陶瓷具有低温超塑性，这主要是由于大量晶界的存在，晶界表面众多的不饱和链，易造成晶粒沿晶界方向平移。同时，晶界区域原子扩散系数非常大，存在着大量的短程快扩散途径。通常认为细小晶粒和快速扩散的途径是纳米陶瓷具有室温超塑性的两个条件[19]。钇稳定四方氧化锆(Y-TZP)纳米陶瓷就表现出了优异的超塑性[20]。此外，也有报道中提到氧化锆和氧化铝纳米复相陶瓷在相对较高的应变率($0.4s^{-1}$)下表现出超塑性[21]。

(4) 纳米陶瓷除了具有优异的力学性能外，在其他一些物理性能上也有很大的改善。如纳米钇稳定氧化锆具有更低的热导率和热扩散系数，能够改善热涂层和固体氧化物燃料电池的性能[22]。

(5) 纳米粉体的比表面积大，化学活性高，烧结驱动力大，陶瓷材料的烧结温度大幅度降低，烧结速率大幅度提高。

8.1.3　制备纳米陶瓷的影响因素

纳米陶瓷的制备工艺主要包括纳米粉体的制备、成型和烧结。纳米粉体的性能好坏直接影响最终纳米陶瓷的性能。适合纳米陶瓷制备的超细粉体必须具备以下特点：化学组成精确、化学组成均匀性好、纯度高、颗粒形状规则且尺寸均匀单一、无团聚或少团聚、反应活性高等[23]。纳米粉体由于比表面积大，颗粒间的相互作用力使其发生团聚。团聚在成型时将导致素坯的堆积密度降低和形态不均匀，同时会引入大量的缺陷和气孔。在烧结时将加速粉体二次再结晶，导致封闭大气孔的形成而难以排出，最终制备的陶瓷致密度低、晶粒尺寸达不到纳米量级。因此抑制和消除纳米粉体的团聚(特别是硬团聚)，是成功制备纳米陶瓷的前提。

同时，纳米粉体极细的颗粒和巨大的表面积使其表现出不同于传统陶瓷成型方法的一系列问题。如需要过多的黏结剂、压坯容易产生分层和回弹、素坯密度低且容易开裂等。用传统的成型方法达不到纳米陶瓷的要求，因而需要采用新型的成型技术，有效提高陶瓷坯体的成型质量，为纳米陶瓷的烧结奠定坚实的基础。

纳米陶瓷具有致密度高和晶粒尺寸在纳米量级两个特点。由于纳米粉体巨大的比表面积，使得作为烧结驱动力的表面能剧增，扩散速率增大，扩散距离变短，烧结势垒降低，从而烧结速率加快。传统的烧结方法升温速率慢和烧结时间长，很难在烧结过程中有效抑制晶粒生长，导致晶粒过分长大。要获得致密的纳米陶瓷，应采用一些特殊的烧结工艺(如二步烧结)与烧结技术(如热压烧结、热等静压烧结、放电等离子烧结、微波烧结等)。

8.2　纳米陶瓷的制备

块体纳米陶瓷的制备工艺通常包括三个基本步骤：①合成尺寸分布均匀、无团聚的纳米粉体；②获得致密、完整的陶瓷素坯；③陶瓷烧结致密但晶粒不长大。纳米粉体的合成是制备性能优异的纳米陶瓷的基础和关键，开展纳米粉体的研究，无论从基础理论研究还是从实际应用前景的角度考虑都有十分重要的意义。

8.2.1　纳米粉体的合成

纳米粉体的合成是纳米陶瓷制备的第一步，也是极为关键的一步。纳米粉体制备技术的核心是如何控制粉体的颗粒尺寸、表面状态和团聚程度。通常纳米粉体的合成方法可以分为化学方法和物理方法。

1. 化学气相沉积法

化学气相沉积法(CVD)是一种或数种反应气体在热、激光、等离子体等作用下发生化学反应析出超细粉体的方法。此法多应用于氧化物、氮化物、碳化物等纳米粉体的制备，如 TiO_2、AlN、Si_3N_4、SiC 等纳米粉体及其复合粉体。施利毅等在气相合成纳米氧化物及其复合粉体方面做了大量工作，如 TiO_2 纳米粉体[24]以及 TiO_2/Al_2O_3 纳米复合粉体[25]等。除此之外，CVD 法也用来合成一种重要的纳米材料——碳纳米管[26]。激光诱导化学气相反应法(LICVD)是近年来兴起的制备纳米粉体的一种技术，具有粒子大小可控、粒径分布均匀等特点，并且容易制备出几纳米到几十纳米的非晶态或晶态纳米微粒，如利用 CO_2 激光诱导 SiH_4 和 C_2H_4 气相反应制备 SiC 纳米粉体。

另外一种与 CVD 法比较相似的方法称为惰性气体冷凝技术，这种早前被用来制备纳米金属的技术已经被改进用来合成陶瓷纳米粉体。例如，通过两步惰性气体冷凝工艺(在气相中生成超细 Ti 金属颗粒的同时发生原位氧化反应)来合成纳米 TiO_2 粉体[27]。这种气相冷凝技术容易控制颗粒尺寸的大小及分布，所得的粉体颗粒无污染、无团聚。

气相热分解反应法是对前驱体进行热处理从而分解生成纳米粉体的一种合成方法。该技术能够很好地控制整个反应并能获得高纯粉体，但同时由于是高温合成过程，粉体存在颗粒团聚严重和颗粒尺寸分布宽等问题。为了克服这些缺陷，通常需要使前驱体在原子尺度上均匀混合，同时加入一定量的分散剂。高温热解聚合物前驱体能够获得无定型的 Si-C-N 纳米粉体，并最终用来制备 Si_3N_4-SiC 纳米复合陶瓷[28]。

此外，先进的热源，如激光、等离子体和微波等，也用来生成良好的热场。郑国梁等[29]用热等离子体气相反应的方法制得 SiC 的超细粉体。这种方法是采用 CH_3SiCl_3 为原料，通过对 CH_3SiCl_3-H_2-Ar 系进行多组分平衡成分计算，H_2 在反应过程中起了重要的催化作用，其最佳热力学条件是 H_2/CH_3SiCl_3 物质的量比为 20~30，温度为 1600K 左右。得到的 SiC 粉体是立方型，纯度>96%，含氧量约为 1.0%，颗粒粒度为 0.07μm。闫志巾等[30]利用自行研制的约束弧等离子体纳米粉体实验装置成功制备了结晶良好、粒度均匀、分散性好、部分颗粒呈现规则菱形十二面体几何外形、平均晶粒尺寸为 22 nm 的 NiO 纳米粉体。但是，目前采用的等离子体纳米粉体制备装置有一些共同的缺陷是[31]: ①反应一般都在低气压(真空)条件下进行，装置结构复杂，设备成本高；②参与反应的气体密度低，制备效率低； ③纳米粉体收集系统复杂(如需要进行水冷等)，收集效率低。

2. 化学沉淀法

化学沉淀法制备纳米粉体是目前实验室和工业界应用最广泛、最有效的化学合成方法。这种方法的基本原理是：包含一种或者多种阳离子的可溶性盐溶液，当加入沉淀剂(通常为氢氧化物、草酸和碳酸盐等)后，使溶液发生水解或直接沉淀，最后将沉淀物热处理得到所需的纳米粉体。化学沉淀法主要包括直接沉淀法、共沉淀法和均相沉淀法。

1) 直接沉淀法

直接沉淀法是在金属盐溶液中加入沉淀剂，在一定的条件下生成沉淀析出，沉淀经洗涤、干燥和热分解等处理工艺后得到纳米粉体。李江等[32]以 $NH_4Al(SO_4)_2 \cdot 12H_2O$ 为原料，NH_4HCO_3 为沉淀剂，采用直接沉淀法制备了平均粒径约为 150nm 的 α-Al_2O_3 纳米粉体(图 8.1)[33]，并系统研究了 α-Al_2O_3 籽晶[34]和氟化物[35]对 Al_2O_3 晶型转变和颗粒形貌的影响。研究结果表明，在生成的前驱体中加入的少量 α-Al_2O_3 籽晶能降低形核温度，有效地提高相转变速率，在较低的温度下(约 1100℃)完成 $\theta \rightarrow$α-Al_2O_3 的相转变。而在前驱体中添加 2%(质量分数)的 LiF、AlF_3，在 900℃煅烧即获得结晶性和分散性良好、平均粒径约为 2μm 的 α-Al_2O_3 粉体。李强等[36]利用 Na_2CO_3 溶液在剧烈搅拌下与 $Zn(NO_3)_2$ 溶液反应获得碱式碳酸锌沉淀，所得的沉淀经水洗后，再用无水乙醇洗涤，100℃干燥后的滤饼在 250℃煅烧得到分散性好、平均晶粒尺寸仅为 10 nm 的 ZnO 纳米粉体。

图 8.1 湿化学法合成 α-Al_2O_3 纳米粉体的 FESEM 形貌照片[33]

直接沉淀法工艺简单、操作方便、对技术设备要求不高、有较好的化学计量、成本较低、易于放大进行工业化生产。缺点是沉淀剂与反应物直接接触而沉淀，会造成局部浓度不均匀，所得的粉体粒径分布较宽、分散性较差。

2) 共沉淀法

共沉淀法是在含有多种阳离子的溶液中加入沉淀剂，使所有金属离子完全沉淀的方法。利用共沉淀法制备纳米粉体，需要控制的工艺条件包括：化学配比、溶液浓度、溶液温度、分散剂的种类和数量、混合方式、搅拌速率、pH 值、洗涤方式、干燥温度和方式、煅烧温度和方式等。李江等[37]通过在 NH_4HCO_3 溶液中滴加 $NH_4Al(SO_4)_2$ 和 $Y(NO_3)_3$ 的混合溶液，共沉淀生成 YAG 的碳酸盐前驱体，然后在 1000℃煅烧得到平均粒径为 40nm 且分散性较好的 YAG 纳米粉体，如图 8.2 所示。

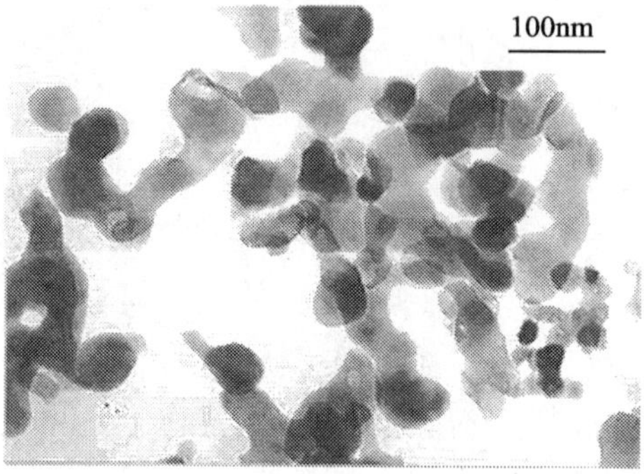

图 8.2　共沉淀法制备 YAG 纳米粉体的 TEM 照片[37]

靳喜海等[38]以正硅酸乙酯(TEOS)和氯化铝($AlCl_3 \cdot 6H_2O$)为原料，采用水解–共沉淀法制备了平均粒径约为 100 nm、分散均匀的莫来石纳米粉体。在共沉淀法制备纳米粉体的过程中，溶液中加入分散剂和用有机溶剂代替去离子水来洗涤沉淀，可以有效地防止硬团聚的形成。李景国等[39]采用共沉淀法制备了 TiO_2-Al_2O_3 纳米复合粉体，以此为原料在适宜的条件下，在管式炉中经高温选择性氮化，得到 TiN-Al_2O_3 纳米复合粉体。所得的纳米复合粉体中平均粒径为 50~70nm 的 TiN 颗粒均匀分布在 Al_2O_3 基体中。

共沉淀法能够实现金属离子在原子尺度上的均匀混合，但需要精确控制制备工艺条件，否则容易造成粉体成分的非化学计量配比和团聚的发生。

3) 均相沉淀法

均相沉淀法是利用化学反应使溶液中的构晶离子由溶液中缓慢、均匀地释放出来，通过控制溶液中沉淀剂的浓度，保证溶液中沉淀处于一种平衡状态，从而均匀地析出。常用的沉淀剂为尿素[$CO(NH_2)_2$]和六亚甲基四胺[$(CH_2)_6N_4$]。通常直接沉淀法总是存在沉淀剂暂时局部浓度过大的现象，促使大量细小沉淀迅速形成。均相沉淀法使沉淀均匀地分布于整个溶液中，沉淀颗粒均匀，不必陈化，容易沉淀和洗涤，最终获得的纳米粉体颗粒均匀、致密。张绍岩等[40]以 $ZnSO_4$ 和尿素为原料，采用均相沉淀法在 90℃合成出了平均粒径为 20nm 的 ZnO 球形颗粒，如图 8.3 所示。Wu 等[41]以 $Al(NO_3)_3 \cdot 9H_2O$、Yb_2O_3 和 HNO_3 为原料，以尿素为沉淀剂，采用均相沉淀法制备了平均粒径为 20 ~ 30nm 的 $Yb_3Al_5O_{12}$(YbAG)纳米粉体，反应温度为 95℃，前驱体煅烧温度为900℃。

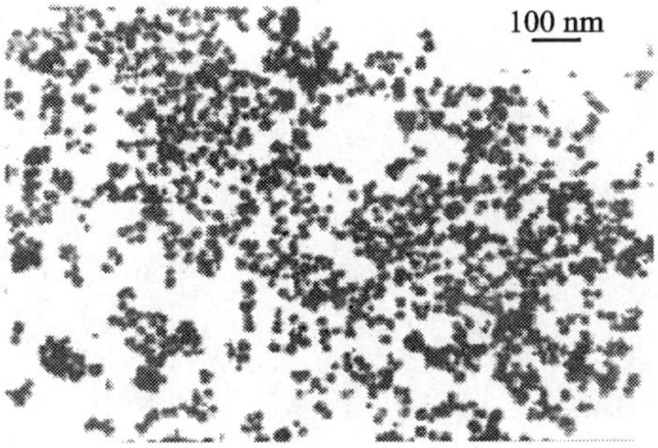

图 8.3 均相沉淀法合成纳米 ZnO 的 TEM 形貌照片[40]

化学气相沉积和化学沉淀法均需要精确控制成核动力学。通过控制粉体合成的工艺条件(如温度、压力和 pH 值等)，使得成核速率大于生长速率，这意味着必须增加形核位置。此外，纳米粒子在进一步生长或发生团聚前，必须迅速从过饱和气相或反应介质中分离。用化学沉淀法制备纳米粉体必须注意避免形成严重的硬团聚。如果消除具有巨大表面张力的气–液界面，或使颗粒被固定而不能相互靠近就有可能消除硬团聚。这就是采用有机溶剂洗涤、添加表面活性剂、共沸馏和超临界干燥等的基本思想。

3. 溶胶–凝胶法

在各种湿化学法中，溶胶–凝胶法是合成纳米粒子最广泛应用的技术之一。溶胶–凝胶法(sol-gel)是以金属有机或无机化合物为原料，经水解、缩合反应生成溶胶并逐渐胶凝化，再经热处理得到所需的材料。该方法可在低温下制备纯度高、粒径分布均匀、化学活性高的单/多组分混合物(分子级混合)，并可制备传统方法不能或难以制备的产物，特别适用于制备非晶态材料。溶胶–凝胶法可以同时控制颗粒尺寸、形貌和表面状态，这是该方法合成纳米粒子的一个显著优点，但是醇盐价格昂贵，限制了其应用。栾伟玲等[42]在完全溶解的 $Ba(OH)_2$ 乙二醇甲醚溶液中加入钛酸丁酯的乙醇溶液，形成均匀的溶胶，并使 Ba、Ti 物质的量比为 1:1，往溶胶中缓慢加入乙二醇甲醚水溶液，放置片刻即有均匀的凝胶析出，将凝胶干燥、研磨后进行热处理，得到 $BaTiO_3$ 纳米粉体。Wang 和 Ying[43]将一定量的异丙醇盐 $Ti(OC_3H_7)_4$ 溶入无水乙醇，然后与一定比例的醇水溶液混合，室温下剧烈搅拌 2h，分离得到的白色沉淀由两种方法处理，一是在450℃的有氧环境下煅烧，二是在水热 80～240℃反应，最终得到的纳米 TiO_2 粉体的形貌如图 8.4 所示。直接在有氧环境下煅烧所得 TiO_2 粉体的平均粒径为 20nm，在 80℃、180℃和 240℃水热处理一天所得的 TiO_2 粉体的平均粒径分别为 6 nm、10 nm 和 28nm。

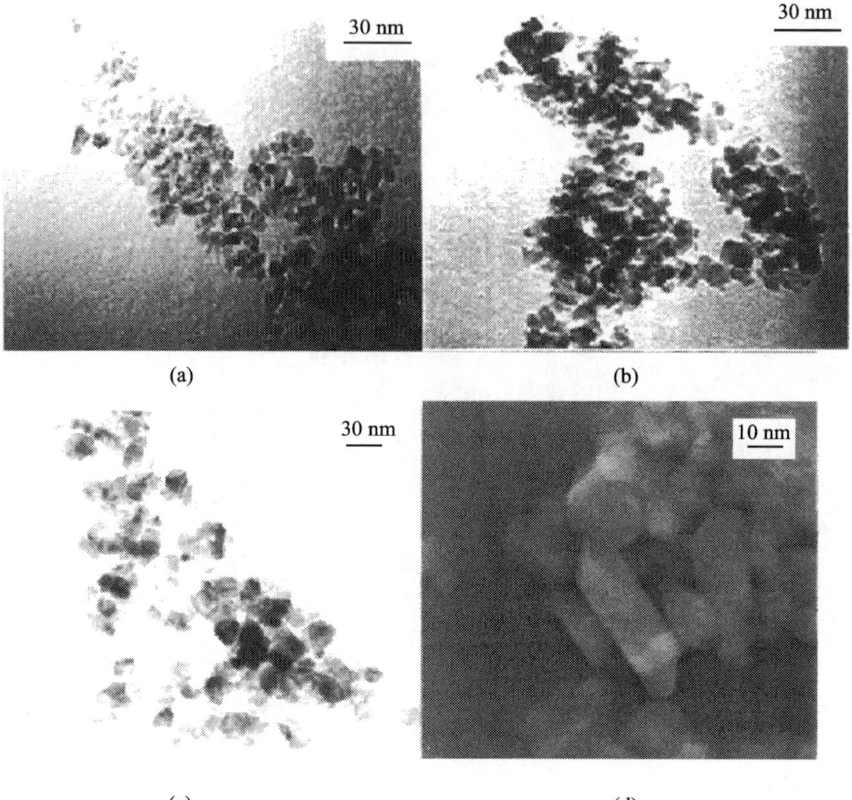

图 8.4　不同条件下合成的 TiO_2 纳米粉体的形貌照片[43]

(a) 水和醇盐物质的量比为 92，80℃水热处理一天；(b) 水和醇盐物质的量比为 92，180℃水热处理一天；(c) 水和醇盐物质的量比为 165，直接在 450℃的有氧环境下煅烧；(d) 水和醇盐物质的量比为 92，240℃水热处理一天

凝胶燃烧法是一种把溶胶–凝胶法和燃烧合成法的优点结合在一起的方法，该合成方法包括两个步骤，即凝胶化过程和燃烧反应过程。从溶液开始的凝胶化过程可以保证化学计量配比的准确性和组分在原子水平上的均匀性，随之发生的凝胶燃烧反应避免了其干燥所需要的苛刻条件。Li 等以硝酸盐和柠檬酸为原料，采用凝胶燃烧法制备 α-Al_2O_3[44]和 Nd:YAG 纳米粉体[45]：在硝酸盐溶液中加入一定量的柠檬酸，将混合液恒温加热并搅拌，让其缓慢蒸发，随着水分的减少，形成溶胶，继续加热脱水得到半干的凝胶，然后对此凝胶进行热处理即可获得所需的超细粉体。通过控制柠檬酸和硝酸盐的配比，可以获得不同颗粒尺寸和团聚程度的 α-Al_2O_3 粉体[46]和 Nd:YAG 纳米粉体[47]。图 8.5 是柠檬酸和硝酸盐的物质的量比分别为 0.3[图 8.5(a)]、0.5[图 8.5 (b)]、0.83[图 8.5 (c)]、1.0[图 8.5 (d)]和 2.0[图 8.5 (e)]时经 850℃煅烧所获得的 Nd:YAG 粉体的 FETEM 照片。

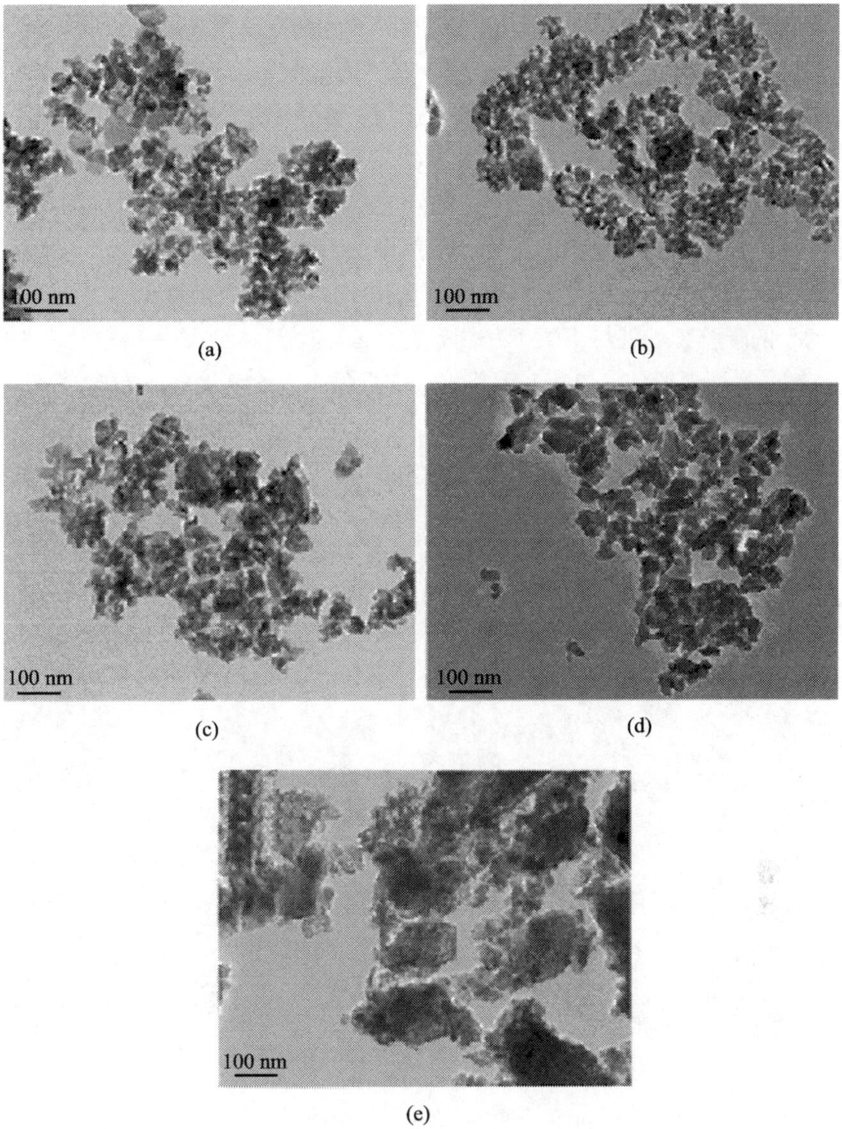

图 8.5　经过 850℃煅烧所得 Nd:YAG 粉体的 FETEM 照片[47]

柠檬酸和硝酸盐的物质的量比分别为(a) 0.3；(b) 0.5；(c) 0.83，(d) 1.0 和(e) 2.0

4. 微乳液法

自 1982 年 Boutonnet 等[48]提出用微乳液制备纳米材料后，该方法得到了人们的广泛关注。微乳液通常是由表面活性剂、助表面活性剂(通常为醇类)、油类(通常为碳氢化合物)和水(或电解质水溶液)组成的透明或半透明、低黏度和各向同性的热力学稳定体系。微乳液分为油包水型(W/O)、水包油型(O/W)和双连续型。微乳液法制备纳米粉体具有如下特点：由于反应物是以高分散状态供给的，可防止反应物局部过饱和现象，从而使纳米颗粒的成核及长大过程能均匀进行，而且可以通过调节“微反应器”的外界因素而制备出理想的单分散纳米颗粒。Gao 等[49]分别将纯度>99%的 $Zr(NO_3)_4$ 和 $Y(NO_3)_3$ 结晶体溶于蒸馏水中配成一定浓度的溶液，然后按照配比取两种溶液配成混合溶液并逐渐加入含有乳化剂的二甲苯溶剂中，不断搅拌并超声处理形成微乳液，通入氨气使分散的小液滴凝胶化，然后将凝胶进行非均相共沸蒸馏处理并同时加入乙醇清洗。滤干的凝胶于红外灯下烘干，然后在 700℃煅烧 1h 得到平均粒径为 13 ~ 14nm 的 Y 稳定 ZrO_2 纳米粉体。Zhang 等[50]将一定量的十六烷基溴化氨(CTAB)溶入 200mL 环已胺和 8mL 丁醇中，搅拌 20min 至透明，然后分别加入一定配比的 $Ce(NO_3)_3$ 溶液和氨水并剧烈搅拌，两种溶液混合形成微乳液体系，该体系经旋转蒸发并煅烧后得到纳米 CeO_2 粉体,如图 8.6 所示。在 350℃煅烧获得的 CeO_{2-x} 粉体是无定型的，平均球形颗粒尺寸约为 65nm。在 600℃煅烧获得的是立方相的 CeO_2 纳米晶粒子，晶粒尺寸为 6~8nm。

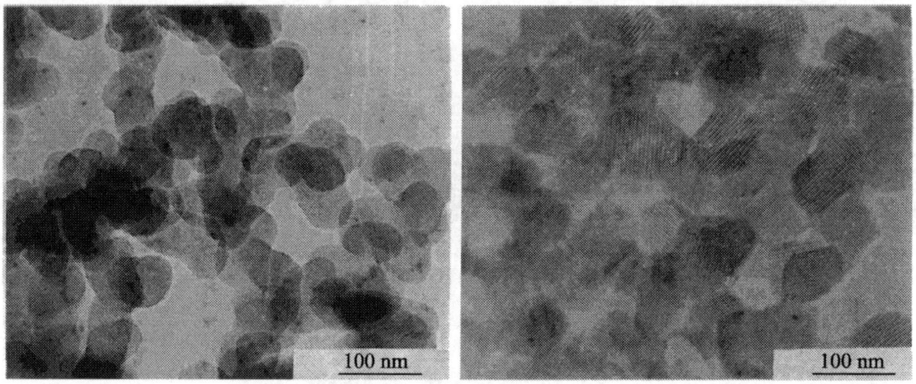

(a) (b)

图 8.6 微乳液法制备的 CeO_2 纳米粉体的 HRTEM 形貌[50]

(a) 350℃; (b) 600℃

尽管微乳液法制备纳米粉体有很多优点，但是其应用还是受到很大限制，主要原因是：形成 W/O 型微乳液体系要使用大量的表面活性剂，成本太高；微乳液中溶剂的水量太少，故产量很低；表面活性剂的存在对纳米粉体的纯度和某些性能有一定的影响

5. 水热/溶剂热法

水热/溶剂热法是指在密闭体系中，以水/有机溶剂作为反应介质，通过对反应容

器加热，创造一个高温、高压的反应环境，使得通常难溶或不溶的前驱物溶解，从而使其反应并重结晶的一种方法。水热/溶剂热法与其他湿化学法相比最大的优点是一般不需要高温煅烧即可直接得到无团聚或少团聚、结晶度高、晶面显露完整、烧结活性高的纳米粉体，这是水热/溶剂热法受到人们广泛关注的重要原因之一[51]。Zhang 和 Gao[52]用 98%的 $TiCl_4$ 在冰水浴中加入去离子水配置一定浓度的溶液，通过加入盐酸和不同盐溶液来调节酸度和 Cl^-浓度，高速搅拌下获得期望的[H_2O]/[Ti]物质的量比，然后用水热法于 333 ~ 433K 温度下加热 12h 获得不同形貌的 TiO_2 纳米粉体。表 8.1 是合成条件和合成粉体的性质，其中 C_T、C_H、C_C、C_S 和 C_A 分别代表 Ti^{4+}、H^+、Cl^-、Na^+和 NH^{4+} 的物质的量(mol/L)。R、A 和 B 代表金红石、锐钛矿和板钛矿。S_a 为比表面积；d_p 是由 XRD 图谱计算出来的颗粒尺寸。括号中的字母 a 和 c 分别代表直径和长度方向的晶粒尺寸。图 8.7 是水热处理 $TiCl_4$ 合成的 TiO_2 纳米粉体的 TEM 形貌照片。

表 8.1　水热合成条件和粉体性质[52]

样品	条件			性质		
	C_T/(mol/L)	T/K	$C_H/C_C/C_S/C_A$ /(mol/L)	S_a/(m²/g)	物相	d_p/nm
A	0.3	333	1.2/1.2/0/0	202.2	R	7.3
B	0.3	363	1.2/1.2/0/0	154.5	R	8.4
C	0.3	393	1.2/1.2/0/0	92.4	R	10.1
D	0.3	393	2.2/2.2/0/0	82.5	R	9.8
E	0.3	393	4.2/4.2/0/0	49.3	R+B	9.3(R)
					$\chi = 0.832$	10.8(B)
F	0.3	393	1.2/4.2/3.0/0	62.9	R	8.1(a) × 95.6(c)
G	0.3	393	1.2/4.2/0/3.0	7.28	R	9.1(a) × 103.5(c)
H	0.3	423	4.2/4.2/0/0	46.7	R+B	12.9(R)
					$\chi = 0.777$	13.2(B)
I	0.3	423	1.2/4.2/3.0/0	56.5	R	9.5(a) × 100.2(c)
J	0.1	423	0.4/0.4/0/0	133.3	R+A	8.2(A)
					$\chi = 0.461$	17.4(R)
K	0.3	423	1.2/1.2/0/0	69.1	R	12.9
L	0.5	423	2.0/2.0/0/0	61.3	R	17.1
						27.2(a) × 109.1(c)
M	1.0	423	4.0/4.0/0/0	46.8	R+B	18.4(R)
					$\chi = 0.827$	9.9(B)

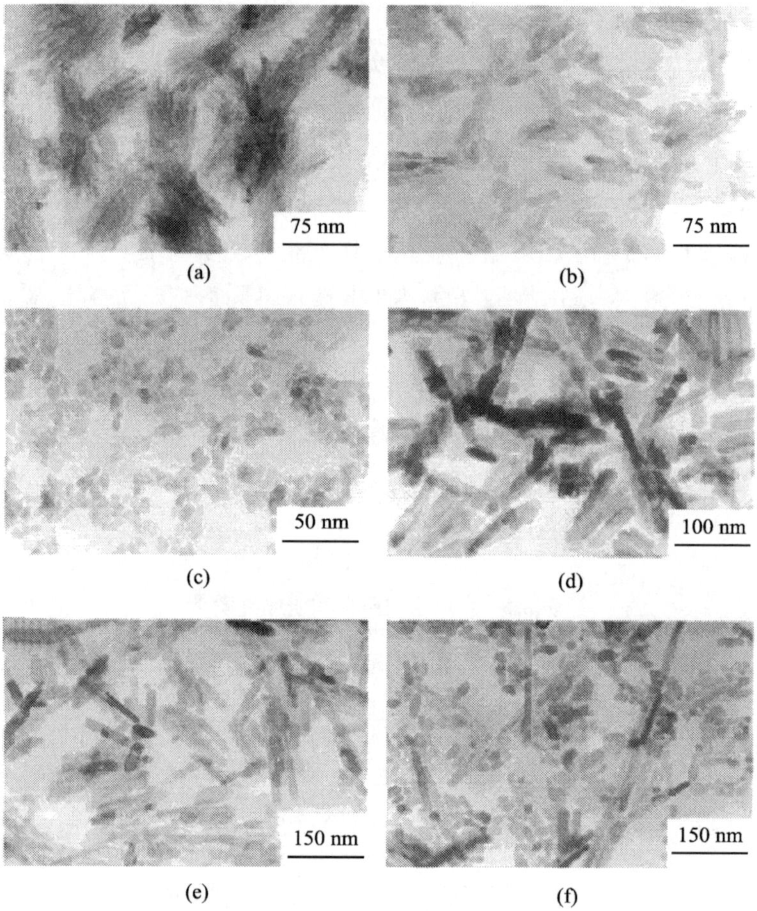

图 8.7　不同条件下水热处理 $TiCl_4$ 溶液合成的 TiO_2 纳米粉体的 TEM 形貌照片[52]

很多金属氧化物纳米颗粒主要通过溶剂热分解金属有机前驱体来获得。Rockenberger 等[53]使用金属络合物成功制备了 γ-Fe_2O_3、Cu_2O 和 Mn_3O_4 纳米颗粒。Ghosh 等[54]在溶剂热条件下使用金属有机化合物制备了 MnO 和 NiO 纳米粒子，这些纳米粒子不仅表现出了超顺磁性并且在截止温度下出现了磁滞现象。Biswas 和 Rao[55]在溶剂热条件下分解 Re_2O_7-二氧杂环乙烷络合物获得了平均粒径为 8.5~32.5nm 的 ReO_3 纳米粒子。此外，溶剂热法还可以用来合成金属磷族和硫族化合物。Xie 等[56]和 Qian[57]在溶剂热法中以苯为溶剂，即苯热合成技术，在 280℃下成功制备了纳米 GaN，产物中除了六方相外还有少量的岩盐型结构。Gautam 等[58]在溶剂热条件下通过甲苯中硬脂酸镉和硫的反应来合成平均粒径约为 4nm 的 CdS 纳米粒子。图 8.8(a)是 CdS 纳米粒子的 TEM 照片，插图是纳米粒子的粒径分布图。图 8.8(b)和图 8.8(c)分别是 CdS 纳米粒子的电子衍射和 HRTEM 照片。

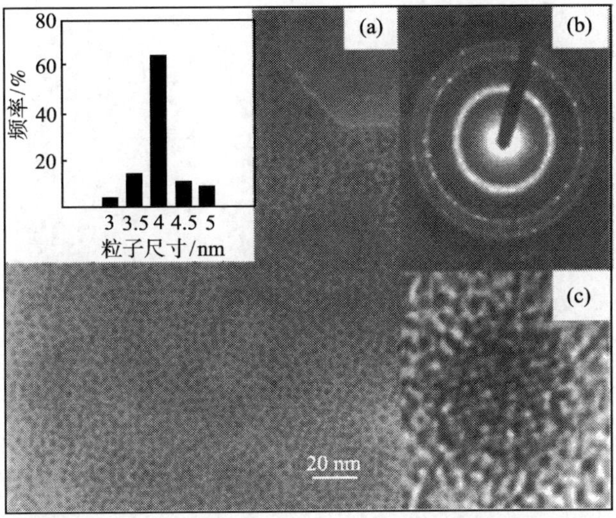

图 8.8　(a) CdS 纳米粒子的 TEM 照片；(b) 电子衍射图谱；(c) HRTEM 照片[58]

但是水热/溶剂热法制备纳米粉体也有其固有的局限性：①反应周期长，反应过程在封闭系统中进行，对反应过程不能进行直接观察，只能根据晶体的形态变化和表面结构来获得晶体生长的信息；②制备条件要求高温高压，这使其对生产设备的依赖性比较强。

6. 模板合成法

随着对湿化学法合成纳米粒子研究的深入，其合成技术也从单纯地控制微粒自发形核与生长，发展到利用特定结构的基质为模板进行合成。模板合成是一种很有吸引力的方法，通过合成适宜尺寸和结构的模板作为主体，在其中生长作为客体的纳米粒子，可获得所期望的窄粒径分布、粒径可控、易掺杂和反应易控制的超分子纳米粒子[59]。中国科学院上海硅酸盐研究所施剑林研究员的团队[60–62]用湿化学法合成了高质量的氧化硅、氧化锆介孔材料，高水热稳定的具有立方三维孔道的介孔空心球，复合了金属、半导体或复合颗粒的介孔主客体材料和纳米颗粒薄膜，然后采用表面改性-络合法、直接模板置换法和原位还原法，实现了半导体、金属和稀土氧化物纳米颗粒在这些基体孔道内的装载，并对装载后的催化、发光和三阶非线性光学特性进行了系统的研究。例如，Gu 等[63]采用表面改性工艺与中和反应技术将 $HAuCl_4$ 前驱体引入到介孔氧化硅薄膜(MTFs)的孔道中，然后通过还原工艺获得纳米金粒子在介孔薄膜孔道内的装载，如图 8.9 所示。由于复合薄膜中纳米金粒子含量高、尺寸均匀、分散性好和局部场效应，所获得的纳米复合材料具有超快非线性(光学响应并提升了三阶非线性光学)感应的能力。

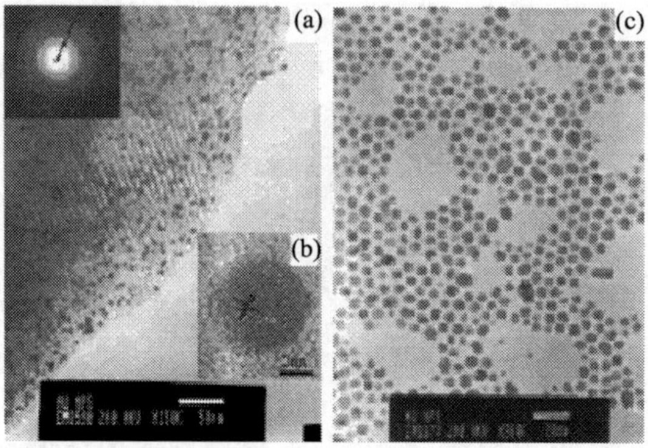

图 8.9　TEM 形貌照片[63]

(a) 装载有纳米金粒子的介孔氧化硅薄膜；(b) 孔道内金粒子的 HRTEM 照片；
(c) 去除介孔氧化硅薄膜后的纳米金粒子

Zhu 等[64]利用介孔氧化硅空心球的空心核与介孔壳的贯穿孔道，以及聚电解质具有环境响应的特点，通过层层自组装技术，使包裹在介孔空心球外层的聚电解质(图 8.10)对 pH 值或离子强度等条件产生结构性能的响应，实现对介孔孔道的封堵与开

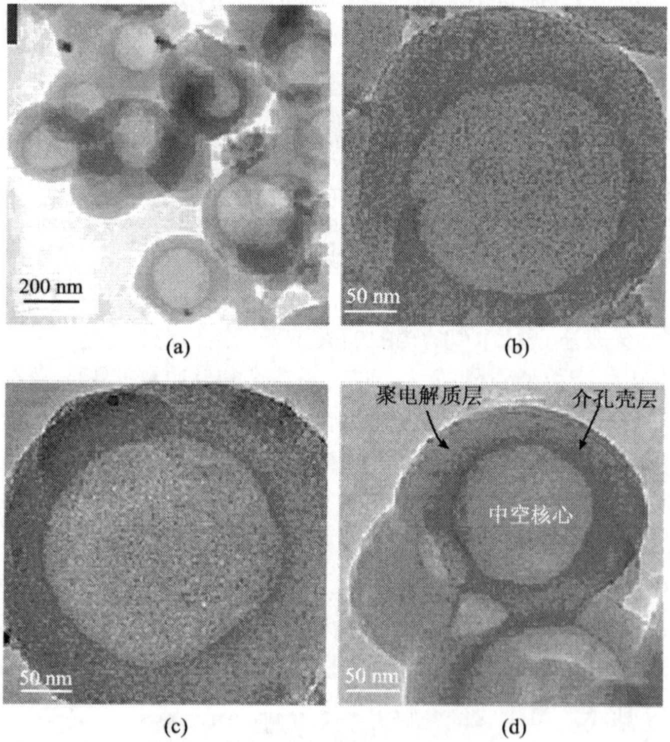

图 8.10　TEM 微观结构照片[64]

(a)、(b)介孔氧化硅空心球；(c) 布洛芬-介孔氧化硅空心球体系；(d) 布洛芬-介孔氧化硅空心球/聚电解质体系

放，从而起到药物控制释放的"开关"作用。此外，Chen 等[65, 66]采用离子交换法实现了金属铂微粒在介孔氧化锆孔道中的装载。研究发现，装载了金属铂纳米微粒的介孔氧化锆主客体材料对 CO 氧化具有非常高的催化活性。该材料经氧化铈掺杂后，可以实现对 $CO+NO_x$ 混合气体在约 200℃条件下的低温催化。上述结果对研制新型高效汽车尾气处理用催化剂提供了崭新的思路，具有重要的应用前景。

7. 高能球磨法

化学合成方法的主要优点是能够制备多种不同组分的粉体并且能够保证颗粒的组成均匀(原子尺度均匀混合)，但是化学法也存在难以克服的问题。如需要合理调整粉体合成的温度、压力和 pH 值等来精确控制形核动力学，在化学合成过程中需要控制团聚的形成等。为了解决这些问题，人们研究了多种物理方法合成纳米粉体的技术，其中高能球磨法(HEBM)引起了大家的广泛关注并已经被工业界所接受。在球磨罐转动或晃动的过程中，硬质磨球和前驱物粉体之间高能碰撞和剪切作用使晶粒尺寸细化 $10^3 \sim 10^4$ 数量级，同时把颗粒粉碎并细化。高能球磨不仅能够用来固态合金化，还能用来混合并改变颗粒形貌。虽然高能球磨制备的纳米粉体粒径分布宽、污染严重，但是产量高、工艺简单等优点使其得到广泛应用。通过高能球磨，大量纳米复合粉体已被成功开发[67]。

高能球磨已被证实可通过粉碎和细化微米量级尺寸颗粒获得纳米粉体，但是该方法细化晶粒尺寸有一定的极限，当晶粒尺寸小到一定程度时，颗粒几乎没有内部缺陷和表面裂痕，所以此时继续球磨也不能使晶粒进一步细化，通常高能球磨细化颗粒尺寸的极限为 25~50nm[68-69]。

8.2.2 纳米粉体的团聚与污染

纳米粉体与传统的微米级粉体相比具有更高的比表面积，为了降低整个体系的界面能，巨大的比表面使得颗粒之间存在很强的团聚驱动力。图 8.11 是团聚粉体的示意图[22]，团聚体内部存在小气孔，而团聚体之间存在较大尺寸的气孔。团聚根据性质不同可以分为"软团聚"和"硬团聚"。软团聚是由范德华力引起的，而硬团聚却是由粉体间的强键合引起的。团聚不仅会对素坯的成型性能有影响，同时对烧结温度、致密化行为、显微结构和陶瓷性能等都会有很大的影响。团聚(特别是硬团聚)的形成会降低陶瓷的素坯密度，同时使素坯的堆积密度不均匀。实验和理论表明在团聚的粉体中是团聚体尺寸而不是晶粒尺寸决定致密化行为。团聚体的尺寸越大，团聚体之间的气孔也就越大。大尺寸的气孔增大了传质扩散的距离，从而降低了致密化速率。所以团聚体内部颗粒间的烧结温度低于团聚体之间的烧结温度，要使整个陶瓷致密化必须提高烧结温度，但是烧结温度的提高会破坏陶瓷的纳米结构。此外，团聚颗粒的存在势必加速晶粒的生长，这对陶瓷纳米结构的控制也是极其不利的。因此纳米粉体团聚的有效控制是制备纳米陶瓷的前提和基础。

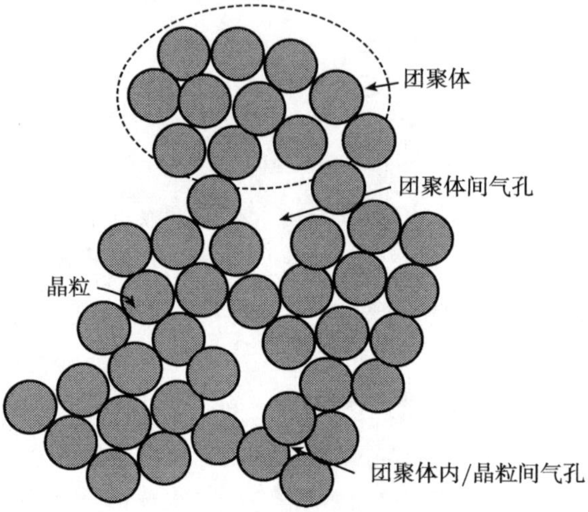

图 8.11　团聚粉体的示意图[22]

但是由于纳米粉体粒度小、表面原子比例大、表面能大、处于能量不稳定状态，因而很容易发生团聚，所以在粉体合成阶段、干燥和烧结过程中需要有效控制团聚的形成。图 8.12 表示出各种物相状态下颗粒间相互作用力的示意图。粉体制备过程中湿凝胶体(或沉淀物)的处理和干燥过程是引起粉料中硬团聚体形成的主要原因，湿凝胶体(或沉淀物)的洗涤处理过程不仅可以去除极性离子而且可以避免结晶盐的形成(这是固体桥形成的主要原因)；表面活性剂的加入，使颗粒表面形成一有机物膜，这种有机聚合物链引起颗粒间的排斥力；同时调节颗粒表面双电层的电性，而产生同性相斥的效果。这说明采取相应的措施有可能降低颗粒的团聚[70]。Gao 等[71]为了使纳米 SiC 颗粒在 Al_2O_3 母体中均匀分散并防止团聚的发生，采用的是使悬浮液的 pH 值(9 ~ 10)大于它的等电点(ζ)，以保证颗粒带有同性的电荷而相互排斥，同时辅之以超声的扰动和加入有机分散剂。值得一提的是，使用的表面活性剂有机分子的长度必须小于纳米颗粒的直径。同时前驱体的干燥方法对于控制团聚也是至关重要的，冷冻干燥和干燥前先用有机溶剂洗涤等常用来防止硬团聚的形成。纳米粉体除了需要颗粒分散性好，同时需要颗粒的粒径分布窄。如果纳米粉体的粒度分布宽，特别是粒径呈双峰分布时，容易导致烧结过程中发生晶粒异常生长，这对制备纳米陶瓷而言是致命的。

施剑林等采用草酸盐和氢氧化物共沉淀法制备了 YSZ[72]、Y-TZP[73]和 ZrO_2[74]纳米粉体，他们认为防止粉体煅烧后形成硬团聚的关键是控制混合溶液的浓度和对共沉淀物的处理。

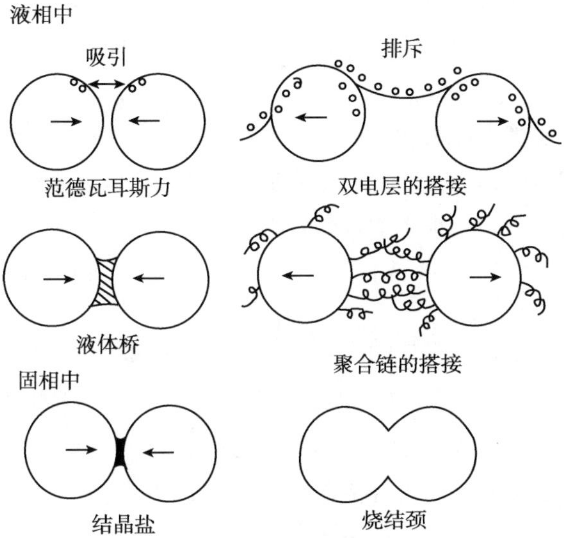

图 8.12　各种物相状态下颗粒间相互作用力[70]

此外，纳米粉体巨大的比表面积也使其容易受污染。纳米粉体暴露在空气中很容易吸附空气中氧气、水分和其他杂质，如纳米 Si_3N_4 和 SiC 等会在空气中迅速氧化。纳米粉体由于表面原子比例极高，所以污染的表面在整个颗粒的体积中所占的比例很高，这会对接下来的素坯密度和烧结致密化行为有很大影响。所以制备非氧化物纳米粉体最好在真空或惰性气体条件下操作。

8.2.3　纳米陶瓷素坯的成型

纳米陶瓷的成型是烧结前的一个重要步骤，素坯的性能(如相对密度和结构均匀性等)直接影响烧结过程以及陶瓷的显微结构与性能。但是，纳米粉体极细的颗粒和巨大的表面积给陶瓷素坯成型带来了极大的困难，不仅素坯密度低(主要是因为纳米粉体在单位体积上的颗粒接触点多，成型的摩擦阻力大)，还经常会出现分层、开裂等问题，因此需要寻求不同于传统成型方法的新技术。纳米陶瓷成型方法根据成型时所处的环境不同可分为干法和湿法两种。干法成型包括冷等静压成型、超高压成型和橡胶等静压成型，湿法成型包括原位成型、离心注浆成型、凝胶直接成型、凝胶浇注成型和渗透固化法等。

1. 冷等静压成型

冷等静压成型法(cold isostatic pressing, CIP)是将较低压力下干压成型的素坯密封，在高压容器中以液体为压力传递介质，使坯体均匀受压。在纳米陶瓷的制备中使用冷等静压成型不仅可以获得高的素坯密度，还可以压碎粉体中的团聚体。李蔚等[75]以 $ZrOCl_2$ 及 $Y(NO_3)_3$ 为原料，通过湿化学法合成无团聚的纳米 ZrO_2(3Y)粉体。粉体经过干压后，在 200～450MPa 成型获得素坯。素坯在不同温度下无压烧结，得到纳米 Y-TZP 陶瓷。

冷等静压成型虽然有压力均匀、素坯缺陷少等优点，但因受结构限制，难以获得很高的压力。目前典型的冷等静压设备所能达到的最高压力为 550MPa 左右，很难获得具有高致密度的素坯，不利于纳米陶瓷的制备。

2. 超高压成型

超高压成型是目前发展很快的成型方法，在纳米陶瓷的成型中应用越来越广泛。成型压力越高，素坯密度越大，烧结温度也就越低，越容易获得纳米陶瓷。通常用约 480MPa 的压力干压成型 3Y-TZP 纳米粉体，获得的素坯密度约为 45% [76]。而采用约 1GPa 的超高压分别成型粒径约为 10nm 的 ZrO_2 粉体[77]和粒径约为 15nm 的 TiO_2 粉体[78]，获得的两种素坯密度分别约为 51%和 62%。Gao 等[79]采用 3GPa 的超高压成型颗粒尺寸约为 10nm 的 3Y-TZP 纳米粉体，获得了 60%的高素坯密度。这种超高压成型的素坯具有极好的烧结性能，可在 1050℃(保温 5h)烧结得到相对密度为 99%以上，平均晶粒尺寸约为 80nm 的 3Y-TZP 纳米陶瓷。图 8.13(a)是超高压成型和普通冷等静压成型素坯的烧结曲线，图 8.13(b)是超高压成型获得的 3Y-TZP 陶瓷(1050℃×5h)的显微结构照片。

图 8.13　(a) 超高压成型和普通冷等静压成型素坯的烧结曲线；(b) 超高压成型获得的 3Y-TZP 陶瓷(1050℃×5h)的显微结构照片[79]

Ivanov 等[80]利用电磁脉冲力，在瞬间(3～300μs)形成 1～5GPa 的超高压，可将粒径约为 20nm 的氧化铝粉体压制成相对密度高达 62%~83%的陶瓷素坯。

超高压成型能够获得很高的素坯密度，但是由于压力太大导致素坯受力不均匀，同时获得的样品尺寸也太小。

3. 橡胶等静压成型

橡胶等静压成型(ruber isostatic pressing, RIP) 是一种比较新颖的成型方法，这种方法不仅可以获得较高的压力，同时也可以获得较大尺寸的陶瓷素坯。图 8.14 是 RIP 成型的原理图。橡胶模具被置于钢模中，粉体放入橡胶模具的空腔内，然后在上、下压头的作用下将粉体压制成型。与一般干压成型不同的是，RIP 成型是由于橡胶发生形变，粉体不仅会受到上下压头的压力，而且也受到侧向的压力，因此受力均匀，类似于冷等静压。橡胶等静压成型的关键在于将粉体均匀地装入橡胶模具中，这一过程通过空气振动技术(air taping，AT)来实现。李蔚等[81]通过 RIP 成型，获得了相对密度较高、体积较大的 ZrO_2(3Y)素坯，然后在 1100℃烧结 2h 得到相对密度达 97%、晶粒尺寸约为 70nm 的 Y-TZP 纳米陶瓷。

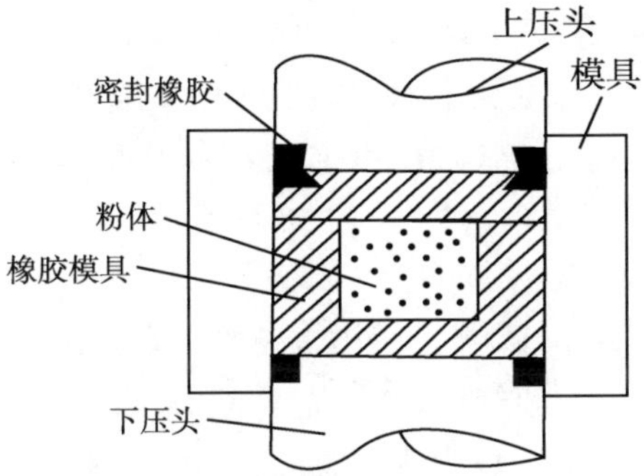

图 8.14 橡胶等静压(RIP)成型的原理图[81]

4. 原位成型

一般的干压成型都在空气中进行，由于纳米颗粒比表面积大，很容易吸附空气中的杂质而受到污染，从而可能会对陶瓷的烧结和性能产生不利的影响。而原位成型则是在真空中完成素坯的压制，可以保证纳米粉体表面和纳米陶瓷晶界的清洁。由于只有气相法才能保证粉体制备在真空条件下进行，所以原位成型一般用于气相法制备的纳米粉体的成型。Hahn 等[82]首先采用气相蒸发沉积法制备 TiO_2 纳米粉体，然后把这些粉体转移到成型设备上，并在氧气环境下稍作预压和煅烧。接着在真空度高于 10^{-6}Pa 的真空室，2GPa 的压力下进行等静压成型，得到相对密度高达 75%的陶瓷素坯。然后经高温等静压烧结获得平均晶粒尺寸不到 100nm 的 TiO_2 纳米陶瓷。

5. 离心注浆成型

离心注浆成型(moulding by centrifugal casting)是通过调整 pH 值，使纳米粉体在液体中均匀分散，然后高速离心使颗粒沉降获得素坯的方法。Rhodes[83]将纳米 ZrO_2 [6.5%(摩尔分数)Y_2O_3]粉体分散在水中形成浆料，调节 pH 值到 1.2，静置 72h 后将上层悬浮液取出，在高速离心机上沉降 3h，获得相对密度高达 74%、颗粒分布均匀的素坯，并在 1100℃的低温下烧结获得致密的 Y-TZP 纳米陶瓷。Mayo[84]利用同样的方法获得了相对密度高达 99.9%、平均晶粒尺寸仅为 80nm 的 Y-TZP 纳米陶瓷。

离心注浆成型主要通过高速离心沉降手段将无团聚的细小颗粒从粉体中分离出来，而大部分被沉降到底部的硬团聚大颗粒则未被利用，因此产率很低。

6. 凝胶直接成型

凝胶直接成型(gel direct forming)属于湿法成型，该方法中粉体制备和素坯成型是同步进行的，省略了湿法制粉的干燥工序，从而有效地减少了团聚形成的可能，所得的陶瓷素坯结构致密、均匀，有利于在低温下烧结纳米陶瓷。Kumar 等[85]先将异丙醇钛的醇溶液在 25℃下水解，生成水合氧化钛沉淀，经洗涤后将沉淀分散到水中，通过滴加 HNO_3 调节 pH 值进行解胶。然后将获得的氧化钛在 40℃、相对湿度为 60%的条件下干燥，获得氧化钛凝胶。最后通过将凝胶在不同的温度下烧结获得 TiO_2 纳米陶瓷。

7. 凝胶浇注成型

凝胶浇注成型(gel-casting)最早由美国橡树岭国家实验室提出，是一种近净尺寸成型技术[86]。该技术是依靠有机单体聚合来完成坯体固化的一种湿法成型技术，整个过程包括浆料制备、脱气、注模、凝胶化和脱模等。凝胶浇注成型是一种胶态凝固过程，不仅可以改善素坯和陶瓷烧结体的显微结构，还可以成型复杂形状的陶瓷素坯。Sun 等[87]采用凝胶浇注成型获得了外表平整、光洁，并具有复杂形状的纳米 Y-TZP 陶瓷素坯。

8. 渗透固化成型

渗透固化是一种较为新型的纳米陶瓷成型方法，其基本过程是：将纳米粉体的悬浮液放在一个可使液体通过但陶瓷颗粒不能通过的半透膜袋中，将半透膜置于采用相同溶剂的高浓度的高分子溶液中，同时保证高分子不能透过半透膜。由于半透膜内液体的化学势比半透膜外高得多，这种化学势可以看作是一种对半透膜内颗粒进行“压滤”的压力，而这种压力可接近一般机械压滤的压力极限(12MPa)。这样便可使半透膜中的陶瓷颗粒固化。Miller 和 Zukoski[88]采用使用渗透固化法使粒径仅为 8nm 的 ZrO_2

颗粒成型为相对密度达47%以上的陶瓷素坯。渗透固化虽然能使成型的素坯结构均匀，但获得的素坯相对密度并不是很高。

综上所述，干压成型有工艺简单、操作方便和效率高等优点，但同时也具有模具损耗大、成本高、素坯易因压力不均匀而分层等明显的缺点。湿法成型能够控制坯体中颗粒的团聚及杂质含量、减少坯体缺陷，并可成型形状复杂的陶瓷部件，但是每种湿法成型都存在各自的缺陷。制备纳米陶瓷时，需要根据实际情况，选择一种最合适的成型方法。

8.2.4　纳米陶瓷的烧结

纳米陶瓷的烧结面临着两个挑战：一是陶瓷烧结体需要完全致密，二是陶瓷的晶粒尺寸要维持在纳米尺度。目前已经开发出很多烧结技术可以使陶瓷烧结体完全致密化，但是要使致密陶瓷的晶粒维持在纳米尺度却并非易事。纳米陶瓷的烧结方法主要包括无压烧结、压力烧结、电场辅助烧结和其他烧结技术。大部分纳米陶瓷烧结是固相反应过程，只有极少数涉及液相烧结。就微观尺度而言，烧结其实就是颗粒之间的传质扩散过程。经典的烧结理论也主要基于双球模型及正十四面体晶粒的显微结构模型[89, 90]。烧结理论中一般将烧结过程分成三个阶段，烧结初期、烧结中期和烧结后期。烧结初期通过蒸发-凝聚和表面扩散发生物质迁移，同时晶界扩散和体积扩散使颗粒中心逐渐接近[91]。烧结中期的晶粒粗化被认为是通过扩散传质，如表面扩散或晶界迁移完成，而烧结后期的粗化则通过晶界迁移完成。烧结致密化则被认为是一个扩散传质机制，而且扩散途径被限定为晶界扩散和从体积或晶界到表面的体积扩散，其他扩散传质途径如表面扩散或从表面到表面的体积扩散被认为对致密化无贡献[92, 93]。烧结理论是通过简化模型得出来的，而实际上烧结纳米陶瓷需要考虑的因素还会更多，我们需要有效控制影响陶瓷致密化和晶粒生长的所有因素。制备纳米陶瓷我们需要考虑四个方面的问题：①纳米粒子的堆积(纳米粉体成型)；②烧结机制；③传质扩散速率；④外加烧结驱动力。

接下来将重点介绍影响纳米陶瓷烧结的一些重要因素和适合纳米陶瓷制备的烧结方法。

1. 影响纳米陶瓷烧结的重要因素

纳米颗粒具有巨大的比表面积，当颗粒尺寸小于 10nm 时，比表面积高达数百 m^2/g。巨大的比面积伴随着很高的表面能，使得纳米粒子容易发生团聚。团聚体(特别是硬团聚)的形成降低了粉体的烧结活性，影响烧结致密化过程。同时，为了使陶瓷完全致密化，必须提高烧结温度使团聚体间的气孔排除。烧结过程中是团聚体尺寸而不是纳米粒子的尺寸控制着致密化行为。硬团聚的存在使素坯局部颗粒堆积质量变差，最终在陶瓷烧结体内生成致命的缺陷。

另一方面，纳米粉体通常在低温或非平衡条件下合成，这些纳米粒子大都处于介稳态或者纳米粉体中包含前驱体、无定型相和其他晶相，烧结时有机物会分解并发生物相转变。然而有机物的分解和相转变会引入气孔并导致烧结致密化程度降低。我们需要延长保温时间或提高烧结温度才能使气孔排除而完全致密化，但这样无疑会使晶粒发生粗化。

纳米粒子表面比内部具有更多缺陷和悬键，所以颗粒表面的原子迁移速率大，烧结活性高。对很多纳米粉体而言，烧结温度一般在 $0.2T_m$~$0.3T_m$(T_m 为物质的熔点)。而颗粒尺寸为微米量级的粉体的烧结温度通常为 $0.5T_m$~$0.8T_m$[94, 95]。纳米陶瓷具有远比微米陶瓷低的烧结活化能，ZrO_2纳米陶瓷的致密化活化能只有ZrO_2微米陶瓷的一半[96]，而纳米 ZnO 粒子的晶粒生长活化能仅有微米级 ZnO 粒子的 10%[97]。低的烧结活化能使得纳米陶瓷的制备成为可能，但同时控制晶粒生长也变得更为重要。

纳米颗粒的粒径分布也是影响纳米陶瓷烧结的一个重要因素。要获得粒径分布很窄的纳米粉体比较困难，通常纳米粉体中会含有不同粒径分布的颗粒，而大颗粒容易在烧结过程中成为晶粒异常生长的“源头”。如果获得的纳米粉体粒径分布很窄，成型时颗粒之间的摩擦阻力很大，需要选择合适的成型方法以获得较高的素坯密度。

2. 无压烧结

无压烧结技术具有仪器设备简单、制备的形状复杂和成本低廉等优点。但是无压烧结的致密化速度慢，需要较高的烧结温度和较长的保温时间才能完全致密化，这样会加剧晶粒的生长。但是无压烧结可以通过改进烧结制度、提高素坯密度和添加第二相等方法来实现纳米陶瓷的制备。

1) 烧结制度

采用不同的烧结制度，可以控制纳米陶瓷中致密化和晶粒生长的相对速率，提升晶界扩散和体积扩散致密化过程，并抑制蒸发–凝聚、表面扩散和体积扩散粗化过程。对许多陶瓷体系而言，在高温烧结时致密化的活化能低于晶粒粗化的活化能，此时晶界扩散或体积扩散致密化是主要的，这对陶瓷获得更高的致密度是十分有利的。基于这个考虑，我们可以通过快速升温至烧结温度以抑制表面扩散粗化过程，使致密化过程尽可能地占主导。然而，快速升温烧结纳米陶瓷也是很受限的，因为保温时仍会发生晶粒长大。所以快速升温烧结常被用作其他更为复杂的烧结机制的第一步。同时快速升温烧结一般只适合烧制尺寸小、厚度小的样品。用该方法烧结大尺寸样品，样品表面和内部的热场梯度会影响整个块体的致密化(参阅第 6 章 6.2.1 小节)。

另一种获得纳米陶瓷的烧结方法为二步烧结法。二步烧结就是先将素坯升温至一个较高的温度获得一个中等的样品密度，然后不经过保温迅速降至一个较低的温度并保温至样品完全致密。Chen 等首先用该方法成功制备了 Y_2O_3 纳米陶瓷[98, 99]。当采用粒径为 10～15nm 的纯 Y_2O_3 粉体为原料时，使用两种不同的烧结机制制备了 Y_2O_3 陶瓷。第一个例子是先迅速升温至 1310℃，然后迅速降温至 1150℃并在此温度保温 20h；另一个例子是先迅速升温至 1250℃，然后迅速降温至 1150℃并在此温度保温 20h。在这两个实验中，样品都能完全致密化，并且晶粒不发生长大，如图 8.15 所示。当原料为掺杂 1%(质量分数)MgO 的 Y_2O_3 纳米粉体时，二步烧结(具体烧结机制为：先升温至 1080℃获得 76%的坯体密度，然后在 1000℃保温 20h)可以获得完全致密、平均晶粒尺寸为 60nm 的 Y_2O_3 陶瓷。

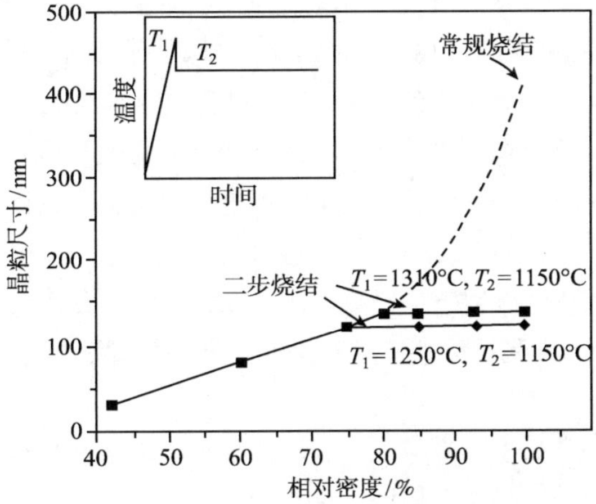

图 8.15 二步烧结法制备的 Y_2O_3 陶瓷的晶粒尺寸与相对密度的关系(插图为烧结制度)[98]

二步烧结要取得成功，很关键的一点是在烧结第一步(高温烧结步骤)需要获得足够高的致密度(>70%)，第一步烧结过程中形成的气孔形貌至关重要，需要充分利用晶界扩散和晶界迁移之间的动力学差异。只要使烧结第二步的时候晶界迁移速率远小于晶界扩散速率，就能在晶粒没有过分长大的情况下使陶瓷完全致密化。这个方法也揭示了获得高的颗粒堆积密度的重要性。此外，采用二步烧结法制备纳米陶瓷在 $BaTiO_3$ 体系中也取得了成功[100]。

2) 素坯密度

研究发现，初始纳米粉体的特性(如粒径大小、颗粒尺寸分布等)与陶瓷致密化行为有很大的关联。对于很多初始颗粒尺寸>20nm 的陶瓷体系而言，在无压烧结的条件下，晶粒尺寸很容易变成微米量级。例如，无压烧结纳米 ZnO 就不能获得纳米陶瓷[101]。

除了纳米粉体的粒径大小和颗粒尺寸分布，高的素坯密度也是烧结前需要考虑的另一个关键因素。由于纳米陶瓷烧结时晶粒生长速度非常快，一个很常用的方法就是提高素坯密度以尽可能降低样品收缩率。素坯密度低的样品在烧结时致密化速度快，同时晶粒生长速度也很快，但素坯密度高的样品的晶粒则不会过分长大。更重要的是，素坯密度高的样品最终烧成陶瓷的密度也更高。Gao 等[79]在 3GPa 的超高压力下压制的 Y_2O_3-ZrO_2 陶瓷素坯密度能高达 60%，比在 450MPa 下冷等静压成型所得的素坯密度高 13%。冷等静压成型的素坯在 1250℃烧结才能致密，而超高压成型的素坯在 1050℃无压烧结 5h 就能获得相对密度为 99%以上、平均晶粒尺寸约为 80nm 的 Y-TZP 纳米陶瓷。超高压成型素坯的颗粒间接触点和配位数增加，气孔尺寸减小，从而大大增加了物质迁移通道，降低了烧结温度，抑制了晶粒生长。

对于烧结过程中涉及物相转变的体系，提高素坏密度使其烧结温度低于相变温度是获得纳米陶瓷的关键。以 γ-Al_2O_3 纳米粉体为例，当成型压力小于 3GPa 时，获得的素坯在任何温度烧结都不能完全致密化。这是因为在 $\gamma\rightarrow\alpha$-Al_2O_3 相转变过程中会形成多孔或蠕虫状结构，致使陶瓷烧结体的显微结构中包含大量气孔。但是当 γ-Al_2O_3 纳米粉体在大于 3GPa 的压力下成型，烧结时不再出现蠕虫状结构，获得的陶瓷几乎完全致密，平均晶粒尺寸约为 150nm[102]。这是因为随着成型压力的增加，γ-Al_2O_3 的烧结温度能够降低到相变温度以下。当成型压力高达 3GPa 并用液氮润滑时，能获得致密、透明的绿色 γ-Al_2O_3 陶瓷素坯。这种素坯在真空条件下热处理(800℃×10h)便能获得 γ-Al_2O_3 陶瓷烧结体[103]。

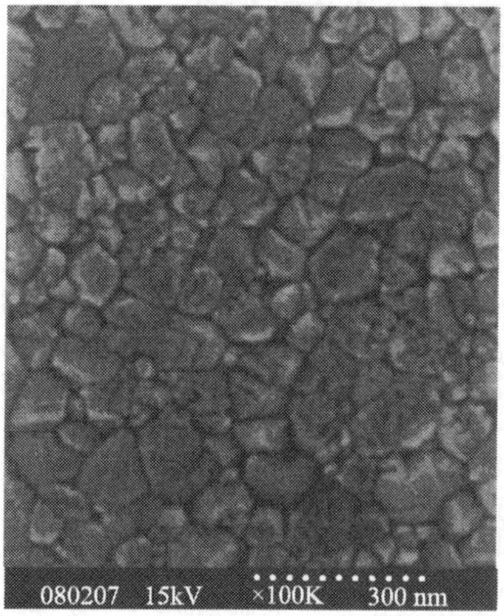

图 8.16　相变辅助烧结 TiO_2 纳米陶瓷的显微结构照片[104]

烧结过程中涉及相转变的例子还有 TiO_2 纳米陶瓷，与 γ-Al_2O_3 烧结所不同的是，锐钛矿向金红石相变产生的能量可以促进烧结的进行。Kumar 等[104]由凝胶直接成型法制备纳米 TiO_2 陶瓷素坯，所得的素坯在接近锐钛矿向金红石相转变的温度即 600℃下烧结，获得相对密度大于 99%、晶粒尺寸仅为 60nm 的 TiO_2 纳米陶瓷，其显微结构照片如图 8.16 所示。

3) 添加第二相

纳米陶瓷烧结时加入第二相，可以减小晶界迁移速率同时促进晶界扩散，有望得到完全致密的纳米陶瓷。在颗粒尺寸为 10nm 的 ZrO_2 纳米粉体中分别加入颗粒尺寸为 10nm 的 Al_2O_3 粒子和颗粒尺寸小于 20nm 的 Y_2O_3 纳米粒子，Al_2O_3-ZrO_2 和 Y_2O_3-ZrO_2 这两种体系在 1100℃烧结就能获得完全致密的、平均晶粒尺寸为 30nm 的 ZrO_2 基纳米复合陶瓷。陶瓷晶粒尺寸细小的原因是均匀分散的 Al_2O_3 和 Y_2O_3 纳米粒子阻碍了 ZrO_2 的晶界迁移，也就是晶粒生长被晶界所钉扎[105]。一般认为，只有当初始颗粒尺寸小于 30nm，烧结时第二相颗粒才能钉扎晶界，从而抑制晶粒生长。同时初始纳米粉体颗粒和第二相纳米颗粒的均匀分散对控制晶粒生长也是非常关键的。关于第二相的添加能有效抑制晶粒生长的机理至今仍不是很清楚。一种解释是杂质(第二相)偏聚到晶界上并在晶界建立起空间电荷，从而钉扎了晶界，使晶界移动性大大降低，阻止了晶粒生长。然而，在纳米 Al_2O_3 中添加 MgO 也能抑制晶粒生长，但并未观察到 MgO 在晶界的偏析，所以有人认为是 MgO 的掺入改变了点缺陷的组成和化学，从而阻止了晶粒的生长。

总而言之，无压烧结制备纳米陶瓷需要严格控制烧结制度、纳米颗粒的尺寸、素坯的密度和烧结助剂，做到既能促进烧结致密化，但同时也能抑制晶粒生长。就烧结制度而言，二步烧结是制备纳米陶瓷比较有效的方法。对初始粉体而言，不仅需要无团聚或少团聚，颗粒尺寸尽可能小，并且颗粒尺寸分布也应尽可能地窄，以保证粉体颗粒具有较好的堆积性能，陶瓷素坯的密度尽可能高。选择合适的烧结助剂，保证其能有效抑制晶粒生长。

3. 压力辅助烧结

压力烧结是在施加外压的条件下，使纳米陶瓷素坯迅速致密化并获得纳米晶结构的一种方法。通过烧结时外压的使用，可以显著降低烧结温度和缩短保温时间，从而有效地抑制晶粒生长。适合纳米陶瓷制备的压力辅助烧结方法包括：热压烧结(HP)、热等静压烧结(HIP)和烧结–锻压法。

1) 热压烧结

热压烧结是在加热粉体的同时施加一定的轴向压力，使样品在热量和外加压力的双重作用下致密化。由于使用的压力是轴向的，所以样品的收缩并非各相同性，导致微结构的演变也是不均匀的，通常径向的晶粒尺寸大于轴向尺寸。热压烧结纳米陶瓷的温度一般比烧结微米陶瓷低数百摄氏度，但是施加的压力却要远高于烧结微米陶瓷所用的压力。由于纳米颗粒之间巨大的摩擦力，需要高达几百帕斯卡的压力才能使陶瓷维持纳米晶粒尺寸。Ehre 等[106]采用热压烧结(790℃×150MPa)颗粒尺寸为 10nm 的 MgO 纳米粉体，成功制备了相对密度为 99.5%、晶粒尺寸小于 74nm 的 MgO 纳米陶瓷。值得一提的是，不仅施加的压力值，而且施加压力的温度均会对 MgO 的致密化产生显著的影响。在烧结温度为 550℃时，而不是在室温下施加压力更有利于 MgO 的致密化。这是因为 MgO 在室温下有较高的摩擦力，而在较高的烧结温度下摩擦阻力由于颗粒表面扩散而消除。Sciti 等[107]以颗粒尺寸为 30nm 的 SiC 纳米粉体为原料，以 Al_2O_3 和 Y_2O_3 为烧结助剂，采用热压烧结工艺制备了平均晶粒尺寸小于 100nm 的 SiC 纳米陶瓷。

在讨论无压烧结时已经提到，烧结过程中发生的物相转变会影响陶瓷致密化行为。但是在热压烧结中合理利用相变则可以促进致密化并获得纳米结构，前提是热压时施加超高压以抑制晶粒生长。Liao 等[108, 109]采用低温超高压烧结技术成功制备了 TiO_2 纳米陶瓷。热压烧结时使用的压力高达 1.5GPa，在 445℃烧结锐钛矿型 TiO_2 纳米粉体，获得相对密度为 98%、晶粒尺寸为 36nm 的金红石型 TiO_2 纳米陶瓷。通常锐钛矿相向金红石相转变的温度约为 650℃，随着压力的增加，相变温度逐渐降低。Liao 等[110]还从理论模型预测了纳米 TiO_2 在低温/高压烧结条件下的致密化与晶粒生长速率，并以实验数据验证了该理论模型。此外，采用相变辅助热压烧结方法(800℃×15min，8GPa)，Kear 等[111]也获得了晶粒尺寸小于 50nm 的致密氧化铝纳米陶瓷。

单靠热压烧结制备 SiC 纳米陶瓷比较困难，可以通过加入烧结助剂(如 Y_2O_3 或 Al_2O_3)加速 SiC 陶瓷的晶界扩散，从而降低烧结温度。Mitomo 等[112]利用平均粒径为 90nm 的 SiC 纳米粉体，将液相烧结和热压烧结结合，制备出了相对密度为 97.2%、平均晶粒尺寸仅为 110nm 的 SiC 陶瓷。热压烧结的温度为 1750℃，保温时间为 15min，施加的压力为 20MPa。

热压烧结是一种制备纳米陶瓷的有效方法，但是热压烧结工艺会引起陶瓷显微结构的各相异性。

2) 热等静压烧结

热等静压烧结(hot isostatic pressing, HIP)是以惰性气体(如 Ar、N_2 或 He)为压力介质，使材料(粉体、素坯或烧结体)在加热过程中经受各向均匀的压力，借助于高温和高压的共同作用使材料致密化的工艺。热等静压烧结工艺解决了普通热压中受力不均引起的微结构不均匀问题，并可使纳米陶瓷更加致密和结构均匀。

热等静压烧结制备纳米陶瓷最成功的案例是 ZrO_2-Al_2O_3 纳米复相陶瓷[113]。高濂和宫本大树[114]用气压烧结(Ar 气压力为 200MPa)共沉淀法所制备的 20%(摩尔分数)Al_2O_3-ZrO_2 纳米复合粉体，成功制备了相对密度高达 98%，平均晶粒尺寸为 50nm 的 Al_2O_3-ZrO_2 纳米复相陶瓷(详见第 6 章 6.2.1 节)。但是用该方法制备其他氧化物并没有像 ZrO_2-Al_2O_3 纳米复相陶瓷那么成功。Hahn 等[82]用热等静压烧结(1000℃，2GPa)经过 2GPa 冷等静压处理的 TiO_2 陶瓷素坯(相对密度为 75%，粉体颗粒尺寸为 14nm)，但是当烧结温度升至 900℃时，晶粒尺寸迅速增至微米量级。除了 Al_2O_3-ZrO_2 纳米复相陶瓷，热等静压烧结的成功例子还包括碳化物等非氧化物纳米陶瓷以及对应的纳米复相陶瓷。Dong 等[115]采用热等静压烧结(1 850℃×1h，200MPa)成功制备了结构致密、平均晶粒尺寸约为 100nm 的 SiC 纳米陶瓷。Hareesh 等[116]也采用热等静压烧结工艺(1550~1700℃，7~8MPa)获得了 SiC/Al_2O_3 纳米复相陶瓷，其中 Al_2O_3 基体的晶粒尺寸为微米量级，而弥散的 SiC 仍为纳米晶粒。图 8.17 是分别在 1650℃和 1700℃烧结的 SiC/Al_2O_3 纳米复相陶瓷的 TEM 照片。从图中可以看出，纳米 SiC 晶粒均匀地分布在 Al_2O_3 晶界处和晶粒内部。

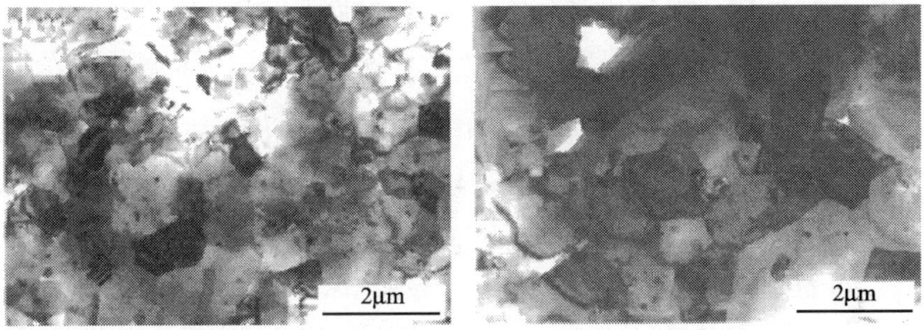

(a)　　　　　　　　　　　　(b)

图 8.17　热等静压烧结 SiC/Al_2O_3 纳米复相陶瓷的 TEM 形貌照片[116]

(a) 1650℃；(b) 1700℃

热等静压烧结不仅能够获得结构均匀、致密的纳米陶瓷，而且能够显著改善材料的性能，同时该方法适合制备具有复杂形状、大尺寸的工程部件。但是热等静压设备价格昂贵，适合纳米陶瓷制备的包套选材困难，同时施加的压力很难高于 200MPa，这些特点影响了热等静压烧结的应用范围。

3)　烧结-锻压法

烧结-锻压法是一种对粉体素坯同时施加高温和压力，使其发生连续致密化和变形的烧结方法。该技术早期是用来制备纳米金属块体的，但是由于纳米陶瓷在高温下具有超塑性，所以也用来制备纳米陶瓷。相比前面所述的烧结方法，烧结-锻压法并非是一种制备纳米陶瓷的主流方法。烧结-锻压法与热压烧结相似，但是烧结锻压不使用模具并且样品需要先成型，在轴向压制过程中不受横向变形的约束，这种方式允许较大的剪切力产生，有利于消除缺陷、重排晶粒和细化晶粒。Skandan[77]采用通过烧结-锻压(950℃/300MPa)纳米 ZrO_2 颗粒获得了致密的、平均粒径为 45nm 的纳米陶瓷。Averback 等[117]在 550~750℃和小于 100MPa 的条件下烧结-锻压纳米 TiO_2，获得相对密度为 97%，平均晶粒尺寸为 60nm 的 TiO_2 纳米陶瓷。Wetzel 等[118]以平均晶粒尺寸为 50nm 的超细 β-SiC 粉体为原料，添加 10%(体积分数)的烧结助剂(由平均晶粒尺寸为 20nm 的 Al_2O_3 和晶粒尺寸为 20~70nm 的 Y_2O_3 粉体组成)，分别在两种条件下烧结-锻压(1720℃/40MPa 和 1660℃/90MPa)获得了平均晶粒尺寸小于 100nm、致密的

SiC 纳米陶瓷。

与热压烧结制备纳米陶瓷相比，烧结–锻压法能够在更低的压力下使陶瓷迅速致密化。但是烧结–锻压法通常的压力小于 300MPa，所以很难克服巨大的摩擦阻力而有效地使颗粒尺寸小于 20nm 的粉体致密化，烧结锻压时产生高剪切应力也容易损坏样品。当然烧结–锻压法制备纳米陶瓷时，与热压烧结一样会产生显微结构上的各相异性。这些结构缺陷和烧结–锻压设备的复杂性都限制了其在纳米陶瓷制备上的广泛应用。

4. 电(磁)场辅助烧结

电(磁)场辅助烧结是一种利用电场或者电磁场产生瞬间高温场来实现陶瓷烧结的技术。应用最为广泛的两种电(磁)场烧结技术是放电等离子烧结和微波烧结。在烧结的过程中，电场或者电磁场通过粉体颗粒，使烧结体内部各个颗粒表面活化，从而大大增加了颗粒接触区域的扩散速率。电(磁)场辅助烧结能够实现快速烧结，很快跳过表面扩散阶段，直接进入晶界扩散阶段，有效地避开了低温烧结阶段由于表面扩散所造成的颗粒粗化，通过控制晶粒生长来实现纳米陶瓷的制备。

1) 放电等离子烧结

放电等离子烧结(spark plasma sintering, SPS)系统是利用脉冲能、放电脉冲压力和焦耳热产生的瞬时高温场来实现的烧结过程，它同时可以施加压力。通常放电等离子烧结的使用压力为 30～200 MPa，升温速率为 100～1000℃/min，烧结气氛可以是真空、氩气、氮气或是氢气气氛。放电等离子烧结技术已经成功制备了大量纳米陶瓷，包括氧化物、碳化物、氮化物和纳米复相陶瓷。放电等离子烧结的最大特征是实现致密化的同时能尽可能保持晶粒尺寸细小，所以该方法能够制备其他方法难以实现的纳米陶瓷。Gao 等[119]用 SPS 的烧结方法得到 SiC 纳米晶粒处于 Al_2O_3 或 15%(质量分数) ZrO_2(3Y)-Al_2O_3 基体晶粒内的纳米–微米复相陶瓷(详见第 6 章 6.2.1 节)。Chaim 等[120]采用放电等离子烧结技术在 700～825℃的烧结温度和 100～150MPa 的压力下成功制备了平均晶粒尺寸为 52nm、完全致密的 MgO 透明陶瓷。Guo 等[121]也采用该方法烧结(825℃×3min)平均颗粒尺寸为 84nm×33nm 的棒状羟基磷灰石纳米粉体，获得了平均晶粒尺寸为 130nm×98nm 的羟基磷灰石纳米陶瓷。Yamamoto 等[122]在不添加烧结助剂的情况下，采用放电等离子技术烧结颗粒尺寸分布为 5～20 nm 的 β-SiC 纳米粉体(1700℃/40 MPa)，获得了相对密度高达 98% 的 SiC 纳米陶瓷。Xu 等[123]以平均颗粒尺寸为 500 nm 的 β-Si_3N_4 商业粉体为原料，添加 5%(摩尔分数)的 Y_2O_3 粉体和 2%(摩尔分数)的 Al_2O_3 粉体，然后通过高能球磨获得晶粒尺寸仅为 10 nm 的 β-Si_3N_4 纳米粉体(图 8.18)，最后采用 SPS 技术(升温速率为 300℃/min，烧结温度为 1600℃，保温时间为

5min)成功制备了平均晶粒尺寸为 70 nm、结构均匀、完全致密的 Si_3N_4 纳米陶瓷。Xu 等[124]还系统地研究了 SPS 烧结获得的 Si_3N_4 纳米陶瓷的高温蠕变性能以及烧结助剂的种类和添加量对烧结致密化和显微结构等的影响[125, 126]。放电等离子烧结不仅适合制备单相纳米陶瓷，同时也能使纳米复相陶瓷的微结构更加细化。Wan 等[127]以无定型的 Si-C-N 粉体为原料，采用 SPS 烧结技术并控制 Y_2O_3 的液相量，成功制备了晶粒尺寸小于 100nm 的 Si_3N_4/SiC 纳米复相陶瓷。随着 Y_2O_3 含量的降低，陶瓷中 SiC 和 Si_3N_4 的物质的量比增加，陶瓷烧结时产生的液相减少，晶粒生长被有效地抑制，晶粒尺寸变小。

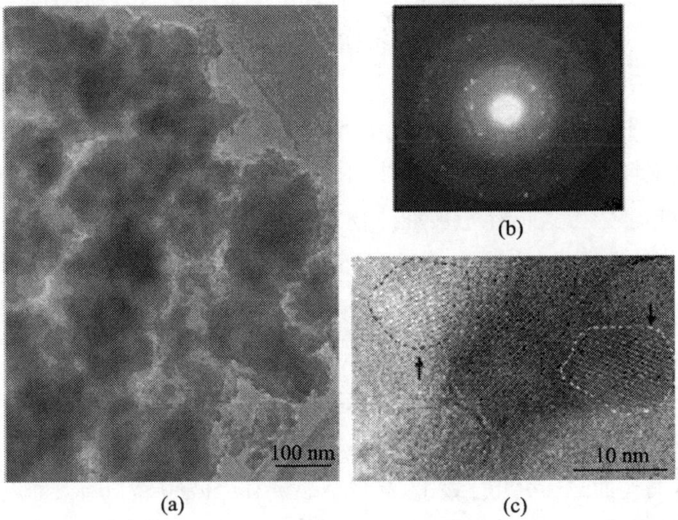

图 8.18　(a) 高能球磨制备 Si_3N_4 纳米粉体的 TEM 形貌照片；(b) 选区电子衍射照片；(c) 高分辨电镜(HRTEM)照片[123]

放电等离子烧结技术制备纳米陶瓷具有明显的优势。如升温、降温速率快，有利于抑制晶粒生长，保持陶瓷烧结体的纳米结构。另外，烧结过程中，当在晶粒的空隙处放电时，瞬时产生的高温会在晶粒表面引起蒸发和熔化，并在晶粒接触点形成颈部，促进陶瓷烧结，这样有利于减少或消除烧结助剂的使用。但是由于放电等离子烧结中涉及多种烧结驱动力，很难搞清楚烧结中的传质扩散机制，特别是对具有电绝缘性的非金属材料，它们对等离子体的敏感性还有必要进行探讨，因此关于放电等离子烧结的机理问题仍需要深入研究。对于 SPS 的烧结温度，科学界同样存在争议。大部分已经发表的工作认为 SPS 烧结能够降低烧结温度 200 ~ 300℃，这种烧结温度通常是使用光学高温计观测石墨模具的外表面得出的。但是他们忽略了 SPS 烧结时样品的中心部位和样品外表面会存在温度梯度。王士维等在脉冲电流烧结 α-Al_2O_3 时发现，试样的边缘与中心存在密度差异，故认为试样的热量是通过石墨模具经脉冲电流的感应加热传递所致[128]。 Vanmeensel 等[129]用计算机模拟了 SPS 烧结时样品中的温度梯度，并用实验证实了他们的模型。当光学高温计的观察温度高于 1000℃时，样品与模具外表面的温差高达 100℃。最近，Kim 等[130]的研究也发现用光学高温计观测的温度比与样品接触的热电偶测得的温度低整整 300℃。也有科研人员认为，SPS 烧结时，陶瓷样品的不同区域会存在温差，有时温差高达 450℃甚至更多[131]，这种温度梯度会使不同区域的致密化程度不同，并最终导致陶瓷的显微结构不均匀。此外，放电等离子烧结设备价格昂贵，并且通常只适合制备形状简单、尺寸较小的陶瓷样品[132]。这些不利因素在一定程度上限制了 SPS 技术在纳米陶瓷领域更广泛的应用。

2) 微波烧结

微波烧结是利用波长范围为 0.1 ~ 30cm(对应频率 300 ~ 1GHz)的电磁波辐射加热来使纳米陶瓷素坯致密化的一种烧结技术。传统的加热方式是依靠发热体将热能通过对流、传导或热辐射方式传递至被加热物而使其达到某一温度，热量从外向内传播。微波烧结不同于传统的加热方式，它是利用微波具有的特殊波段与材料的基本细微结构耦合而产生热量，材料在电磁场中的介质损耗使其整体加热至烧结温度而实现完全致密化的方法。

微波烧结纳米陶瓷能否取得成功，取决于微波能量被吸收的数量和速率。一般来说，陶瓷材料吸收的微波能量与微波的频率和材料的介电常数成正比。对于许多低介电损耗的纳米陶瓷而言，介电常数随着烧结温度和微波频率的增大而增大。从理论上讲，高频微波有利于陶瓷粉体吸收微波能量[133]，但是由于广泛应用在雷达和食品工业上的微波频率是 2.45GHz，所以大部分烧结纳米陶瓷的微波也采用该频率。微波加热纳米粒子是通过电偶极子与晶界等微结构耦合而产生热量，如同放电等离子烧结一样，微波烧结能够迅速加热纳米陶瓷，其加热速率可高达 1000℃/min。微波烧结的快速加热能够有效地抑制表面扩散和晶粒生长，有利于获得纳米陶瓷。同时微波烧结特殊的加热方式，降低了纳米粉体烧结的活化能，从而加速了陶瓷致密化速度，缩短了烧结时间，节约了能耗。即便是具有低介电常数、相对密度仅为 38%的羟基磷灰石纳米陶瓷素坯(粉体的平均粒径为 35nm)，经微波烧结 5 min 后即可获得晶粒尺寸为 200 ~ 300nm、相对密度高于 95%的羟基磷灰石陶瓷[134]。但是当微波烧结的保温时间延长至 15 min 时，羟基磷灰石陶瓷的晶粒尺寸迅速增大到 550 nm。对于复相陶瓷，由于不同的材料其介电损耗不同，因而材料中不同组分对微波的吸收耦合程度不同，热效应不同。可以利用这点来实现微波能的聚焦或试样的局部加热，从而实现复相陶瓷的选择性烧结。鉴于 ZrO_2 和 Al_2O_3 具有不同的介电损耗，Oh 等[135]等采用微波烧结 ZrO_2-Al_2O_3

纳米复合粉体。结果表明，ZrO_2 颗粒优先吸收微波能量并在局部快速烧结，获得的 ZrO_2-Al_2O_3 复相陶瓷具有新颖的显微结构和良好的力学性能。对于那些介电损耗小的物质，如 TiO_2、Al_2O_3 纳米粉体，由于不能有效地吸收微波辐射的能量，可以考虑将其素坯埋在具有较高介电损耗的 SiC 或 ZrO_2 粉体中进行烧结。

微波烧结能够快速加热而使陶瓷的晶粒不发生长大，获得的纳米陶瓷烧结体的相对密度能够高于 90%，但是要使其完全致密化而保持纳米结构却并不容易。即便是微波烧结介电损耗高的 ZrO_2 纳米粉体，当陶瓷烧结体的密度高达 92%时晶粒尺寸已经超过 100nm[136]。微波烧结平均颗粒尺寸为 100 nm 的 α-Al_2O_3 纳米粉体，当相对密度超过 92% 时晶粒也迅速长大，如图 8.19 所示。此外，微波加热装置还可以用来焊接陶瓷材料。蔡杰等[137]用自行研制的微波焊接装置，利用氧化铝陶瓷的相对介电常数 ε' 和损耗角正切 $\tan\delta$ 随温度增加而提高的特性进行氧化铝陶瓷之间的焊接。在 1400℃，保温 20 min,可以得到比较好的焊接效果。

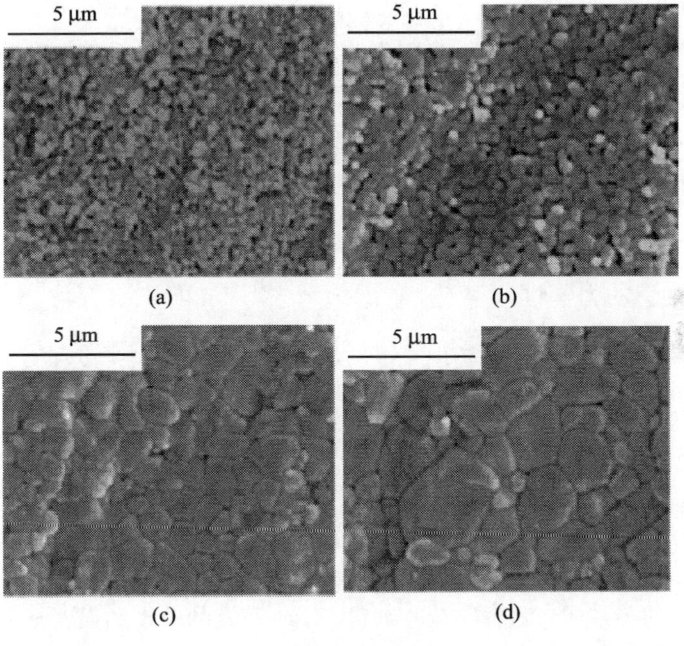

图 8.19　不同温度下微波烧结 Al_2O_3 陶瓷的 SEM 形貌照片[136]

(a) 1350℃×4h(相对密度(88.28%)；(b) 1400℃×4h(相对密度(92%)；(c) 1450℃×4h(相对密度(97.85%)；(d) 1500℃×4h (相对密度 99.11%)

微波烧结制备纳米陶瓷时，需要严格控制烧结温度和保温时间，防止在烧结的最后阶段发生晶粒的过分长大。同时微波烧结存在与放电等离子烧结相似的问题，即难以精确测量和控制烧结温度。因为微波烧结时不适宜把接触热电偶放在微波发生腔内，磁场中热电偶自身会发热引起测量误差，同时热电偶还会影响微波场的均匀性，引起烧结腔体发生电弧等缺陷。而非接触的光学高温计测温或红外光纤测温也并不十分精确。微波烧结是一种无压烧结工艺，烧结时没有模具限制，适合制备具有复杂几何形状的样品。但是对于大尺寸的陶瓷样品，微波烧结过程中容易出现非均匀加热现象，严重时还会导致样品开裂。主要原因包括：①微波场分布不均匀；②微波烧结时存在热失控、热点和选择加热等特有的加热现象；③陶瓷材料本身具有热膨胀系数大、热导率低等固有特性。

微波烧结并不能用于所有纳米陶瓷的制备，这是由微波烧结的特点和材料的本征特性所决定的。同时微波烧结制备纳米陶瓷的基本规律和反应机理也有待进一步深入研究。

8.3　纳米陶瓷的性能

纳米晶粒和高浓度晶界是纳米陶瓷的两个重要特征。纳米晶粒中的原子排布已不能处理成无限长程有序，通常大晶体的连续能带分裂成接近分子轨道的能级，产生所谓的小尺寸量子效应。同时高浓度的晶界和大量处于晶界和晶粒内缺陷中心的原子的特殊结构产生晶界效应。这两种效应将导致纳米陶瓷力学性能以及电学、光学和热性能等的改变。

8.3.1　纳米陶瓷的力学性能

与传统陶瓷相比，纳米陶瓷由于晶粒细化导致其硬度、强度和韦伯模量的增大。这很可能是因为纳米陶瓷的显微结构更加均匀，临界裂纹尺寸和密度也减少了。从 Hall-Patch 关系式可以得出屈服应力和硬度随着晶粒尺寸的减小而增大。用硬度表示的 Hall-Patch 关系式可以表示为

$$H_v = H_0 + Kd^{-1/2}$$

其中 H_v 为维氏硬度；d 为晶粒尺寸。

按照上面的关系式，随着晶粒的细化，纳米陶瓷的硬度和强度将不断增加。从理论上讲，当纳米陶瓷的晶粒尺寸小到极限值时，硬度和强度会达到最大值。但事实上，纳米陶瓷的硬度和强度虽然大于同组分的微米陶瓷，但是硬度和强度随着晶粒尺寸细化而增大的幅度并不及由 Hall-Patch 关系式得出的增幅。当纳米陶瓷的晶粒尺寸细化到某个特定的值时，继续细化晶粒尺寸将导致硬度和强度降低，这时硬度和晶粒尺寸表现为反 Hall-Patch 关系。Guicciardi 等[138]报道了在 SiC 纳米陶瓷体系中存在这种反 Hall-Patch 关系。当纳米晶尺寸小于某一临界值时，SiC 纳米陶瓷的硬度和强度随着晶

粒细化而减小。Ovidko[139]用位错滑移和界面扩散等机理来解释纳米陶瓷中的这种现象。通常，晶粒尺寸细化到 20～30nm 时，纳米陶瓷的硬度和强度达到极大值；继续细化晶粒，纳米陶瓷将会发生软化。

此外，在纳米陶瓷中，裂纹尺寸随着晶粒尺寸的减小而减小，同时由于晶体结构各向异性引起的残余热应力以及不同物相之间热膨胀系数失配也都会随着晶粒尺寸的减小而减小[140, 141]，所以纳米陶瓷抗弯强度随着晶粒尺寸减小而显著增大。但是单相纳米陶瓷的断裂韧性却并没有随着晶粒尺寸的减小而增大[142]。然而，通过制备纳米复相陶瓷，我们可以同时提高材料的断裂韧性和抗弯强度。譬如，在陶瓷基体中加入第二相纳米粒子使材料的断裂韧性得以提高，热膨胀失配是第二相纳米粒子增韧的主要机制。这是因为在纳米粒子及周围基体中产生残余应力场，残余应力会引起裂纹偏转并使断裂方式由沿晶界断裂转变为穿晶断裂[143]。另外，基体和补强体的界面应力会在界面处产生位错等缺陷，这些位错将成为裂纹扩展尖端微/纳裂纹的形核位置，当主裂纹遇到微裂纹或进入微裂纹区后，分化为一系列小裂纹，形成许多新的断裂表面从而吸收能量[144]。

纳米陶瓷不仅能够提高材料的硬度和强度，还能显著提高材料抗磨损性能[145-147]。图 8.20 是放电等离子烧结的 3Y-TZP 纳米陶瓷与传统热压烧结的 3Y-TZP 陶瓷的磨耗率与晶粒尺寸的关系图。从图中可以看出，晶粒尺寸越细小的 3Y-TZP 陶瓷，其对应的磨耗率越低。晶粒尺寸对陶瓷的磨耗行为主要是受以下两个方面的影响：其一是纳米陶瓷晶粒细化提高了材料的硬度和屈服应力；其二是纳米陶瓷晶粒细导致裂纹尺寸变小。

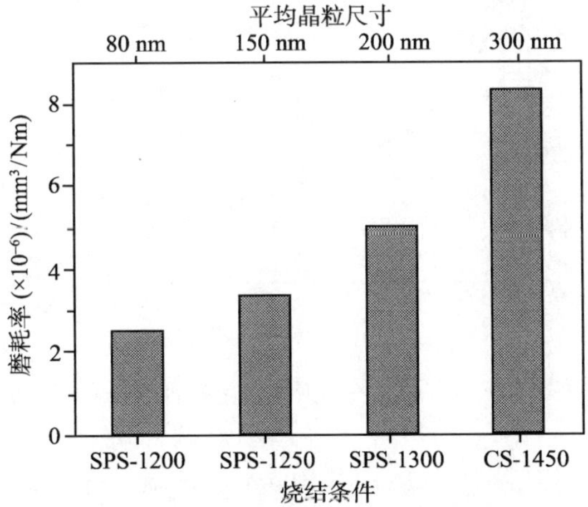

图 8.20 放电等离子烧结的 3Y-TZP 纳米陶瓷与传统热压烧结的 3Y-TZP 陶瓷的磨耗率与晶粒尺寸的关系图[145]

SPS: 放电等离子烧结；CS: 传统热压烧结

8.3.2 纳米陶瓷的超塑性

纳米陶瓷另一个显著特征就是具有低温超塑性。超塑性是指在一定应力拉伸时产生极大的伸长形变而不发生破坏的现象。关于纳米陶瓷超塑性机制目前还有争论，但是从实验现象中可以得出晶界滑移和晶界(三叉晶界)扩散速率的增大在这一过程中起主要作用。Karch 等[13]预测当陶瓷等脆性材料的晶粒尺寸降到 100nm 以下时会表现出室温超塑性。5Y-TZP[148]和 TiO_2[149]纳米陶瓷在温度约为 1000℃时呈现出超塑性，而大量非纳米陶瓷只有在一定温度和较高的应变速率下才具有超塑性。平均晶粒尺寸约为 80nm 的 3Y-TZP 纳米陶瓷在 10^{-4}/s 应变速率下的塑性形变比平均晶粒尺寸为 300nm 的 ZrO_2 陶瓷大 34 倍[150]。

郭景坤和徐跃萍[3]用粉体粒径为 10~15nm 的 3% (摩尔分数)Y_2O_3-ZrO_2 在 1200 ~ 1250℃烧结，即可获得相对密度为 98.5%的 3Y-TZP 陶瓷，比通常的烧结温度降低近 400℃。尽管在如此低的温度下烧结，3Y-TZP 陶瓷的晶粒尺寸仍然长大到 120~150 nm。样品在 1250℃下进行压缩应变实验，起始应变速率即达 $3\times10^{-2}s^{-1}$，压缩应变量达 380%，如图 8.21 所示。

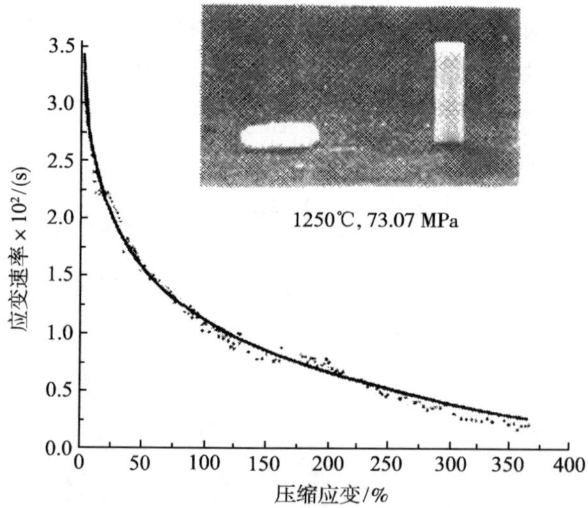

图 8.21 3Y-TZP 纳米陶瓷的塑性变形行为[3]

用 3Y-TZP 陶瓷[晶粒尺寸为(120±20)nm]在室温下进行循环拉伸试样，应力比 R=0.1，频率 f= 0.1 Hz，应力 σ_{max} = 60 MPa，循环周数 N = 250。试验后，用原子力显微镜(AFM)观察断口，发现晶粒已被拉伸成长柱状，表现出明显的室温下的变形行为，而且这种形变只发生在试样表面 1μm 左右的范围内(图 8.22)[151]。与此对比，用晶粒尺寸为 350 nm 的 3Y-TZP 陶瓷进行同样的循环拉伸试验，应力为 $\sigma_{max} = 200$ MPa，循环周数 $N = 500$。试验后的断口观察，并没有发现有晶粒变形的现象。从这些数据可以估算出 3Y-TZP 陶瓷的纳米级与亚微米级的分界线是在 150 ~ 350 nm。

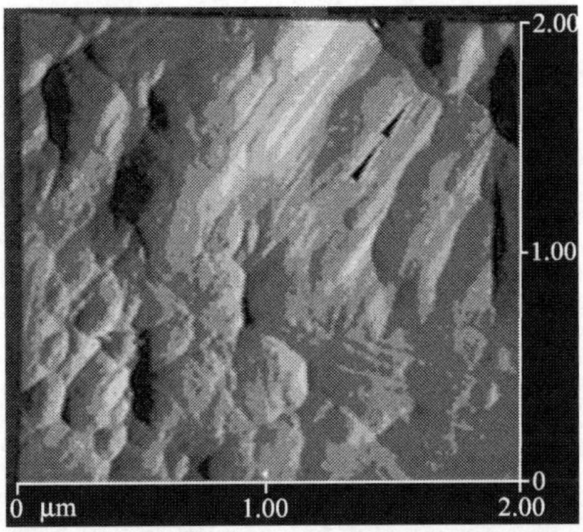

图 8.22 3Y-TZP 陶瓷在室温下循环拉伸断口的原子力显微镜照片[151]

Shi 等[152]用一种特殊设计的氧化铝陶瓷模子(图 8.23)，可以对试样进行双向的拉伸试验，它是通过提高施压的行为来达到试样双向拉伸的效果。图 8.24 是 1550℃烧结的试样在不同温度下的应力–应变曲线。从图中可以看到，在 1450℃以上样品具有更大的形变量。图 8.25 是经过双向拉伸试样后的试样外观照片。可以看到，原来平的圆片试样已变成草帽状。研究发现，在 Si_3N_4 纳米陶瓷中同样存在超塑性行为[124]。

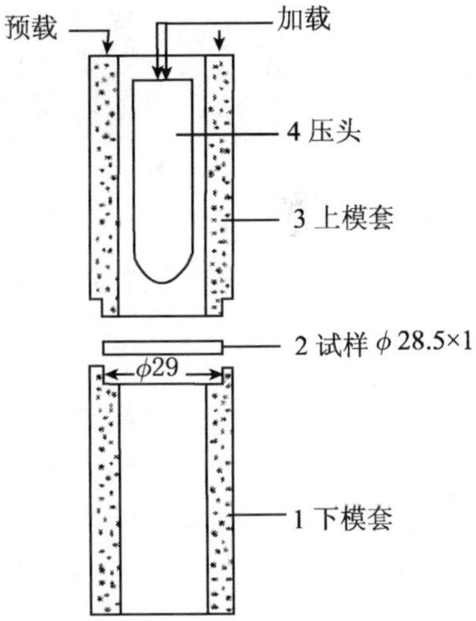

图 8.23 双向拉伸试验氧化铝模子[152]

纳米陶瓷的超塑性具有重大的应用价值，利用这一特点可以进行陶瓷的超塑性成形和超塑性连接。陶瓷超塑性的出现将使陶瓷的成型技术发生变革，并使复杂形状部件的成型成为可能。它将变革现有的烧结工艺，使成型和烧结有可能一次完成，为开发新型结构陶瓷开辟了一条新途径。利用陶瓷的超塑性，通过热煅等手段调整、优化结构，从而可以根据材料设计原则来获得所需结构和具备特殊性能的新型陶瓷材料。

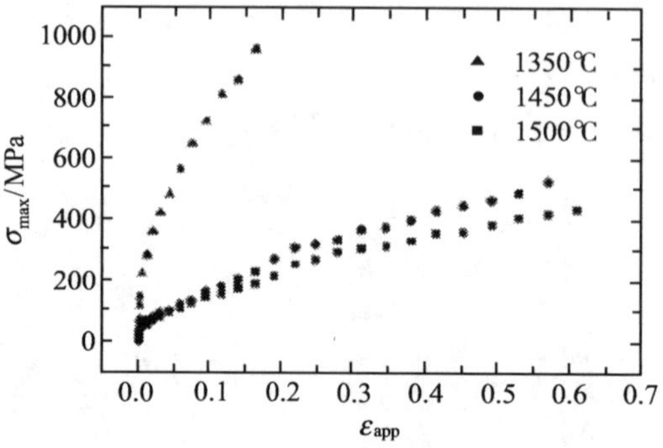

图 8.24　1550℃烧结的试样在不同温度下的应力-应变曲线[152]

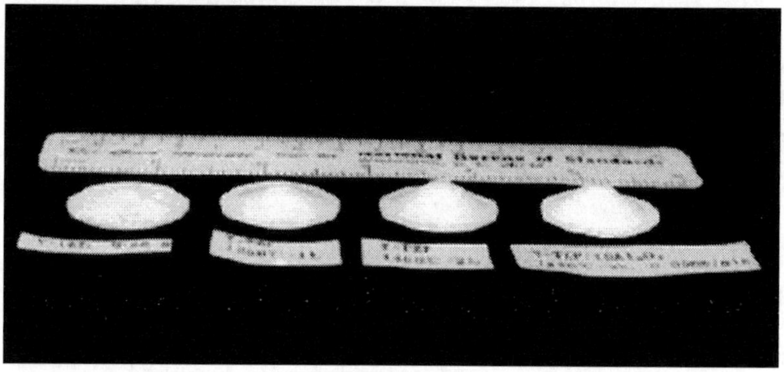

图 8.25　双向拉伸后的 Y-TZP 和 Y-TZP/Al_2O_3 复合材料的形状[152]

8.3.3　纳米陶瓷的热性能

研究发现，纳米陶瓷具有比微米陶瓷更低的热扩散率和热导率。纳米陶瓷晶粒细小，晶界数量众多，所以界面声子散射加剧。平均晶粒尺寸约为 85nm 的 SiC 纳米陶瓷在很大温度范围内的热扩散率小于 0.1cm^2/s，而传统 SiC 微米陶瓷的室温热扩散率却高达 0.5 cm^2/s[153]。纳米复相陶瓷虽然能够提高材料的抗弯强度，但是其热导率的下降也会影响材料的抗热震性能。Hirano 和 Niihara[154]研究了 Si_3N_4-SiC 纳米复相陶瓷的热导率与纳米相 SiC 添加量的关系，当 SiC 纳米晶的含量从 0 增加至 25%(体积分数)时，材料的热导率却从 37.2W/(m•K)降低到 31.1 W/(m•K)。但也有关于纳米陶瓷热导率降低而材料抗热震性提高的报道。Zhai 等[155]在 Al_2O_3 陶瓷中引入 TiO_2 纳米晶并提高了材料的抗热震性，这是由于 TiO_2 纳米晶的添加改变了裂纹扩展的模式，从而使材料的断裂韧性提高。Sarkar 等[156]增加纳米 ZrO_2 的含量改善了 Al_2O_3/ ZrO_2 纳米复相陶瓷的抗热震性，这是一种典型的相变增韧模式。

关于纳米陶瓷晶粒细化对其热导率的影响规律仍需要深入研究。此外，随着温度的升高，晶粒细化对热导率的影响变得不是特别明显。在1400℃，平均晶粒尺寸为3～5μm的SiC陶瓷的热扩散率仅为平均晶粒尺寸为70nm的SiC纳米陶瓷的2倍左右[157]。

8.3.4 纳米陶瓷的其他性能

纳米陶瓷中存在大量的晶界，几乎使大量的电子运动被限域。纳米陶瓷的晶界原子排列越混乱，对电子的散射能力就越强，界面的高能垒使电阻值升高。所以，一般纳米陶瓷的电阻高于相应组分的传统陶瓷。纳米陶瓷的界面效应可以提高材料的绝缘性和介电性能。同时，光学陶瓷晶粒尺寸的细化也能使材料的光学性能得以改善。Apetz和Van Bruggen[158]系统研究了氧化铝透明陶瓷的光散射模型，用理论和实验证明了氧化铝晶粒尺寸的细化能够显著提高其直线透过率。此外，纳米生物陶瓷还能有效地改善材料的生物相容性[159, 160]。

8.4 纳米陶瓷的应用及展望

纳米陶瓷的研究还处于初级阶段，在工业上仍没有得到广泛的实际应用，但是纳米陶瓷具有传统陶瓷所不具备的独特性能。目前已经取得的研究成果表明，纳米陶瓷在很多方面已经显示出了很有价值的应用前景。

纳米粉体高的烧结驱动力能有效降低陶瓷的烧结温度和时间，烧结温度的降低有利于制备纳米复相陶瓷。就纤维补强陶瓷基复合材料而言，烧结温度的降低可以减轻由于不同组分间高温反应而引起的纤维损伤[161]。此外，由于纳米复相陶瓷是在较低的温度下制备的，这样能有效地降低由于不同组分热膨胀失配而造成的残余应力。当然，这也可能是由于纳米复相陶瓷的超塑性形变有效地释放了应力[162]。

与传统陶瓷相比，纳米陶瓷具有更高的强度和硬度，使其在苛刻的环境下使用具有更好的可靠性。纳米陶瓷具有优良的抗磨损性能，可以作为耐磨部件的候选材料[147, 163]。室温超塑性是纳米陶瓷最具吸引力的潜在性能之一。纳米陶瓷的室温超塑性使其有可能像金属和高分子材料一样进行锻造、挤压、拉拔、弯曲等特种加工，不需磨削，直接制备成精密尺寸的零件。陶瓷的焊接通常需要高温和高压，而纳米陶瓷使不同组分陶瓷的焊接条件变得不再苛刻。不仅不同组分的纳米陶瓷易实现焊接，而且也可以使用纳米陶瓷去焊接不同组分的传统陶瓷。这是因为纳米陶瓷不仅具有塑性流变特性，而且具有更高的扩散速率。直接焊接两块亚微米晶3Y-TZP陶瓷温度高达1350℃，而用纳米Y-TZP陶瓷焊接两块亚微米晶3Y-TZP陶瓷的温度却只要1150℃。采用纳米Y-TZP陶瓷焊接的三明治结构不仅界面无裂纹，并且结合强度更高[164]。纳米陶瓷不仅具有良好的机械性能，同时也具有较好的可加工性。Kusunose等[165]通过研究发现，

纳米 Si_3N_4/BN 复相陶瓷的可加工性好于组分对应的微米 Si_3N_4 复相陶瓷。纳米 Si_3N_4/BN 复相陶瓷钻孔表面的粗糙度仅约为 2μm，而微米 Si_3N_4/BN 复相陶瓷钻孔表面的粗糙度却高达 4μm。由于同时具备低的热导率、高的抗热震性和优异的机械性能，所以纳米陶瓷可用作热绝缘材料。考虑到纳米陶瓷不仅具有良好的机械性能，同时具有较好的生物相容性，羟基磷灰石等具有生物活性的纳米陶瓷可以用作牙科或整形手术植入等[166]。

纳米陶瓷可能具有的低温超塑性、延展性和极高的断裂韧性，将使其成为兼具陶瓷和金属的优良特性(如高硬度、高强度、高韧性、耐高温、耐腐蚀、易加工、高生物活性等)的新型结构和功能材料，在航空、航天、机械、电子、信息、医疗等众多领域具有无限广阔的应用前景。

对纳米陶瓷制备、结构和性能的研究已经为开发这类新型材料奠定了坚实的基础。但是纳米陶瓷的研究在理论上尚不完备，在材料的制备经验上仍缺乏积累。因此到目前为止，纳米陶瓷在商业应用方面尚未取得突破性的进展，还存在不少科学理论和工艺技术问题有待解决。

(1) 如何控制纳米粉体的团聚和污染？要想获得组分均匀、颗粒细小、粒径分布窄、无团聚、比表面积大、无污染的纳米粉体依然十分困难。湿化学法虽然能够获得高质量的纳米粉体，但是为了减少纳米粉体的团聚，通常需要采用醇洗、冷冻干燥、超临界干燥等手段，从而大大提高了纳米粉体的制备成本，影响了其应用。因此，如何进一步研究纳米粉体制备过程中的形核、生长机制以及各种条件的影响，研究纳米粉体在湿化学制备过程中团聚体的形成机制和消除方法，寻求低成本制备大批量、高质量纳米粉体的途径，是纳米粉体获得广泛应用的前提。

(2) 如何获得相对密度较高且均匀的素坯？纳米粉体极细的颗粒和巨大的表面积给陶瓷素坯成型带来了极大的困难，传统成型方法制备的陶瓷素坯不仅相对密度低，而且还经常会出现分层、开裂等问题。因此，常采用新的成型工艺，如高压或超高压成型来实现。同时纳米粉体的湿法成型已经表现出传统干压成型所无法比拟的优点，今后很可能成为纳米陶瓷的主要成型方法之一。

(3) 如何控制烧结过程中的晶粒生长？放电等离子烧结技术能够快速升温，在较低的烧结温度和较短的保温时间下实现完全致密化并有效地抑制了晶粒长大。但是放电等离子烧结仅适用于某些特定的陶瓷体系，在很多材料中容易形成温度梯度，造成结构不均匀。此外，SPS 的烧结机理尚不清楚，只有弄清楚 SPS 的烧结机理才有可能调控实验参数，开发更多的纳米陶瓷体系。

(4) 纳米陶瓷优异的力学性能引起了人们的广泛关注。通常纳米陶瓷的硬度和强度会随着晶粒尺寸的减小而增大，但是当纳米陶瓷的晶粒尺寸小于某一临界尺度时会发生“软化”现象。虽然有个别解释纳米陶瓷力学性能的理论模型出现，但目前仍缺乏被大家公认的理论模型。此外，人们对纳米陶瓷的蠕变和疲劳特性缺少系统的研究，对纳米陶瓷显微结构与力学性能的内在关系缺乏深入的了解。

(5) 单相纳米陶瓷能够显著地提高硬度和强度，但是并不能提高材料的断裂韧性。纳米复相陶瓷通过引入增韧第二相，提高材料的断裂韧性而不会过分影响材料的硬度。然而，对纳米复相陶瓷的机械性能的理论研究仍只局限在少数几个体系中，如 Al_2O_3/SiC[167]和 Si_3N_4/SiC[168]。

(6) 纳米陶瓷具有优良的力学性能、热性能、可加工性和生物相容性，但是对纳米陶瓷抗磨损性和可加工性的研究仅限在少数体系中。为了确保纳米陶瓷能在抗磨损性和可加工性上取得广泛的商业应用，我们需要进行更为深入的研究。

(7) 由于受制备技术的限制，目前获得的纳米陶瓷均为小尺寸样品，我们需要优化工艺参数，开发新型的制备技术来研制大尺寸的纳米陶瓷。

纳米陶瓷和其他刚刚出现的新生事物一样，无论在理论研究还是在制备技术上都还远不成熟。但是纳米陶瓷作为一种新型的陶瓷材料，已经体现出传统陶瓷所无法比拟的优异性能，我们有理由相信纳米陶瓷的发展前景将无限光明。在陶瓷工艺的实践中，纳米陶瓷的思路已经被有意识地加以利用，人们并不一定在乎材料的晶粒尺寸是否达到纳米材料的量级，而更多地着眼于是否可以由此而获得更好的材料性能。材料研究工作者不能忘记材料本身的存在价值和它的使命。

参 考 文 献

[1] 高瑞平. 纳米材料和技术的研究及展望[J]. 材料导报，2001, 15(5): 6, 7.

[2] 严东生. 纳米材料的合成与制备[J]. 无机材料学报，1995，10(1): 1–6.

[3] 郭景坤，徐跃萍. 纳米陶瓷及其进展[J]. 硅酸盐学报， 1992，20(3): 286–291.

[4] 高濂，李蔚. 纳米陶瓷[M]. 北京：化学工业出版社，2002.

[5] 刘吉平，廖莉玲. 无机纳米材料[M]. 北京：科学出版社，2003.

[6] Gleiter H. Materials with ultrafine grain sizes. In: Hansen N, Leffers T, Lilholt H. Proceedings of Second Risoe International Symposium on Metallurgy and Materials Science. Riso National Laboratory, Roskilde, Denmark, 1981.

[7] Fujishima A, Honda K. Electronchemical photolysis of water at a semiconductor electrode[J]. Nature, 1972, 238(5358): 37, 38.

[8] 施利毅，等. 纳米材料[M]. 上海：华东理工大学出版社，2007.

[9] 曾令可，李秀艳. 纳米陶瓷技术[M]. 广州：华南理工大学出版社，2006.

[10] 张立德，牟季美. 纳米材料和纳米结构[M]. 北京：科学出版社，2001.

[11] 戴遐明，艾德生，李庆丰，等. 纳米陶瓷材料及其应用[M]. 北京：国防工业出版社, 2005.

[12] Gleiter H. Nanostructured materials: basic concepts and microstructure[J]. Acta Mater., 2000, 48(1): 1–29.

[13] Karch J, Birringer R, Gleiter H. Ceramics ductile at low temperature [J]. Nature, 1987, 330(6148): 556–558.

[14] Cahn R W. Materials science– Nnaostructured materials[J]. Nature, 1990, 348 (6300): 389, 390.

[15] Kumar K S, Swygenhoven H V, Suresh S. Mechanical behavior of nanocrystalline metals and alloys[J]. Acta Mater., 2003, 51(19): 5743–5774.

[16] 郭景坤，冯楚德. 纳米陶瓷的最近进展[J]. 材料研究学报， 1995, 9(5): 412–419.

[17] 张志锟，崔作林. 纳米技术与纳米材料[M]. 北京：国防工业出版社，2000.

[18] 田明原，施尔畏，郭景坤.纳米陶瓷与纳米陶瓷粉末[J]. 无机材料学报, 1998, 13(2): 129–137.

[19] Ohji T, Nakahira A, Hirano T, et al. Tensile creep behavior of alumina/silicon carbide nanocomposite[J]. J. Am. Ceram. Soc., 1994, 77(12): 3259–3262.

[20] Nieh T G, Wadsworth J. Superplastic behavior of a fine-grained yttria-stabilized tetragonal zirconia polycrystal (Y-TZP)[J]. Acta Metall. Mater., 1990, 38(6): 1121–1133.

[21] Kim B N, Hiraga K, Morita K, et al. A high-strain-rate super-plastic ceramic[J]. Nature, 2001, 413(6853): 288–291.

[22] Mukhopadhyay A, Basu B. Consolidation-microstructure-property relationships in bulk nanoceramics and ceramic nanocomposites: a review[J]. Int. Mater. Rev., 2007, 52(5): 257–288.

[23] 李承恩，薛军民，殷之文,等. 功能陶瓷粉体制备液相包裹技术的理论基础与应用[M]. 上海: 上海科学普及出版社，1997.

[24] 施利毅，李春忠，古宏晨，等. 高温气相反应合成金红石型纳米 TiO_2 颗粒的研究[J]. 金属学报, 2000, 36(3): 295–299.

[25] 施利毅，李春忠，房鼎业，等. 高温气相合成纳米 TiO_2-Al_2O_3 复合颗粒的形态[J]. 无机化学学报， 2000, 16(4): 683–687.

[26] Iijima S. Helical microtubules of graphitic carbon[J]. Nature, 1991, 354(6348): 56-58.

[27] Siegel R W, Ramasamy S, Hahn H, et al. Synthesis, characterization, and properties of nanophase TiO_2[J]. J.Mater.Res.,1988, 3(6): 1367–1372.

[28] Wan J, Duan R G, Mukherjee A K. Spark plasma sintering of silicon nitride/silicon carbide nanocomposites with reduced additive amounts[J]. Scripta Mater., 2005, 53(6): 663–667.

[29] 郑国梁, 邢阳川, 戴学刚, 等. 等离子体法合成碳化硅超细粉末及其烧结性能[G]. In: 国家高技术新材料领域专家委员会. 先进材料进展.北京：科学出版社，1995：191–199.

[30] 闫志巾，白利锋，魏智强，等. 约束弧等离子体制备 NiO 纳米粉体的研究[J]. 稀有金属材料与工程, 2007, 36(S3): 484–487.

[31] 朱新河，严立，徐久军. 常压非平衡等离子体辅助 TiO_2 纳米粉的制备[J]. 大连海事大学学报，2003, 29(2): 78–81.

[32] 李江，潘裕柏，宁金威，等. 纳米晶添加氧化铝陶瓷的低温烧结研究[J]. 无机材料学报, 2003, 18(6): 1192–1198.

[33] Li J, Pan Y B, Qiu F G, et al. Alumina ceramics fabricated from bimodal alumina with additives[J]. Mater. Sci. Eng. A, 2006, 435, 436: 611–619.

[34] 李江，潘裕柏，宁金威，等. 纳米 α-Al_2O_3 籽晶对 Al_2O_3 晶型转变的影响[J]. 无机材料学报, 2004, 19(6): 1293–1297.

[35] Li J, Wu Y S, Pan Y B, et al. Influence of fluorides on phase transition of α-Al_2O_3 formation[J]. Ceram., Int., 2007, 33(6): 919–923.

[36] 李强，高濂，栾伟玲，等. 纳米 ZnO 制备工艺中 ζ 电位与分散性的关系[J]. 无机材料学报，

1999，14(5): 813–817.

[37] 李江，潘裕柏，张俊计，等. 共沉淀法制备钇铝石榴石(YAG)纳米粉体[J]. 硅酸盐学报, 2003, 31(5): 490–493.

[38] 靳喜海，高濂，郭景坤. 溶胶–凝胶法制备莫来石粉体[J]. 无机材料学报，2001，16(3): 555–558.

[39] 李景国，高濂，郭景坤. 原位氮化法制备 TiN-Al_2O_3 复合粉体[J]. 无机材料学报，2002, 17(3): 437–442.

[40] 张绍岩，丁士文，刘淑娟，等. 均相沉淀法合成纳米 ZnO 及其光催化性能研究[J]. 化学学报，2002, 60(7): 1225–1229.

[41] Wu Y S, Li J, Pan Y B. Synthesis of nano-sized $Yb_3Al_5O_{12}$ powders by a urea co-precipitation method[J]. Ceram. Int., 2009, 35(1): 25–27.

[42] 栾伟玲，高濂，郭景坤. pH 值对 $BaTiO_3$ 纳米粉体性能的影响[J]. 无机材料学报，1999，14(2): 287–290.

[43] Wang C C, Ying J Y. Sol-gel synthesis and hydrothermal processing of anatase and rutile titania nanocrystals[J]. Chem. Mater., 1999, 11(11): 3113–3120.

[44] Li J, Pan Y B, Xiang C S, et al. Low temperature synthesis of ultrafine alpha-Al_2O_3 powder by a simple aqueous sol-gel process[J]. Ceram. Int., 2006, 32(5): 587–591.

[45] Li J, Pan Y B, Qiu F Q, et al. Synthesis of nanosized Nd : YAG powders via gel combustion[J]. Ceram. Int., 2007, 33(6): 1047–1052.

[46] Li J, Wu Y S, Pan Y B, et al. Agglomeration of α-Al_2O_3 powders prepared by gel combustion[J]. Ceram. Int., 2008, 34(6): 1539–1542.

[47] Li J, Pan Y B, Qiu F Q, et al. Nanostructured Nd:YAG powders via gel combustion: The influence of citrate-to-nitrate ratio[J]. Ceram. Int., 2008, 34(1): 141–149.

[48] Boutonnet M, Kizling J, Stenius P, et al. The preparation of monodisperse colloidal metal particles from microemulsions[J]. Collid. Surf., 1982, 5(3): 209–225.

[49] Gao L, Qiao H C, Qiu H B, et al. Preparation of ultrafine zirconia powder by emulsion method[J]. J. Eur. Ceram. Soc., 1996, 16(4): 437–440.

[50] Zhang J, Ju X, Wu Z Y, et al. Structural characteristics of cerium oxide nanocrystals prepared by the microemulsion method[J]. Chem. Mater., 2001, 13(11): 4192–4197.

[51] 施尔畏，夏长泰，王步国，等. 水热法的应用与发展[J]. 无机材料学报，1996, 11(2): 193–206.

[52] Zhang Q H, Gao L. Preparation of oxide nanocrystals with tunable morphologies by the moderate hydrothermal method: insights from rutile TiO_2[J]. Langumuir, 2003, 19(3): 967– 971.

[53] Rockenberger J, Scher E C, Alivisatos A P. A new nonhydrolytic single-precursor approach to surfactant-capped nanocrystals of transition metal oxides[J]. J. Am. Chem. Soc., 1999, 121(49): 11595, 11596.

[54] Ghosh M, Biswas K, Sundaresan A, et al. MnO and NiO nanoparticles: Synthesis and magnetic properties[J]. J. Mater. Chem., 2006, 16(1): 106–111.

[55] Biswas K, Rao C N R. Metallic ReO_3 nanoparticles[J]. J. Phys. Chem. B, 2006, 110(2): 842–845.

[56] Xie Y, Qian Y T, Wang W Z, et al. A benzene-thermal synthetic route to nanocrystalline GaN[J]. Science, 1996, 272(5270): 1926, 1927.

[57] Qian Y T. Solvothermal synthesis of nanocrystalline III-V semiconductors[J]. Adv. Mater., 1999, 11(13): 1101, 1102.

[58] Gautam U K, Seshadri R, Rao C N R. A solvothermal route to CdS nanocrystals[J]. Chem. Phys.

Lett., 2003, 375(5, 6): 560–564.

[59] 徐如人，庞文琴. 无机合成与制备化学[M].北京：高等教育出版社，2001.

[60] Li Y S, Shi J L, Hua Z L, et al. Hollow spheres of mesoporous aluminosilicate with a there-dimensional pore network and extraordinarily high hydrothermal stability[J]. Nano Lett., 2003, 3(5): 609–612.

[61] Zhao W R, Gu J L, Zhang L X, et al. Fabrication of uniform magnetic nanocomposite spheres with a magnetic core/mesoporous silica shell structure[J] J. Am. Chem. Soc., 2005, 127(25): 8916, 8917.

[62] Li L, Shi J L, Zhang L X, et al. A novel and simple in-situ reduction route for the synthesis of an ultra-thin metal nanocoating in the channels of mesoporous silica materials[J]. Adv. Mater., 2004, 16(13): 1079–1082.

[63] Gu J L, Shi J L, You G J, et al. Incorporation of highly dispersed gold nanoparticles into the pore channels of mesoporous silica thin films and their ultrafast nonlinear optical response[J]. Adv. Mater., 2005, 17(5): 557–560.

[64] Zhu Y F, Shi J L, Shen W W, et al. Stimuli-responsive controlled drug release from a hollow mesoporous silica sphere/polyelectrolyte multilayer core–shell structure[J]. Angew. Chem. Int. Ed., 2005, 44: 5083–5087.

[65] Chen H R, Shi J L, Li Y S, et al. A new method for the synthesis of highly dispersive and catalytically active platinum nanoparticles confined in mesoporous zirconia[J]. Adv.Mater., 2003, 15(13): 1078–1081.

[66] Chen H R, Gu J L, Shi J L, et al. A composite surfactant route for the synthesis of thermally stable and hierarchically porous zirconia with a nanocrystallized framework[J]. Adv. Mater., 2005, 17(16): 2010–2014.

[67] Duan R G, Zhan G D, Kuntz J D, et al. Processing and microstructure of high-pressure consolidated ceramic nanocomposites[J]. Scripta Mater., 2004, 51(12): 1135–1139.

[68] Zhang D L, Liang J, Wu J. Processing Ti_3Al-SiC nanocomposites using high energy mechanical milling[J]. Mater. Sci. Eng. A, 2004, A375-A377(Sp. Iss. SI): 911–916.

[69] Kim Y D, Oh S T, Min K H, et al. Synthesis of Cu dispersed Al_2O_3 nanocomposites by high energy ball milling and pulse electric current sintering[J]. Scripta Mater., 2001, 44(2): 293–297.

[70] 徐跃萍，郭景坤，黄校先，等. 无团聚 ZrO_2-Y_2O_3 陶瓷超细粉的制备及微观结构表征[J]. 硅酸盐学报， 1991，19(3)：269–273.

[71] Gao L, Wang H Z, Hong J S, et al. Fabrication and mechanical properties of nano-SiC-oxide composites[J]. Key Eng. Mater., 1999, 161-163: 401–406.

[72] 施剑林，高建华，林祖纕. 共沉淀喷雾干燥法制备 YSZ 粉料及其对烧结密度的影响[J]. 硅酸盐学报, 1989, 17(5): 417–423.

[73] 施剑林，来亭荣，李包顺，等. Y-TZP 陶瓷材料超塑性的初步研究[J]. 科学通报，1992，16: 1522–1524.

[74] 施剑林，林祖纕，严东生. 纳米级 ZrO_2 粉料的表征[J]. 硅酸盐学报, 1993, 21(3): 221–228.

[75] 李蔚，王宏志，高濂，等. 醇–水溶液加热法制备纳米 ZrO_2 粉体的烧结行为[J]. 硅酸盐学报, 2000, 28(1): 57–60.

[76] Rhodes W H. Agglomerate and particle size effects on sintering yttria- stablized zirconia[J]. J. Am. Ceram. Soc., 1981, 64(1): 19–22.

[77] Skandan G. Processing of nanostructured zirconia ceramics[J]. Nanostract Mater., 1995, 5(2):

111–126.

[78] Wagner W, Averback R S, Hahn H, et al. Sintering characteristics of nanocrystalline TiO_2 – A study combining small angle neutron scattering and nitrogen absorption–BET[J]. J. Mater. Res.,1991, 6(10): 2193–2198.

[79] Gao L, Li W, Wang H Z, et al. Fabrication of nano Y-TZP materials by superhigh pressure compaction[J]. J. Eur. Ceram. Soc., 2001, 21(2): 135–138.

[80] Ivanov V, Kotov Y A, Samatov O H, et al. Synthesis and dynamic compaction of ceramic nano powders by techniques based on electric pulsed power[J]. Nanostruct. Mater., 1995, 6(1-4): 287–290.

[81] 李蔚，高濂，久米秀树，等. 橡胶等静压成型纳米 ZrO_2(3Y)粉素坯[J]. 无机材料学报, 2002, 17(6): 1297–1300.

[82] Hahn H, Logas J, Averback R S. Sintering characteristics of nanocrystalline TiO_2[J]. J. Mater. Res., 1990, 5(3): 609–614.

[83] Rhodes W H. Agglomerate and particle-size effects on sintering yttria-stabilized zirconia[J]. J. Am. Ceram. Soc., 1981, 64(1): 19–22.

[84] Mayo M J. Processing of nanocrystalline ceramics from ultrafine particles[J]. Int. Mater. Rev., 1996, 41(3): 85–115.

[85] Kumar K N P, Keizer K, Burggraaf A J, et al. Densification of nanostructured titania assisted by a phase transformation[J]. Nature, 1992, 358(6381): 48–51.

[86] 谢志鹏，黄勇. 凝胶铸技术在陶瓷成型应用中的新发展[J]. 陶瓷学报，2001, 22(3): 142–146.

[87] Sun J, Gao L, Guo J K, et al. Gelcasting of nano-sized Y-TZP [J]. Acta Metall. Sinica., 1996, 9(6): 489–492.

[88] Miller K T, Zukoski C F. Osmotic consolidation of suspensions and gels[J]. J. Am. Ceram. Soc., 1994, 77(9): 2473–2478.

[89] Kingery W D, Berg M. Study of the initial stages of sintering solids by viscous flow, evaporation-condensation, and self-diffusion[J]. J. Appl. Phys., 1955, 26(10): 1205–1212.

[90] Coble R L. Initial sintering of alumina and hematite[J]. J. Am. Ceram. Soc., 1958, 41(2): 55–62.

[91] 师昌绪，李恒德，周廉. 材料科学与工程手册(下卷)[M].北京：化学工业出版社，2003.

[92] 施剑林. 固相烧结—I 气孔显微结构模型及其热力学稳定性,致密化方程[J]. 硅酸盐学报，1997, 25(5): 499–513.

[93] 施剑林. 固相烧结—II 粗化与致密化关系及物质传输途径[J]. 硅酸盐学报，1997, 25 (6): 657–668.

[94] Mayo M J, Hague D C, Chen D J. Processing nanocrystalline ceramics for applications in superplasticity[J]. Mater. Sci. Eng. A, 1993, 166: 145–159.

[95] Risbud S H, Shan C H, Mukherjee A K, et al. Retention of nanostructure in aluminum oxide by very rapid sintering at 1150°C[J]. J. Mater. Res., 1995, 10(2): 237–239.

[96] Maca K, Trunec M, Dobsak P. Bulk zirconia nanoceramics prepared by cold isostatic pressing and pressureless sintering[J]. Rev. Adv. Mater. Sci., 2005, 10(1): 84–88.

[97] Hynes A P, Doremus R H, Siegel R W. Sintering and characterization of nanophase zinc oxide[J]. J. Am. Ceram. Soc., 2002, 85(8): 1979–1987.

[98] Chen I W, Wang X H. Sintering dense nanocrystalline ceramics without final-stage grain growth[J]. Nature, 2000, 404(6774): 168–171.

[99] Wang X H, Chen P L, Chen I W. Two-step sintering of ceramics with constant grain-size, I. Y_2O_3[J]. J. Am. Ceram. Soc., 2006, 89(2): 431–437.
[100] Wang X H, Deng X Y, Bai H L, et al. Two-step sintering of ceramics with constant grain-size, II: $BaTiO_3$ and Ni-Cu-Zn ferrite[J]. J. Am. Ceram. Soc., 2006, 89(2): 438–443.
[101] Hynes A P, Doremus R H, Siegel R W. Sintering and characterization of nanophase zinc oxide[J]. J. Am. Ceram. Soc., 2002, 85(8): 1979–1987.
[102] Gonzalez E J, Hockey B, Piermarini G J. High pressure compaction and sintering of nano-size gamma-Al_2O_3 powder[J]. Mater. Manuf. Processes, 1996, 11(6): 951–967.
[103] Gallas M R, Hockey B, Pechenic A, et al. Fabrication of transparent gamma-Al_2O_3 from nanosize particles[J]. J. Am. Ceram. Soc., 1994, 77(8): 2107–2112.
[104] Kumar K N P, Keizer K, Burggraaf A J, et al. Densification of nanostructured titania assisted by a phase transformation[J]. Nature, 1992, 358(6381): 48–51.
[105] Betz U, Sturm A, Löeffler J F, et al. Microstructural development during final-stage sintering of nanostructured zirconia based ceramics[J]. Mater. Sci. Eng. A, 2000, 281(1, 2): 68–74.
[106] Ehre D, Gutmanas E Y, Chaim R. Densification of nanocrystalline MgO ceramics by hot-pressing[J]. J. Eur. Ceram. Soc., 2005, 25(16): 3579–3585.
[107] Sciti D, Vicens J, Herlin N, et al. SiC nano-materials produced through liquid phase sintering: processing and properties[J]. J. Ceram. Process. Res., 2004, 5(1): 40–47.
[108] Liao S C, Pae K D, Mayo W E. High pressure and low temperature sintering of bulk nanocrystalline TiO_2[J]. Mater. Sci. Eng. A, 1995, 204(1, 2): 152–159.
[109] Liao S C, Pae K D, Mayo W E. Retention of nanoscale grain size in bulk sintered materials via a pressure-induced phase transformation[J]. Nanostruct. Mater., 1997, 8(6): 645–656.
[110] Liao S C, Mayo W E, Pae K D. Theory of high pressure low temperature sintering of bulk nanocrystalline TiO_2[J]. Acta Mater., 1997, 45(10): 4027–4040.
[111] Kear B H, Colaizzi J, Mayo W E, et al. On the processing of nanocrystalline and nanocomposite ceramics[J]. Scripta Mater., 2001, 44(8, 9): 2065–2068.
[112] Mitomo M, Kim Y W, Hirotsuru H. Fabrication of silicon carbide nanoceramics[J]. J. Mater. Res., 1996, 11(7): 1601–1604.
[113] Bhaduri S, Bhaduri S B, Zhou E. Auto ignition synthesis and consolidation of Al_2O_3-ZrO_2 nano/nano composite powders[J]. J. Mater. Res., 1998, 13(1): 156–165.
[114] 高濂，宫本大树. 高温等静压烧结 Al_2O_3-ZrO_2 纳米陶瓷[J]. 无机材料学报. 1999, 14(3): 495–498.
[115] Dong S M, Jiang D L, Tan S H, et al. Preparation and characterization of nano-structured monolithic SiC and Si3N4/SiC composite by hot isostatic pressing[J]. J. Mater. Sci. Lett., 1997, 16(13): 1080–1083.
[116] Hareesh U N S, Sternitzke M, Janssen R, et al. Processing and properties of sol–gel-derived alumina/silicon carbide nanocomposites[J]. J. Am. Ceram. Soc., 2004, 87(6): 1024–1030.
[117] Averback R S, Hofler H J, Tao R. Processing of nano-grained materials[J]. Mater. Sci. Eng. A, 1993, 166(1, 2): 169–177.
[118] Wetzel K, Rizecker G, Kaiser G, et al. Preparation of dense nanocrystalline silicon carbide ceramics by Sinter forging in the presence of a liquid phase[J]. Adv. Eng. Mater., 2005, 7(6): 520–524.
[119] Gao L, Wang H Z, Hong J S, et al. Fabrication and mechanical properties of nano-SiC-oxide

composites[J]. Key Eng. Mater., 1999, 2: 401–406.

[120] Chaim R, Shen Z J, Nygren M. Transparent nanocrystalline MgO by rapid and low-temperature spark plasma sintering[J]. J. Mater. Res., 2004, 19(9): 2527–2531.

[121] Guo X Y, Xiao P, Liu J, et al. Fabrication of nanostructured hydroxyapatite via hydrothermal synthesis and spark plasma sintering[J]. J. Am. Ceram. Soc., 2005, 88(4): 1026–1029.

[122] Yamamoto T, Kitaura H, Kodera Y, et al. Consolidation of nanostructured beta-SiC by spark plasma sintering[J]. J. Am. Ceram. Soc., 2004, 87(8): 1436–1441.

[123] Xu X, Nishiimura T, Hirosaki N, et al. New strategies for preparing NanoSized silicon nitride ceramics[J]. J. Am. Ceram. Soc., 2005, 88(4): 934–937.

[124] Xu X, Nishiimura T, Hirosaki N, et al. Superplastic deformation of nano-sized silicon nitride ceramics[J]. Acta Mater., 2006, 54(1): 255–262.

[125] Xu X, Nishiimura T, Hirosaki N, et al. Effect of sintering additives on superplastic deformation of nano-sized beta-silicon nitride ceramics[J]. J. Am. Ceram. Soc., 2006, 89(5): 1745–1747.

[126] Xu X, Nishimura T, Hirosaki N, et al. Superplastic deformation of nano-size Si_3N_4 ceramics with different amounts of sintering additives[J]. Scripta Mater., 2006, 55(3): 215–217.

[127] Wan J, Gasch M J, Mukherjee A K. Silicon nitride-silicon carbide nancocomposites fabricated by electric-field-assisted sintering[J]. J. Am. Ceram. Soc., 2003, 86(3): 526–528.

[128] 王士维，陈立东，平井敏雄，等. 脉冲电流烧结技术的研究进展[J]. 材料导报，2000, 14(10): 355–357.

[129] Vanmeensel K, Laptev A, Hennicke J, et al. Modelling of the temperature distribution during field assisted sintering[J]. Acta Mater., 2005, 53(16): 4379–4388.

[130] Kim H C, Shon I J, Yoon J K, et al. Fabrication of WC-8wt.%Co hard materials by two rapid sintering processes[J]. Int. J. Refract. Met. Hard Mater., 2007, 25(4): 336–340.

[131] Anselmi-Tamburini U, Gennari S, Garay J E, et al. Fundamental investigations on the spark plasma sintering/synthesis process - II. Modeling of current and temperature distributions[J]. Mater. Sci. Eng. A, 2005, 394(1-2): 139–148.

[132] Wang S W, Chen L D, Hirai T, et al. Microstructure inhomogeneity in Al_2O_3 sintered bodies formed during the plasma-activated sintering process[J]. J. Mater. Sci. Lett., 1999, 18(14): 1119–1121.

[133] Birnboim A, Carmel Y. Simulation of microwave sintering of ceramic bodies with complex geometry[J]. J. Am. Ceram. Soc., 1999, 82(11): 3024–3030.

[134] Vijayan S, Varma H. Microwave sintering of nanosized hydroxyapatite powder compacts[J]. Mater. Lett., 2002, 56(5): 827–831.

[135] Oh S T, Tajima K I, Ando M, et al. Fabrication of porous Al_2O_3 by microwave sintering and its properties[J]. Mater. Lett., 2001, 48(3, 4): 215–218.

[136] Xie Z P, Wang C G, Fan X D, et al. Microwave processing and properties of Ce–Y–ZrO_2 ceramics with 2.45 GHz irradiation[J]. Mater. Lett., 1999, 38(3): 190–196.

[137] 蔡杰，田永赉，黄校先，等. 氧化铝陶瓷微波焊接及其加热特性研究[J]. 硅酸盐学报，1993, 21(4): 339–344.

[138] Guicciardi S, Balbo A, Sciti D, et al. Nanoindentation characterization of SiC-based ceramics[J]. J. Eur. Ceram. Soc., 2007, 27: 1399–1404.

[139] Ovidko I A. Deformation and diffusion modes in nanocrystalline materials[J]. Int. Mater. Rev., 2005,

50(2): 64–82.

[140] Rice R W. Effect of hot extrusion, other constituents, and temperature on the strength and fracture of polycrystalline MgO[J]. J. Am. Ceram. Soc., 1993, 76(12): 3009–3018.

[141] Rice R W, Frieman S W, Becher P F. Grain-size dependence of fracture energy in ceramics. 1. Experiment[J]. J. Am. Ceram. Soc., 1981, 64(6): 345–350.

[142] Mishra R S, Leshier C E, Mukherjee A K. High-pressure sintering of nanocrystalline gamma-Al_2O_3[J]. J. Am. Ceram. Soc., 1996, 79(11): 2989–2992.

[143] Galusek D, Sedlacek J, Svancarek P, et al. The influence of post-sintering HIP on the microstructure, hardness, and indentation fracture toughness of polymer-derived Al_2O_3-SiC nanocomposites[J]. J. Eur. Ceram. Soc., 2007, 27(2, 3): 1237–1245.

[144] Ohji T, Jeong Y K, Choa Y H, et al. Strengthening and toughening mechanisms of ceramic nanocomposites[J]. J. Am. Ceram. Soc., 1998, 81(6): 1453–1460.

[145] Wang X T, Padture N P, Tanaka H, et al. Wear-resistant ultra-fine-grained ceramics[J]. Acta Mater., 2005, 53(2): 271–277.

[146] Chen H J, Rrinforth W N, Lee W E. The wear behaviour of Al_2O_3-SiC ceramic nanocomposites[J]. Scripta Mater., 2000, 42(6): 555–560.

[147] Oritz-Mmrino J L, Todd R I. Relationship between wear rate, surface pullout and microstructure during abrasive wear of alumina and alumina/SiC nanocomposites[J]. Acta Mater., 2005, 53(12): 3345–3357.

[148] Betz U, Scirione G, Bonetti E, et al. Low-temperature deformation behavior of nanocrystalline 5 mol% yttria stabilized zirconia under tensile stresses[J]. Nanostruct. Mater., 1997, 8(7): 845–853.

[149] Hahn H, Averback R S. Low-temperature creep of nanocrystalline titanium(IV) oxide[J]. J. Am. Ceram. Soc., 1991, 74(11): 2918–2921.

[150] Mayo M J. Superplasticity in advanced materials. In: Hori S, Tokizane M, Furushiro N. Japan Society for Research on Superplasticity. Osaka: 1991: 541.

[151] 郑冶沙，严东生，高濂. 氧化锆纳米陶瓷室温微区循环超塑性的研究[J]. 无机材料学报，1995，10(4): 411–416.

[152] Shi J L, Zhu G Q, Gao J H, et al. Biaxial stretching of superplastic Y-TZP, Y-TZP/Al_2O_3 and Y-TZP/LAS glass composites in air atmosphere[J]. J. Mater. Res., 1998, 13(8): 2224–2230.

[153] Vaben R, Stover D. Processing and properties of nanophase ceramics[J]. J. Mater. Process. Technol., 1999, 92, 93: 77–84.

[154] Hirano T, Niihara K. Thermal shock resistance of Si_3N_4/SiC nanocomposites fabricated from amorphous Si-C-N precursor powders[J]. Mater. Lett., 1996, 26(6): 285–289.

[155] Zhai C S, Wang J, Li F, et al. Thermal shock properties and failure mechanism of plasma sprayed Al_2O_3/TiO_2 nanocomposite coatings[J]. Ceram. Int., 2005, 31(6): 817–824.

[156] Sarkar D, Adak S, Chu M C, et al. Influence of ZrO_2 on the thermo-mechanical response of nano-ZTA[J]. Ceram. Int., 2007, 33(2): 255–261.

[157] Vaβen R, Stöver D. Processing and properties of nanophase non-oxide ceramics[J]. Mater. Sci. Eng. A, 2001, 301(1): 59–68.

[158] Apetz R, Van Bruggen m P B. Transparent alumina: A light scattering model[J]. J. Am. Ceram. Soc., 2003, 86(3): 480–486.

[159] Li W, Gao L. Fabrication of HAp-ZrO_2 (3Y) nano-composite by SPS[J]. Biomaterials, 2003, 24(6):

937–940.

[160] Nakayama T, Kim B S, Kondo H, et al. Fabrication of MgO based nanocomposites with multifunctionality[J]. J. Eur. Ceram. Soc., 2004, 24(2): 259–264.

[161] Bose S. Application of nanocrystalline materials as matrices of composites: processing and performance advantages[J]. Mater. Sci. Eng. A, 1995, 196(1, 2): 105–109.

[162] Mayo M J. Synthesis and applications of nanocrystalline ceramics[J]. Mater. Des., 1993, 14(6):323–329.

[163] Tenkateswaran T, Sarkar D, Basu B. Tribological properties of WC-ZrO_2 nanocomposites[J]. J. Am. Ceram. Soc., 2005, 88(3): 691–697.

[164] Gutierrez-Mora F, Dominguez-Rodriguez A, Routbort J L, et al. Joining of yttria-tetragonal stabilized zirconia polycrystals using nanocrystals[J]. Scripta Mater., 1999, 41(5): 455–460.

[165] Kusunose T, Sekino T, Choa Y H, et al. Machinability of silicon nitride/boron nitride nanocomposites[J]. J. Am. Ceram. Soc., 2002, 85(11): 2689–2695.

[166] Webster T J, Siegel R W, Bizios R. Nanoceramic surface roughness enhances osteoblast and osteoclast functions for improved orthopaedic/dental implant efficacy[J]. Scripta Mater., 2001, 44(8, 9): 1639–1642.

[167] Galusek D, Sedlacek J, Svancarek P, et al. The influence of post-sintering HIP on the microstructure, hardness, and indentation fracture toughness of polymer-derived Al_2O_3-SiC nanocomposites[J]. J. Eur. Ceram. Soc., 2007, 27(2, 3): 1237–1245.

[168] Sternitzke M. Structural ceramic nanocomposites[J]. J. Eur. Ceram. Soc., 1997, 17(9): 1061–1082.

第9章 透明陶瓷

9.1 简　　述

透明陶瓷是一种新出现的材料，最初的研究是针对热寻的导弹、高压钠灯和战斗机的窗口等应用的需求。1962年，美国GE公司的Coble[1,2]首次成功制备了半透明氧化铝陶瓷(Lucalox)，开辟了陶瓷材料新的应用领域。这种氧化铝陶瓷具有高透光率、高强度和抗碱金属腐蚀能力强等特征，用于制作机场、街道照明用的高压钠灯电弧管。自此以后，世界上很多研究机构和生产单位都致力于新型透明陶瓷的研制与开发，陆续被制备出来的透明陶瓷包括 MgO[3–5]、Y_2O_3[6]、$MgAl_2O_4$[7]、PLZT[8]、AlON[9]、SiAlON[10]、AlN[11]、YAG[12]等。透明陶瓷一方面具有良好的透光性，另一方面又具有结构陶瓷的高强度、高硬度、耐腐蚀、耐高温等性能。因此，透明陶瓷适合作窗口和透镜材料，如具有比玻璃更高的强度和硬度，且重量轻的镁铝尖晶石($MgAl_2O_4$)和氮氧化铝(AlON)等透明陶瓷材料已在军用车辆、飞机和导弹的前视窗口、条形码扫描仪窗口和抗划痕透镜等方面得到应用。更重要的是，透明陶瓷的功能化应用受到了人们的高度重视，如作为固体激光器的增益介质[13]、X射线荧光体和闪烁材料[14,15]以及上转换发光材料[16]。接下来我们将从激光陶瓷、闪烁陶瓷、上转换发光材料和窗口材料等四个方面来重点介绍透明陶瓷。

9.2 激光陶瓷

9.2.1 透明陶瓷作为激光增益介质的可能性[17]

激光透明陶瓷是结构功能一体化的突出体现和成功范例。早在20世纪60年代，材料科学家已经提出达到理论密度的、等轴的、高纯的陶瓷具有与单晶相同的光学性质，这在理论上证实了透明陶瓷作为激光工作物质的可能性。理想的陶瓷激光工作物质是高纯的、组分均匀的、立方等轴的单相材料，具有高的热导率，在激光工作波长范围内有高的透明性(低的光学损耗)。减少陶瓷中的气孔、第二相、晶界相和晶格缺陷等散射中心是制备激光陶瓷工作物质的关键。随着透明陶瓷技术的发展，特别是高纯、高烧结活性陶瓷粉体的制备技术和热压烧结、热等静压烧结、氢气氛烧结、真空烧结等烧结技术的发展使制备低光学散射损耗的透明陶瓷成为可能。

9.2.2 激光陶瓷的发展历史

1966 年，Carnall 等[18]采用真空热压烧结技术制备了光学透明的 Dy:CaF_2 陶瓷，并且在液氮温度下实现了激光振荡，其激光阈值与单晶相似，这是世界上的一台陶瓷固体激光器。1972 年，Anderson 等[19]首次报道了采用冷等静压工艺所制备的 Nd:Yttralox 透明陶瓷(Yttralox 为 GE 公司开发的透明 Y_2O_3 陶瓷的商品名称，以 ThO_2 为烧结助剂)激光输出。随后的两年中，Greskovich 和 Chernoch[20,21]用传统的陶瓷烧结方法制备了更高质量的 Nd:Y_2O_3-ThO_2 透明陶瓷，并用闪光灯泵浦实现了激光振荡，其激光阈值和斜率效率与当时商业水平的钕玻璃大致相当。在此后的十年间，激光透明陶瓷的研究陷入低谷，一方面，是受当时工艺水平的限制，导致了透明陶瓷的光学质量没有根本性突破；另一方面，当时半导体激光器的发展尚不成熟，在闪光灯泵浦下透明陶瓷的优点不能充分发挥[22]。但是材料科学界并没有停止 YAG 激光陶瓷研制的步伐。1984 年，De With 等[23]采用 SiO_2 和 MgO 为烧结助剂，制备出相对密度接近 100%的透明 YAG 陶瓷；1990 年，Sekita 等[24]报道了采用均相沉淀法所制备的 Nd:YAG 透明陶瓷的光谱性能，研究表明其光谱性能与 Czochralski 法和浮区法所生长的 Nd:YAG 单晶类似，然而其吸收系数却高达 2.5~3.0 cm^{-1}；1991 年，Sekita 等[25]又报道了不掺杂和稀土离子掺杂(Pr^{3+}、Nd^{3+}、Eu^{3+}、Er^{3+}) YAG 透明陶瓷的光谱特性，其中 Nd:YAG 透明陶瓷的吸收系数从 1.7 cm^{-1} 下降到了 0.25 cm^{-1}。该期间制备的 Nd:YAG 透明陶瓷样品中，缺陷浓度高(特别是微气孔)，在短波区有很强的散射损耗，即便在激光振荡区(1064nm 处)有很高的透过率，也未能实现激光输出。因为 Nd:YAG 透明陶瓷在短波区的透过率不高，光吸收系数较大，亦即存在一定浓度的光散射中心，导致光学谐振腔损耗增加，并使各模式相互耦合产生新的本征模式，从而提高激光振荡阈值、降低斜率效率，以及增加光束的发散度[26,27]。

到了 20 世纪 90 年代，半导体工业取得了突飞猛进的发展，大功率的近红外半导体激光器逐渐商业化，在性能大幅提高的同时，价格急剧下降，从而极大地推动了半导体激光器泵浦固体激光的研究。在 LD 泵浦条件下，透明陶瓷掺杂浓度高、可制备大尺寸等优点才可以更加充分地表现出来。同时高质量的透明陶瓷制备技术也出现了实质性的突破。

1995 年，Ikesue 等[28]采用固相法结合真空烧结技术制备出了高质量的 Nd:YAG 透明陶瓷，并研制出世界上第一台 Nd:YAG 陶瓷激光器。随后，Ikesue 等[29–31]系统地研究了钕离子浓度对 Nd:YAG 透明陶瓷光学性能的影响、Nd:YAG 激光透明陶瓷中的散射中心以及 Nd:YAG 透明陶瓷中气孔体积对激光性能的影响。

1999 年，日本神岛化学公司 Yanagitani 的研究小组[32–34]采用纳米技术和真空烧结方法制备了高质量的 Nd:YAG 透明陶瓷，其吸收、发射和荧光寿命等光学特性与单晶几乎一致。2000 年，神岛化学公司和日本电气通信大学 Ueda 研究小组一起首次用这种方法实现了高效激光输出[35]。基于这一技术，日本的神岛化学公司、日本电气通信大学、俄罗斯科学院的晶体研究所等联合开发出一系列二极管泵浦的高功率和高效率固体激光器，激光输出功率从 31W 提高到 72 W、88 W 和 1.46 kW，光-光转化效率从 14.5%提高到 28.8%、30% 和 42%[36,37]。2005 年底，美国达信公司(Textron Inc.)的研究人员研制的 Nd:YAG 陶瓷激光器获得了 5 kW 的功率输出，持续工作时间为10s[38]。2006 年底，美国利弗莫尔国家实验室的固态热容激光器采用日本神岛化学公司提供的板条状 Nd:YAG 透明陶瓷实现了 67 kW 的功率输出，持续工作时间为 10s[39]。

日本神岛化学公司自 2000 年成功开发出 Nd:YAG 陶瓷激光后，又采用相似的技术制备了 Y_2O_3 基透明陶瓷，并在低于其熔点约 700℃的烧结温度下获得了高光学质量的透明陶瓷块体。2001 年 Lu 等[40]首次报道了 LD 泵浦条件下 Nd:Y_2O_3 透明陶瓷的激光输出，采用掺杂浓度为 1.5 % (原子分数)的 Nd:Y_2O_3 透明陶瓷块体，以 807 nm 的 LD 为泵浦源，在 742 mW 的泵浦功率下，获得了 160 mW 的激光输出，其斜率效率为 32%。随后，Nd:Lu_2O_3、Yb:Sc_2O_3、Yb:Y_2O_3 等高质量的倍半氧化物透明陶瓷又相继被制备出来，并且实现了激光输出[41–43]。

目前，日本神岛化学公司和日本 World Lab 公司制备的高质量激光陶瓷在世界范围内是领先的。世界上其他国家(如法国、美国、俄罗斯、意大利等)也投入了大量的人力、物力和财力去开展这项研究工作，并取得了一定的进展。国内许多研究单位(如东北大学、山东大学、上海大学、四川大学、清华大学、中国人工晶体研究所、长春理工大学、中国科学院上海光学精密机械研究所、中国科学院北京理化技术研究所、中国科学院福建物质结构研究所和中国科学院上海硅酸盐研究所等)已开展了激光陶瓷方面的研究工作，并取得了一系列进展。中国科学院上海硅酸盐研究所于 2006 年 5 月(经中国科学院上海光机所测试)实现了 Nd:YAG 透明陶瓷的连续激光输出，输出功率为 1.0W，斜率效率为 14%，使中国成为少数几个掌握 Nd:YAG 透明陶瓷的制备工艺并成功实现激光输出的国家之一[44]。在此基础上，还实现了高浓度掺杂 Nd:YAG 透明陶瓷[45]、Yb:YAG 透明陶瓷[46]、层状复合结构 YAG/Nd:YAG/YAG 透明陶瓷[47]和 Tm:YAG 透明陶瓷的连续激光输出[48]。此外，上海大学杨秋红课题组以 La_2O_3 为烧结助剂，在无压还原气氛低温烧结掺 Yb^{3+}和掺 Nd^{3+}的氧化镧钇透明陶瓷[49,50],并采用LD端面泵浦技术获得了连续激光输出，输出功率为 500mW，斜率效率为 13%[51]。2008 年，中国科学院福建物质结构研究所曹永革课题组制备的 Nd:YAG 透明陶瓷实现了 22.5 W 的连续激光输出[52]。2009 年，中非人工晶体研究所沈德忠院士的课题组先用溶胶–凝胶法制备 Nd:YAG 纳米粉体，然后采用热压烧结和热等静压相结合的方式制备了 Nd:

YAG透明陶瓷，并实现了170mW的连续激光输出，斜率效率为13.8%[53]。虽然中国在激光陶瓷领域方面的研究取得了一些进展，但是与国际上的研究水平相比，仍然存在一定的差距。

9.2.3 激光陶瓷的优势[17]

透明陶瓷激光材料具有很多单晶和玻璃激光材料所不具备的优点。同单晶相比，透明陶瓷具有以下优势：

(1) 具有与单晶相似的物理化学性质(表9.1)、光谱特性和激光性能。已有的研究表明，高光学质量的多晶陶瓷在热导率、膨胀系数、吸收和发射光谱、荧光寿命等方面与同组成单晶几乎一致，激光性能与单晶相似甚至更优，而在机械性能方面，多晶陶瓷比单晶也有一定幅度的提高。

表9.1 YAG透明陶瓷和单晶的物理和化学性能对比[28,54,55]

		YAG透明陶瓷	YAG单晶
体积密度/(g/cm^3)		4.55	4.55
维氏硬度/GPa		12.8	12.6
弹性模量/GPa		283.6	279.9 <111>
剪切模量/GPa		115.7	113.8 {111}
体积模量/GPa		178.2	(173.4)
泊松比		0.226	0.230
折射率(590nm处)		1.808	1.810
热导率/(J/cm/℃)	20℃	0.105	0.107
	200℃	0.067	0.067
	600℃	0.046	0.046
抗弯强度/MPa		341	252
断裂韧性/($MPa{\cdot}m^{1/2}$)		1.41	1.04
荧光寿命/μs		210	217

(2) 容易制备出大尺寸的激光透明陶瓷，且形状容易控制。晶体生长技术由于受各种条件限制很难获得大尺寸单晶，难以满足特殊的应用需要。陶瓷成型工艺简单，从理论上讲，陶瓷样品的尺寸大小仅受设备的制约。同时，陶瓷的烧结温度通常都大大低于单晶生长的熔融温度。有些理论上预计有较好激光性能的材料，如Nd^{3+}/Yb^{3+}:Y_2O_3等，由于熔融温度高、熔点附近发生相变等原因，无法生长出同时具有高光学质量和大尺寸的单晶，而采用陶瓷的制备技术可望在远低于熔点的温度下实现透明化。

(3) 工艺周期短，生产成本低。陶瓷材料烧结工艺简单，制备周期为数天，适合大规模生产，成本较低。而单晶生长技术性强，生长周期为数十天，通常需要昂贵的铂金或铱作为坩埚，生产成本很高。

(4) 可以实现高浓度掺杂，光学均匀性好。由于受掺杂离子在基质中分凝系数的限制(如 Nd^{3+}离子在 YAG 晶体中的分凝系数仅为 0.18)，采用熔体生长技术很难实现高浓度掺杂，且容易在径向形成浓度梯度，并形成应变花纹。而陶瓷材料由于不受分凝效应的限制，可以实现高浓度、均匀掺杂。

(5) 可以实现激光陶瓷的结构和功能复合设计。陶瓷制备技术可以把不同组分、不同功能的材料结合在一起，为激光系统设计提供了更大的自由度。例如，将 Nd:YAG 和 Cr^{4+}:YAG 透明陶瓷复合在一起构成被动调 Q 开关；可在同一块激光透明陶瓷上进行多组分掺杂，产生自调 Q 激光输出，实现 LD 泵浦固体调 Q 激光器的高效率、高功率、集成化和小型化；也可以设计浓梯状 Nd:YAG 透明陶瓷，降低激光服役条件下的热效应。

同激光玻璃材料(以钕玻璃为例)相比，透明陶瓷激光材料(以 Nd:YAG 透明陶瓷为例)的热导率高，有利于热量的散发；熔点高，可以承受更高的辐射功率；单色性好；可以实现连续的激光输出。

9.2.4 激光陶瓷的制备与性能

影响激光陶瓷透明度的因素很多，包括原料的选择、烧结助剂的选择和用量的控制、混合工艺、成型工艺、烧结工艺、后处理工艺和加工工艺等。所以要制备出能够实现激光输出的透明陶瓷，必须严格控制工艺的每一个步骤。目前比较成功的激光陶瓷主要分两类：钇铝石榴石体系和倍半氧化物体系。以钇铝石榴石体系(Nd:YAG)为例，目前国外制备能成功实现激光输出的 Nd:YAG 透明陶瓷的途径主要有两种：① 以高纯、高烧结活性的氧化物粉体为原料，采用固相反应结合真空烧结技术制备 YAG 透明陶瓷；② 先合成高烧结活性的 YAG 纳米粉体，然后采用真空烧结技术制备高质量的 YAG 透明陶瓷。日本 World Lab 公司的 Ikeaue 等[28]采用前一种方法首次实现了 Nd:YAG 透明陶瓷的连续激光输出。而日本神岛化学公司的 Yanagitani 研究小组则采用后一种制备方法实现了 Nd:YAG 透明陶瓷的高效率、高功率激光输出[35]。倍半氧化物激光陶瓷体系主要包括 Y_2O_3、Sc_2O_3、Lu_2O_3 等透明陶瓷，该类激光陶瓷的制备主要涉及高性能粉体和真空烧结技术两个方面。接下来我们将主要从钇铝石榴石和倍半氧化物两大类体系来介绍国内外激光陶瓷的制备与性能。

1. 钇铝石榴石(YAG)陶瓷体系

固相反应法是利用氧化物之间化学反应和真空烧结技术制备透明陶瓷的一种方法。早期采用该方法制备的 Nd:YAG 透明陶瓷由于高的散射损耗而未能实现连续激光输出。直到 1995 年，Ikesue 等[28]先采用湿化学法制备了平均粒径小于 2 μm 的 Al_2O_3、

Y_2O_3、Nd_2O_3 高纯度粉体，然后以这些粉体为原料，通过固相反应法结合真空烧结技术制备出了高质量的 1.1%(原子分数)Nd:YAG 透明陶瓷(工艺流程见图 9.1),其折射率、热导率、硬度等物理性能与 Nd:YAG 单晶相似。同时他们以输出功率为 600 mW、输出波长为 808 nm 的 LD 作为泵浦源，采用端面泵浦技术泵浦 Nd:YAG 透明陶瓷，其激光阈值仅比单晶稍高，斜率效率为 28%，最大激光输出功率为 70 mW。

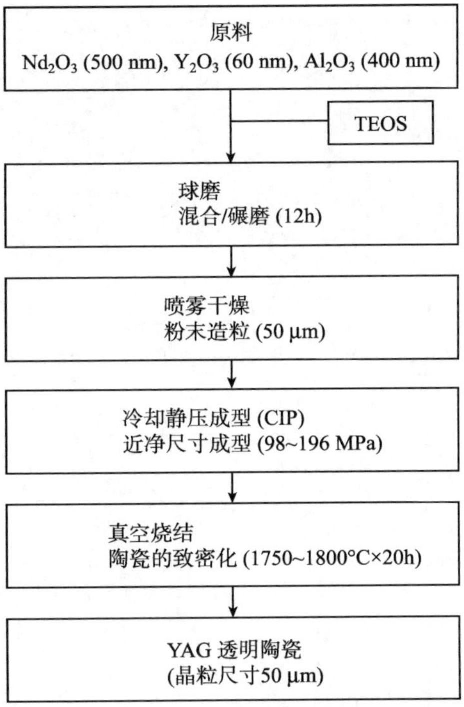

图 9.1 固相反应法制备 Nd:YAG 透明陶瓷的工艺流程图[28]

随后 Ikeaue 等系统地研究了钕离子浓度对 Nd:YAG 透明陶瓷光学性能的影响[30]、Nd:YAG 激光透明陶瓷中的散射中心[31]以及 Nd:YAG 透明陶瓷中气孔体积[56]对激光性能的影响。图 9.2 是不同掺杂浓度 Nd:YAG 透明陶瓷的热腐蚀抛光表面形貌照片。从图中可以看出，随着掺杂浓度的提高，Nd:YAG 透明陶瓷的平均晶粒尺寸逐渐减小。

Shoji 等[57]系统的研究了高浓度掺杂 Nd:YAG 透明陶瓷的光谱性能。图 9.3 是掺杂浓度为 2.0%(原子分数)、3.4% (原子分数)和 6.6% (原子分数)的 Nd:YAG 透明陶瓷以及掺杂浓度为 1.0% (原子分数)的 Nd:YAG 单晶的吸收光谱。随着掺杂浓度的提高，Nd:YAG 透明陶瓷的吸收系数逐渐增大。掺杂浓度为 3.4%(原子分数)的 Nd:YAG 透明陶瓷的吸收系数为 $30.4cm^{-1}$，其值与掺杂浓度为 1.0%(原子分数)的 $Nd:YVO_4$ 的相近。

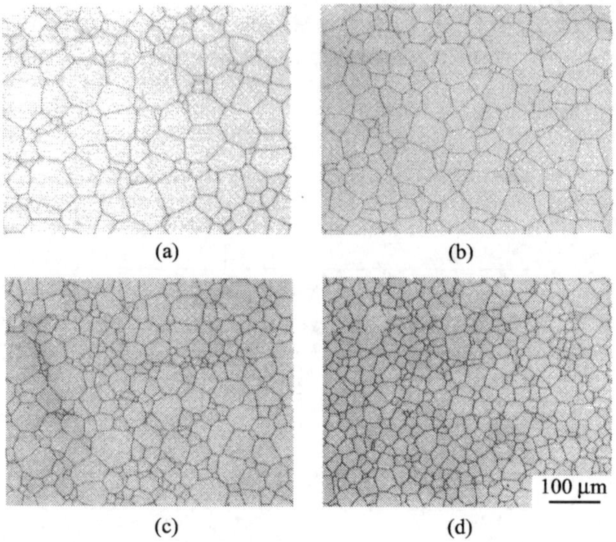

图 9.2 不同掺杂浓度 Nd:YAG 透明陶瓷的热腐蚀抛光表面形貌[30]

(a) 0.3%(原子分数)；(b) 1.1%(原子分数)；(c) 2.4%(原子分数)；(d) 4.8% (原子分数)

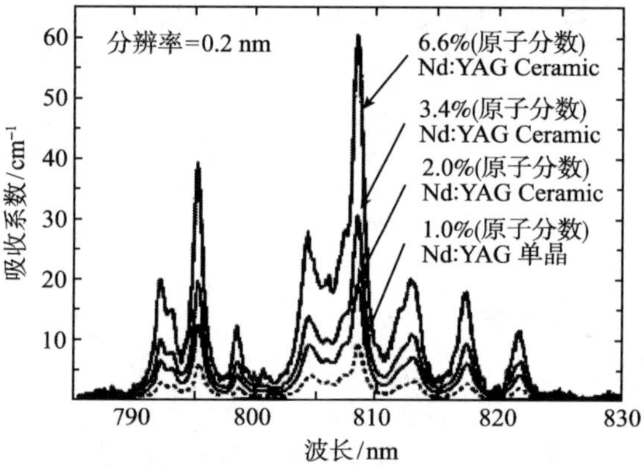

图 9.3 高掺杂浓度 Nd:YAG 透明陶瓷和掺杂浓度为 1.0%(原子分数)Nd:YAG 单晶的吸收光谱[57]

图 9.4 是实验测得的 Nd:YAG 透明陶瓷和单晶的荧光寿命与掺杂浓度的关系。该实验结果与以下公式得出的数据相吻合：

$$\tau = \frac{\tau_0}{1+(C_{\mathrm{Nd}}/C_0)^2}$$

其中 τ 为荧光寿命；τ_0 为掺杂浓度为 0 时的荧光寿命；C_{Nd} 为掺杂浓度；C_0 时淬灭浓度。

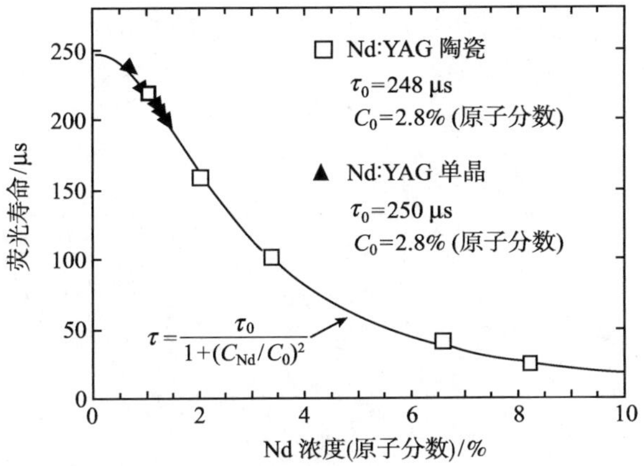

图 9.4 Nd:YAG 透明陶瓷和单晶的荧光寿命与掺杂浓度的关系[57]

影响 Nd:YAG 透明陶瓷光学质量和激光性能的主要因素是陶瓷中的散射损耗[31]。图 9.5 是不同气孔率的 1.1% (原子分数)Nd:YAG 透明陶瓷与 0.9% (原子分数)Nd:YAG 单晶的光学散射损耗系数与波长的关系。 从图中可以看出，光学散射损耗系数随着气孔率减小而减小，但随着测试波长的减小而增大。当 Nd:YAG 透明陶瓷气孔率为 150ppm 时，其光学损耗系数与 Nd:YAG 单晶相似。

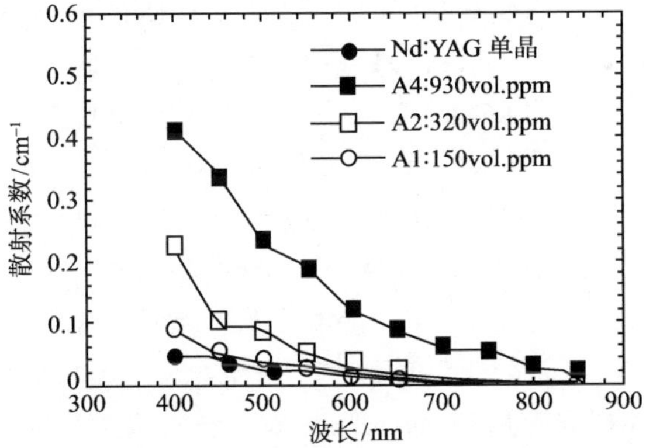

图 9.5 不同气孔率的 1.1%(原子分数)Nd:YAG 透明陶瓷与 0.9%(原子分数)Nd:YAG 单晶的光学散射损耗系数与波长的关系[31]

图 9.6 是不同气孔率的 1.1% (原子分数)Nd:YAG 透明陶瓷与 0.9%(原子分数) Nd:YAG 单晶的激光输出功率与泵浦功率的关系。对于气孔率为 150ppm、320ppm、680ppm 和 930ppm 的 Nd:YAG 透明陶瓷，激光阈值和斜率效率分别 97mW/30.6%、134mW/10.7%、172mW/6.4%、218mW/4.5%。气孔率最低的 Nd:YAG 透明陶瓷的激光

性能与 Nd:YAG 单晶相近，甚至更优。泵浦功率较低的情况下，Nd:YAG 透明陶瓷的激光输出功率低于 Nd:YAG 单晶。而在较高的泵浦功率条件下，Nd:YAG 透明陶瓷的激光输出功率高于 Nd:YAG 单晶。

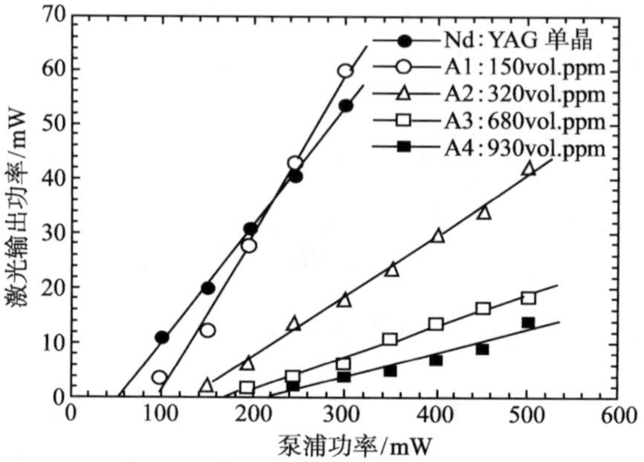

图 9.6　不同气孔率的 1.1%(原子分数)Nd:YAG 透明陶瓷与 0.9%(原子分数)Nd:YAG 单晶的激光输出功率与泵浦功率的关系[31]

固相反应法为高质量的稀土离子掺杂 YAG 激光陶瓷的制备开辟一条崭新的道路。同时，激光陶瓷由于在制备技术和材料性能等方面具有单晶、激光玻璃无可比拟的优势而受到了人们极大的关注，并且在全球范围内得到了迅速的发展。法国的 Rabinovitch 等[58]以商业氧化物粉体为原料，采用固相反应制备了 2.0% (原子分数)Nd:YAG 透明陶瓷，并实现了连续激光输出，最高的斜率效率为 10%。美国宾夕法尼亚州立大学 Messing 的研究小组采用固相反应烧结工艺成功制备了不同掺杂浓度，高质量 Nd:YAG 透明陶瓷，并且研究了其烧结致密化和晶粒生长行为[59]。图 9.7 是不同掺杂浓度的 Nd:YAG 透明陶瓷(1800℃×16h)的热腐蚀抛光表面形貌。从图中可以看出，所有样品均完全致密、无气孔，掺杂浓度对 Nd:YAG 透明陶瓷晶粒尺寸的影响不明显。意大利陶瓷科学技术研究所的 Esposito 等也以高纯的、微米氧化物粉体为原料，采用冷等静压和注浆成型工艺制备了 YAG 陶瓷素坯，最后用真空烧结技术制备了 YAG 透明陶瓷[60]。

湿化学合成方法结合真空烧结技术则是制备 YAG 激光陶瓷的另一条有效途径。早在 1990 年，Sekita 等就采用尿素共沉淀法制备了 Nd:YAG 纳米粉体，然后采用真空烧结技术制备了 Nd:YAG 透明陶瓷[24]。但是当时所制备的 Nd:YAG 透明陶瓷的背景吸收系数高达 2.5~3.0cm^{-1}，如此高的吸收损耗使得 Nd:YAG 透明陶瓷未能实现激光输出。1991 年，Sekita 等制备的 Nd:YAG 透明陶瓷在非吸收波长处的吸收系数降低

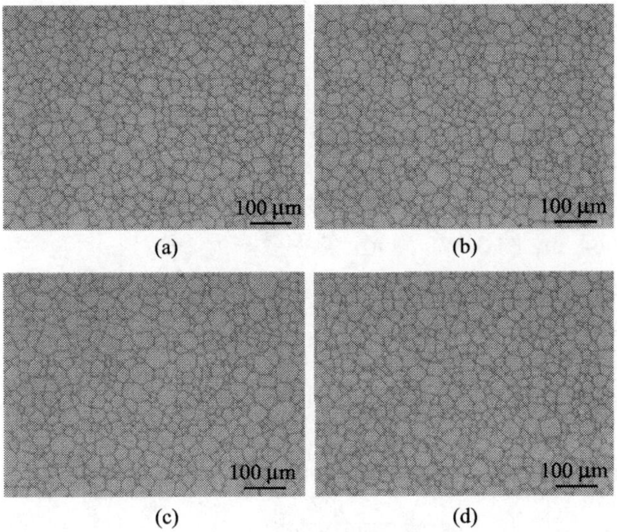

图 9.7 真空烧结(1800℃×16h)Nd : YAG 透明陶瓷的热腐蚀抛光表面照片[59]

(a) 0%(原子分数); (b) 1%(原子分数); (c) 3%(原子分数); (d) 5%(原子分数)

到 0.25 cm^{-1},但仍未能实现激光输出[25]。直到 20 世纪末,日本神岛化学公司 Yanagitani 的研究小组改进了湿化学法制备 Nd:YAG 纳米粉体的技术(具体工艺流程见图 9.8),结合注浆成型和真空烧结技术制备高质量的 Nd:YAG 透明陶瓷[32,61]。基于这一技术,日本的神岛化学公司、日本电气通信大学、俄罗斯科学院的晶体研究所等联合开发出一系列二极管泵浦的高功率和高效率固体激光器。

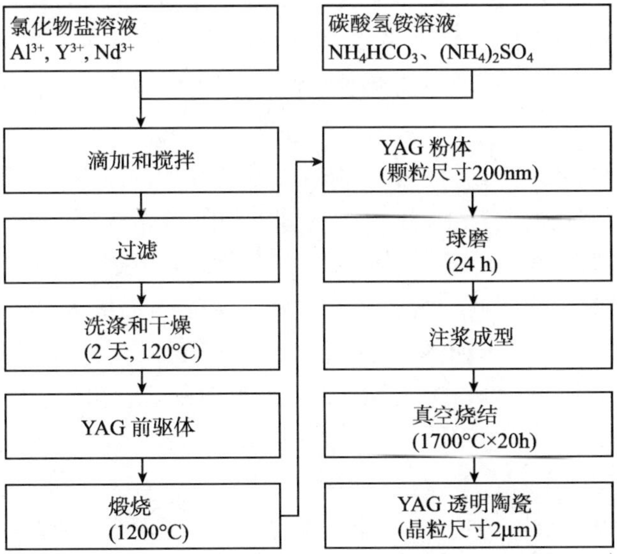

图 9.8 湿化学法制备 Nd:YAG 透明陶瓷的工艺流程图[61]

Lu 等采用 LD 端面泵浦 2.0%(原子分数)Nd:YAG 透明陶瓷，当泵浦功率为 883mW 时，1064nm 的连续激光输出功率为 465mW，光-光转化效率高达 52.7% [62]。此外，该研究小组还在高功率陶瓷激光器方面开展了出色的工作。Lu 等采用虚点源多程泵浦平凹腔结构(VPS，如图 9.9 所示)，设计了高功率陶瓷激光器。在 290W 的泵浦功率下，用掺杂浓度为 1%(原子分数)、尺寸为ϕ3 mm×100 mm 的 Nd:YAG 陶瓷棒，获得了输出波长为 1064 nm 的 31 W 激光，斜率效率为 19%[36]；在随后的实验中，通过改变激光棒尺寸和掺杂浓度，其输出功率进一步提高到了 72W[63]、88W[37]和 110W[64]。

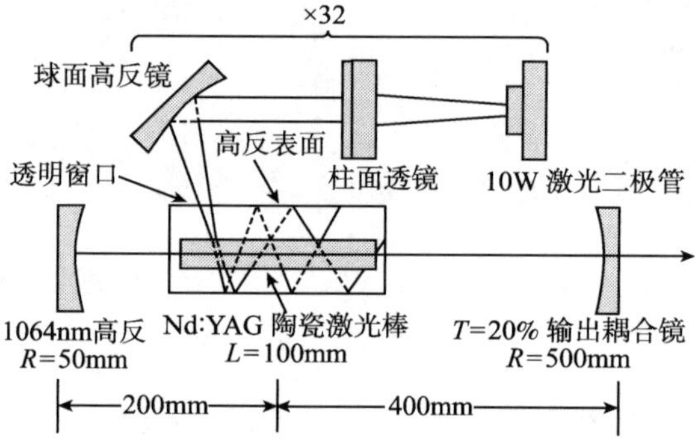

图 9.9　虚点源多程泵浦源和 Nd:YAG 陶瓷激光谐振腔结构示意图[36]

神岛化学公司通过与 Toshiba 公司合作，采用 0.6 %(原子分数)掺杂浓度的 Nd:YAG 激光陶瓷棒(尺寸为ϕ8 mm×203 mm)，在 3.5 kW 的泵浦功率下获得了 1.46 kW 的 1064 nm 的激光输出，其光-光转换效率为 42% [65]。此外，俄罗斯科学院 Kravchenko 的研究小组采用湿化学法制备了单分散的 YAG 纳米粉体，并分别用注浆成型和冷等静压成型等工艺制备陶瓷素坯，最后用真空烧结技术成功制备了能够实现激光输出的 Nd:YAG 透明陶瓷[66]。

早在 21 世纪初，中国科学院上海硅酸盐研究所的潘裕柏课题组就开始 YAG 纳米粉体和透明陶瓷的制备工作。Zhang 等[67,68]采用溶胶-凝胶/燃烧合成法制备了不同稀土离子掺杂的 YAG 纳米粉体。李江等[69]则以硫酸铝铵和硝酸钇为原料，以碳酸氢铵为沉淀剂，采用共沉淀法制备了平均颗粒尺寸约为 40nm，单分散、无团聚、形状规则的 YAG 纳米粉体。此外，李江等[70]还以高纯 Al_2O_3、Y_2O_3 和 Nd_2O_3 粉体为原料，少量 MgO 和 SiO_2 为添加剂，采用固相反应和真空烧结技术制备了不同掺杂浓度的 Nd:YAG 透明陶瓷，并且对烧成的 Nd:YAG 陶瓷的显微结构和光学性能进行了研究。

东北大学孙旭东课题组也是国内较早从事 YAG 透明陶瓷研制的团队，闻雷等采用固相反应和真空烧结技术制备了 YAG[71]和 Nd:YAG 透明陶瓷[72]。山东大学刘宏课题组在湿化学法合成 YAG(或 RE:YAG)纳米粉体方面也做了大量的探索性工作。Li 等[73]使用不同的沉淀剂以共沉淀法辅以超声分散制备了平均粒径仅为 15 nm 的 YAG 纳米粉体。Li 等[74]也采用混合溶剂热法在低温(300℃)和低压(10 MPa)条件下合成了 YAG 纳米粉体，图 9.10 为不同反应时间下合成的 YAG 纳米粉体的 TEM 形貌照片。从图中还可以看出，反应时间为 2h 制备的 YAG 纳米粉体呈球形、分散性好、晶粒尺寸仅为 20~30 nm。随着反应时间延长至 3h，YAG 纳米粉体发生团聚，颗粒形状也变得不规则。

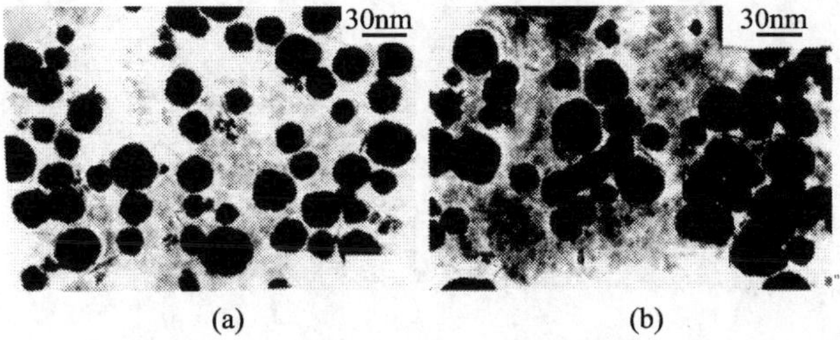

图 9.10 混合溶剂热法制备的 YAG 纳米粉体的 TEM 形貌[74]

(a) 反应时间 2h；(b) 反应时间 3h

中国科学院理化技术研究所的李江涛课题组采用共沉淀法制备了 YAG 纳米粉体[75]，并用两步烧结法制备了具有一定光学透过率的 YAG 透明陶瓷[76,77]。四川大学卢铁城课题组以共沉淀法制备的 Nd:YAG 纳米粉体为原料，以 MgO 为烧结助剂，采用真空烧结制备了具有较高光学透过率的 Nd:YAG 透明陶瓷[78]。

这些基础性研究工作的开展，为高质量 YAG 透明陶瓷的研制奠定了坚实的基础。从 2006 年起，中国科学院上海硅酸盐研究所实现了不同掺杂浓度 Nd:YAG 透明陶瓷的连续激光输出[44,45,79]。图 9.11 是高浓度掺杂 4.0%(原子分数)Nd:YAG 透明陶瓷的实物照片。

图 9.11 双面抛光 4.0%(原子分数)Nd:YAG 透明陶瓷的实物照片[45]

在此基础上，Li 等系统地研究了 Nd:YAG 透明陶瓷的烧结致密化行为、显微结构演化以及光学、光谱、激光、力学和热性能等[80]，并用 Judd-Ofelt 理论分析了 Nd:YAG 透明陶瓷的光谱特性[81]。结果发现，1.0%(原子分数)Nd:YAG 透明陶瓷具有较大的受激发射截面和高的荧光量子效率，具有与同成分晶体相近的荧光寿命(257μs)和热导率[9.7W/(m·K)]，具有比单晶更加优越的抗弯强度(229MPa)、断裂韧性(2.21MPa·m$^{1/2}$)和抗热震性能。图 9.12 是采用固相反应和真空烧结技术制备的 1.0% (原子分数)Nd:YAG 透明陶瓷断口的 EPMA 和 HRTEM 形貌照片。

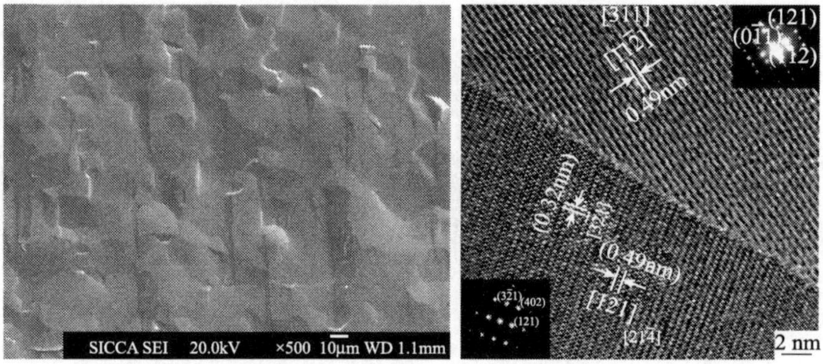

(a)　　(b)

图 9.12　1.0%(原子分数)Nd:YAG 透明陶瓷的断口 EPMA 和 HRTEM 形貌照片[80]

以固相反应制备的 Nd:YAG 透明陶瓷为增益介质，Cr:YAG 晶体为可饱和吸收体，Wu 等[82]成功实现了调 Q 激光输出。当泵浦功率为 750mW 时，平均输出功率为 94mW，斜率效率为 13%。脉冲宽度为 50ns，峰值功率高达 100W。

2008 年，唐昊等[83]以微通道制冷的半导体激光阵列(LDA)侧面泵浦尺寸为ϕ3mm×35mm 的 1.0%(原子分数)Nd:YAG 透明陶瓷，实现了 23W 准连续激光输出。2009 年，中国科学院上海硅酸盐研究所研制的 Nd:YAG 透明陶瓷的尺寸可达ϕ135mm，散射损耗系数降低到 $10^{-2}cm^{-1}$ 量级。中国科学院理化技术研究所采用高密度侧面泵浦棒状 Nd:YAG 陶瓷(样品由中国科学院上海硅酸盐研究所提供)与先进的主振荡功放大率(MOPA)技术，实现了千瓦级陶瓷激光输出[84]。图 9.13(a)为单根 Nd:YAG 陶瓷激光棒的激光输出功率，图 9.13(b)为两根 Nd:YAG 陶瓷激光棒串联后的激光输出[85]。

与 Nd:YAG 透明陶瓷相比，Yb:YAG 透明陶瓷无交叉弛豫振荡和激发态吸收，有较宽的吸收带、长的荧光寿命及高的量子效率，因此该材料是一种理想的高功率激光材料。Wu 等以商业氧化物粉体为原料，采用固相反应和真空烧结技术制备了 1.0%(原子分数)Yb:YAG 透明陶瓷，并实现了连续激光输出[46,86]。采用端面泵浦尺寸为 4mm×4mm×3mm 的 1.0%(原子分数)Yb:YAG 透明陶瓷，实现了最大输出功率为 1.02 W 的 1030 nm 连续激光输出，斜率效率高达 25%。Hao 等[87]对掺杂浓度为 10%(原子分数)

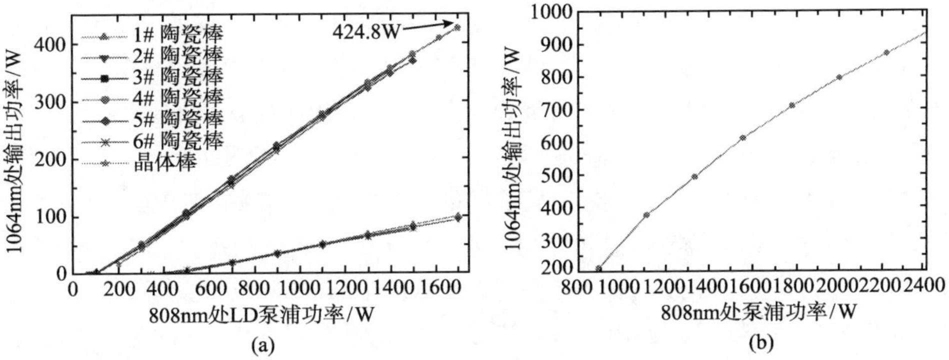

图 9.13 (a) 单根样品的激光输出功率；(b) 两根样品串联的激光输出[85]

和 5%(原子分数)的 Yb:YAG 透明陶瓷进行激光实验，图 9.14(a)为 10%(原子分数)Yb:YAG 透明陶瓷分别在 2%、5%、9%耦合输出镜的情况下的激光输出曲线，其中横坐标为 LD 的输出功率。当输出耦合镜用 5%时获得了最高的斜率效率 43.4%，激光波长为 1050 nm。图 9.14(b)为 5% Yb:YAG 激光透明陶瓷的实验结果，用 5% 输出耦合镜时获得了最高 39.6W 的激光输出，斜率效率为 36.2%。

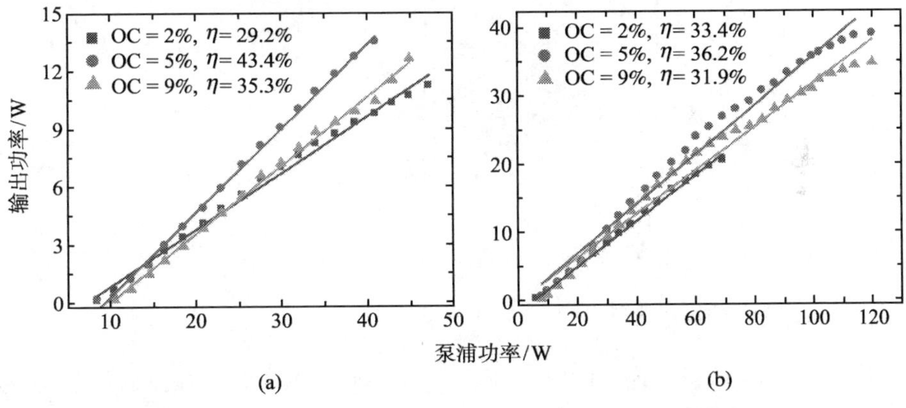

图 9.14 (a) 10%(原子分数)Yb:YAG；(b) 5%(原子分数)Yb:YAG 透明陶瓷的激光输出曲线[87]

同样采用固相反应和真空烧结技术，中国科学院上海硅酸盐研究所研制了长波近红外激光增益介质——Tm:YAG 透明陶瓷。6%(原子分数) Tm:YAG 透明陶瓷样品在激光工作波段 2015nm 处的直线透过率高达 84%，在可见光和近红外波长处的透过率也超过 82%。采用端面泵浦方式，Tm:YAG 透明陶瓷实现了 4.5 W 的连续激光输出，斜率效率和光-光效率分别为 20.5% 和 14.1%[88]。当 Tm:YAG 中 Y 的格位全部被 Tm 取代时，该体系就变成 TmAG($Tm_3Al_5O_{12}$)。Zhang 等[89]也采用相同的方法制备了 TmAG

透明陶瓷，并且研究其显微结构、光学性能和热性能等。通过研究发现，TmAG 透明陶瓷很可能是一种性能优良的激光增益介质。此外，另一种近红外激光增益介质——Ho:YAG 透明陶瓷也已被成功研制，掺杂浓度为 1.0% (原子分数)的 Ho:YAG 透明陶瓷实现了 2090 nm 处的连续激光输出，输出功率为 1.2W，斜率效率为 42.6%[90]。

2009 年，王海丽等[53]用溶胶凝胶法制备了 2.7%(原子分数) Nd:YAG 纳米粉体，并采用真空烧结和热等静压烧结的技术制备了 Nd:YAG 透明陶瓷。用 LD 端面泵浦尺寸 3 mm × 3 mm × 1.5 mm 的样品获得了最大输出功率 170 mW 的激光输出，光-光转换效率为 8%，斜效率为 13.8%。Li 等[91]以 γ-Al_2O_3(晶粒尺寸为 31nm)和 Y_2O_3(晶粒尺寸 19nm)纳米粉体和 Nd_2O_3 粉体为原料，以正硅酸乙酯(TEOS)为烧结助剂，采用固相反应和真空烧结技术(1700℃×5h)成功制备了 700 nm 处直线透过率高达 81% 的激光级 Nd:YAG 透明陶瓷，如图 9.15 所示。

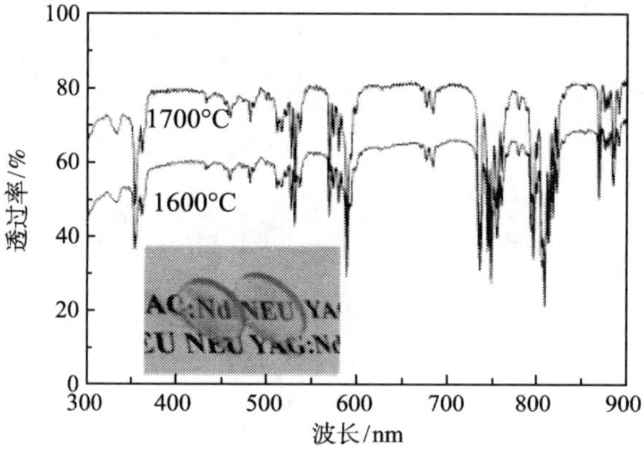

图 9.15　不同烧结温度下制备的 Nd :YAG 透明陶瓷的实物照片及其透过率曲线[91]

2. 倍半氧化物陶瓷体系

倍半氧化物透明陶瓷(包括 Y_2O_3、Sc_2O_3、Lu_2O_3 等体系)的制备主要涉及高性能粉体和烧结技术两个方面。在粉体方面有些是直接采用商业化的粉体为原料，有些则采用湿化学方法合成的粉体；而烧结技术方面目前所报道的主要有热压烧结、热等静压烧结、真空烧结和氢气氛烧结四种方式[22,92,93]。

早在 1967 年，Lefever 和 Matsko[6]在真空热压烧结 Y_2O_3 的过程中采用 LiF 为烧结助剂，在 950℃的温度下保温 48 h 制备出了 Y_2O_3 透明陶瓷，其所使用的热压压力高达 80MPa。随后，Dutta 和 Gazza[94]采用高纯商业 Y_2O_3 粉体，通过真空热压工艺，在约 40 MPa 的热压压力和 1500℃的温度下经过 2h 的保温实现了 Y_2O_3 陶瓷的透明化，所制备的 2.5 mm 厚的样品在近红外波段(>1.5 μm)的透过率达到了 80%，但可见光区域的透过率没有报道。1972 年，GE 公司以 ThO_2 为烧结助剂，在透明 Y_2O_3 陶瓷的制备方面取得了成功，经过不断努力，最终开发出商业化的透明 Y_2O_3 产品——Yttralox[19]。1973 年，Greskovich 等公布了 Yttralox 的制备工艺[95]，并描述了添加 10%(摩尔分数)ThO_2 和 1%(摩尔分数) Nd_2O_3 的 Y_2O_3 透明陶瓷的制备方法。他们采用了两种不同的粉体处理工艺：一种是所谓的硫酸盐过程，即先将商业化的 Y_2O_3 粉体分散到适量的 $Th(SO_4)_2$ 和 $Nd_2(SO_4)_3$ 溶液中，搅拌均匀，然后在搅拌状态下将水分迅速蒸干，经干燥、过筛后，于流动空气中经 1000℃长时间煅烧以将硫酸盐分解为氧化物，所得的粉体经干压成型后在 275MPa 的压力下冷等静压处理，然后在流动 H_2 气氛中烧结，烧结温度为 2170℃，保温时间为 30~125h，最终得到高度透明的 ThO_2-Y_2O_3 陶瓷；另一种是所谓的草酸盐法，这是一种采用共沉淀制备纳米粉体的方法，首先将适当比例的高纯的 $Y(NO_3)_3$、$Th(NO_3)_4$ 和 $Nd(NO_3)_3$ 溶液滴加到草酸盐溶液中，形成沉淀，经过滤、水洗和干燥后，于 800~850℃煅烧得到相应氧化物粉体，然后采用与上述同样的工艺经成型、冷等静压、烧结，最后得到透明陶瓷块体。研究结果表明，采用这两种工艺都可以得到透明的陶瓷块体，然而，采用草酸盐共沉淀工艺所制备的陶瓷具有更高的光学透过率，3.5 mm 厚的样品在 0.75~6.0μm 的直线透过率达到了 80%以上，接近 Y_2O_3 的理论透过率(在 1μm 处，其折射率 $n = 1.9$，理论透过率为 81%)，晶粒尺寸为 100~150μm，其气孔率可以控制在 2.5×10^{-7} 以下。由于采用这种工艺所制备的透明 Nd:ThO_2-Y_2O_3 陶瓷具有相当不错的光学质量。Greskovich 和 Chernoch 以这种材料为激光介质，实现了脉冲氙灯泵浦下的激光输出，这是在氧化物陶瓷体系中首次获得的激光输出[20,21]。如同 Nd:YAG 透明陶瓷一样，倍半氧化物透明陶瓷在随后的 20 多年中并没有取得突破性的进展。1996 年，Ikesue 等采用商业级的粒径小于 2μm 的 Y_2O_3、Nd_2O_3 和 HfO_2 粉体为原料，使用热等静压工艺制备出了高光学质量的 1%(原子分数) Nd:Y_2O_3 透明陶瓷[96]。其制备过程如下：首先将适当比例的氧化物粉体在乙醇介质中球磨混合，经喷雾造粒后形成小于 100μm 的粉体，再将这些经过造粒的粉体在约 100MPa 的压力下冷等静压成型；然后将成型后的素坯在真空中烧结 1h，烧结温度为 1650℃；最后将这些经过真空烧结的陶瓷块体在 1700℃的高温下热等静压烧结(Ar 气氛，196MPa)3h 得到具有较高光学质量的 1%(原子分数) Nd:Y_2O_3 透明陶瓷块体。所制备的样品在 2.5μm 处的透过率达到了 80%以上，甚至超过了 Verneuil 法生长的 0.5%(原子分数)Nd:Y_2O_3 单晶的透过率。然而，作者并没有报道可见光区域的透过率，更没有激光输出实验的相关报道。

20 世纪 90 年代后期，纳米技术取得了飞速的发展，人们期望能利用纳米粉体的高烧结活性，从而在较低的烧结温度下实现陶瓷材料的高度致密化。在这一方面，Ikegami 研究组采用氨水/碳酸氢铵为沉淀剂，制备出多种高烧结活性氧化物纳米粉体，结合真空烧结技术，实现了部分氧化物陶瓷的透明化。Saito 等采用 0.5mol/L 的 $Y(NO_3)$溶液和 2.5 mol/L 的 NH_4HCO_3 溶液，通过正滴和长达两天的陈化，再使用 0.05%(质量分数)的$(NH_4)_2SO_4$ 溶液来洗涤沉淀物，获得碳酸盐前驱体；经过 700~1100℃的煅烧，得到高烧结活性的 Y_2O_3 纳米粉体，最后通过真空烧结(1700℃×2h)获得直线透过率为 30%~40%(600 nm 处)的 Y_2O_3 透明陶瓷[97]。此后，Ikegami 等采用氨水作为沉淀剂，并在沉淀过程中添加适量的$(NH_4)_2SO_4$，得到了薄片状聚集的氢氧化物前驱体；经过 1000~1100℃的煅烧，而转化为接近单分散的 Y_2O_3 纳米粉体，如图 9.16 所示。采用这种工艺所制备的粉体，在真空中烧结可以获得 600nm 处直线透过率近 70%(样品厚度为 1 mm)的 Y_2O_3 透明陶瓷[98]。$(NH_4)_2SO_4$ 的引入使得颗粒的边界更加圆滑，并改善了粉体的分散性；且经过高温烧结以后，在陶瓷体中还残留有微量的 SO_4^{2-}，他们认为这些微量的 SO_4^{2-}在 Y_2O_3 陶瓷致密化过程中起着与 MgO 在半透明 Al_2O_3 陶瓷致密化过程中类似的作用[99]。

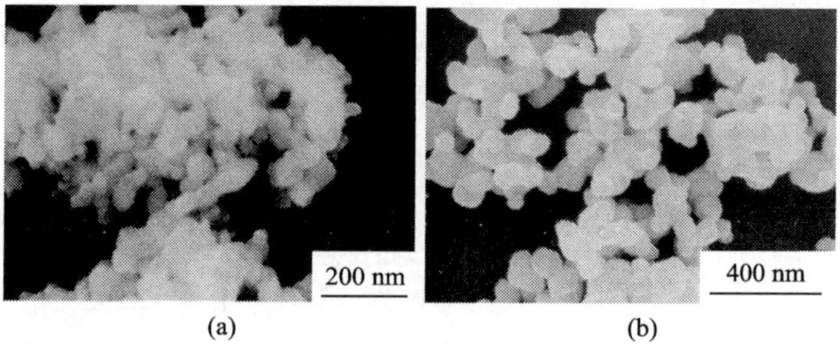

图 9.16　不同温度下煅烧获得的 Y_2O_3 纳米粉体的形貌[98]

(a) 1000℃；(b) 1100℃

日本神岛化学公司 Yanagitani 研究组采用纳米晶粉体和真空烧结技术制备出高光学质量的 YAG 基透明陶瓷，并在大功率激光输出方面获得成功之后，他们采用与透明 YAG 相近的工艺成功制备出高质量的 Y_2O_3 基透明陶瓷，并在 LD 泵浦下获得了 Nd:Y_2O_3 透明陶瓷的连续激光输出[40]。其制备工艺如下：首先将一定浓度的 YCl_3 和其他稀土离子氯化物的溶液混合均匀，再取适量的尿素溶解于混合溶液中，然后将混合溶液置于一定的温度下让尿素发生水解并与金属离子生成沉淀，然后将产生的沉淀在 120℃下干燥两天得到前驱物粉体；在 1000℃下煅烧前驱物得到相应的稀土离子掺杂 Y_2O_3 粉体，然后经过球磨、注浆成型得到素坯；最后将素坯置于真空(真空度优于 10^{-3}Pa)中于 1700℃烧结 5h，最终得到 Nd:Y_2O_3 透明陶瓷。采用相同的方法，Yb:Y_2O_3 透明陶瓷也被成功制备。图 9.17 是 8%(原子分数)Yb:Y_2O_3 透明陶瓷的室温吸收和发射光谱。从图中可以看出，930~955 nm 范围内的宽波长吸收能确保稳定吸收 940nm 的泵浦光源，而产生激光振荡的波长范围为1030~1077nm[99]。采用端面泵浦方式，用940 nm激光二极管(LD)泵浦 Yb:Y_2O_3 透明陶瓷，在1077 nm处实现了0.47 W的连续激光输出，斜率效率为32%。

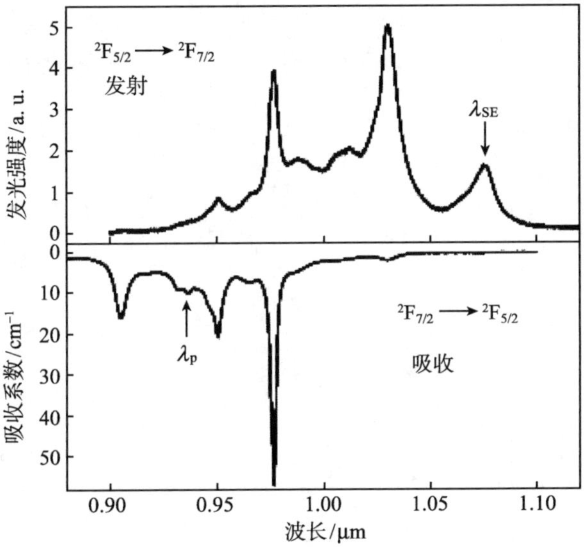

图9.17 8%(原子分数)Yb:Y_2O_3透明陶瓷的室温吸收和发射光谱[99]
受激发射 λ_{SE} 和泵浦波长 λ_P 用箭头表示

在倍半氧化物体系 Ln_2O_3($Ln=Y^{3+}$、Sc^{3+}和Lu^{3+})中，Sc_2O_3的晶胞参数最小(0.986nm)，并能实现高浓度掺杂。Lupei 等[100]通过对 Nd:Sc_2O_3 和 Nd、Yb:Sc_2O_3 透明陶瓷的光谱性能研究发现，这两种透明陶瓷具有作为新型激光材料的潜力。Takaichi 等[101]采用纳米技术和真空烧结制备的 Yb:Sc_2O_3 透明陶瓷，在LD泵浦下产生了二波段可调谐连续激光输出。图9.18(a)是LD泵浦可调谐连续 Yb:Sc_2O_3 陶瓷激光器的示意图。泵浦源是976 nm光线耦合激光二极管，光纤的芯径为50μm。泵浦光源用 L_1 和 L_2 两个凸透镜聚焦，透明的焦距均为75mm。聚焦光源在未镀膜的、厚度为1mm的激光陶瓷片上的光斑直径约为60μm。激光谐振腔包括平面镜 M_1、半径约为200mm的凹透镜 M_2、布儒斯特SF10型玻璃棱镜(BSP)和平面输出耦合镜(OC)。平面镜 M_1 上涂有在940~975nm波谱范围内的抗反射膜和1030nm处的高反膜，凹透镜 M_2 上也涂有1030nm的高反膜，输出耦合镜在1000~1100nm处的透过率为3%，棱镜被用作可调谐激光的分光元件。M_1 与 M_2，以及 M_2 与BSP之间的距离分别为10cm和3cm，整个谐振腔的长度为28cm。通过调整输出耦合镜和使用光谱分析仪来控制 Yb:Sc_2O_3 陶瓷激光器的受激发射($^2F_{5/2}\rightarrow{}^2F_{7/2}$跃迁)波长。图9.18(b)是 Yb:$Sc_2O_3$ 透明陶瓷在功率为4W的激光二极管泵浦条件下，二波段激光输出功率与波长的关系曲线。

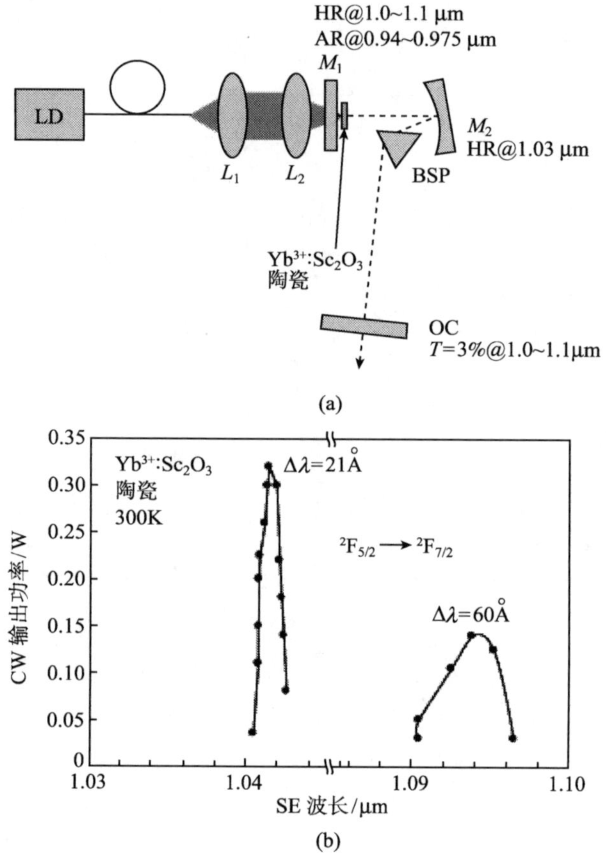

图 9.18　(a) LD 泵浦可调谐连续 $Yb:Sc_2O_3$ 陶瓷激光器的示意图；(b) LD 泵浦下的二波段激光输出功率与波长的关系[101]

Yb^{3+}掺杂的倍半氧化物透明陶瓷均具有高的热导率和适宜的荧光发射谱宽，在高能飞秒激光领域前景广阔，而 $Yb:Lu_2O_3$ 透明陶瓷也是该类激光材料中的佼佼者。2.7%(原子分数)$Yb:Lu_2O_3$ 晶体的热导率为 11W/(m·K)，而与其掺杂浓度在同一量级的 5.0%(原子分数)Yb:YAG 晶体的热导率则仅为 6.8W/(m·K)[102]。$Yb:Lu_2O_3$ 陶瓷位于 1032nm 和 1079nm 处荧光发射峰的半高宽分别是 13nm 和 15nm，这种宽的发射峰有利于产生小于 100fs 的激光脉冲。Tokurakawa 等[103]采用 LD 泵浦厚度为 1mm 的 $Yb:Lu_2O_3$ 透明陶瓷和厚度为 2mm 的 Y_2O_3 透明陶瓷复合结构，实现了克尔棱镜锁模激光输出。当泵浦功率为 5W 时，在 1032nm 波长处获得平均功率为 320mW 的 65fs 脉冲激光输出。此外，稀土离子掺杂 Lu_2O_3 透明陶瓷的维氏硬度和断裂韧性分别为 12.5GPa

和 4.1MPa·$m^{1/2}$[104]。如此优良的力学性能使得 Lu_2O_3 透明陶瓷在激光服役条件下具有良好的抗热震性能，因此在高能飞秒激光领域具有应用前景。

9.2.5　激光陶瓷的展望

从前面的研究工作我们可以发现，激光陶瓷是一种性能优良的激光增益介质。激光陶瓷不仅具有与单晶相似的物理化学性质、光谱特性和激光性能，并且具有比单晶更为优越的机械性能。激光陶瓷在如下几个方面具有发展前景。

1) 发展超大尺寸激光陶瓷材料用于高能激光武器和激光核聚变系统的激光点火装置中

陶瓷制备工艺的特点使大尺寸激光陶瓷的制备成为可能。2005 年，美国达信公司采用 Nd:YAG 陶瓷板条激光器，实现了 5 kW 的高功率连续激光输出，并以此获得了美国军方关于激光定向能武器的研制订单[105]。2006 年，美国利弗莫尔实验室(LLNL)采用 Sm^{3+}包边 Nd:YAG 复合结构陶瓷热容激光器实现了 5 Hz、67 kW 激光输出，持续时间 10 s[106]。图 9.19 是日本神岛化学公司提供给美国利弗莫尔国家实验室的大尺寸 Nd:YAG 透明陶瓷[107]。

图 9.19　神岛化学公司研制的大尺寸 Nd-YAG 透明陶瓷[107]

除了高能激光武器，激光陶瓷在核聚变点火工程应用方面也受到了极大的关注。未来大能量激光核聚变驱动器要求激光材料具有高的抗热冲击参数和大受激发射截面、大口径。激光陶瓷可获得大口径、高掺杂，且热机械性能更为优越，是理想的可取材料。2007 年 10 月报道日本在大阪大学的核聚变点火工程实验装置已选用具有较高能量密度、可重复脉冲激光输出的 Yb:YAG 激光透明陶瓷，取代无法连续激光输出的激光玻璃来进行一系列的工程试验。图 9.20 是 Yb :YAG 陶瓷激光器作为新型 ICF 的驱动系统的示意图。低温冷却 Yb:YAG 激光陶瓷获得同样输出能量所需的材料尺寸仅为钕玻璃的 1/2~1/3，成本仅为后者的 1/10[106]。

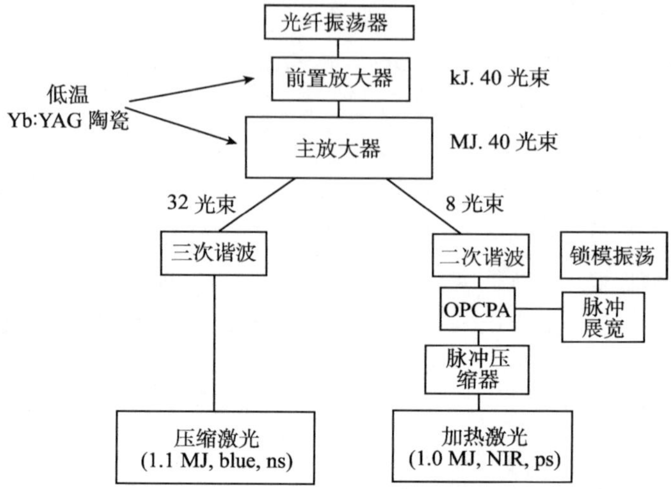

图 9.20　Yb：YAG 陶瓷 ICF 的驱动系统示意图[106]

日本在大尺寸、高质量 YAG 激光陶瓷的制备方面仍然走在世界的前沿，中国在激光陶瓷的可控制备技术方面虽然进展迅速，但与日本相比还存在一定的差距，并且在技术、核心装备以及材料等方面均受到国外限制与禁运。要实现 YAG 激光陶瓷的可控制备，不仅需要对透明陶瓷的每一道制备工艺进行量化处理与严格控制，还需要采用新型的陶瓷制备技术(如纳米粉体制备技术、冷等静压成型技术、注浆成型技术[108]和真空烧结技术等)。通过采用先进的陶瓷制备技术和精密化控制，为大尺寸的 YAG 激光陶瓷成功研制提供可能，这对加强我国国防安全和实现激光点火工程具有重要的战略意义。

2) 通过激光陶瓷的组分与结构复合来优化激光性能和开发新功能

陶瓷制备工艺为激光陶瓷的组分与结构设计提供了便利。YAG 透明陶瓷存在与 YAG 晶体相同的缺点，如由于离子间的交叉弛豫，在较高的掺杂浓度时会引起激光效率的降低；由于 YAG 激光陶瓷的荧光光谱线宽度过于狭窄而难以实现皮秒激光输出。$Y_3Sc_xAl_{5-x}O_{12}$ $(0<x<2)$是 YAG 和 $Y_3Sc_2Al_3O_{12}$ (YSAG)的固溶体,采用 Sc 离子取代 YAG 晶格中处于八面体和四面体位置的 Al^{3+}可以使 Nd—Nd 离子的间距增大，从而减轻浓度猝灭效应，同时 Sc^{3+}的引入对荧光光谱具有非均匀性增宽效应，改善 Nd:YAG 透明陶瓷荧光光谱较窄的缺点。Sato 等[109]采用固相反应和真空烧结技术成功制备了 Nd：$Y_3ScAl_4O_{12}$ 透明陶瓷，其荧光发射峰宽是 Nd：YAG 透明陶瓷的 5 倍，图 9.21 是室温下 Nd：YSAG 透明陶瓷和 Nd：YAG 单晶的受激发射截面。用钛宝石激光器泵浦没有镀膜的 2.0%(原子分数)Nd：$Y_3ScAl_4O_{12}$ 透明陶瓷实现了 165 mW 的连续激光输出，光−光转化效率为 37.0%，斜率效率为 49.5%。

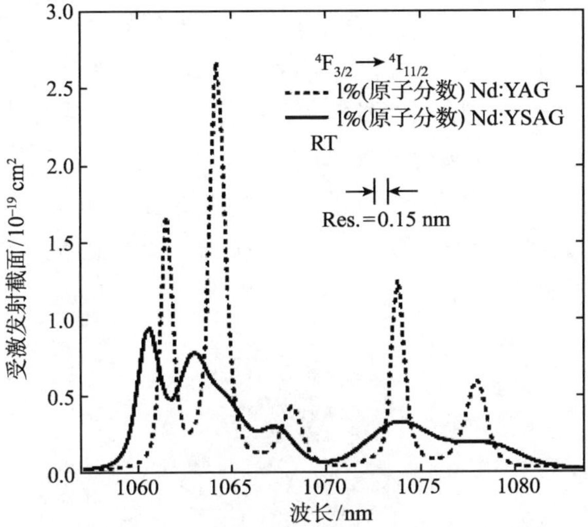

图 9.21 室温下 Nd:YSAG 透明陶瓷和 Nd:YAG 单晶的受激发射截面[109]

Saikawa 等[110]研究了 Yb:$Y_3ScAl_4O_{12}$ 透明陶瓷的光谱性能和激光性能。表 9.2 是室温下 Yb:$Y_3ScAl_4O_{12}$ 透明陶瓷的光学性质。Yb:$Y_3ScAl_4O_{12}$ 透明陶瓷在 1030nm 处的发射峰的半高宽高达 12.5 nm，是 Yb:YAG 晶体的 1.5 倍，这说明 Yb:$Y_3ScAl_4O_{12}$ 透明陶瓷适合产生超短脉冲锁模激光。用 970 nm 的激光泵浦 Yb:$Y_3ScAl_4O_{12}$ 透明陶瓷，实现的激光输出的斜率效率高达 72%。

表 9.2 室温下 Yb:$Y_3ScAl_4O_{12}$ 透明陶瓷的光学性质[110]

参数及单位	Yb:$Y_3ScAl_4O_{12}$ 陶瓷		
浓度 C_{Yb}(原子分数)/%		15	
泵浦波长 λ_p/nm	942.3		969.3
吸收波宽 $\Delta\lambda_p$/nm	22		2.7
吸收截面 $\sigma_{ab}(\lambda_p)$ /cm^2	7.0×10^{-21}		8.8×10^{-21}
激发最小分数 λ_p β_{min}^p	0.82		0.52
泵浦饱和密度 I_{sat}^p /(kW/cm^2)	27		21
峰值发射波长 λ_L/nm		1030.8	
发射波宽 $\Delta\lambda_L$/nm		12.5	
发射截面 $\sigma_{em}(\lambda_L)$ /cm^2		1.42×10^{-20}	
吸收截面 $\sigma_{ab}(\lambda_L)$ /cm^2		0.83×10^{-21}	
激发最小分数 $\lambda_L\beta_{min}^L$		0.055	
最小泵浦功率密度 I_{min}/(kW/cm^2)	1.59		1.29
本征荧光寿命 t_0/ms		1.10	

Nd:YAG 和 Yb:YAG 透明陶瓷是性能优良的激光增益介质，而 Cr^{4+}:YAG 则是性能优良的可饱和吸收体，将这两种功能结合在一起就形成了一种新型的自调 Q 激光陶瓷材料[111]。基于这一研究思路，李江和吴玉松等以商业氧化物粉体为原料，采用固相反应和真空烧结技术制备了 Cr,Nd:YAG[112–115]和 Cr,Yb:YAG[116,117]透明陶瓷，并研究了其致密化行为、显微结构及光谱性能等。图 9.22 是采用固相反应和真空烧结技术(1770℃×50h)制备的 0.5%(原子分数)Cr,1.0%(原子分数)Nd:YAG 透明陶瓷的实物照片，样品的尺寸为ϕ47mm×4mm。

图 9.22　双掺杂 0.5%(原子分数)Cr,1.0%(原子分数)Nd:YAG 透明陶瓷的实物照片 ϕ47mm×4mm

通过激光陶瓷的复合结构设计，陶瓷制备技术可以把不同组分、不同功能的材料结合在一起，为激光系统设计提供了更大的自由度。Dong 等[118]以 Yb:YAG 透明陶瓷为增益介质，以 Cr^{4+}:YAG 陶瓷为可饱和吸收体，采用平–平腔设计实现了激光二极管泵浦陶瓷激光增益介质的被动调 Q 激光输出。脉冲宽度为 380 ps，重复率在 12.4 kHz 下的峰值功率高达 82 kW，斜率效率和光–光转化效率分别为 37% 和 30%。Dong 等[119]还采用平–凹谐振腔设计成功实现了 Yb:YAG/Cr^{4+}:YAG 透明陶瓷复合结构的自调 Q 激光输出，纳秒激光脉冲的能量和峰值功率分别为 125μJ 和 105 kW。图 9.23 是不同

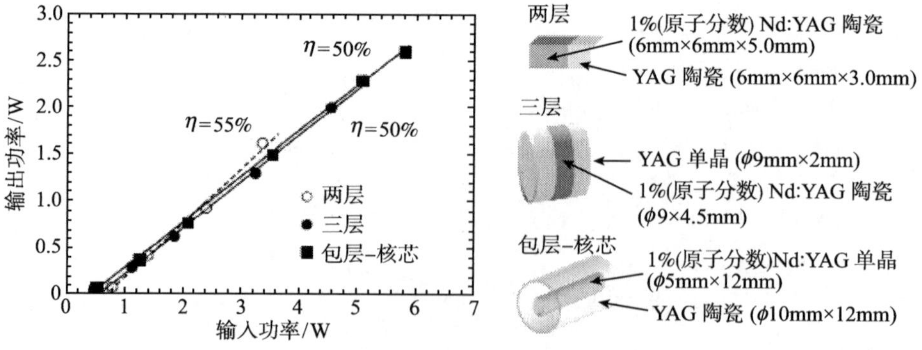

图 9.23　不同类型复合结构的激光性能[120]

类型复合结构的激光性能。在激光谐振腔设计尚未优化的条件下，各种复合结构在激光实验中的斜率效率仍均高于50%[120]。

Ikesue和Aung[121]利用稀土掺杂的成分梯度与复合结构设计，制备稀土掺杂浓度渐变式(中间浓度最高，两侧浓度逐渐变低)Nd:YAG透明陶瓷，有效降低了热透镜效应和热积累。图9.24是浓度渐变式Nd:YAG透明陶瓷的示意图。从图中可以看出，在均匀掺杂的Nd:YAG晶体中，热量在泵浦端集中；在掺杂浓度渐变式的Nd:YAG透明陶瓷中，热量集中现象得到了明显的改善。

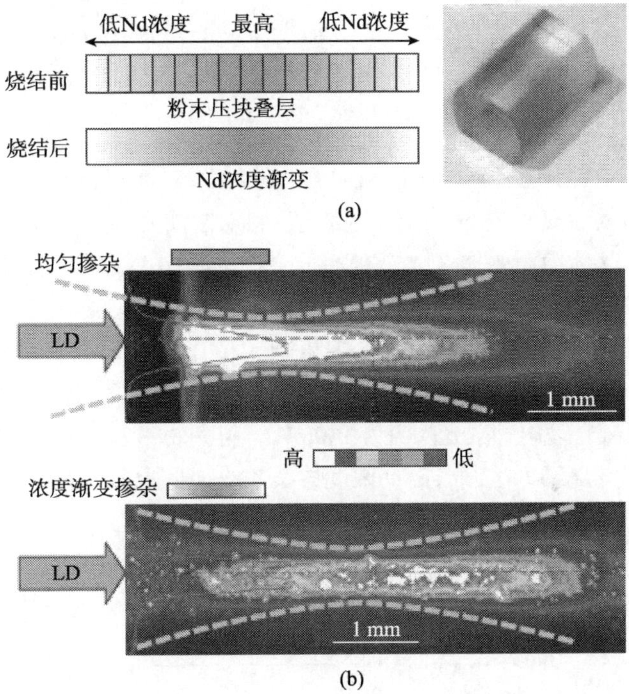

图9.24　浓度渐变式Nd:YAG透明陶瓷的示意图[121]

(a) 烧结前后Nd离子的分布；(b) 热分布与Nd离子浓度分布的关系

此外，YAG透明陶瓷还可以与单晶材料进行结构复合，可实现高功率、高光束质量、光束模式控制和高功能化，图9.25是Yb:YAG单晶和YAG透明陶瓷的复合结构[122]。

3) 陶瓷微片激光器的开发

微片固体激光器是目前最为简单紧凑的全固态激光器，它可以实现单色性最佳的单纵模激光输出，在医疗、通信、环保、测量等生产生活领域具有广阔的应用前景。微片激光器要求激光介质厚度小，激活离子浓度高，力学性能和热稳定性良好，因为要实现微片激光器的单纵模运转，激光增益介质的厚度一般要在几百微米以下，甚至

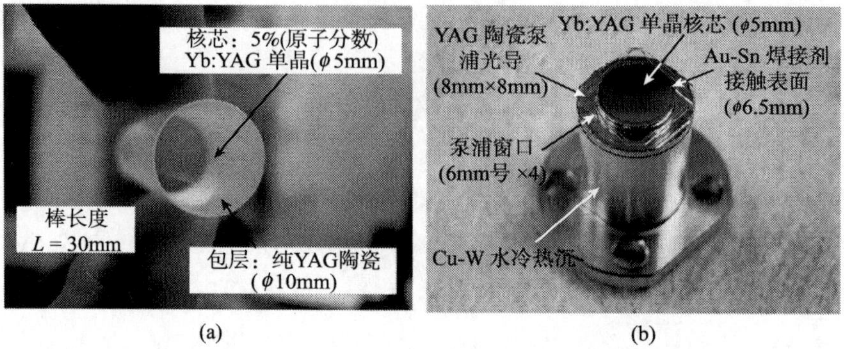

图 9.25　(a)以 Yb:YAG 单晶为芯(直径 5mm)外面包覆 YAG 透明陶瓷(直径 10mm)的复合结构激光棒；(b) 以 Yb:YAG 单晶为芯，外侧为泵浦导光 YAG 透明陶瓷的复合结构 (用 Au-Sn 焊接剂与热沉黏合在一起)[122]

几十微米，介质厚度小还有利于发散角大的 LD 泵光与基波激光的有效重合，提高 LD 泵浦效率；高的激活离子浓度可以保证激光材料对泵浦光的充分吸收进而保证器件的高效运转。激光晶体由于受掺杂离子在基质中分凝系数的限制，采用熔体生长技术很难实现高浓度掺杂，且容易在径向形成浓度梯度，并形成应变花纹。而激光陶瓷不受分凝效应的限制，可以实现高浓度、均匀掺杂。2001 年 Lupei 等[123]用日本提供的厚度为 0.4mm，掺杂浓度为 6.8%(原子分数)的 Nd:YAG 透明陶瓷，采用 885 nm 的泵浦方式实现了连续激光输出，激光阈值为 140mW，斜率效率为 20%。2002 年，Ikeaue[124]用固态反应和真空烧结方法制备的高浓度掺杂 4.8%(原子分数) Nd:YAG 透明陶瓷，并制成 LD 泵浦的微片激光器，其激光阈值和斜率效率分别为 309mW 和 28%。在相同的泵浦功率下，该微片激光器的激光输出功率是用 1.0%(原子分数)Nd:YAG 晶体器件的 4 倍，如图 9.26 所示。

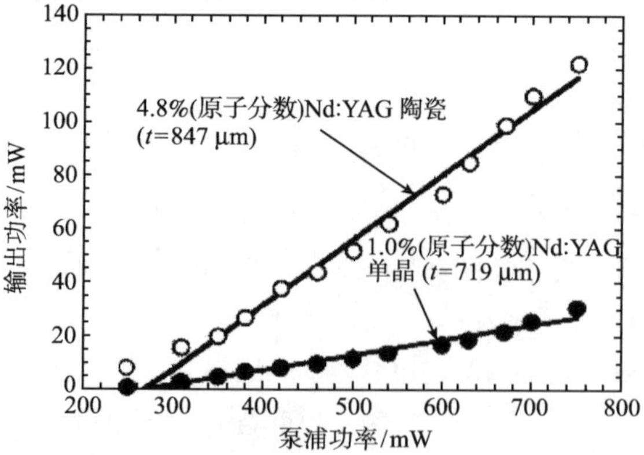

图 9.26　高浓度掺杂 4.8%(原子分数)Nd:YAG 陶瓷和 1.0%(原子分数) Nd:YAG 晶体的微片激光性能[124]

Yb:YAG 透明陶瓷以其优异的特性引起了广泛的关注，成为近年来激光陶瓷研究的又一热点。Yb^{3+}离子吸收带能与 InGaAs 半导体泵浦源有效耦合，吸收线宽，可支持飞秒锁模激光输出，量子效率高，在光通信和铵玻璃放大振荡方面有应用价值。因为 Yb:YAG 陶瓷可实现高浓度掺杂，因而更适用于陶瓷微片激光器。Hao 等[87]已经成功实现了高浓度掺杂 5.0%(原子分数)Yb:YAG 透明陶瓷的高效连续激光输出，最大输出功率为 39.6W, 斜率效率为 36.2%。Dong 等[125]采用激光二极管(LD)泵浦高浓度掺杂20%(原子分数)Yb:YAG 透明陶瓷(厚度为 1mm)，实现了高效 1030nm 连续激光输出，斜率效率和光-光转化效率分别高达 52%和 48%。图 9.27 是 LD 泵浦高浓度掺杂 Yb:YAG 陶瓷微片激光器的示意图。

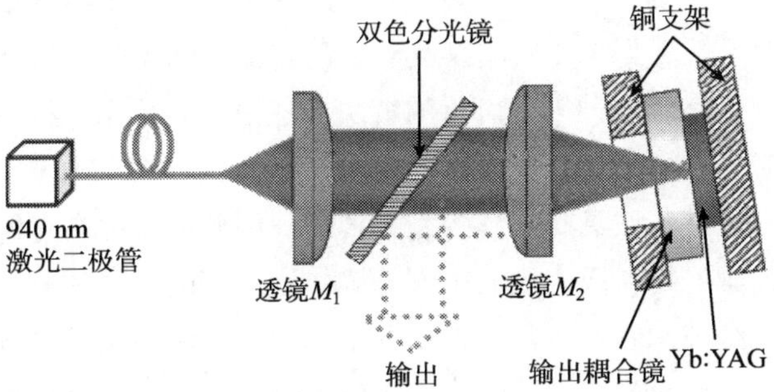

图 9.27 LD 泵浦高浓度掺杂 Yb:YAG 陶瓷微片激光器的示意图[125]

Dong 等[126]还对比研究了 Yb 离子的掺杂浓度对 Yb:YAG 陶瓷和晶体的激光性能的影响。图 9.28 是 Yb:YAG 透明陶瓷和 Yb:YAG 晶体微片激光器的光-光转化效率与

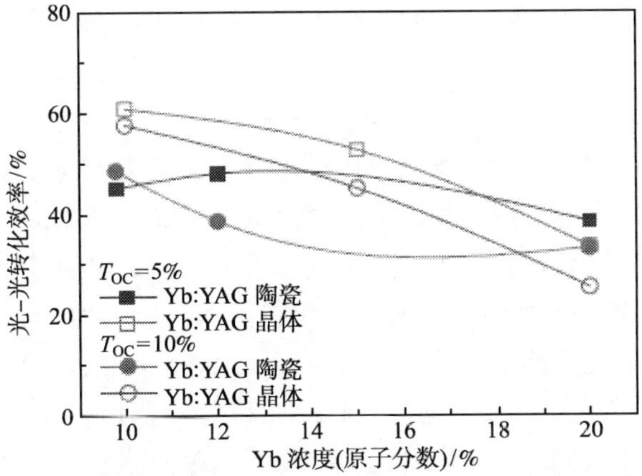

图 9.28 Yb:YAG 陶瓷和晶体微片激光器的光-光转化效率与 Yb 离子浓度和输出耦合镜透过率之间的关系[126]

Yb 离子浓度和输出耦合镜透过率之间的关系。当 Yb 离子的掺杂浓度较低时，Yb:YAG 透明陶瓷的激光性能低于相应的晶体材料；但是高浓度掺杂 20%(原子分数)Yb:YAG 透明陶瓷的激光性能却高于晶体。无论是 Yb:YAG 透明陶瓷还是晶体材料，光–光转化效率均随着掺杂浓度的提高而降低，然而 Yb:YAG 晶体降低速度比陶瓷材料要快。Yb:YAG 透明陶瓷和 Yb:YAG 晶体材料激光性能的差异很可能是由于 Yb 离子在 YAG 晶格中的分布和光学质量的差异所造成的。

4) Tm/Ho/Er :YAG 陶瓷激光器的研制

1~3μm 波段的近红外激光和 3~10μm 波段的中红外激光在新一代成像器件、近红外量子计数器件、相干激光雷达、大气遥感、分子和固态光谱、临床诊断、光学计量等方面具有广阔的应用前景。目前，OPO(光参量振荡器)激光器是覆盖这些波段的典型激光系统，但由于需要非线性晶体以及泵浦激光源配合作用，OPO 激光器光学系统的设计与构造十分复杂。一种简单可行的解决办法是直接采用中红外固态激光器件，它要求有合适的激活离子和基体介质。稀土离子如 Ho^{3+}、Er^{3+}、Tm^{3+}、Dy^{3+}、Pr^{3+}等能级结构复杂，在中红外区域具有丰富的发射波段。因此，研究具有低声子能量、且物化性能稳定的陶瓷激光材料成为发展中红外固体激光器的重要环节。Zhang 等[48]采用固相反应和真空烧结技术制备成功对人眼安全的 Tm:YAG 近红外激光陶瓷增益介质。Cheng 等[90]利用中国科学院上海硅酸盐研究所提供的 Ho:YAG 透明陶瓷，成功实现了 2090 nm 处的 1.2W 连续激光输出，斜率效率高达 42.6%。Kupp 等[127]采用胶态注浆成型技术成功制备了 YAG/0.25 Er:YAG/0.5%(原子分数) Er:YAG 透明陶瓷复合结构，制备的复合结构激光陶瓷棒在激光工作波段 1645 nm 处的直线透过率高达 84%，并实现了连续激光输出，斜率效率为 27%。周军[128]采用固相反应法和真空烧结技术制备了不同浓度 Er:YAG 透明陶瓷，高质量的 Er:YAG 透明陶瓷有望实现 1.6μm 和 2.94μm 的高效激光输出。

5) 陶瓷工艺制备激光晶体

Nd:YAG 多晶陶瓷单晶化是激光陶瓷发展的一个重要方向。Ikesue 等先把采用陶瓷工艺制备的 Nd:YAG 多晶材料和一定取向的 Nd:YAG 晶体(作为籽晶)键合在一起，然后通过热处理使籽晶沿着一定取向发生晶粒生长，并最终使整块 Nd:YAG 变成单晶[120]。图 9.29 是固态晶体生长技术(SSGG)制备 Nd:YAG 单晶的示意图及其激光性能[121,129]。图 9.29(a)是用陶瓷烧结方法制备 Nd:YAG 单晶的示意图。晶体尺寸相对较小的 Nd:YAG 陶瓷与具有一定取向的 Nd:YAG 籽晶(单晶)键合，在高温处理的条件下，与籽晶接触的 Nd:YAG 晶粒被籽晶吸收。当籽晶的表面能远小于陶瓷中晶粒的表面能时，籽晶便会不停地生长，多晶陶瓷也就逐渐转变成单晶材料。图 9.29(b)和图 9.29(c)是高浓度掺杂 Nd:YAG 单晶生长过程中材料的显微结构照片和实物照片。图 9.29(d)

是无气孔 2.4%(原子分数)Nd:YAG 多晶陶瓷和用固态晶体生长技术制备的 2.4%(原子分数)Nd:YAG 单晶的激光性能。从图中可以看出，没有晶界存在的 Nd:YAG 单晶的激光效率比多晶陶瓷略有提高。

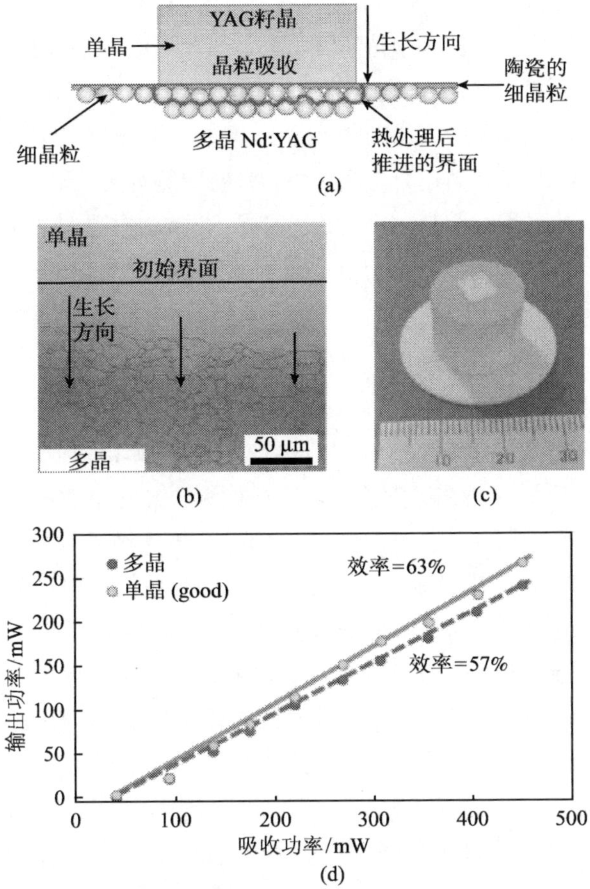

图 9.29 固态晶体生长技术(SSGG)制备 Nd:YAG 单晶及其激光性能[121,129]

(a) 方法示意图；(b) 生长过程中 Nd:YAG 陶瓷的截面；(c) SSGG 法制备的 Nd:YAG 单晶的实物照片；(d) SSGG 法制备的 2.4%(原子分数)Nd:YAG 单晶和相同组分的多晶陶瓷的激光性能

陶瓷工艺制备 Nd:YAG 单晶的优势是显而易见的，譬如能够实现晶体的高浓度掺杂。此外，该方法还能够制备熔融法不能制备的单晶材料(如氧化钇)。氧化钇由于具有立方结构和高的热导率，所以是一种很有前景的光学材料。然而，氧化钇在接近熔点的温度存在相变，相变引起的应力会导致晶体破坏。而氧化钇透明陶瓷的制备温度远低于单晶生长的温度，也就是远低于氧化钇发生相变的温度。这样，通过氧化钇纳米粉体的烧结后再结晶可以制备完整的、无损伤的氧化钇晶体。此外，采用陶瓷技术制备氧化钇单晶不仅能够实现高浓度掺杂，而且能够制备出<110>取向的单晶，这种取向的氧化钇晶体对熔融法而言是难以实现的。当然，这种方法制备晶体的难点也是显而易见的。晶粒生长是化学扩散的结果，再结晶法制备晶体的过程中不存在浓度梯度，只存在化学势梯度。籽晶(晶体部分)的比表面能(G_1)远小于陶瓷中晶粒的比表面能(G_2)，为了维持晶粒连续生长必须持续保持 G_1□ G_2。这个化学势条件维持得越久，获得的晶粒尺寸越大。然而，随着高温热处理过程中晶体向多晶陶瓷方向生长，G_1□ G_2 这个平衡条件就会迅速打破。所以，再结晶工艺制备晶体远比扩散方法困难。再结晶的速率与纳米颗粒的尺寸、杂质含量和陶瓷的气孔率等有关。陶瓷的气孔率高，再结晶速率高，晶体生长的过程中容易包裹气孔，这样严重影响了晶体的光学质量。尽管目前陶瓷工艺制备激光晶体尚未成熟，但这一技术将拓宽激光材料的种类并改善其性能。

9.3 闪烁陶瓷

闪烁体是能够有效吸收高能射线(X 射线、γ 射线)或高能粒子并发出紫外或可见光的一种功能材料，广泛应用在医疗诊断、工业检测、放射量测定、核医学、高能物理等辐射探测领域[130]。根据使用条件和性能的要求，闪烁体可分为六种不同的类型，包括单晶闪烁体、陶瓷闪烁体、玻璃闪烁体、塑料闪烁体、X 射线荧光粉和惰性气体，其中用于医学成像上的主要是单晶和陶瓷闪烁体。和单晶闪烁体相比，陶瓷闪烁体具有生产成本低，加工性能好，生产工艺比较成熟，易于实现批量生产和稀土离子的均匀掺杂等优点，所以制备出和单晶性能相当的陶瓷闪烁体，具有很大的经济实用意义。

20 世纪 80 年代，美国 GE 公司通过陶瓷烧结工艺制备出了 Eu : $(Y,Gd)_2O_3$ 透明闪烁陶瓷，并将其成功地应用于医用的 X-CT 探测器，开辟了陶瓷闪烁体在医疗探测领域的应用[131−136]。随后又出现了几种其他的陶瓷闪烁体，如 Ce,Pr : Gd_2O_2S、Cr、Ce : $Gd_3Ga_5O_{12}$、Eu : Lu_2O_3 等[137]，由于这些材料在密度、衰减时间、光输出等方面存在着部分的不足，限制了这些材料的应用，这就迫使人们去寻找一种新型的，性能更优异的陶瓷闪烁体材料。

9.3.1 Ce:YAG 透明陶瓷

钇铝石榴石具有优良的物理化学性质和稳定的立方晶格结构，它作为荧光粉基质材料和激光材料具有广阔的应用前景，并被大量研究，YAG 基的透明陶瓷已被成功制备，并实现了高效率、高功率激光输出。Ce^{3+}在 YAG 基质中的发光峰值位于 550nm 左右，能与硅光二极管很好地耦合，且具有衰减时间快(~65 ns)、光产额高的特点。Ce:YAG 是在中低能量粒子射线(电子、α 粒子、β 粒子等)探测领域具有重要应用前景的闪烁材料，Ce:YAG 晶体已经作为扫描电镜SEM 显示部件，实现商品化应用[138]，Ce:YAG 闪烁陶瓷也被广泛研究。Zych 等[139,140]报道了Ce：YAG 透明陶瓷的荧光和闪烁性能。Ikesue[141]以商业氧化物粉体为原料，采用固相反应和真空烧结技术制备了不同掺杂浓度、高质量的 Ce:YAG 透明陶瓷，其中 0.6%(原子分数)Ce:YAG 透明陶瓷在 1000nm 处的直线透过率高达 83%。Yanagida 等[142]报道了真空烧结制备不同掺杂浓度的 Ce:YAG 透明陶瓷，在 500 nm 以上的可见光波段的直线透过率接近 80%，其闪烁性能与单晶相当。在成功开发了 Ce:YAG 闪烁陶瓷的基础上，Yanagida 等[143]又研制出了对 γ 射线具有更好阻止能力的 Ce:GYAG 陶瓷闪烁体(图 9.30)，是 Ce:YAG 闪烁陶瓷的 5 倍。

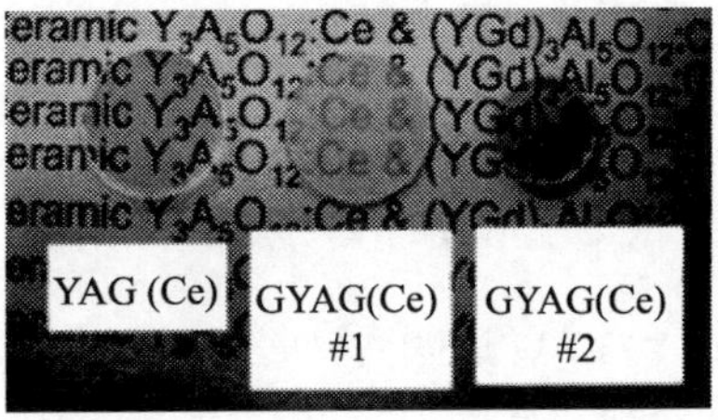

图 9.30　Ce:YAG 和 Ce:GYAG 陶瓷闪烁体的实物照片[143]

石云等[144]采用高纯微米级商业氧化物粉体为原料，采用固相反应法和真空烧结技术成功制备了 0.3%(原子分数)Ce:YAG 透明陶瓷(图 9.31(a))，厚度为 1.2mm 的透明

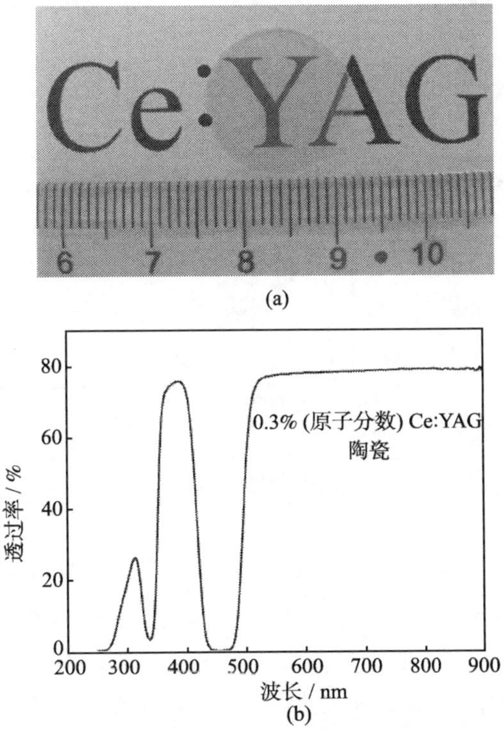

图 9.31　0.3%(原子分数)Ce:YAG 透明陶瓷 (a)实物照片和 (b)直线透过率曲线(样品尺寸：ϕ16mm × 1.2mm)[144]

陶瓷样品在可见光区 500~900nm 的直线透过率可达 80%左右[图 9.31(b)]，荧光发射峰位于 500~700nm (Ce^{3+}离子的特征发射)。

9.3.2 Ce:LuAG 透明陶瓷

Ce:YAG 透明陶瓷是一种性能比较优良的闪烁材料，唯一的缺点是密度低，仅有 4.55g/cm^3。如果用 Lu 取代 Y 得到的镥铝石榴石($Lu_3Al_5O_{12}$, LuAG)具有和钇铝石榴石相似的物理化学性质和晶体结构，而且密度也提高到 6.73g/cm^3。目前对含镥的闪烁体的研究十分活跃，主要集中在单晶方面。Nikl 等[145]的研究表明，镥铝石榴石掺 Ce^{3+} 的单晶体具有十分优异的闪烁性能，由于 Ce^{3+}允许的 5d → 4f 跃迁，使其具有几十个纳秒的快速衰减，500~600 nm 的发射波长在 Si 光电二极管的高敏感区域范围内，满足闪烁体的性能要求，是一种很有应用前景的闪烁材料。Li 等[146]以商业高纯 Lu_2O_3、Y_2O_3 和 CeO_2 为原料，采用固相反应和真空烧结技术(1770℃×10h)成功制备了 Ce:LuAG 透明陶瓷，样品在可见光波段的直线透过率高达 70%(图 9.32)。

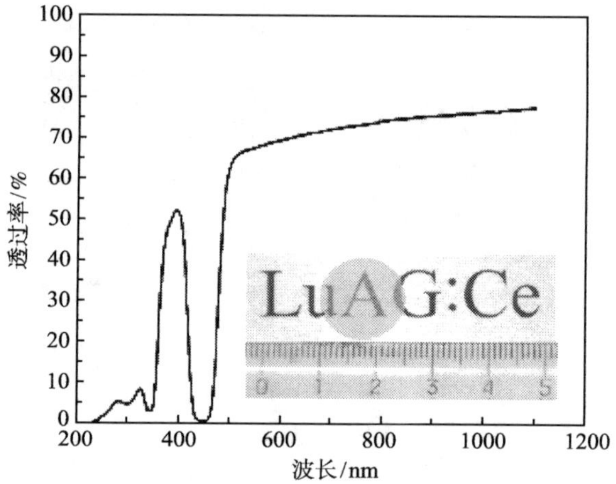

图 9.32　Ce:LuAG 透明陶瓷的实物照片和透过率曲线(样品厚度 0.5mm)[146]

Li 等[147]还采用尿素共沉淀法制备了平均颗粒尺寸为 30nm 的 Ce:LuAG 纳米粉体，然后通过真空烧结(1770℃×10h)制备了可见光区域直线透过率达 65%的 Ce:LuAG 透明陶瓷。图 9.33 是 Ce:LuAG 透明陶瓷的 EPMA 断口形貌和热腐蚀抛光表面形貌照片。从图中可以看出，样品的晶粒细小且均匀，平均晶粒尺寸仅为 6μm 左右。当烧结温度为 1800℃，保温时间为 30h，所得的 Ce:LuAG 透明陶瓷在 550nm 处的直线透过率为 77%，达到理论值的 92.4%。

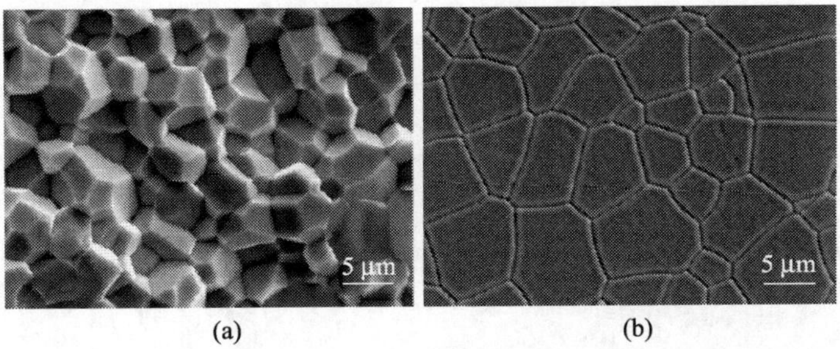

图 9.33 Ce:LuAG 透明陶瓷的断口形貌(a)和热腐蚀抛光表面(b)形貌照片[147]

这两种方法制备的 0.5%(原子分数)Ce:LuAG 透明陶瓷在 X 射线下的发射光谱(图 9.34)为典型的 Ce^{3+}离子的 $5d_l \to 4f$ ($^2F_{5/2}$ 和 $^2F_{7/2}$)特征发射，范围为 475~650 nm，包含两个发射带，中心位置分别在 501nm 和 550nm，发射光谱的强度随着测试温度的升高而增加。该发射光谱的位置和形状与 LuAG:Ce 单晶的相一致，在与之相耦合的 Si 光电二极管的高敏感曲线范围内[148]。

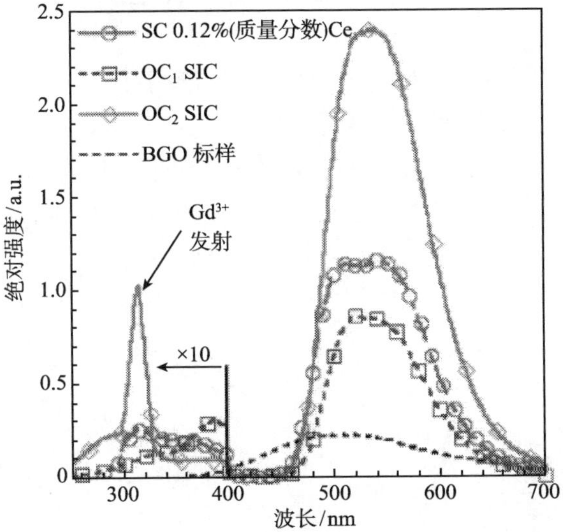

图 9.34 室温下 Ce:LuAG 透明陶瓷、单晶和 BGO 晶体的 X 射线激发光谱[148]

9.3.3 Pr:LuAG 透明陶瓷

Pr^{3+}如同 Ce^{3+}一样，也是典型的 $5d \to 4f$ 跃迁。Pr:LuAG 晶体闪烁体对 γ 射线具有很高的阻止能力，快衰减寿命约为 20ns，光产额是锗酸铋晶体(BGO)的 3 倍[149,150]。Ce:LuAG 与 PMT 或 Si 半导体光监测器耦合具有中等的光产额和能量分辨率[151]，而 Pr:LuAG 作为闪烁体则具有更加优异的光产额、能量分辨率、快衰减。Yanagida 等[152]

首次报道了用烧结工艺成功制备了 Pr:LuAG 透明陶瓷闪烁体[图 9.35(a)]，0.25%(原子分数)Pr: LuAG 透明陶瓷在波长大于 310nm 处的直线透过率大于 70%，跟 Pr:LuAG 单晶相近[图 9.35(b)]。

(a)

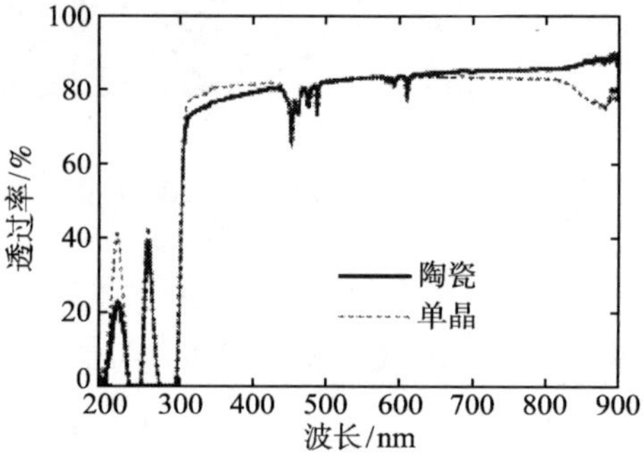

(b)

图 9.35　(a) Pr:LuAG 透明陶瓷的实物照片(样品尺寸：5mm×5mm×5mm)；(b) Pr:LuAG 透明陶瓷和晶体的直线透过率曲线[152]

如同在 Ce:YAG[134]和 Ce:LuAG[146,147,153]透明陶瓷中观察到的现象一样，Pr:LuAG 透明陶瓷的发射光谱与相应的单晶相比发生了红移。同时，Pr:LuAG 透明陶瓷的光产额仅为单晶的二分之一。由于陶瓷和晶体微结构和缺陷机制的不同，两者的发光衰减存在较大的区别。图 9.36 是 Pr:LuAG 晶体和陶瓷的室温发光衰减曲线。Pr:LuAG

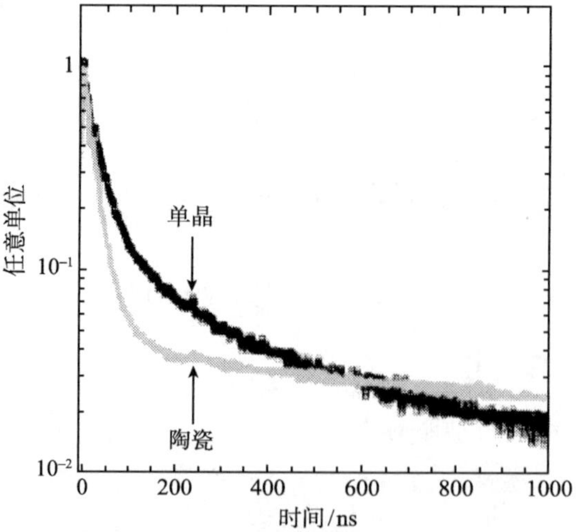

图 9.36　Pr:LuAG 晶体和陶瓷的发光衰减曲线[152]

陶瓷的衰减曲线为二指数衰减，分别对应陶瓷的 $5d \to 4f$ 和 $4f \to 4f$ 跃迁。快衰减和慢衰减成分分别为 25.5ns 和 922.3ns，各占 50%。由于存在某种晶格缺陷，Pr:LuAG 晶体的衰减曲线为三指数衰减[154]，一个是最快的成分，只有 21.6ns，占总衰减的 98%；第二个是相对稍慢的衰减，为 158.7ns，占总衰减的 0.8%；最后一个是很慢的衰减成分，为 884.5ns，占总衰减的 1.2%。从 Pr:LuAG 陶瓷和晶体的发光衰减可以认为，陶瓷光产额的降低主要不是由于缺陷而是由于晶界的不均匀性引起的。

虽然目前制备的 0.25%(原子分数)Pr:LuAG 透明陶瓷的闪烁性能不如相应组分的晶体，但是 Pr:LuAG 晶体由于受 Pr^{3+}分凝系数的影响，掺杂浓度很难超过 0.25%(原子分数)[155]。固相反应烧结工艺制备 Pr:LuAG 透明陶瓷不受 Pr^{3+}分凝系数的影响，能够实现高浓度掺杂而不发生浓度猝灭效应。然而要提高 Pr:LuAG 透明陶瓷的光产额和能量分辨率，必须进一步提高陶瓷材料的光学质量。

9.3.4 Ce:Lu_2SiO_5透明陶瓷

闪烁体应用于现代的医疗成像设备 PET 代表着闪烁材料研究的重要方向，PET 用闪烁材料必须具备快反应、高灵敏度、高光输出、高能量与时间分辨率和廉价等特点[156]。目前，锗酸铋(BGO)晶体由于高的 γ 射线阻止效率而被广泛用于 PET 的闪烁探测器。然而 BGO 晶体低的光产额和慢的衰减寿命影响了材料的能量分辨率和响应时间。Ce:Lu_2SiO_5 (LSO)因为高的光输出、高的 γ 射线阻止功率和快响应速度而被用于 PET 等医学成像设备[157]。但是 LSO 晶体生长温度高，需要昂贵的铱坩埚，生长周期长而且严格受到专利保护的限制，这些因素都导致 LSO 晶体价格高，并最终影响到 LSO 晶体广泛应用于 PET。LSO 闪烁陶瓷的烧结温度低、制备周期短、不需要使用昂贵的铱坩埚，与 LSO 单晶生长技术相比具有成本上的优势。可是与具有立方结构的倍半氧化(如 Y_2O_3)和石榴石体系(YAG)相比，具有单斜相结构的 LSO 在不同晶向的折射率差异大，制备透明陶瓷的难度更大。

Lempicki 等采用热压烧结工艺制备了光产额为 50%~60%的 LSO 半透明陶瓷[158,159]。然而，热压工艺中的还原性气氛导致样品污染并产生第二相，制备的 LSO 陶瓷的光学质量差，光产额偏低。Wang 等[160]采用纳米技术和热等静压(HIP)技术制备了 LSO 透明陶瓷。图 9.37 是热等静压烧结前后 LSO 陶瓷的断口和自然表面的形貌。从图中可以看出，热等静压烧结手段能有效排出残余气孔，但晶粒尺寸没有发生明显的变化。

图 9.38(a)是 Ce:LSO 透明陶瓷的实物照片，样品厚度为 1mm。图 9.38(b)是厚度均为 1mm 的 LSO 陶瓷和晶体的直线透过率曲线。LSO 透明陶瓷在 420nm 处的直线透过率仅为 11%，而 LSO 晶体的透过率则高达 83%。Ce:LSO 透明陶瓷 $5d \to 4f$ 跃迁对

应的最强发射峰位于 422nm 处，与 Ce:LSO 单晶的 420nm 相近[161]。

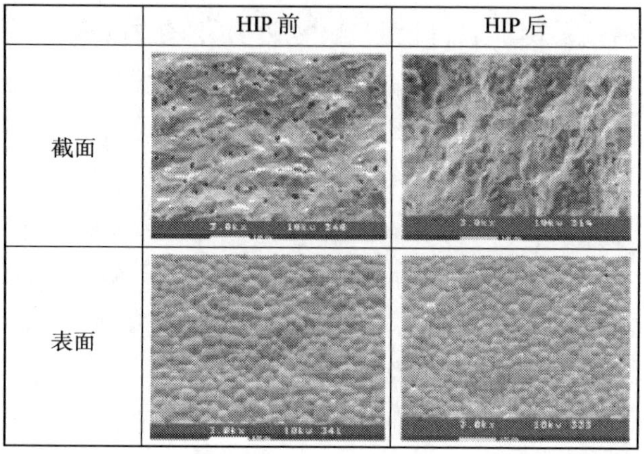

图 9.37　热等静压烧结前后 LSO 陶瓷的断口和自然表面的形貌[160]

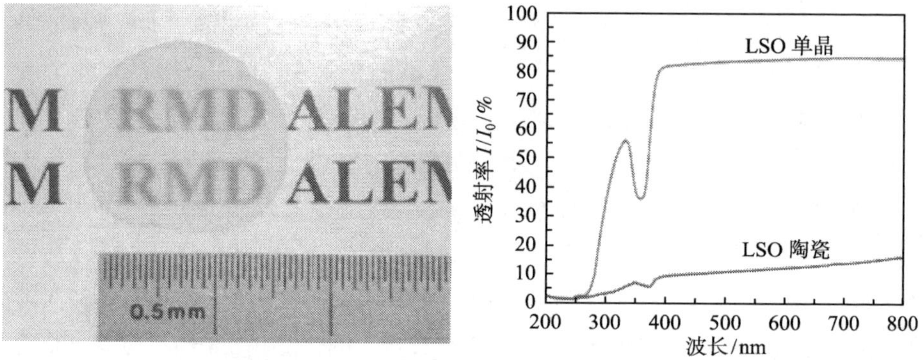

(a)　(b)

图 9.38　(a) Ce:LSO 透明陶瓷的实物照片；(b) LSO 陶瓷和晶体的直线透过率曲线 (样品厚度均为 1mm)[160]

图 9.39 是 Ce:LSO 陶瓷、Ce:LSO 晶体和 BGO 晶体在 662keV 光峰位置处光输出的比较，激发源分别为 ^{22}Na 和 ^{137}Cs。用单光电子法计算得到 Ce:LSO 陶瓷的光产额为 30100 ph/MeV，而 Ce:LSO 晶体的光产额则为 32452ph/MeV。Ce:LSO 陶瓷的光输出仅比 Ce:LSO 晶体低了 6%~7%。分别以 ^{22}Na 和 ^{137}Cs 为激发源，Ce:LSO 陶瓷的能量分辨率为 15%和 18%，而 Ce:LSO 晶体则为 10%和 9%。无论是 Ce:LSO 陶瓷还是 Ce:LSO 晶体，两者的衰减时间均为 40ns。Ce:LSO 陶瓷良好的闪烁性能表明该材料在 γ 射线探测和医学成像上具有应用潜力。

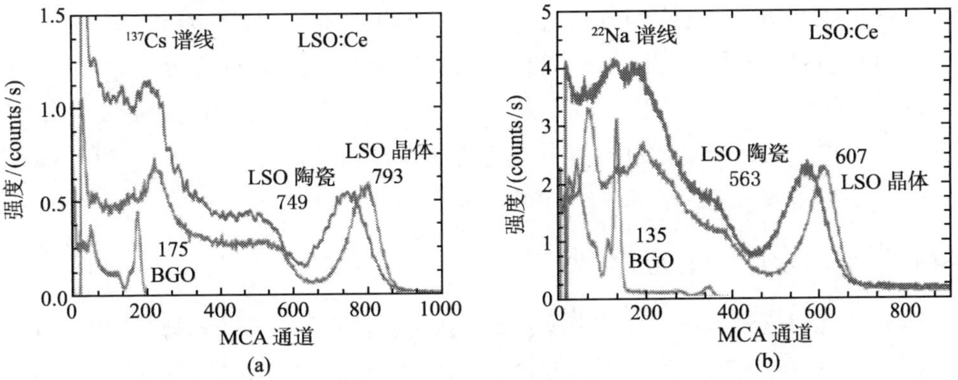

图 9.39 Ce:LSO 陶瓷与 BGO、LSO 晶体的光输出比较[160]

9.4 上转换发光

1966 年，Auzel[162]在研究钨酸钠钇玻璃时发现，当基质材料中掺入某些稀土离子时，可以在红外辐射激发下发射出可见光。稀土离子的反斯托克斯(Anti-Stokes)效应被提出以后，意味着上转换发光的研究正式开始。在此后的十几年内，上转换材料发展成为一种把红外转变为可见的有效材料，这种材料和发红光的 GaAs 发光二极管配合能够得到绿光，其效率可以和 GaP 发光二极管竞争。然而，随着研究的深入，上转换材料面临如何进一步提高效率的问题。另外，由于当时二极管技术尚不成熟，大功率的近红外激发光源难以得到，且当时二极管的发射峰值与上转换材料的激发波长不匹配，这些因素就使得上转换材料的发展渐渐陷入困境。进入 20 世纪 90 年代，伴随着半导体技术的发展，上转换研究迎来了它的第二次高潮，此次的研究与前次不同，主要表现为以实现激光输出为目标。由于分子束外延和金属有机化学气相沉积(MOCVD)等技术的迅猛发展，近红外的半导体激光器技术有了根本性的突破，其输出功率大大提高，寿命延长，而且实现了商品化，成本大大降低。因而人们可以以近红外半导体激光器为激发光源来激发上转换材料，从而获得短波长激光输出的可能[163]。在这样的研究背景刺激下，大批新型、高效的上转换材料被开发出来[164–166]。在室温下、于光纤中均实现了激光输出[167–169]。此外，随着该方面研究工作的深入发展，新的应用领域也不断被开拓，如三维立体显示[170]、生物分子荧光标记[171]、远程温度传感[172]、上转换防伪等。目前可以得到的半导体激光器 GaAlAs、AlGaIn 和 InGaAs 的激光发射波长分别集中于 810~980nm、670~690nm 和 940~990nm，这些波长分别处在 Er^{3+}、Tm^{3+}、Yb^{3+}或 Ho^{3+}离子的主吸收带上，因此这些离子作为上转换的激活离子得到了广泛研究。单晶的上转换发光也有报道，如 $Nd_2(WO_4)_3$ 晶体在室温下可将 808nm

激光转换成 457 及 657 nm 的可见光[173]。Er^{3+}:YVO_4单晶在室温下将 808nm 激光转换成 550nm 的可见光[174]。Sm^{3+}: YAG 晶体，在室温下将 925~950nm 激光上转换至可见区域[175]。透明陶瓷材料由于其具有玻璃和单晶无可比拟的优点而受到了极大的关注，接下来我们将以 YAG 和 Y_2O_3 两个体系作为研究对象，系统研究 YAG 基和 Y_2O_3 基上转化发光透明陶瓷的制备、结构与上转换发光性能。

9.4.1 YAG 基上转换发光透明陶瓷

Er^{3+}的能级比较丰富，有很多分裂能级和亚稳态的存在，谱线范围很宽，在合适的激发条件下，可上转换发射出可见光。Zhou 等[176]以高纯 α-Al_2O_3(平均粒径 0.38μm)、Y_2O_3 (平均粒径 3.35μm)和 Er_2O_3(平均粒径 7.2μm)粉体为原料，正硅酸乙酯(TEOS)为烧结助剂，采用固相反应和真空烧结技术制备了高浓度掺杂 Er:YAG 透明陶瓷。图 9.40 是高浓度掺杂 Er:YAG 透明陶瓷的实物照片和直线透过率曲线，样品的厚度为 2mm。

(a)

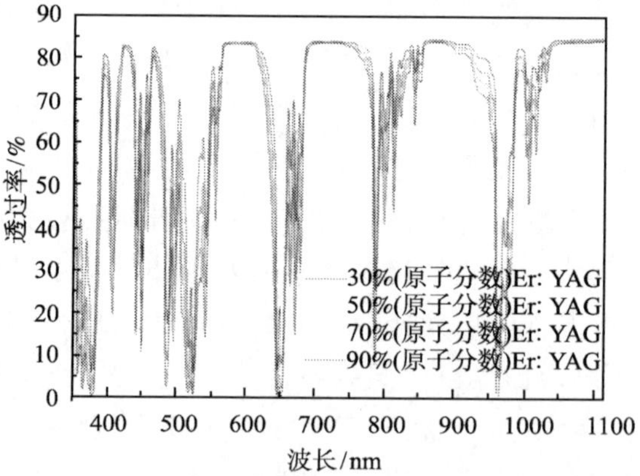

(b)

图 9.40 高浓度掺杂 Er:YAG 透明陶瓷[176]

(a) 实物照片(从左到右的掺杂浓度分别为 30%(原子分数)、50%(原子分数)、70%(原子分数)和 90%(原子分数)；(b) 直线透过率曲线

以 980nm 二极管激光器作为激发源，以上四种高浓度 Er:YAG 透明陶瓷在室温下

发出的上转换荧光主要分为两种，分别是最高峰值在 560nm 处的绿光和最高峰值在 679nm 处的红光。绿光和红光分别来自于 $^2H_{11/2}/^4S_{3/2}\rightarrow{}^4I_{15/2}$ 和 $^4F_{9/2}\rightarrow{}^4I_{15/2}$ 跃迁[176]。图 9.41 是在 980nm LD 激发下高浓度掺杂 Er:YAG 透明陶瓷的上转换发光光谱。从图中可以看出，红光在 30%Er 含量时最强，随着 Er 浓度的提高，强度下降的很快。而绿光则是在 50%Er 含量时最强，Er 浓度超过 50%时，绿光强度也呈下降趋势。

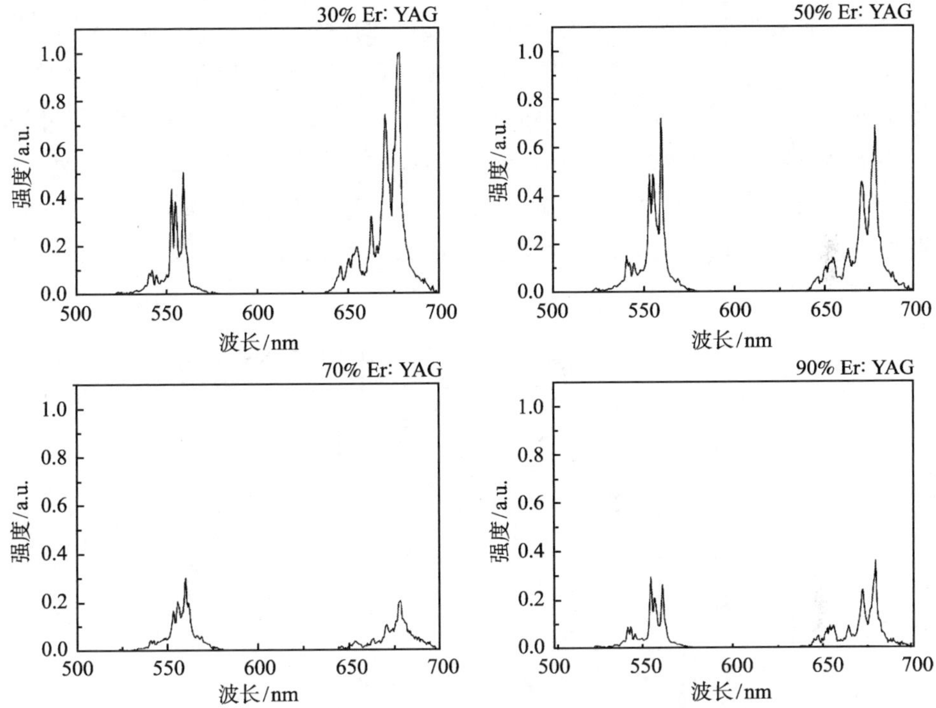

图 9.41 980nm LD 激发下高浓度掺杂 Er:YAG 透明陶瓷的上转换发光光谱[176]

由于 Er^{3+}离子本身的三能级特性和对泵浦光的吸收系数较小，导致 Er^{3+}离子的发光输出效率非常低。为了提高材料对泵浦源吸收系数和发光输出效率，有必要对 Er^{3+}离子进行敏化。迄今为止，在人们发现的敏化离子中，Yb^{3+}是对 Er^{3+}敏化效果最好的稀土元素。Yb^{3+}离子的敏化作用表现在两个方面：首先 Yb^{3+}离子对 940~980nm 的抽运光的吸收截面比 Er^{3+}离子大一个数量级，Yb^{3+}离子的敏化增加了泵浦效率。其次 Yb^{3+}离子 $^2F_{5/2}$ 能级与 Er^{3+}离子 $^4I_{11/2}$ 能级高度相近并且 Yb^{3+} 发射谱和 Er^{3+}的吸收谱之间的重叠较大，使得 Yb^{3+}/Er^{3+}离子间可以有效地进行能量传递，显著提高掺 Er 材料的抽运效率，改善其光致发光性能[128]。

Liu 等[16]以湿化学法合成的纳米 Yb, Er : Y_2O_3(平均晶粒尺寸为 60nm)和商业

α-Al_2O_3(平均晶粒尺寸为 150nm)粉体为原料，以正硅酸乙酯(TEOS)为烧结助剂，采用固相反应和真空烧结技术制备了 Yb, Er:YAG 透明陶瓷。图 9.42 是 980 nm 激光激发下，Yb, Er:YAG 透明陶瓷的上转换发光机制。主要的发光机制为 $Yb^{3+}\rightarrow Er^{3+}$的能量传递[energy transfer, 见图 9.42 (a)][177]。首先，处于基态的 Yb^{3+}离子通过吸收一个 980 nm 光子被激发到 $^2F_{5/2}$ 能级，然后把能量传递给处于基态的 Er^{3+}离子，把 Er^{3+}离子激发到 $^4I_{11/2}$ 中间能级，然后通过多声子弛豫到 $^4I_{13/2}$ 能级。接着 $Yb^{3+}\rightarrow Er^{3+}$的能量传递把处于 $^4I_{11/2}$ 和 $^4I_{13/2}$ 能级的 Er^{3+}分别泵浦到 $^4F_{7/2}$ 和 $^4F_{9/2}$ 能级。然后处于 $^4F_{7/2}$ 能级的 Er^{3+}离子，通过多声子弛豫到 $^4S_{3/2}/^2H_{11/2}$ 激发态。最后 $^4S_{3/2}/^2H_{11/2}\rightarrow ^4I_{15/2}$ 和 $^4F_{9/2}\rightarrow ^4I_{15/2}$ 的辐射跃迁导致了 563 nm 波段的绿光发射和 660 nm 波段明亮的红光发射。另一个可能的发光机制是邻近 Er^{3+}之间的能量传递[cooperative energy transfer, 见图 9.42 (b)]。处于 $^4F_{7/2}$ 和 $^4I_{11}/2$ 能级的 Er^{3+}离子相互作用，通过 $^4F_{7/2}\rightarrow ^4F_{9/2}$ 和 $^4I_{11/2}\rightarrow ^4F_{9/2}$ 交叉弛豫，占据红光发射态 $^4F_{9/2}$。然后 $^4F_{9/2}\rightarrow ^4I_{15/2}$ 的辐射跃迁导致 660 nm 波段的红光发射。

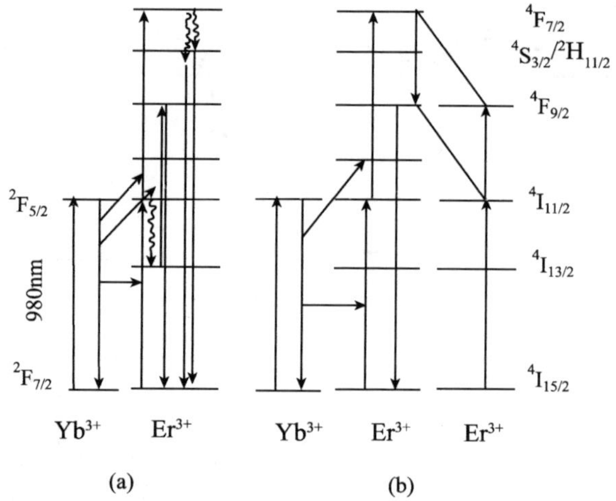

图 9.42　980 nm 激光激发下，Yb, Er:YAG 透明陶瓷的上转换发光机制[177]

(a) Yb^{3+}与 Er^{3+}离子之间的能量传递；(b) Er^{3+}离子之间的交叉弛豫

黄同德[178]以商业氧化物粉体为原料，采用固相反应和真空烧结技术成功制备了 2%(原子分数)Er, 5%(原子分数)Yb:YAG 透明陶瓷材料。研究结果发现，2%(原子分数)Er, 5%(原子分数)Yb:YAG 透明陶瓷退火后的 1.5 μm 荧光强度和红绿上转换发光强度比退火前有较大的提高，退火前荧光寿命较低，约为 5ms 左右，而退火后的荧光寿命为 8ms 左右。其主要原因是退火前的 Er, Yb:YAG 陶瓷中存在的 Yb^{2+}、氧空位色心和晶格缺陷等因素，对 Yb^{3+}的上能级离子寿命产生严重的猝灭作用，大大降低 $Yb^{3+}\rightarrow Er^{3+}$离子间的能量转移效率。采用 Judd-Ofelt 理论计算方法，在 2%(原子分数)Er,

5%(原子分数)Yb : YAG 透明陶瓷中，Er^{3+}离子的发射截面在 1.5μm 波段的最强峰1531nm 处可达 $0.7\times10^{-20}cm^2$，与 Er^{3+}离子掺杂磷酸盐玻璃的发射截面相当[179]。在此基础上，周军将 Er,Yb:YAG 透明陶瓷的工作做得更加系统和深入，不仅改善了材料的光学质量，而且也提高了 Er, Yb:YAG 陶瓷的光学透过率，并且系统研究了 Yb 掺杂浓度对上转换发光的影响规律。对于掺杂 1%(原子分数)Er, 5%(原子分数)Yb、1%(原子分数)Er, 10%(原子分数)Yb、1%(原子分数)Er, 15%(原子分数)Yb、1%(原子分数)Er, 20%(原子分数)Yb 和 1%(原子分数)Er, 25%(原子分数)Yb 的 Er,Yb:YAG 透明陶瓷，厚度为 2mm 的样品在可见光范围的透过率均超过 80%，并且随着 Yb^{3+}掺杂量的提高，上转换绿光强度明显增强，Yb^{3+}掺杂量为 15%时达到最大，继续增加 Yb^{3+}的掺杂量，Er,Yb:YAG 透明陶瓷的上转换发光开始猝灭[128]。

9.4.2 倍半氧化物基上转换发光透明陶瓷

在纳米尺度上研究稀土离子掺杂倍半氧化物体系的上转换发光具有重要的现实意义。比如，在生物分子荧光标记领域、双光子共聚焦显微镜领域，都需要具有高效上转换发光性能的纳米颗粒；此外，利用纳米晶粉体高的烧结活性，可以在相对温和的条件下实现其透明化，从而得到具有高效上转换发光性能的透明陶瓷块体，这种材料有望在大功率近红外 LD 泵浦下实现短波长的上转换激光，而这对其他两种实现短波长激光输出的技术(通过倍频技术实现短波长激光输出以及蓝绿光半导体激光器技术而言，是很好的补充)。将来可以通过不同稀土离子的掺杂和选择合适的泵浦路径，实现其在近红外半导体激光器激发下紫外波段的上转换激光输出，这具有很重要的科学价值。章健[22]采用共沉淀法制备出 Er:Y_2O_3、Yb,Er:Y_2O_3 和 Yb,Ho:Y_2O_3 纳米粉体，然后使用真空烧结技术制备相应的上转换发光透明陶瓷。图 9.43 是 Er:YAG 透明陶瓷和纳米粉体在 980nm LD 激发下的上转换发光光谱。从图中可见，透明陶瓷的上转换光谱的谱峰位置和谱峰结构与相应纳米晶粉体基本一致，然而，其绿光和红光的相对强度比却发生了非常大的变化，从纳米晶粉体的绿弱红强变成透明陶瓷块体的绿强红弱。在 Yb,Ho:Y_2O_3透明陶瓷中，从 Yb^{3+}到 Ho^{3+}的能量传递在整个上转换过程中扮演了很重要的角色，Yb^{3+}的共掺杂为上转换提供了高效的激发通道，其上转换谱峰位置与谱峰结构和 Yb,Ho:Y_2O_3 纳米晶基本一致，但绿光发光相对强度则更强。

Zhang 等[180]还研究了不同掺杂浓度 Er:Y_2O_3透明陶瓷在 980nm LD 激发下的上转换发光光谱(图 9.44)。随着掺杂浓度的提高，红光上转换强度增大，这种现象主要是 Er^{3+}离子 ${}^4F_{7/2}\rightarrow{}^4F_{9/2}$ 和 ${}^4F_{9/2}\leftarrow{}^4I_{11/2}$ 跃迁的交叉弛豫增大了 ${}^4F_{9/2}$ 能级的布居数所导致的。此外，Er^{3+}离子 ${}^2I_{11/2}\rightarrow{}^4I_{9/2}$ 和 ${}^4I_{13/2}\leftarrow{}^4I_{15/2}$ 跃迁的交叉弛豫减少了 ${}^4S_{3/2}/{}^2H_{11/2}$ 能级的布居数，并致使红光与绿光上转换发光强度比增大。

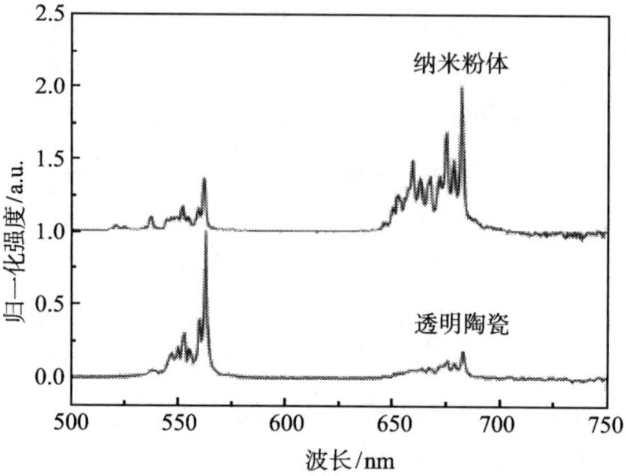

图 9.43 Er:Y_2O_3透明陶瓷和纳米粉体在 980 nm LD 激发下的上转换发光[22]

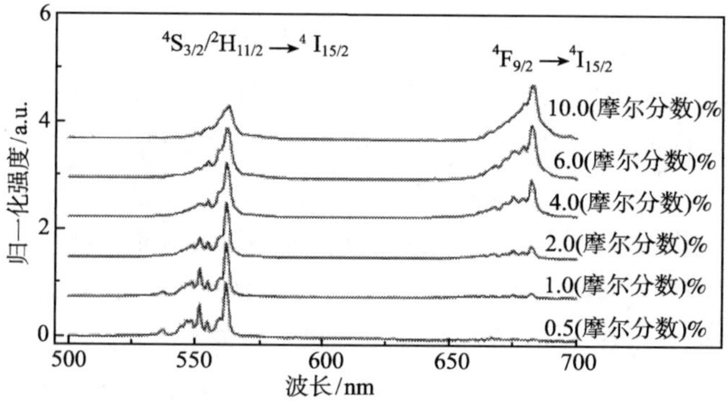

图 9.44 980nm LD 激发下 Er:Y_2O_3透明陶瓷的上转换发光光谱[180]

除了 Y_2O_3 基上转换发光透明陶瓷，其他稀土离子掺杂倍半氧化物透明陶瓷同样存在上转换发光性能。Lupei 等[181]系统研究了 800nm 脉冲激光激发下 Er:Sc_2O_3 透明陶瓷中 Er^{3+}红、绿光的上转换发光机理和(Tm,Nd,Yb):Sc_2O_3 透明陶瓷中蓝光发射的上转换机制。但是，由于短波长蓝绿半导体激光器技术的飞速发展，蓝绿光上转换激光器的重要性已经不是那么明显。然而，对于紫外区域，由于半导体材料自身物理性质的局限，不太可能在短时间内取得突破。就 YAG、Y_2O_3 等透明陶瓷体系，通过合适的稀土离子掺杂，并结合现有的廉价大功率近红外 LD，争取尽快实现紫外区域的上转换发光和上转换激光输出。

9.5 窗口用透明陶瓷

自 1961 年 Coble 成功制备了半透明的多晶氧化铝陶瓷(luca lox)以来[2]，透明陶瓷引起了世界各国材料工作者极大的关注。这一方面是因为这些材料具有良好的透光性；另一方面又具有结构陶瓷的高强度、高硬度、耐腐蚀、耐高温等性能。透明陶瓷按其应用特征可分为两大类，即透光性陶瓷与光功能陶瓷。前者以可见光透光或红外透波为主；后者则主要体现在透明陶瓷的特殊光功能特性上。窗口用透明陶瓷主要利用的是其透光特性。

9.5.1 Al_2O_3透明陶瓷

最初的多晶 Al_2O_3 透明陶瓷的开发目的主要是解决高压钠灯的灯管问题，要求能抗高温钠蒸气腐蚀，玻璃和石英都不能满足需要，而蓝宝石的成本过高且很难制成异形件。采用常规粉末冶金方法烧结的多晶透明陶瓷则能较好地解决上述问题。然而多晶 Al_2O_3 的透明度较差，目前广泛应用于高压钠灯的高纯度多晶 Al_2O_3，严格说是半透明的。这是由于氧化铝晶体是六方晶胞结构，属单轴晶体，存在双折射效应，光线通过多个晶粒时将在晶界上产生反复的双折射，从而使透过光强严重衰减。

近年来在通过提高致密度和细化晶粒来改善 Al_2O_3 陶瓷的透明度方面取得了重大突破，研究发现在高度致密的 Al_2O_3 陶瓷中，当晶粒尺度进入亚微米乃至纳米级时，双折射现象引起的光学损耗降低，Al_2O_3 陶瓷可由半透明转为透明。要获得细晶粒 Al_2O_3 透明陶瓷，烧结时不仅需要尽可能减少残余气孔，同时也需要尽可能限制晶粒生长。采用热等静压烧结(HIP)技术能够在1200~1300℃的低温下使氧化铝陶瓷的气孔率降低到0.05%以下，而晶粒尺寸能够控制在1μm以下。这种方法获得的致密氧化铝陶瓷不仅具有良好的机械性能，通常直线透过率也会高于50%[182,183]。图9.45 (a)是相对密度为99.7%的 Al_2O_3 陶瓷的显微结构，样品的平均晶粒尺寸约为500nm。图9.45(b)是不透明(左)和透明 Al_2O_3 陶瓷板(右)的实物照片。左侧不透明 Al_2O_3 陶瓷的气孔率约为0.3%；右侧透明 Al_2O_3 陶瓷的气孔率低于0.03%，晶粒尺寸约为500nm，杨氏模量约为400GPa，四点抗弯强度为600~700MPa，韦氏硬度为20.5GPa[184]。

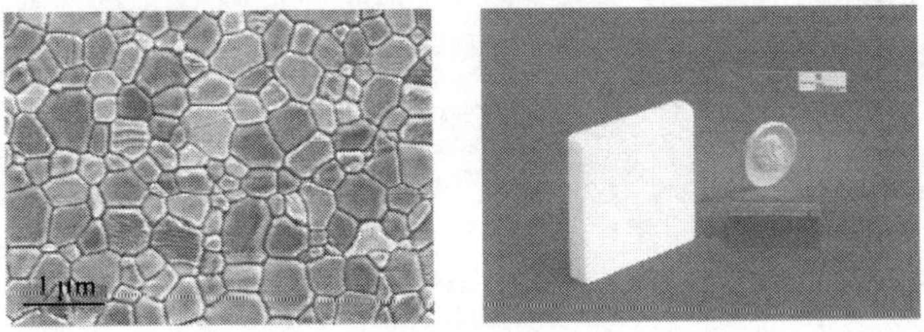

(a) (b)

图9.45 (a) 亚微米氧化铝陶瓷的显微结构(气孔率0.3%)；(b) 不透明和透明氧化铝陶瓷的实物照片(气孔率分别为0.3%和0.03%)[184]

Peelen 和 Metselaar[185]以及 Apetz 和 Van Bruggen[186]利用基于米勒散射的模型研究了气孔和双折射对 Al_2O_3 陶瓷直线透过率的影响。特别是 Apetz 和 Van Bruggen[186]根据瑞利-德拜-甘斯(Rayleigh-Debye-Gans)散射模型定量研究了晶粒尺寸对 Al_2O_3 陶瓷板直线透过率的影响。只有散射损耗降低了，陶瓷材料的直线透过率才能提高。

图 9.46　具有不同晶粒尺寸、不同透光率的氧化铝陶瓷照片[186]

Yamashita 等[187]则根据米勒散射模型研究了气孔率、气孔直径和晶粒尺寸等对 Al_2O_3 陶瓷直线透过率和总透过率的影响。结果发现，气孔对陶瓷的直线透过率和总透过率均有显著影响，而晶粒尺寸只对直线透过率有影响。图 9.46 是具有不同晶粒尺寸的 Al_2O_3 透明(或半透明)陶瓷的实物照片[186]。两块 Al_2O_3 透明(或半透明)陶瓷都经过双面抛光处理，样品厚度均为 0.8mm，样品在文字上方的高度均为 1cm。左侧的 Al_2O_3 陶瓷为半透明，平均晶粒尺寸为 20μm，右侧则是平均晶粒尺寸为 0.5μm 的 Al_2O_3 透明陶瓷。

氧化铝透明(半透明)陶瓷可以通过在高温下长时间保温以减少晶界数量来获得，但是粗晶粒氧化铝陶瓷的直线透过率通常低于 10%[188]。Mao 等[189]通过凝胶注成型和氢气氛烧结工艺制备了半透明氧化铝陶瓷。图 9.47 是氧化铝陶瓷的实物照片和 SEM 断口形貌照片。从图中可以看出，样品呈半透明状，晶粒尺寸为 10~20μm，三叉晶界处仍有气孔存在。

(a)　　(b)

图 9.47　凝胶注成型制备氧化铝陶瓷的(a)实物照片和(b)SEM 断口形貌照片[189]

1850℃×3h，ϕ84mm×1.1 mm

用于制备透明氧化铝陶瓷的粉体原料粒度较小，一般平均粒径在 500nm 以下，浆料的黏度较高，必须减小浆料的固含量以获得较好的流动性，因此凝胶注成型制备的氧化铝陶瓷素坏的密度不高。相对而言，注浆成型是通过模具吸收浆料中的水分获得素坯，浆料的固含量与素坯密度的关系不是很大。因而可以通过降低浆料的固含量来提高浆料的流动性。中国科学院上海硅酸盐研究所王士维课题组在注浆成型工艺研制一体化金卤灯氧化铝陶瓷管方面取得了重要突破。图 9.48(a)是研制的第一支完成的一体管，图 9.48(b)是其他型号的一体管。本工作的氧化铝透明陶瓷一体管已经装配成的陶瓷金卤灯[190]。

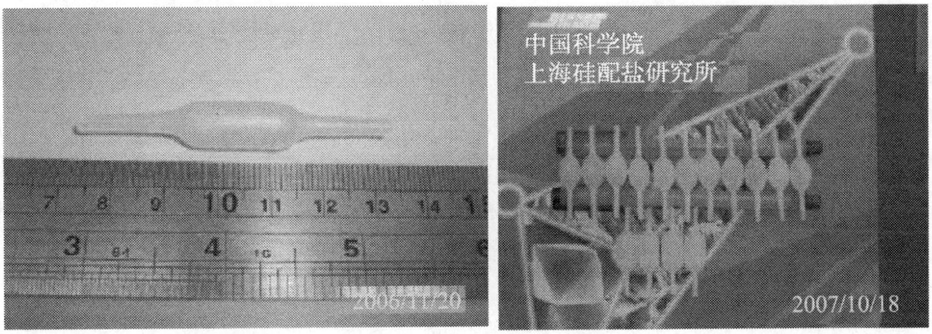

(a)　　(b)

图 9.48　注浆成型工艺制备的一体化金卤灯氧化铝陶瓷管[190]

除晶粒细化外，使多晶体的光轴发生取向排列从而消除双折射也是一种思路。强磁场作用下氧化铝晶体会发生择优取向，其 c 轴将沿磁场方向排列，而对氧化铝而言 c 轴与光轴平行[191]。Mao 等[192]通过磁场辅助的注浆成型方法，制备出氧化铝颗粒具有取向性排列的陶瓷坯体，然后经过氢气氛烧结得到光轴相互平行的透明氧化铝陶瓷。和晶粒无序排列的半透明氧化铝陶瓷相比，透过率大幅度提高。图 9.49 是有无磁

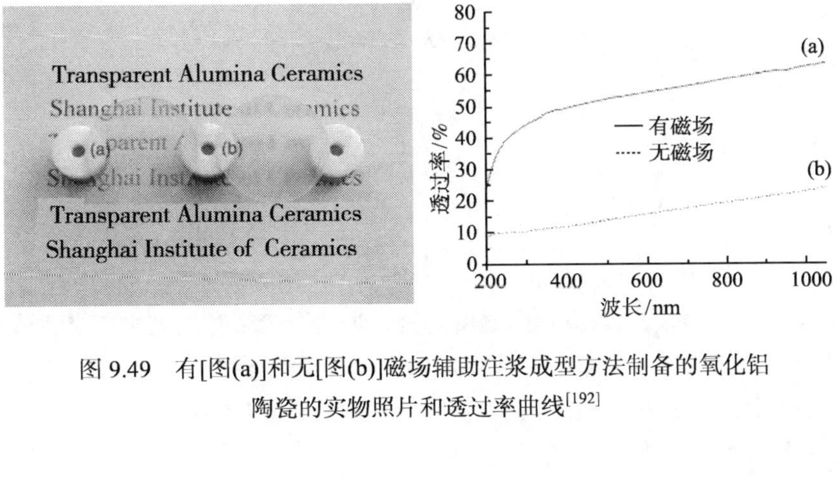

图 9.49　有[图(a)]和无[图(b)]磁场辅助注浆成型方法制备的氧化铝陶瓷的实物照片和透过率曲线[192]

场辅助注浆成型方法制备的氧化铝陶瓷的实物照片和透过率曲线，样品的厚度均为0.8mm。透过在12T磁场中成型制备的氧化铝陶瓷可以清楚地看出下面的字迹，而透过无磁场的环境下成型所得的氧化铝陶瓷样品则只能看到模糊的字迹。在磁场中成型的氧化铝陶瓷的透过率比不在磁场中成型的样品有了突破性的提高，在可见光范围内达到了50%~60%，并且紫外波段仍然保持较高的透过率。

为了验证样品织构化的取向结构，对磁场中成型所得的氧化铝陶瓷进行了X射线衍射分析，如图9.50所示。其中图9.50(a)的观测面与磁场方向垂直；图9.50(b)的观测面与磁场方向平行；图9.50(c)是在无磁场的条件下成型所得的氧化铝陶瓷样品。图9.50(a)中显示出的主要衍射峰对应于(006)晶面，证实了晶粒的 c 轴与测试面垂直即垂直于磁场方向。图9.50(b)中反应出的衍射峰主要对应于与 c 轴平行的(110)及(300)晶面，说明晶粒的 c 轴与测试面平行。而图9.50(c)的谱线与 α-Al_2O_3 粉末的XRD谱线相似，说明该样品内部的晶粒呈随机方式排列。利用强磁场成功制备了织构化的透明氧化铝陶瓷，从本质上消除了晶界双折射的问题，透明氧化铝陶瓷的透过率得到了大幅度提高。

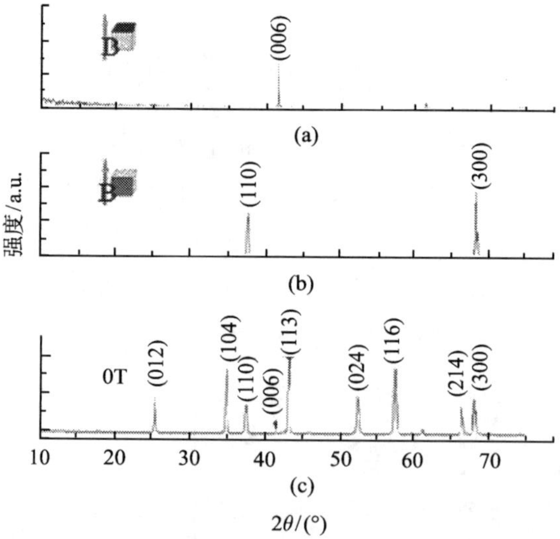

图9.50　透明氧化铝陶瓷的XRD图谱[192]

(a) 垂直于磁场方向；(b) 平行于磁场方向；(c) 无磁场

一般来说，氧化铝透明陶瓷都是在氢气气氛中高温烧结而成的。但是近些年也有一些新型的烧结技术来制备氧化铝透明陶瓷，如微波烧结和放电等离子烧结(SPS)技术。在微波烧结工艺中，陶瓷材料在微波场中吸收微波能而转化成热量，致使陶瓷整体加热。与传统的烧结技术相比，微波烧结具有烧结温度低、保温时间短等特点。Chen

等[193]以 MgO 为烧结助剂，采用微波烧结技术制备了氧化铝透明陶瓷。图 9.51 是在 1750℃微波烧结得到的氧化铝陶瓷的透过率曲线。从图中可以看出，随着保温时间的延长，氧化铝陶瓷的透过率有所提高。

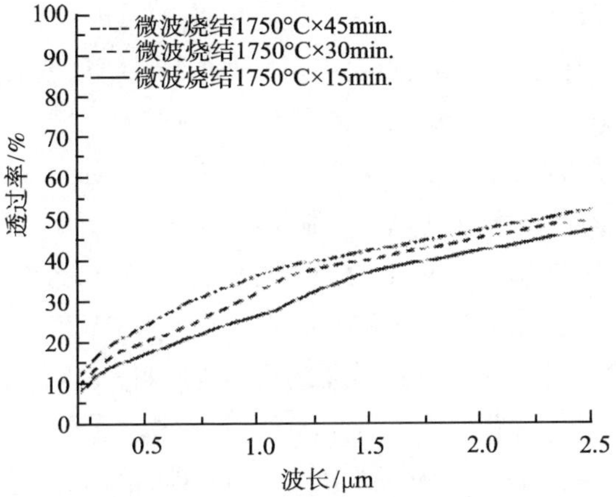

图 9.51 微波烧结氧化铝陶瓷的透过率曲线[193]

放电等离子烧结升温速度快，能够在低温、短时间内制备致密、细晶粒的氧化铝陶瓷。Kim 等[194]通过控制 SPS 烧结的升温速率，获得了平均晶粒尺寸为 270nm 的细晶粒氧化铝陶瓷。图 9.52 是在不同升温速率烧结(1150°C×20min，80MPa)的氧化铝陶瓷的显微结构照片。升温速率为 100°C/min 时，SPS 烧结的氧化铝陶瓷不透明，气孔率为 0.59%，平均晶粒尺寸为 550nm；升温速率为 8°C/min 时，氧化铝陶瓷的气孔率为 0.03%，平均晶粒尺寸为 270nm，厚度为 3mm 的样品在 640nm 处的直线透过率为 47%。Jiang 等[195]也以平均颗粒尺寸为 200nm、无团聚的 Al_2O_3 粉体为原料，采用放电等离子烧结技术(1300℃×5min，170℃/min)制备红外透过率高达 85%的氧化铝透明陶瓷。

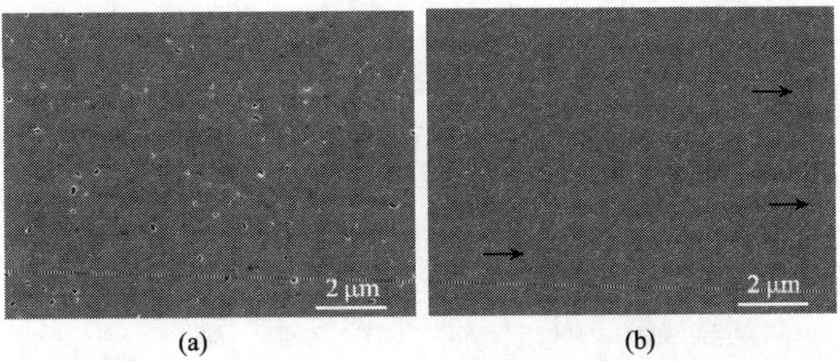

图 9.52 不同升温速率烧结的氧化铝陶瓷的显微结构照片[194]

(a) 100℃/min；(b) 8℃/min [(b)中箭头所指的是小的残余气孔]

9.5.2 ZrO_2透明陶瓷

具有高折射率的透明陶瓷引起了光学器件领域的高度关注。2004 年，钙钛矿型的 $Ba(Mg,Ta)O_3$ 透明陶瓷首次应用于卡西欧数码相机的光学透明系统[196]。该透明陶瓷的折射率大，光学透明系统的焦距短，所以数码相机可以制作得更薄。与玻璃和塑料相比，一些晶态材料具有更高的光学折射率。根据单晶的折射率数据，有三种氧化物，也就是 TiO_2、$MTiO_3$(Ca, Sr, Ba)和 8%~12%(摩尔分数)Y_2O_3-ZrO_2 的折射率大于 2.0 [197]。其中钇稳定氧化锆透明陶瓷的折射率高达 2.2，高于 $Ba(Mg,Ta)O_3$ 透明陶瓷的 2.07，因此在光学器件上具有应用潜力。早期制备的高致密 ZrO_2 陶瓷一般呈半透明状。Vahldiek[198]采用热压烧结工艺制备了半透明 15%(摩尔分数) Y_2O_3-ZrO_2 陶瓷。Mazdiyasni 等[199]也采用低温烧结技术制备了立方相的 6%(摩尔分数) Y_2O_3-ZrO_2 半透明陶瓷。Duran 等[200]则采用醇盐水解获得的粉体为原料，烧制了四方相 3%(摩尔分数) Er_2O_3-ZrO_2 半透明陶瓷。这些早前的研究认为，初始粉体的烧结活性对 ZrO_2 陶瓷材料的透光性有很大的影响。Tsukuma[201]采用热等静压烧结(1500℃，100MPa)工艺，在低于预烧温度(1630℃)的条件下制备了 TiO_2 掺杂的 8%(摩尔分数) Y_2O_3-ZrO_2 透明陶瓷。TiO_2 的加入不仅能够促进晶粒生长，也能促进气孔的排除。Peuchert 等[202]采用真空烧结(1650℃×3h，真空度 1×10^{-3}Pa)和热等静压烧结(1750℃×1h，压力 196MPa)技术制备了 10%(摩尔分数) Y_2O_3-ZrO_2 透明陶瓷，并且研究了 TiO_2 的添加量对其光学透过率的影响。图 9.53 是添加不同量 TiO_2 的 10%(摩尔分数) Y_2O_3-ZrO_2 透明陶瓷的直线透过率曲线。从图中可以看出，随着 TiO_2 添加量的增加，样品的直线透过率也随着增加。

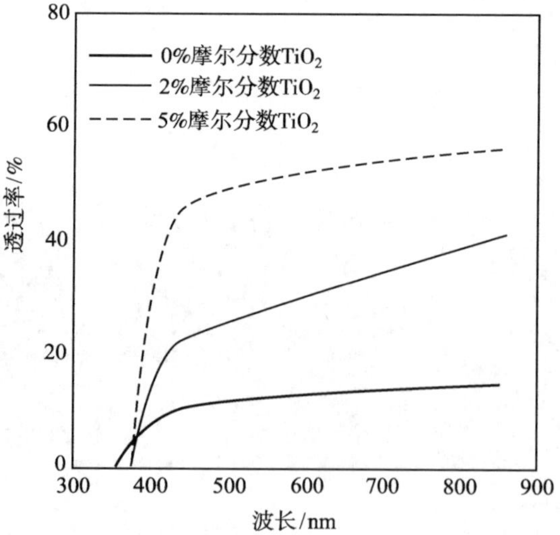

图 9.53　添加不同量 TiO_2 的 10%(摩尔分数) Y_2O_3-ZrO_2 透明陶瓷的直线透过率曲线[202]

TiO_2添加量为5%(质量分数)的厚度为8.7mm的10%(摩尔分数) Y_2O_3-ZrO_2透明陶瓷在600nm处的直线透过率高达51.6%。

对于立方结构的透明陶瓷，在各个方向上的光学性能应该是各向同性的。然而，烧结助剂和(或)相稳定剂的添加会在晶界处出现偏析，从而引起光学性能的波动。加入更多的 TiO_2，10%(摩尔分数) Y_2O_3-ZrO_2透明陶瓷的双折射现象加剧。因此，TiO_2的添加引起光学透过率和光学均匀性之间的竞争。可以通过在10%(摩尔分数) Y_2O_3-ZrO_2-5%(质量分数)TiO_2中加入Y_2O_3来降低样品中的双折射现象,厚度为5.8mm的10%(摩尔分数) Y_2O_3-ZrO_2-5%(质量分数)TiO_2-30%(质量分数)Y_2O_3透明陶瓷样品在600nm处的直线透过率提高到69%。

最近，Tsukuma 等[203]细化了热等静压烧结工艺，主要研究预烧温度与热等静压烧结温度对8%(摩尔分数) Y_2O_3-ZrO_2陶瓷光学透过率的影响。具体制备工艺如下：先用干压成型(50MPa)和冷等静压成型(200MPa)制备陶瓷素坯，然后将素坯在管式炉和空气气氛中以低于1650℃的温度预烧处理，最后陶瓷预烧体在150MPa的氩气气压下热等静压烧结(1300~1650℃×1h)。图9.54(a)是在不同温度下热等静压烧结所得8%(摩尔分数)Y_2O_3-ZrO_2陶瓷的直线透过率，在空气中的预烧温度为1350℃。其中图9.54(b)是在1650℃热等静压烧结所得的8%(摩尔分数)Y_2O_3-ZrO_2透明陶瓷的实物照片。从图中可以看出，样品的直线透过率随着热等静压烧结温度的升高而显著提高，透过1650℃热等静压烧结所得的8%(摩尔分数)Y_2O_3-ZrO_2透明陶瓷可以清楚地看到下面的

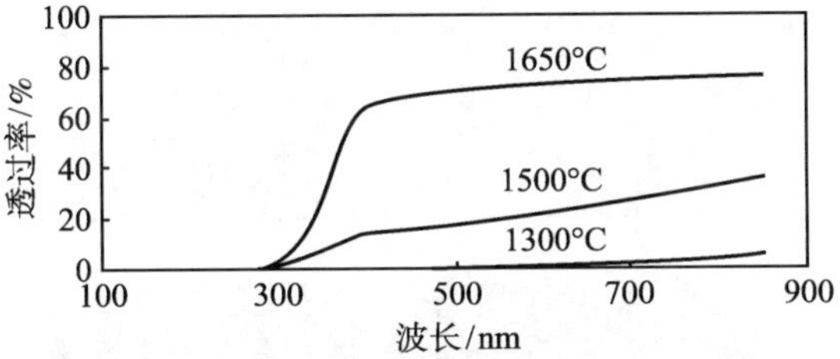

(a)

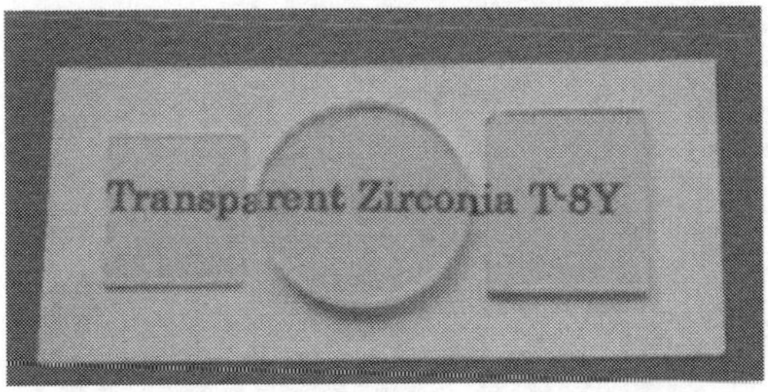

(b)

图9.54 (a) 不同温度下热等静压烧结8%(摩尔分数) Y_2O_3-ZrO_2陶瓷的直线透过率(预烧温度1350℃)；(b) 1650℃热等静压烧结所得样品的实物照片[203]

字迹。基于米勒散射的理论模型表明，亚微米尺度的气孔对可见光波段的透过率影响较大，只有到气孔率低于 100ppm 时，样品才具有较高的透过率。

除了上面这个烧结方法，高压脉冲电流烧结方法也用来制备纳米立方和四方氧化锆透明陶瓷[204]，用该方法制备的立方和四方氧化锆透明陶瓷的晶粒尺寸均为 50nm。厚度均为 1mm 的立方相 8%(摩尔分数)Y_2O_3-ZrO_2 透明陶瓷和四方相 3%(摩尔分数)Y_2O_3-ZrO_2 透明陶瓷在近红外波段的透过率分别为超过 60%和 50%，相当于理论透过率的 80%和 70%。由于色心的存在，样品呈现棕黄色。

9.5.3　MgO 透明陶瓷

MgO 透明陶瓷属于立方晶系，熔点高(2800°C)，具有良好的热性能和机械性能，可以用作窗口材料。氧化镁透明陶瓷的制备技术包括：① 无压烧结；② 热压烧结(HP)；③ 热等静压烧结(HIP)；④ 放电等离子烧结(SPS)。Misawa 等[205]以超细 MgO 粉体为原料，SiO_2 和 B_2O_3 为烧结助剂,采用真空烧结(1600℃×2h)的方法制备了 MgO 透明陶瓷。Chen 等[206]则以 $Mg(NO_3)_2·6H_2O$ 为原料，NH_4HCO_3 和 $NH_3·H_2O$ 为沉淀剂，采用沉淀法获了 $Mg_5(OH)_2(CO_3)_4·4H_2O$。前驱体在 700℃煅烧 2h 获得平均颗粒尺寸约为 20nm 的 MgO 球形颗粒。获得的 MgO 粉体先干压成型(200MPa)，然后在马弗炉中烧结(1400℃×2h)获得半透明 MgO 陶瓷。图 9.55 是无压烧结所得 MgO 陶瓷的实物照片

(a)

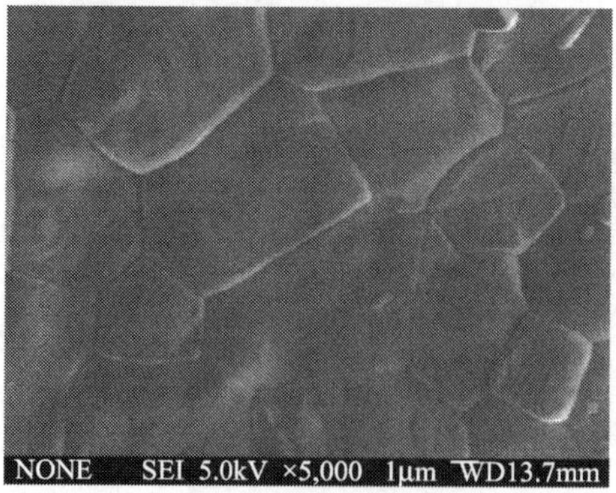

(b)

图 9.55　无压烧结 MgO 陶瓷[206]

(a) 实物照片；(b) 显微结构照片

和显微结构照片。样品的尺寸为ϕ10mm×0.8mm，呈半透明状，相对密度为98.1%，硬度约为6.8GPa，平均晶粒尺寸为6μm。

Benecke等[207]以LiF为烧结助剂，采用热压烧结工艺制备了相对密度大于99.5%的MgO透明陶瓷。Fang等[208]以纳米MgO粉体为原料，LiF为烧结助剂，也采用热压烧结工艺制备了半透明的MgO陶瓷。Itatami等[209]以比表面积为34.3m^2/g的MgO纳米粉体(平均颗粒尺寸为 57nm)为原料，先采用干压成型(36MPa)和冷等静压成型(50MPa)工艺制备陶瓷素坯，然后在空气中无压烧结(1600℃×5h)制备了相对密度为96.7%、平均晶粒尺寸为10.7μm的MgO陶瓷烧结体。无压烧结获得的MgO陶瓷在1500~1600℃热等静压烧结获得相对密度大于99.9%，晶粒尺寸为133~192nm的MgO透明陶瓷。热等静压烧结的MgO透明陶瓷在500~900nm的直线透过率从52%上升至55%，相当于MgO晶体的65%。

作为一种新型的烧结技术,放电等离子烧结也用来制备MgO透明陶瓷。放电等离子烧结时，升温速度快，表面扩散始终是致密化的主要机制，升至烧结温度的时间非常短，晶粒粗化效应能被有效的抑制。此外，烧结时外压的使用可以使粉体本颗粒之间产生滑移并促进其致密化。在这种情况下，假若晶界扩散和体扩散能够忽略的话，烧结体的晶粒尺寸将维持原始纳米粒子的尺度。Chaim等[210]以比表面积为145m^2/g的MgO纳米粉体(颗粒尺寸 11nm)为原料，采用放电等离子烧结技术在700~825℃(压力选择100MPa和150MPa)制备了纳米晶MgO透明陶瓷。其中在800℃烧结的MgO透明陶瓷的平均晶粒尺寸为52nm，在黄光和红光波长的直线透过率相当于MgO晶体的40%和60%。

9.5.4 $MgAl_2O_4$透明陶瓷

随着导弹技术的发展,导弹制导系统已从单一的制导方式发展到复合制导。这就要求研制新的整流罩材料具有多波段、宽范围透过特性，另外，材料还必须具有高的机械强度和硬度，好的抗热冲击性能以及高的抗雨水腐蚀的能力。镁铝尖晶石透明陶瓷是满足这些性能要求的最佳候选材料之一。美国于20世纪70年代就致力于开发镁铝尖晶石透明陶瓷，Bratton[7]以CaO为烧结助剂，采用高温烧结方法制备了镁铝尖晶石陶瓷材料，但是样品在紫外和可见光波段只有很低的透过率，光学散射现象严重。20世纪 80 年代初，在美国国防部的大力资助下，Roy[211]采用热压烧结手段，成功研制出了具有优异光学性能和机械性能的镁铝尖晶石透明陶瓷。黄存新等[212]用金属醇盐法制备了高纯、超细的$MgAl_2O_4$粉体，然后采用真空热压烧结方法制备了具有良好机械性能、硬度和热膨胀系数适中的镁铝尖晶石透明陶瓷。样品在0.3~0.5μm波长范围内的直线透过率不低于81%，在3~5μm波长范围内的直线透过率达到87%。Tsukuma[213]

则以 B_2O_3 为烧结助剂，采用热等静压烧结后处理细晶粒 $MgAl_2O_4$ 陶瓷烧结体。研究结果发现，0.15%(质量分数)B_2O_3 的添加非常有效地限制了晶粒的异常生长，厚度为 1mm 的 $MgAl_2O_4$ 透明陶瓷的直线透过率高达 80%。Lu 等[214]采用超高压(2~5GPa)、低温(500~700℃)烧结 $MgAl_2O_4$ 纳米粉体，获得了高透光性的 $MgAl_2O_4$ 透明陶瓷。图 9.56 是在不同条件下制备的 $MgAl_2O_4$ 透明陶瓷的实物照片，左下角插图是在 540℃/ 3.7GPa 条件下制备的没有裂纹的样品 B 的透过率曲线，右下角插图是在 620℃/3.7GPa 条件下制备的样品 E 的断口形貌照片。该实验中所有 $MgAl_2O_4$ 透明陶瓷的相对密度均低于 99%，但其中一些样品仍具有较高的光学透过率，这很可能与样品晶粒细小而且均匀有关。

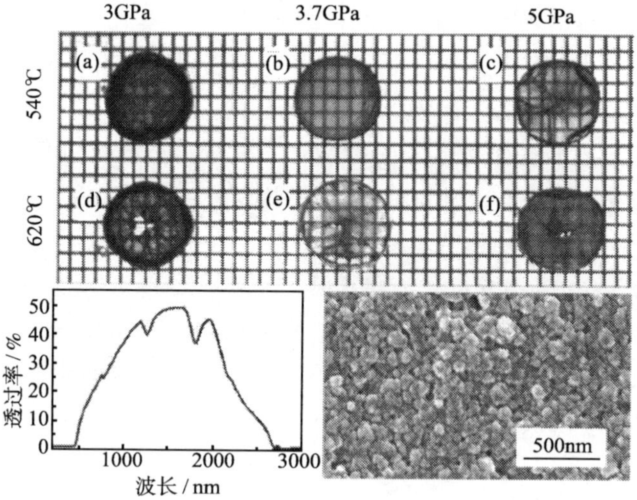

图 9.56　超高压力烧结 $MgAl_2O_4$ 透明陶瓷的实物照片[214]

(a) 540℃/3GPa；(b) 540℃/3.7GPa；(c) 540℃/5GPa；(d) 620℃/3GPa；(e) 620℃/3.7GPa；(f) 620℃/5GPa 和样品 B 的直线透过率曲线，样品 E 的 SEM 断口形貌照片

除了热压烧结、热等静压烧结和超高压烧结，放电等离子烧结技术也可以用来制备 $MgAl_2O_4$ 透明陶瓷。放电等离子烧结技术升温速率快，能够在较低的温度、较短时间内完全烧结致密化。细晶粒 $MgAl_2O_4$ 透明陶瓷不仅具有良好的光学透过率，而且也具有优异的力学性能，能够满足其作为窗口材料而应用于工程上。Morita 等[215]以商用高纯 $MgAl_2O_4$ 粉体(平均颗粒尺寸 360nm)为原料，在不添加任何烧结助剂的情况下，采用放电等离子烧结技术成功制备了 $MgAl_2O_4$ 透明陶瓷，烧结温度为 1300℃，保温时间为 2h。图 9.57 是在不同升温速率下放电等离子烧结的 $MgAl_2O_4$ 透明陶瓷的实物照片，样品的尺寸为 12mm×12mm×1.8 mm，方形样品离开文字的距离为 10mm。在升

温速率≤10℃/min 条件下制备的 $MgAl_2O_4$ 透明陶瓷的气孔率小于 0.5%，在可见光 550nm 处的直线透过率为 47%，样品的断裂强度高达 500MPa。

图 9.57　不同升温速率条件下放电等离子烧结的 $MgAl_2O_4$ 透明陶瓷的实物照片[215]

(a) 2℃/min; (b) 5 ℃/min; (c) 10℃/min; (d) 50℃/min; (e) 100℃/min (样品尺寸 12mm×12mm×1.8mm，距离文字 10mm)

9.5.5　AlN 透明陶瓷

AlN 陶瓷因具有低电导率、高热导率、较低的介电损耗等优良的综合性能而得到广泛的应用。AlN 透明陶瓷在原有优异性能的基础上同时具有在可见光或红外光区域的透光性，有望成为一种具有竞争力的红外窗口材料。要实现 AlN 陶瓷的透明化，必须严格控制各步制备工序，尽量减少杂质相的引入，避免因第二相所形成的散射中心而降低透明陶瓷的透光性。周艳平等[216]以采用碳热还原法制备的 AlN 粉体为原料，以 CaC_2 为烧结助剂，使用热压烧结工艺制备了透明 AlN 陶瓷。实验证明，纯度高、粒径较小且均匀的 AlN 粉体是制备 AlN 透明陶瓷的必要条件。所制备的 AlN 陶瓷样品从紫外、可见到近红外均透明。显微结构研究表明，AlN 陶瓷之所以透明是由于气孔少、晶粒生长完整规则，排列紧密，晶粒尺寸较大，晶界干净和晶界玻璃相含量少等原因。微波烧结是一种新型、高效的烧结技术，具有传统烧结技术无可比拟的优越性。卢斌等[217]在不添加任何烧结助剂的前提下，采用高纯微米级 AlN 粉体，在 1700℃×2h 的微波低温烧结工艺条件下制备出了 AlN 透明陶瓷。样品的晶粒尺寸细小(<10μm)，晶粒发育完善且分布均匀，晶界平直光滑且无第二相分布。放电等离子烧结技术快速的加热和冷却速度不仅能够实现烧结体的快速致密，而且可以实现对烧结试样微观结构的控制。Xiong 等[218]以 CaF_2 为烧结助剂，采用 SPS 技术制备了 AlN 中红外透明陶瓷，如图 9.58 所示。从图中可以看出，CaF_2 的添加显著改善了 AlN 陶瓷的透光性。图 9.59 是 CaF_2 的添加量与 AlN 陶瓷直线透过率的关系。随着 CaF_2 的添加量的增加，AlN 陶瓷的直线透过率也随之增大。

在此基础上，Xiong 等[219]还研究了 CaF_2 和 Y_2O_3 两种烧结助剂对致密 AlN 陶瓷显微结构和光学透过率的影响。在该实验中，CaF_2 和 Y_2O_3 的添加量均为 3.0%(质量分数)，

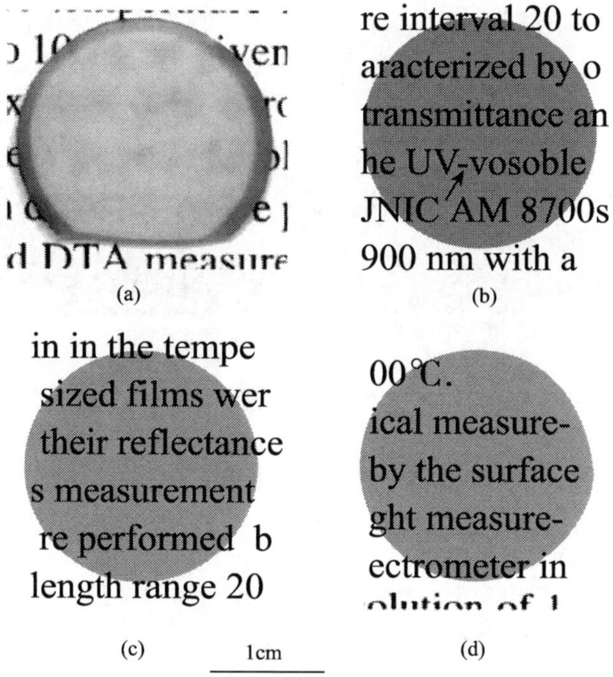

图 9.58　放电等离子烧结技术制备 AlN 陶瓷的实物照片[218]

(a) 0%(质量分数)CaF_2；(b) 1%(质量分数) CaF_2；(c) 2%(质量分数) CaF_2；(d) 3%(质量分数) CaF_2 (1800℃×15min，30MPa，升温速率 100℃/min，N_2气氛)

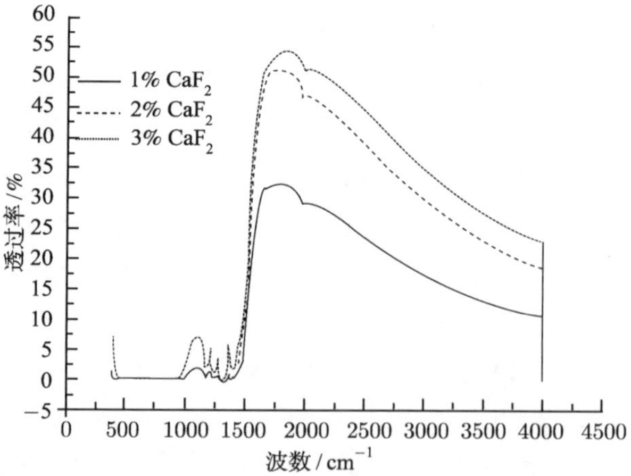

图 9.59　放电等离子烧结 AlN 陶瓷的直线透过率曲线[218]

两个样品在相同的条件下放电等离子烧结(1800℃×10min)。添加 CaF_2 的 AlN 陶瓷样品

比添加 Y_2O_3 的具有更好的透光性。图 9.60 是采用两种不同的烧结助剂，使用放电等离子烧结技术制备的 AlN 透明陶瓷的直线透过率曲线。添加 CaF_2 和 Y_2O_3 烧结助剂所得 AlN 透明陶瓷在 1817cm^{-1} 和 181cm^{-1} 处的直线透过率分别为 54.7%和 31.2%。由 XRD 测试结果发现，添加 CaF_2 的样品为纯 AlN 相，而添加 Y_2O_3 的 AlN 陶瓷中则出现 YAG 第二相。由样品的 SEM 断口形貌(图 9.61)可以发现，添加 CaF_2 烧结助剂的 AlN 透明陶瓷的平均晶粒尺寸为 4.6μm，晶界处没有检测到第二相的存在；而 Y_2O_3 烧结助剂的样品的平均晶粒尺寸为 4.4μm，晶界处有 YAG 相析出。

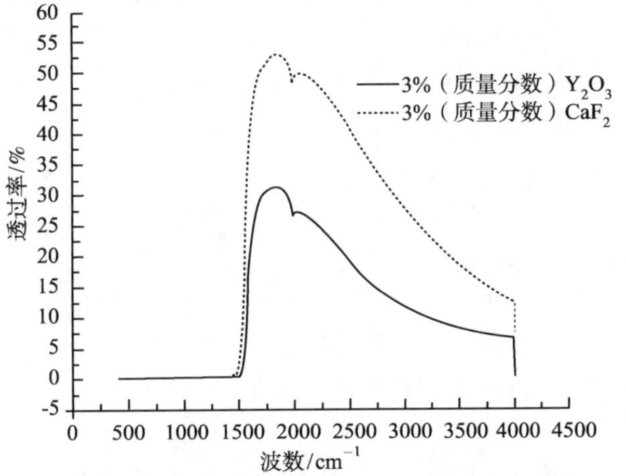

图 9.60 采用不同烧结助剂放电等离子烧结的 AlN 透明陶瓷的直线透过率曲线[219]

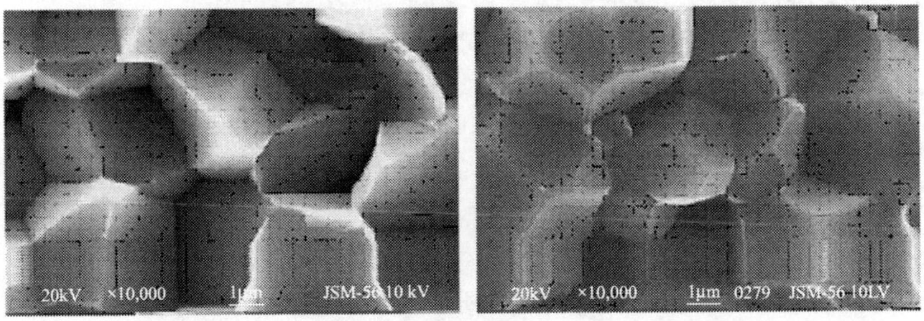

(a) (b)

图 9.61 采用不同烧结助剂制备的 AlN 透明陶瓷的 SEM 断口形貌[219]

(a) 添加 3.0%(质量分数)CaF_2；(b) 添加 3.0%(质量分数)Y_2O_3

9.5.6 AlON 透明陶瓷

具有立方型尖晶石结构的 AlON 透明陶瓷不仅具有良好的介电常数、机械性能和化学性能，同时也具有良好的光学性能(光学各向同性，在 0.2~6.0μm 光波波段范围内的理论透过率可达 80%以上)，因而是耐高温红外窗和导流罩的首选材料，无论在军用和民用方面都具有广泛的应用潜力[220]。自从 1959 年 Yamaguchi 和 Yanagida[221]发现 AlON 相以来，第一块真正的 AlON 透明陶瓷在 20 年后由 McCauley 和 Corbin 通过无压烧结方法制备出来[9]。总的来讲，制备 AlON 透明陶瓷的方法主要有高温固相反应法(SSR)和碳热还原氮化法(CTRN)两种。

Glide 等[222]将 Al_2O_3 和 AlN 粉末充分混合均匀后成型，先用热压烧结法在低于 AlON 相生成温度的 1600℃ 下热压形成致密中间体，然后用反应烧结法进行二次烧结可以制得近似于理论密度的多晶透明 AlON 陶瓷。该方法得到的产品密度高、透过性能好、均匀性好、制备成本低、设备损耗小，尤其适合于防弹装甲的应用。Parimal 等[223,224]使用液相烧结工艺，通过两步烧结法成功制备了 AlON 透明陶瓷。将 α-Al_2O_3 粉和 AlN 粉及添加剂混合均匀，于 200 MPa 下冷等静压成型，在 103.1 kPa 的氮气氛围中，先升温至 1950~2050℃ 保温 10~60 min 使材料体系中形成部分液相以促进烧结；然后降温 50~100℃再保温 8~20h 进一步提高材料的致密度和透明度，该处理过程可有效避免气孔结构的形成，在很大程度上提高了陶瓷材料的透过性能。

Hartnett 等[225]采用不同含量的炭黑和高纯的 γ-Al_2O_3 粉，在流动的氮气氛下煅烧(1820℃保温 40 min)，得到 AlON 含量超过 99.9%的粉末，压成素坯后经 1930℃ 烧结 24h 后得到透过率为 80%的 AlON 透明陶瓷。Cheng 等[226,227]研究了微波烧结法合成透明 AlON 陶瓷，在 1atm 的 N_2 流动气氛下，于 1800℃保温 1h，得到了密度为 99.4% 的 AlON 透明陶瓷，晶粒尺寸达到 40~50μm，厚度为 0.66 mm 的样品的最高透过率达到 60%。张芳[220]采用碳热还原法制备了 AlON 粉体[图 9.62(a)]，为了有利于烧结，

(a)　(b)　(c)

图 9.62　AlON 粉体处理前(a)及经过(b)10h 和(c)20h 球磨后的 SEM 照片[220]

将反应粉体进行后处理。图 9.62(b)和图 9.62(c)为球磨不同时间后 AlON 粉体的 SEM 照片，可以看出粉体形貌和颗粒尺寸存在明显差异。球磨 10h 后粉体的颗粒形状不规则且尺寸分布也不均匀。而球磨 20h 后颗粒明显细化，变得均匀及等轴化，平均尺寸大约 0.5μm。在上述两个球磨时间的粉体中均未发现颗粒的团聚现象，这样的粉体对陶瓷材料的成型和烧结是有利的。

经过不同时间球磨后所得的两种粉体在1950℃烧结8h后的样品实物照片见图9.63，两者都呈透明状态。然而，由均匀粉体烧结的样品(b)明显具有更高的透光性，见透过率曲线(图 9.63)。在波长 220~360nm 范围内两个样品的透过率均随着波长的增长而增加，其后透过率随波长不再增加。从 280nm 左右开始，由均匀粉体所制备样品的透过率 (B) 整体高于由不均匀粉体所制备的烧结样品(A)。在 360~1100nm 的范围内，两个样品的

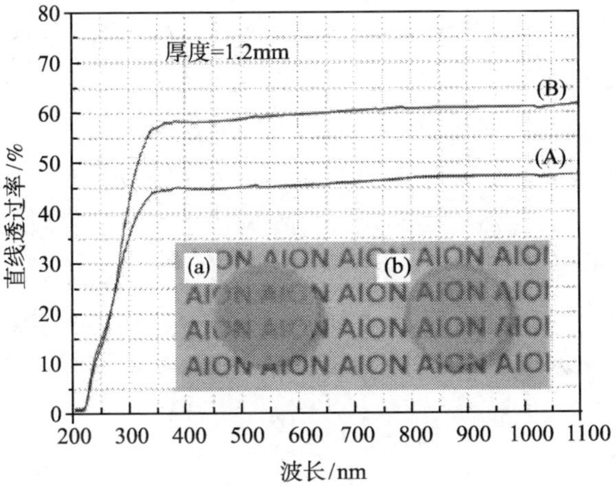

图 9.63 不同球磨时间的粉体经 1950℃烧结 8h 后所得 AlON 陶瓷的实物照片及其相应的透过率曲线[220]

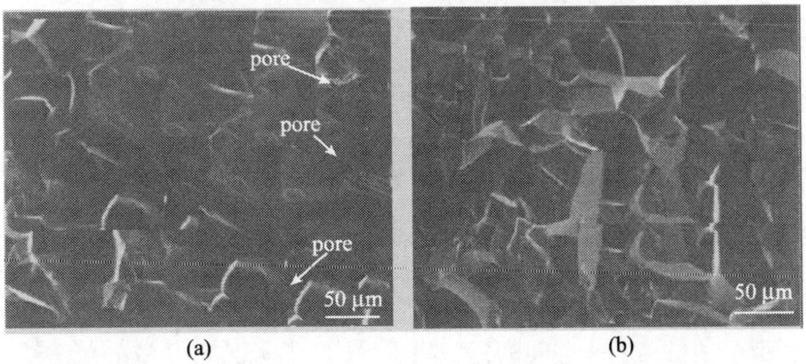

图 9.64 球磨(a) 10h 和(b) 20h 的粉体经烧结后(1950°C/8h)所得 AlON 陶瓷的断口形貌[220]

透过率分别约为 45%和 60%。对样品的断口形貌观察发现：不均匀粉体烧结得到的样品有气孔存在，且晶粒分布不均匀，具有晶粒异常长大[图 9.64(a)]。相反地，均匀粉体烧结样品晶粒分布均匀，无明显气孔，平均晶粒尺寸为 100μm 左右[图 9.64(b)]。

刘学建等[228]也用碳热还原氮化(CTRN)工艺合成了氮氧化铝(AlON)粉体，通过气压烧结工艺制备了 AlON 透明陶瓷，并系统研究了反应温度、保温时间及碳用量对 CTRN 反应产物相组成的影响。研究结果表明：该反应主要受热力学控制，动力学因素也具有重要作用，反应温度和保温时间对 AlON 粉体的合成均具有重要影响。在 1300℃时，开始发生 CTRN 反应；随着反应温度的升高，AlN 的生成量逐渐增加；在 1650℃时， 开始形成 AlON；在 1700℃时，AlON 的 CTRN 合成反应基本完成，产物中除含有极少量的 AlN 外，其余均为 AlON 相；进一步提高反应温度至 1750℃，产物中残余 AlN 的量有所减少，但不能完全消除。采用 CTRN 工艺制备的粉体为原料，经 1950℃高温气氛反应 6h 可制备出 AlON 透明陶瓷，材料微观结构致密、均匀， 平均晶粒尺寸约为 50μm。

除了用碳热还原法合成 AlON 粉体并用气压烧结技术制备 AlON 透明陶瓷，还可以用固相反应技术制备 AlON 透明陶瓷。McCauley 和 Corbin[9]先把商业 Al_2O_3 和 AlN 以物质的量比 5∶9 混合，然后在氮气氛保护下用固相反应烧结制备了立方相的 AlON 透明陶瓷。为了在烧结过程中抑制 AlON 的晶粒生长，Clay 等[229]在 α-Al_2O_3 和 AlN 的固相反应中加入了 16%(质量分数)$LiAl_5O_8$。图 9.65 是先无压烧结(1900℃×2 h)然后经过热等静压烧结后处理(2000℃×2 h)所获得的 LiAlON 透明陶瓷的实物照片，样品的厚度为 6.2mm。

图 9.65　厚度为 6.2mm 的 LiAlON [30%(摩尔分数)AlN] 透明陶瓷的实物照片[229]

无压烧结：1900℃×2 h+热等静压烧结：2000℃×2 h

用固相反应制备 AlON 透明陶瓷，除了采用气压烧结和热等静压烧结，还可以采用微波烧结技术。Cheng 等[226]以商业氧化物粉体为原料，采用固相反应和微波烧结技术制备了 AlON 透明陶瓷。图 9.66 是微波烧结 AlON 透明陶瓷(1800°C×1h)的实物照片和直线透过率曲线，样品的厚度为 0.6mm。与传统的烧结方法相比，微波烧结是一种低温、快速制备 AlON 透明陶瓷的方法。

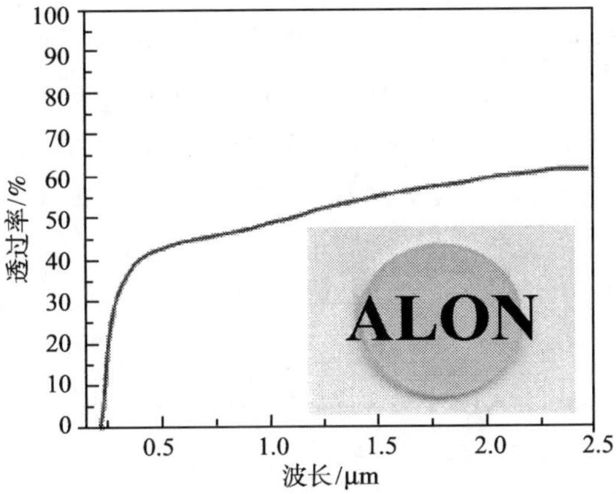

图 9.66 微波烧结 AlON 透明陶瓷(1800°C×1h)的实物照片和直线透过率曲线[230]

9.5.7 SiAlON 透明陶瓷

SiAlON 陶瓷是 20 世纪 70 年代初期由日本的 Oyama 和 Kamigaito[230]以及英国的 Jack 和 Wilson[231]首先发现并迅速发展起来的一类 Si-Al-O-N 四元系高温结构材料。Si_3N_4具有 α-Si_3N_4和 β-Si_3N_4两种晶型，其相应的固溶体分别为 α-SiAlON 和 β-SiAlON。β-SiAlON 的组成通式为 $Si_{6-z}Al_zO_zN_{8-z}$ ($0<z\leqslant 4.2$)，是在 β-Si_3N_4中用 A—O 等量置换 Si—N 所形成的。α-SiAlON 中 n 个 Si—N(1.74 Å)键被 Al—O 键(1.75 Å)取代，m 个 Si—N 键被 Al—N 键(1.87Å)取代，电价的平衡通过引入 M 离子进入晶格来保持。β-SiAlON 的晶粒通常呈长柱状，在各种单相 SiAlON 中具有最高的室温断裂韧性。α-SiAlON 的组成通式为 $M_xSi_{12-(m+n)}Al_{(m+n)}O_nN_{16-n}$ (M 为 Li，Mg，Ca，Y 和大部分稀土元素，如 Nd，Sm，Gd，Dy，Er，Yb 等)，$x = m/v$，v 为离子 M 的价态，$0.3\sim0.5<x\leqslant 2$，因为每个单胞只有两个间隙位置，所以 x 的取值不能超过 2。α -SiAlON 的晶粒为等轴状，硬度高，且能保持到很高的温度，耐磨性好[232−234]。由于 SiAlON 是典型的氮化物陶瓷，具有优良的机械性能、热学性能和化学稳定性，被认为是最有希望的高温结构材料之一，可以广泛用于冶金、交通、运输、化工机械、建材、医学、航空航天等领域。如果能够制备出高透光性的 SiAlON 透明陶瓷，它将有望在耐高温、耐磨损、耐腐蚀以及剧冷剧热等苛刻环境下使用，这将是许多其他透明陶瓷，特别是氧化物透明陶瓷所不能比拟的[235]。最早关于 SiAlON 透光性的报道是在 20 世纪 80 年代，即 Mitomo 等[10]用热压烧结制得了 $z = 2\sim4$ 的半透明 β-SiAlON。样品为 0.65mm 厚时

在 4.51μm 波段(红外区)的透过率最大为 40%，但在 1μm 波段的透过率仅有 5%。而合成 α-SiAlON 时加入的掺杂离子能够进入每个 α-SiAlON 单胞的两个间隙位置，这有利于净化晶界，提高材料的透明性，因此 α-SiAlON 可能比 β-SiAlON 更适合用作透明陶瓷。透明的 α-SiAlON 将优异的力学性能、化学和热学稳定性以及光学性能集于一身，有望提供一种在苛刻条件下使用的窗口材料，扩大 α-SiAlON 的应用领域[236,237]。Su 等[238]以 Si_3N_4、AlN、Dy_2O_3 和 Al_2O_3 粉体为原料，在氮气气氛中热压烧结(1800℃×1h，20MPa)获得了高光学透过率的 Dy-α-SiAlON 透明陶瓷。厚度为 1.0mm 和 1.5mm 的样品在红外波段的最高透过率为 65.2%和 52.5%，在可见光波段的透过率为 58.5%和 40%。该材料具有良好的力学性能，硬度和断裂韧性分别高达 20 GPa 和 5.1 $MPa{\cdot}m^{1/2}$。使用相同的制备方法，Chen 等[239]成功制备了半透明 Gd-α-SiAlON 陶瓷，并且研究了碳污染对材料光学性能的影响。结果发现，即使有少量碳存在，样品的光学质量也会显著降低，所以降低热压烧结过程中样品的碳污染对获得高光学透过率至关重要。此外，Jones 等[240]以 Si_3N_4、Lu_2O_3、AlN 和 Al_2O_3 粉体为原料，在氮气气氛中热压烧结获得了 Lu-α-SiAlON 透明陶瓷。样品致密，晶粒呈等轴状，尺寸均匀，平均晶粒尺寸约为 1μm，硬度高达 19GPa。样品在可见光波段 800nm 处的直线透过率高达 70%(图 9.67)，这主要是因为 Lu-α-SiAlON 陶瓷的显微结构均匀、致密，并且在晶界处没有第二相存在。

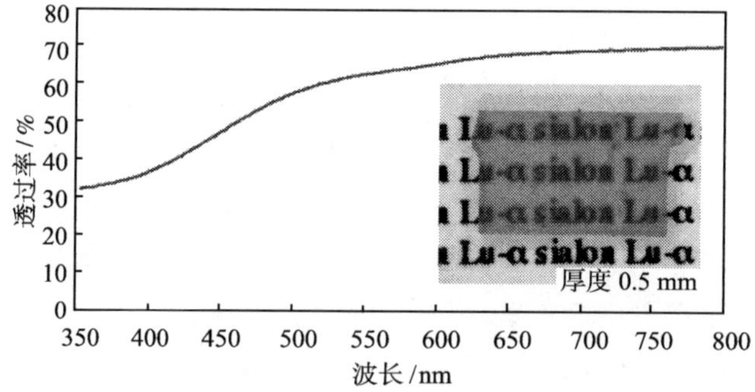

图 9.67　热压烧结 Lu-α-SiAlON 透明陶瓷的实物照片和直线透过率曲线(样品厚度 0.5mm)[240]

除了采用热压烧结技术，Su 等[241]也采用固相反应和放电等离子烧结技术成功制备了 Y-α-SiAlON 和(Dy,Y)-α-SiAlON 透明陶瓷。双面抛光、厚度为 0.5mm 的样品在 2800 cm^{-1} 处的最大透过率为 65%。

虽然 SiAlON 透明陶瓷的研究取得了一定的进展，但该方面的工作仍处于起步阶段。如何选择 α-SiAlON 的组分对透光性更有利，何种稀土离子(单一或多掺杂)更适合透光性 α-SiAlON 的掺杂，如何才能减少气孔、晶界和第二相的含量，控制合适的晶粒尺寸及晶粒的定向排布，烧结温度、烧结气氛及保温时间对材料显微结构和透光性的影响等，都有待于进一步的深入研究。

参 考 文 献

[1] Coble R L. Sintering alumina: Effect of atmospheres [J]. J. Am. Ceram. Soc., 1962, 45(3):123–127.

[2] Coble R L. Transparent alumina and method of preparation: USA, 3026210[P], 1962.

[3] MIles G D, Sambell R A J, Rutherford J, et al. Fabrication of fully dense transparent polycrystalline magnesia[J]. Trans. Brit. Ceram. Soc., 1967, 7(66): 319–335.

[4] Rramakrishnan P. The hot pressing of magnesium oxide[J]. Trans. Brit. Ceram. Soc., 1968, 4(67): 135–145.

[5] Smethurst E, Budworth D W. The preparation of transparent magnesia bodies by hot pressing[J]. Trans. Brit. Ceram. Soc., 1972, 2(71): 45–50.

[6] Lefever R A, Matsko J. Transparent yttrium oxide ceramics[J]. Mater. Res. Bull., 1967, 9(2): 865–869.

[7] Bratton R J. Translucent sintered $MgAl_2O_4$[J]. J. Am. Ceram. Soc., 1974, 57(7): 283–286.

[8] Haertling G H, Land C E. Improved hot-pressed electrooptic ceramics in the $(Pb,La)(Zr,Ti)O_3$ system[J]. J. Am. Ceram. Soc., 1971, 54(6): 303–309.

[9] McCauley J W, Corbin N D. Phase relations and reaction sintering of transparent cubic aluminum oxynitride spinel (AlON)[J]. J. Am. Ceram. Soc., 1979, 62(9, 10): 476–479.

[10] Mitomo M, Moriyoshi Y, Sakat T, et al. Translucent -sialon ceramics[J]. J. Mater. Sci. Lett., 1982, 1(1): 25,26.

[11] Kuramoto N, Taniguchi H. Transparent AlN ceramics[J]. J. Mater. Sci. Lett., 1984, 3: 471–474.

[12] Dewith G, Vandijk H J A. Translucent $Y_3Al_5O_{12}$ ceramics[J]. Mater. Res. Bull., 1984, 19(12): 1669–1674.

[13] Ikesue A, Kinoshita T, Kamata K, et al. Fabrication and optical properties of high-performance polycrystalline Nd:YAG ceramics for solid-state lasers[J]. J. Am. Ceram. Soc., 1995, 78(4): 1033–1040.

[14] Greskovich C, Cusano D, Hoffman D, et al. Ceramic scintillators for advanced medical X-ray detectors[J]. Am. Ceram. Soc. Bull., 1992, 71(7): 1120–1130.

[15] Greskovich C, Duclos S. Ceramic scintillators[J]. Annu. Rev. Mater. Sci., 1997, 27: 69–88.

[16] Liu M, Wang S W, Zhang J, et al. Preparation and upconversion luminescence of $Y_3Al_5O_{12}:Yb^{3+},Er^{3+}$ transparent ceramics[J]. J. Rare Earth, 2006, 24(6): 732–735.

[17] 李江. 稀土离子掺杂 YAG 激光透明陶瓷的制备、结构及性能研究[D]. 上海：中国科学院上海硅酸盐研究所，2007.

[18] Carnall E, Hatch S E, Parsons W F. Materials Science Research[M]. New York: Plunum, 1966, 3: 165–173.

[19] Anderson R C. Transparent zirconia-, hafnia-, and thoria-rare earth ceramics: USA, 3640887[P],1972.

[20] Greskovich C, Chernoch J P. Polycrystalline ceramic lasers[J]. J. Appl. Phys., 1973, 44(10): 4599–4606.

[21] Greskovich C, Chernoch J P. Improved polycrystalline ceramic lasers[J]. J. Appl. Phys., 1974, 45(10):

4495–4502.

[22] 章健. 稀土离子掺杂 Y_2O_3 纳米晶及其透明陶瓷的制备和光谱性能研究[D]. 上海: 中国科学院上海硅酸盐研究所, 2005.

[23] With G D, Van Dick H J A. Translucent $Y_3Al_5O_{12}$ ceramics[J]. Mater. Res. Bull., 1984, 19(12): 1669–1674.

[24] Sekita M, Haneda H, Yanagitani T. Induced emission cross section of Nd: $Y_3Al_5O_{12}$ ceramics[J]. J. Appl. Phys., 1990, 67(1): 453–458.

[25] Sekita M, Haneda H, Shirasaki S, et al. Optical spectra of undoped and rare earth-(=Pr, Nd, Eu, and Er) doped transparent ceramic $Y_3Al_5O_{12}$[J]. J. Appl. Phys., 1991, 69(6): 3709–3718.

[26] 冯锡淇.激光陶瓷中的缺陷(一)[J]. 激光与光电子学进展, 2006, 43(11): 20–26.

[27] 冯锡淇.激光陶瓷中的缺陷(二)[J]. 激光与光电子学进展, 2006, 43(12): 1–10.

[28] Ikesue A, Kinoshita T, Kamata K, et al. Fabrication and optical properties of high-performance polycrystalline Nd:YAG ceramics for solid-state lasers[J]. J. Am. Ceram. Soc., 1995, 78(4): 1033–1040.

[29] Ikesue A, Yoshida K. Influence of pore volume on laser performance of Nd:YAG[J]. J. Mater. Sci., 1999, 34(6): 1189–1195.

[30] Ikeaue A, Kamata K, Yoshida K. Effects of Neodymium concentration on optical characteristics of polycrystalline Nd:YAG laser materials[J]. J. Am. Ceram. Soc., 1996, 79(7): 1921–1926.

[31] Iikesue A, Kamata K, Yamamoto T, et al. Optical scattering centers in polycrystalline Nd:YAG laser[J]. J. Am. Ceram. Soc., 1997, 80(6): 1517–1522.

[32] Yanagitani T, Yagi H, Ichikwa A. Production of yttrium aluminum garnet fine powder: Jpn., 10-101333[P], 1998.

[33] Yanagitani T, Yagi H, Imagawa M. Production of powdery starting material for yttrium aluminum garnet: Jpn., 10-101334[P], 1998.

[34] Yanagitani T, Yagi H, Yamazaki H. Production of fine powder of yttrium aluminum garnet: Jpn., 10-101411[P], 1998.

[35] Lu J, Prabhu M, Sogn J, et al. Optical properties and highly efficient laser oscillation of Nd:YAG ceramics[J]. Appl. Phys. B, 2000, 71(4): 469–473.

[36] Lu J, Song J, Prabhu M, et al. High-power Nd:$Y_3Al_5O_{12}$ ceramic laser[J]. Jpn. J. Appl. Phys., 2000, 39(10B): L1048–L1050.

[37] Lu J, Ueda K, Yagi H, et al. Neodymium doped yttrium aluminum garnet ($Y_3Al_5O_{12}$) nanocrystalline ceramics—a new generation of solid state laser and optical materials[J]. J. Alloy Compd., 2002, 341(1, 2): 220–225.

[38] 任国光, 黄吉金. 美国高能激光技术 2005 年主要进展[J]. 激光与光电子进展, 2006, 43(6): 3–9.

[39] Yagi H. Scalable ceramics for 100kW solid state lasers[C]. The Second Laser Ceramics Symposium, Tokyo, 2006.

[40] Lu J R, Lu J H, Murai T. Nd^{3+}:Y_2O_3 ceramic laser[J]. Jpn. J. Appl. Phys, 2001, 40(12A): L1277–L1279.

[41] Lu J, Takaichi K, Uematsu T, et al. Promising ceramic laser material: Highly transparent Nd^{3+}:Lu_2O_3 ceramic[J]. Appl. Phys. Lett., 2002, 81(23): 4324–4326.

[42] Lu J, Bisson J F, Takaichi K, et al. Yb^{3+}:Sc_2O_3 ceramic laser[J]. Appl. Phys. Lett., 2003, 83(6): 1101–1103.

[43] Takaichi K, Yagi H, Lu J, et al. Highly efficient continuous-wave operation at 1030 and 1075nm wavelengths of LD-pumped Yb^{3+}:Y_2O_3 ceramic lasers[J]. Appl. Phys. Lett., 2004, 84(3): 317–319.

[44] 潘裕柏，徐军，吴玉松，等. Nd:YAG 透明陶瓷的制备与激光输出[J].无机材料学报，2006，21(5): 1278–1280.

[45] 李江，吴玉松，潘裕柏，等. 固相反应法制备高浓度掺杂 Nd:YAG 激光透明陶瓷及其性能[J]. 硅酸盐学报，2007, 35(12): 1600–1604.

[46] Wu Y S, Li J, Pan Y B, et al. Diode-pumped Yb:YAG ceramic laser [J]. J. Am. Ceram. Soc., 2007, 90(10): 3334–3337.

[47] Li J, Wu Y S, Pan Y B, et al. Laminar structured YAG/Nd:YAG/YAG transparent ceramics for solid-state lasers [J]. Int. J. Appl. Ceram. Tech., 2008, 5(4): 360–364.

[48] ZhangW X, Pan Y B, Zhou J, et al. Diode-pumped Tm:YAG ceramic laser[J]. J. Am. Ceram. Soc., 2009, 92(10): 2434–2437.

[49] 杨秋红，徐军，苏良碧，等. Yb:$Y_{2-2x}La_{2x}O_3$激光透明陶瓷的光谱性能[J]. 物理学报, 2006, 55(3): 1207–1210.

[50] Hu X M, Yang Q H, Dou C G, et al. Fabrication and spectral properties of Nd^{3+}-doped yttrium lanthanum oxide transparent ceramics[J]. Opt. Mater., 2008, 30(10): 1583–1586.

[51] 梁晓燕，何晋平，杨秋红，等. Yb:$(Y_{1-x}La_x)_2O_3$ 透明陶瓷实现激光输出[J]. 中国激光，2008, 35(3): 478.

[52] http://pgs.ruc.edu.cn/pages/zyjs/zyjs/165_070205.htm.

[53] 王海丽，蒲瑞满，黄存新，等. Nd:YAG 透明陶瓷的制备及激光输出[J]. 硅酸盐学报, 2009, 37(9): 1506–1509.

[54] Ikeasue A, Furusato I, Kamata K. Fabrication of polycrystalline, transparent YAG ceramics by a solid-state reaction method[J]. J. Am. Ceram. Soc., 1995, 78(1): 225–228.

[55] Mezeix L, Green D J. Comparison of the mechanical properties of single crystal and polycrystalline yttrium aluminum garnet[J]. Int. J. Appl. Ceram. Tech., 2006, 3(2): 166–176.

[56] Ikesue A, YoshidaA K. Influence of pore volume on laser performance of Nd:YAG[J]. J. Mater. Sci., 1999, 34(6): 1189–1195.

[57] Shoji I, Kurimura S, Sato Y, et al. Optical properties and laser charactertics of highly Nd^{3+}-doped $Y_3Al_5O_{12}$ ceramics[J]. Appl. Phy. Lett., 2000, 77(7): 939–941.

[58] Rabinovitch Y, Tétard D, Faucher M D, et al. Transparent polycrystalline neodymium doped YAG: synthesis parameters, laser efficiency[J]. Opt. Mater., 2003, 24(1, 2): 345–351.

[59] Lee S H, Kochawattana S, Messing G L, et al. Solid-state reactive sintering of transparent polycrystalline Nd:YAG[J]. J. Am. Ceram. Soc., 2006, 89(6): 1945–1950.

[60] Esposito L, Costa A L, Medri V. Reactive sintering of YAG-based materials using micrometer-sized powders[J]. J. Eur. Ceram. Soc., 2008, 28(5): 1065–1071.

[61] Kumar G A, Lu J, Kaminskii A A, et al. Spectroscopic and stimulated emission characteristics of Nd^{3+} in transparent YAG ceramics[J]. IEEE J. Quantum Elecron., 2004, 40(6): 747–758.

[62] Lu J R, Prabhu M, Qu J Q, et al. Highly efficient 2% Nd:yttrium aluminum garnet ceramic laser[J]. Appl. Phys. Lett., 2000, 77(23): 3707–3709.

[63] Lu J, Murai T, Takaichi K, et al. 72 W Nd:$Y_3Al_5O_{12}$ ceramic laser[J]. Appl. Phys. Lett., 2001, 78(23): 3586–3588.

[64] Lu J, Yagi H, Takaichi K, et al. 110W ceramic Nd^{3+}:$Y_3Al_5O_{12}$ laser[J]. Appl. Phys. B, 2004, 79(1):

25–28.

[65] Lu J, Murai T, Takaichi K, et al. Potential of ceramic YAG lasers[J]. Laser Phys., 2001, 11(10): 1053–1057.

[66] Kopylov Y L, Kravchenko V B, Bagayev S N, et al. Development of Nd^{3+}:$Y_3Al_5O_{12}$ laser ceramics by high-pressure colloidal slip-casting (HPCSC) method[J]. Opt. Mater., 2009, 31(5): 707–710.

[67] Zhang J J, Ning J W，Liu X J, et al. Low-temperature synthesis of single-phase nanocrystalline YAG:Eu phosphor[J]. J. Mater. Sci. Lett., 2003, 22 (1): 13, 14.

[68] Zhang J J, Ning J W，Liu X J, et al. Synthesis of ultrafine YAG:Tb phosphor by nitrate-citrate sol-gel combustion process[J]. Mater. Res. Bull., 2003, 38(7): 1249–1256.

[69] 李江，潘裕柏，张俊计，等. 共沉淀法制备钇铝石榴石(YAG)纳米粉体[J]. 硅酸盐学报，2003, 31(5): 490–493.

[70] 李江，邱发贵，孙兴伟，等. 真空烧结 Nd:YAG 透明陶瓷的研究[J]. 功能材料, 2004, 35(Suppl.): 367–370.

[71] Wen L, Sun X D, Xiu Z M, et al. Synthesis of nanocrystalline yttria powder and fabrication of transparent YAG ceramics[J]. J. Eur. Ceram. Soc., 2004, 24(9): 2681–2688.

[72] 闻雷，孙旭东，马伟民. 固相反应法制备 Nd:YAG 透明陶瓷[J]. 无机材料学报，2004, 19(2): 295–301.

[73] Li X, Liu H, Wang J Y, e al. Preparation and properties of YAG nano-sized powder from different precipitating agent[J]. Opt. Mater., 2004, 25(4): 407–412.

[74] Li X, Liu H, Wang J Y, et al. Rapid synthesis of YAG nano-sized powders by a novel method[J]. Mater. Lett., 2004, 58(19): 2377–2380.

[75] Chen Z H, Yang Y, Hu Z G, et al. Synthesis of highly sinterable YAG nanopowders by a modified co-precipitation method[J]. J. Alloy Comp., 2007, 433(1, 2): 328–331.

[76] 陈智慧，李江涛，胡章贵，等. 两步烧结法合成钇铝石榴石透明陶瓷[J].无机材料学报，2008, 23(1): 130–134.

[77] Chen Z H, Li J T, Xu J J, et al. Fabrication of YAG transparent ceramics by two-step sintering[J]. Ceram. Int., 2008, 34(7): 1709–1712.

[78] Li Y C, Guo W, Lu T C, et al. Sintering of transparent polycrystal Nd:YAG with MgO as additive[J]. Key Eng. Mater., 2008, 368–372: 426–428.

[79] 李江，吴玉松，潘裕柏，等. 1.3at%Nd:YAG 透明陶瓷的制备及激光性能研究[J]. 无机材料学报，2007，22(5): 798–802.

[80] Li J, Wu Y S, Pan Y B, et al. Fabrication, microstructure and properties of highly transparent Nd:YAG laser ceramics[J]. Opt. Mater., 2008, 31(1): 6–17.

[81] 李江，杨志勇，吴玉松，等. Nd^{3+}离子掺杂 YAG 激光透明陶瓷的光谱性质及 Judd-Ofelt 理论分析[J]. 无机材料学报，2008, 23 (3): 429–433.

[82] Wu Y S, Li J, Pan Y B, et al. Diode-pumped passively Q-switched Nd:YAG laser with a Cr^{4+}:YAG crystal satiable absorber[J]. J. Am. Ceram. Soc., 2007, 90(5): 1629–1631.

[83] 唐昊,朱小磊,姜本学,等. 侧面抽运国产 Nd:YAG 陶瓷棒的激光特性[J]. 中国激光, 2008, 35(12): 2001–2004.

[84] http://www.ipc.cas.cn/xwzx/kydt/201004/t20100402_2811726.html.

[85] 中国科学院上海硅酸盐研究所. 2009 年科技发展简况[R]. 上海：中国科学院上海硅酸盐研究所科技发展部，2010.

[86] 吴玉松,潘裕柏,李江,等. Yb:YAG透明陶瓷的制备与和激光输出[J]. 无机材料学报,2007, 22(6): 1086–1088.

[87] Hao Q, Li W X, Pan H F, et al. Laser-diode pumped 40-W Yb:YAG ceramic[J]. Opt. Express, 2009,17(20): 17734–17738.

[88] Cheng X J, Xu J Q, Zhang W X, et al. End-Pumped Tm:YAG Ceramic Slab Lasers[J]. Chin. Phys. Lett., 2009, 26(7): 074204.

[89] Zhang W X, Li J, Liu W B, et al. Fabrication and properties of highly transparent $Tm_3Al_5O_{12}$ (TmAG) ceramics[J]. Ceram. Int., 2009, 35(7): 2927–2931.

[90] Cheng X J, Xu J Q, Wang M J, et al. Ho:YAG ceramic laser pumped by Tm:YLF lasers at room temperature[J]. Laser Phys. Lett., 2010, 7(5): 351–354.

[91] Li X D, Li J G, Xiu Z M, et al. Transparent Nd:YAG ceramics fabricated using nanosized c-alumina and yttria powders[J]. J. Am. Ceram. Soc., 2009, 92(1): 241–244.

[92] 靳玲玲，蒋志君，章健，等. 氧化钇透明陶瓷的研究进展[J].硅酸盐学报, 2010, 38(3):521–526.

[93] 靳玲玲. Y_2O_3 透明陶瓷的湿法成型及其性能研究[D]. 上海：中国科学院上海硅酸盐研究所，2010.

[94] Dutta S K, Gazza G E. Transparent Y_2O_3 by hot-pressing[J]. Mater. Res. Bull., 1969, 4(11): 791–793.

[95] Greskovich C, Woods K N. Fabrication of transparent ThO_2-doped Y_2O_3[J]. Am. Ceram. Bull., 1973, 52(5): 473–478.

[96] Ikesue A, Kamata K, Yoshida K. Synthesis of transparent Nd doped HfO_2-Y_2O_3 ceramics using HIP[J]. J. Am. Ceram. Soc., 1996, 79(2): 359–364.

[97] Saito N, Matsuda S, Ikegami T. Fabrication of transparent yttria ceramics at low temperature using carbonate derived powder[J]. J. Am. Ceram. Soc., 1998, 81(8): 2023–2028.

[98] Ikegami T, Li J G, Mori T. Fabrication of transparent yttria ceramics by the low temperature synthesis of yttrium hydroxide[J]. J. Am. Ceram. Soc., 2002, 85(7): 1725–1729.

[99] Ikegami T, Mori T, Yajima Y, et al. Fabrication of transparent yttria ceramics through the synthesis of yttrium hydroxideat low temperature and doping by sulfate ions[J]. J. Jpn. Ceram. Soc., 1999, 107(3): 297–299.

[100] Lupei V, Lupei A, Ikesue A. Transparent Nd and .Nd, Yb.-doped Sc2O3 ceramics as potential new laser materials[J]. Appl. Phys. Lett., 2005, 86(1): 111118.

[101] Takaichi K, Yagi H, Becher P, et al. New data on investigation of novel laser ceramic on the base of cubic scandium sesquioxide: two-band tunable CW generation of Yb^{3+}:Sc_2O_3 with laser-diode pumping and the dispersion of refractive index in the visible and near-IR of undoped Sc_2O_3[J]. Laser Phys. Lett., 2007, 4(7): 507–510.

[102] Griebner U, Petrov V, Petermann K, et al. Passively mode-locked Yb:Lu_2O_3 laser[J]. Opt. Express, 2004, 12(14): 3125–3130.

[103] Tokurakawa M, Shirakawa A, Ueda K, et al. Diode-pumped 65 fs Kerr-lens mode-locked Yb^{3+}:Lu_2O_3 and nondoped Y_2O_3 combined ceramic laser[J]. Opt. Lett., 2008, 33(12): 1380–1382.

[104] Kaminskii A A, Akchurin M S H, Becker P, et al. Mechanical and optical properties of Lu_2O_3 host-ceramics for Ln^{3+} lasants[J]. Laser Phys. Lett., 2008, 5(4): 300–303.

[105] Trainor D W. Ceramic slab Nd:YAG laser emits 5 kW[J]. Laser Focus World, 2005, 41(10): 16.

[106] 楼祺洪，漆云凤，周军，等. 高性能透明激光陶瓷及陶瓷激光器的最新应用进展[J]. 红外与激

光工程，2008，37(6): 993–997.

[107] Lawrence Livermore National Laboratory. Transparent ceramics spark laser advances[R]. S&TR 2006: 10–17.

[108] 李江，周军，潘裕柏，等. 利用注浆成型制备钇铝石榴石基透明陶瓷的方法：中国，200910198810.1[P].2009.

[109] Sato Y, Saikawa J, Taira T, et al. Characteristics of Nd^{3+}-doped $Y_3ScAl_4O_{12}$ ceramic laser[J]. Opt. Mater., 2007, 29(10): 1277–1282.

[110] Saikawa J, Sato Y, Taira T, et al. Absorption, emission spectrum properties, and efficient laser performances of Yb:$Y_3ScAl_4O_{12}$ ceramics[J]. Appl. Phys. Lett., 2004, 85(11): 1898–1900.

[111] 李江，吴玉松，邱发贵，等. 双掺杂的钇铝石榴石透明陶瓷材料及制备方法：中国，ZL 200510026474.4[P]. 2008.

[112] Li J, Wu Y S, Pan Y B, et al. Fabrication of Cr^{4+},Nd^{3+}:YAG transparent ceramics for self-Q-switched laser[J]. J. Non-Cryst. Solids, 2006, 352(23-25): 2404–2407.

[113] Li J, Wu Y S, Pan Y B, et al. Solid-state-reactive fabrication of Cr,Nd:YAG transparent ceramics: The influence of raw material[J]. J. Ceram. Soc. Jpn., 2008, 116(4): 572–577.

[114] 李江，吴玉松，潘裕柏，等. Cr^{4+},Nd^{3+}:YAG 自调 Q 激光透明陶瓷的光谱性质[J]. 发光学报，2007, 28(2): 219–224.

[115] Li J, Wu Y S, Pan Y B, et al. Densification and microstructure evolution of Cr^{4+},Nd^{3+}:YAG transparent ceramics for self-Q-switched laser[J]. Ceram. Int, 2008, 34 (7): 1675–1679.

[116] Wu Y S, Li J, Qiu F G, et al. Fabrication of transparent Yb,Cr:YAG ceramics by a solid-state reaction method[J]. Ceram. Int., 2006, 32(7): 785–788.

[117] Wu Y S, Li J, Pan Y B, et al. Refine yttria powder and fabrication of transparent Yb,Cr:YAG ceramics[J]. Adv. Mater. Res., 2007, 15-17: 246–250.

[118] Dong J, Shirakawa A, Takaichi K, et al. All-ceramic passively Q-switched Yb:YAG/Cr^{4+}:YAG microchip laser[J]. Electron. Lett., 2006, 42(20): 1154–1156.

[119] Dong J, Shirakawa A, Ueda K, et al. Ytterbium and chromium doped composite $Y_3Al_5O_{12}$ ceramics self-Q-switched laser[J]. Appl. Phys. Lett., 2007, 90(19): 191106.

[120] Ikesue A, Aung Y L. Synthesis and performance of advanced ceramic laser[J]. J. Am. Ceram. Soc., 2006, 89(6): 1936–1944.

[121] Ikesue A, Aung Y L. Ceramic laser materials[J]. Nat. Photonics, 2008, 2(12): 721–727.

[122] Tsunekane M, Taira T. 300 W continuous-wave operation of diode edge-pumped hybrid composite Yb:YAG microchip laser[J]. Opt. Lett., 2006, 31(13): 2003–2005.

[123] Lupei V, Lupei A, Pavel N, et al. Laser emission under resonant pump in the emitting level of concentrated Nd:YAG ceramics[J]. Appl. Phys. Lett., 2001, 79(5): 590–592.

[124] Ikesue A. Polycrystalline Nd:YAG ceramics lasers[J]. Opt. Mater., 2002, 19(1): 183–187.

[125] Dong J, Shirakawa A, Ueda K, et al. Laser-diode pumped heavy-doped Yb:YAG ceramic lasers[J]. Opt. Lett., 2007, 32(13): 1890–1892.

[126] Dong J, Ueda K, Yagi H, et al. Comparative study the effect of Yb concentrations on laser characteristics of Yb:YAG ceramics and crystals[J]. Laser Phys. Lett., 2009, 6(4): 282–289.

[127] Kupp E R, Messing G L, Anderson J M, et al. Co-casting and optical characteristics of transparent segmented composite Er:YAG laser ceramics[J]. J. Mater. Res., 2010, 25(3): 476–483.

[128] 周军. Er^{3+}离子激光透明陶瓷材料的研究[D]. 上海：中国科学院上海硅酸盐研究所，2010.

[129] Ikesue A, Aung Y L, Yoda T, et al. Fabrication and laser performance of polycrystal and single crystal Nd:YAG by advanced ceramic processing[J]. Opt. Mater., 2007, 29(10): 1289–1294.

[130] 李会利. 铈掺杂镥铝石榴石透明陶瓷的制备及其闪烁性能研究[D]. 上海：中国科学院上海硅酸盐研究所，2006.

[131] Cusano D, Greskovich C, Dibianca F. Rare-earth-doped yttria-gadolinia ceramic scintillators: USA, 4421671[P]. 1983.

[132] Greskovich C, Cusano D, Dibianca F. Preparation of yttria-gadolinia ceramic scintillators by vacuum hot pressing: USA, 4466930[P]. 1984.

[133] Cusano D, Greskovich C, Dibianca F. Method for sintering high density yttria-gadolinia ceramic scintillators: USA, 4473513[P]. 1984.

[134] Cusano D, Greskovich C, Dibianca F. Method for sintering high density yttria-gadolinia ceramic scintillators: USA, 4518545[P]. 1985.

[135] Dibianca F, Georges J, Cusano D, et al. Rare earth ceramic scintillator: USA, 4525628[P]. 1985.

[136] Greskovich C, Cusano D, Dibianca F. Preparation of yttria-gadolinia ceramic scintillators by sintering and gas hot isostatic pressing: USA, 4571312[P]. 1986.

[137] Greskovich C, Duclos S. Ceramic scintillators[J]. Annu. Rev. Mater. Sci., 1997, 27: 69–88.

[138] Bhattacharjee T, Basu S K, Dey C C, et al. Comparative studies of YAG (Ce) and CsI(Tl) scintillators[J]. Nucl. Instr. Meth. In Phys. Res. A, 2002, 484(1/2/3): 364–368.

[139] Zych E, Brecher C, Wojtowicz A J, et al. Luminescence properties of Ce-activated YAG optical ceramic scintillator materials[J]. J. Lumin., 1997, 75(3): 193–203.

[140] Zych E, Brecher C, Lingertat H. Host-associated luminescence from YAG optical ceramics under gamma and optical excitation[J]. J. Lumin., 1998, 78(2): 121–134.

[141] Ikesue A. Ce :YAG ceramic scintillator for electron beam detector[J]. Jpn. J. Ceram. Soc., 2000, 108(11): 1020–1023.

[142] Yanagida T, Takahashi H, Ito T, et al. Evaluation of properties of YAG (Ce) ceramic scintillators[J]. IEEE Trans. Nucl. Sci., 2005, 52(5): 1836–1841.

[143] Yanagida T, Roh T, Takahashi H, et al. Improvement of ceramic YAG(Ce) scintillators to $(YGd)_3Al_5O_{12}$(Ce) for gamma-ray detectors[J]. Nucl. Instr. Meth. In Phys. Res. A, 2007, 579(1): 23–26.

[144] 石云，潘裕柏，冯锡淇，等. Ce^{3+}掺杂 YAG 透明陶瓷的制备与光性能研究[J]. 无机材料学报，2010, 25(2): 125–128.

[145] Nikl M, Mihokova E, Mares J A, et al. Traps and timing characteristics of LuAG: Ce^{3+} scintillator[J]. Phys. Stat. Sol. (a), 2000, 181(1): R10–R12.

[146] Li H L, Liu X J, Huang L P. Fabrication of transparent cerium-doped lutetium aluminum garnet (LuAG:Ce) ceramics by a solid-state reaction method[J]. J. Am. Ceram. Soc., 2005, 88(11): 3226–3328.

[147] Li H L, Liu X J, Xie R J, et al. Fabrication of transparent cerium-doped lutetium aluminum garnet ceramics by co-precipitation routes[J]. J. Am. Ceram. Soc., 2006, 89(7): 2356–2358.

[148] Nikl M, Mares J A, Solovieva N, e al. Scintillation characteristics of $Lu_3Al_5O_{12}$:Ce optical ceramics[J]. J. Appl. Phys., 2007，101(3): 033515.

[149] Ogino H, Yoshikawa A, Nikl M, et al. Growth and scintillation properties of Pr doped $Lu_3Al_5O_{12}$ crystals[J]. J. Cryst. Growth, 2006, 287(2): 335–338.

[150] Ogino H, Yoshikawa A, Nikl M, et al. Scintillation characteristics of Pr-doped $Lu_3Al_5O_{12}$ single crystals [J]. J. Cryst. Growth, 2006, 292(2): 239–242.

[151] Mares J A, Ambrosio C D. Hybrid photomultipliers—their properties and application in scintillation studies[J]. Opt. Mater., 2007, 30(1): 22–25.

[152] Yanagida T, Yoshikawa A, Ikesue A, et al. Basic properties of ceramic Pr:LuAG scintillators[J]. IEEE Trans. Nucl. Sci., 2009, 56(5): 2955–2959.

[153] Liu X J, Li H L, Xie R J, et al. Cerium-doped lutetium aluminum garnet optically transparent ceramics fabricated by a sol-gel combustion process[J]. J. Mater. Res., 2006, 21(6): 1519–1525.

[154] Nikl M, Mihokova E, Pejchal J, et al. The antisite Lu defect-related trap in $Lu_3Al_5O_{12}$:Ce single crystal[J]. Phys. Stat. Sol. (b), 2005, 242(14): R119–R121.

[155] Cherepy N J, Kuntz J D, Tillotson T M, et al. Cerium-doped single crystal and transparent ceramic lutetium aluminum garnet scintillators[J]. Nucl. Instrum. Methods Phys. Res. A, 2007, A579(1): 38–41.

[156] Wang Y M, Van Loef E, Rhodes W H, et al. Lu_2SiO_5:Ce optical ceramic scintillator for PET[J]. IEEE Trans. Nucl. Sci., 2009, 56(3): 887–891.

[157] Melcher C L, Schweitzer J S. Cerium-doped oxyorthosilicates: A fast, efficient new scintillator[J]. IEEE Trans. Nucl. Sci., 1992, 39(4): 502–505.

[158] Lempicki A, Brecher C, Lingertat H, et al. High density polycrystalline lutetium silicate materials activated with Ce: USA, 6967330[P]. 2005.

[159] Lempicki A, Brecher C, Linertat H, et al. A cermic version of the LSO scintillator[J]. IEEE Trans. Nucl.Sci., 2008, 55(3): 1148–1151.

[160] Wang Y M, Van Loff E, Rhodes W H, et al. Lu_2SiO_5:Ce optical ceramic scintillator for PET[J]. IEEE Trans. Nucl. Sci., 2009, 56(3): 887–891.

[161] Vallais I G, Michail C M, David S L, et al. Luminescence emission properties of of $(Lu,Y)_2SiO_5$: Ce (LYSO: Ce) and $(Lu,Y)AlO_3$:Ce (LuYAP:Ce) single crystal scintillators under medical imaging conditions[J]. IEEE Trans. Nucl. Sci., 2008, 55(2): 785–789.

[162] Auzel F. Compteur quantique par transfert denergie entre deux ions de terres rares dans un tungstate mixte et dans un verre[J]. CR Acad. Sci. Paris B, 1966, 262(15): 1016–1019.

[163] Cockroft N J. Application of energy up-concersion spectroscopy to novel laser and phosphor design[J]. J. Alloy Compd., 1994, 207: 33–40.

[164] Auzel F, Peelle D, Morin D. Rare earth doped vitroceramics: New efficient blue and green emitting materials for infrared up-conversion[J] J. Electrochem. Soc., 1975, 122(1): 101–107.

[165] Auzel F, Chen Y H. Photon avalanche luminescence of Er^{3+} ions in $LiYF_4$ crystals[J]. J. Lumin, 1995, 65(1): 45–56.

[166] Egger P, Rogin P, Riedener T, et al. Ba_2ErC_{17}- A new near IR to near UV upconversion materials[J]. Adv. Mater., 1996, 8(8): 668–672.

[167] Heine F, Heumann E, Danger T. Green up-concersion continuous-wave Er^{3+}:$LiYF_4$ laser at room-temperature[J]. Appl. Phys. Lett., 1994, 65(4): 383, 384.

[168] Grubb S G, Benett K W, Cannon R S, et al. CW room-temperature bule up-conversion fiber laser[J]. Electronics Lett., 1992, 28(13): 1243, 1244.

[169] Macfarlane R M, Tong F, Silversmith A J, et al. Vlolet CW neodymium upconcersion laser[J]. Appl. Phys. Lett., 1988, 52(16): 1300–1302.

[170] Downing E, Hesselink L, Ralson J, et al. A three-color, solid-state, three-dimensional display[J]. Science, 1996, 273(5279): 1185–1189.

[171] Hirai T, Orikoshi T, Komasawa I. Preparation of Y_2O_3:Yb, Er infrared-to-visible conversion phosphor fine particles using an emulsion liquid membrane system[J]. Chem. Mater., 2002, 18(4): 3576–3583.

[172] Silver J, Martinez-Rubio M I, Ireland T G, et al. The effect of particle morphology and crystallite size on the upconversion luminescence properties of erbium and ytterbium co-doped yttrium oxide phosphors[J]. J. Phys. Chem. B, 2001, 105(5): 948–953.

[173] Zang J, Liu Y H, Fang F. Spectra and upconversion of neodymium tungstate crystals[J]. J. Rare Earth, 2001, 19(4): 246–249.

[174] Golab S, Ryba-Romanowski W, Dominiak-Dzik G, et al. Effect of temperature on excitation energy transfer and upconversion phenomena in Er:YVO_4 single crystals[J]. J. Alloys Compd., 2001, 323: 288–291.

[175] Kaczkan M, Frukacz Z, Malinowski M. Infra-red-to-visible wavelength upconversion in Sm^{3+}-activated YAG crystals[J]. J. Alloys Compd., 2001, 323: 736–739.

[176] Zhou J, Zhang W X, Li J, et al. Upconversion luminescence of various highly Er-doped YAG transparent ceramics[J]. Ceram. Int., 2010, 36(1): 193–197.

[177] 刘敏. 稀土掺杂钇铝石榴石的制备与上转换发光[D]. 上海：中国科学院上海硅酸盐研究所，2007.

[178] 黄同德. Yb, Er:YAG 透明陶瓷的制备及光学性能研究[D]. 上海：中国科学院上海硅酸盐研究所，2009.

[179] 黄同德,姜本学,吴玉松,等. Yb^{3+},Er^{3+}:YAG 透明陶瓷的制备及 1.5μm 波段光谱性能研究[J]. 物理学报，2009, 58(2): 1298–1304.

[180] Zhang J, Wang S W, An L Q, et al. Infrared to visible upconversion luminescence in Er^{3+}:Y_2O_3 transparent ceramics[J]. J. Lumin., 2007, 122(Sp. Iss. SI): 8–10.

[181] Lupei A, Lupei V, Gheorghe C, et al. Upconversion emission of RE^{3+} in Sc_2O_3 ceramic under 800 nm pumping[J]. Opt. Mater., 2009, 31(5): 744–749.

[182] Krell A Blank P, Ma H, et al. Transparent sintered corundum with high hardness and strength[J]. J. Am. Ceram. Soc., 2003, 86(1): 12–18.

[183] Apetz R, Van Bruggen M P B. Transparent alumina: A light scattering model[J]. J. Am. Ceram. Soc., 2003, 86(3): 480–486.

[184] Krell A, Klimke J. Effects of the homogeneity of particle coordination on solid-state sintering of transparent alumina[J]. J. Am. Ceram. Soc., 2006, 89(6): 1985–1992.

[185] Peelen J G J, Metselaar R. Light scattering by pores in polycrystalline materials: Transmission properties of alumina[J]. J. Appl. Phys.,1974, 45(1): 216–220.

[186] Apetz R, Van Bruggen M P B. Transparent alumina: A light scattering model[J]. J. Am. Ceram. Soc., 2003, 86(3): 480–486.

[187] Yamashita I, Nagayama H, Tsukuma K. Transmission properties of translucent polycrystalline alumina[J]. J. Am. Ceram. Soc., 2008, 91(8): 2611–2616.

[188] Wei G C, Hecker A, Gookman D A. Translucent polycrystalline alumina with improved resistance to sodium attack[J]. J. Am. Ceram. Soc., 2001, 84(12): 2853–2862.

[189] Mao XJ, Shimai S, Dong M J, et al. Gelcasting and pressureless sintering of translucent alumina

ceramics[J]. J. Am. Ceram. Soc., 2008, 91(5): 1700–1702.

[190] 毛小建. 新型凝胶注成型及其在氧化物陶瓷中的应用[D]. 上海：中国科学院上海硅酸盐研究所，2008.

[191] Suzuki T S, Sakka Y, Kitazawa K. Orientation amplification of alumina by colloidal filtration in a strong magnetic field and sintering[J]. Adv. Eng. Mater., 2001, 3(7): 490–492.

[192] Mao X J, Wang S W, Shimai S Z, et al. Transparent polycrystalline alumina ceramics with orientated optical axes[J]. J. Am. Ceram. Soc., 2008, 91(10): 3431–3433.

[193] Chen J P, Agrawal D, Zhang Y J, et al. Microwave sintering of transparent alumina[J]. Mater. Lett., 2002, 56(4): 587–592.

[194] Kim B N, Hiraga K, Morita K M, et al. Spark plasma sintering of transparent alumina[J]. Scripta Mater., 2007, 57 (7): 607–610.

[195] Jiang D T, Hulbert D M, Anselmi-Tamburini U, et al. Optically transparent polycrystalline Al_2O_3 produced by spark plasma sintering[J]. J. Am. Ceram. Soc., 2008, 91(1): 151–154.

[196] Tanaka N. The 12th U.S.–Japan seminar on dielectric & piezoelectric ceramics. Extended Abstract 235–8, 2005.

[197] Kingery W D. Introduction to Ceramics. New York: John Wiley & Sons, 1960: 522.

[198] Vahldiek F W. Translucent ZrO_2 prepared at high pressures[J]. J. Less-Common Metals, 1967, 13(5): 530–540.

[199] Mazdiyasni K S, Lynch C T, Smith J S II. Cubic phase stabilization of translucent yttria–zirconia at very low temperatures[J]. J. Am. Ceram. Soc., 1967, 50(10): 532–537.

[200] Duran P, Reico P, Jurado J R, et al. Preparation, sinterability and properties of translucent Er_2O_3-doped tetragonal zirconia[J]. J. Am. Ceram. Soc., 1989, 72(110): 2088–2093.

[201] Tsukuma K.Transparent titania yttria zirconia ceramics [J]. J. Mater. Sci. Lett., 1986, 5(11): 1143, 1144.

[202] Peuchert U, Okanoa Y, Menke Y, et al. Transparent cubic-ZrO_2 ceramics for application as optical lenses[J]. J. Eur. Ceram. Soc., 2009, 29(2): 283–291.

[203] Tsukuma K, Yamashita I. Transparent 8 mol% Y_2O_3–ZrO_2 (8Y) ceramics[J]. J. Am. Ceram. Soc., 2008, 91(3): 813–818.

[204] Anselmi-Tamburini U, Woolman J N, Munir Z A. Transparent nanometric cubic and tetragonal zirconia obtained by high-pressure pulsed electric current sintering[J]. Adv. Funct. Mater., 2007, 17(16): 3267–3273.

[205] Misawa T, Moriyoshi Y, Yajima Y, et al. Effect of of silica and boron oxide on transparency of magnesia ceramics[J]. J. Ceram. Soc. Jpn., 1999, 107(4): 343–348.

[206] Chen D Y, Jordan E H, Gell M. Pressureless sintering of translucent MgO ceramics[J]. Scripta Mater., 2008, 59(7): 757–759.

[207] Benecke M W, Olson N E, Pask J A. Effect of LiF on hot-pressing of MgO[J]. J. Am. Ceram. Soc., 1967, 50(7): 365–368.

[208] Fang Y, Agrawal D, Skandan G, et al. Fabrication of transluscent MgO ceramics using nanopowders[J]. Mater. Lett., 2004, 58(5): 551–554.

[209] Itatami K, Tsujimot T, Kishimot A. Thermal and optical properties of transparent magnesium oxide ceramics fabricated by post hot-isostatic pressing[J]. J. Eur. Ceram. Soc., 2006, 26(4, 5): 639–645.

[210] Chaim R, Shen Z J, Nygren M. Transparent nanocrystalline MgO by rapid and low-temperature

spark plasma sintering[J]. J. Mater. Res., 2004, 19(9): 2527–2531.

[211] Roy D W. Hot-pressed $MgAl_2O_4$ for ultraviolet (UV), visible, and infrared (IR) optical requirements[J]. Proc. SPIE, 1981, 297: 13–18.

[212] 黄存新, 彭载学, 王雁鹏，等. 光学透明陶瓷铝酸镁($MgAl_2O_4$)的制备工艺和性能[J]. 人工晶体学报，1996，25(2): 108–112.

[213] Tsukuma K. Transparent $MgAl_2O_4$ spinel ceramics produced by HIP post-sintering[J]. J. Ceram. Soc. Jpn., 2006, 114(10): 802–806.

[214] Lu T C, Chang X H, Qi J Q, et al. Low-temperature high-pressure preparation of transparent nanocrystalline $MgAl_2O_4$ ceramics[J]. Appl. Phys. Lett., 2006, 88(21): 213120.

[215] Morita K, Kim B N, Hiraga K, et al. Fabrication of transparent $MgAl_2O_4$ spinel polycrystal by spark plasma sintering processing[J]. Scripta Mater., 2008, 58(12): 1114–1117.

[216] 周艳平，王岱峰，奚益明，等. 透明氮化铝陶瓷的制备[J]. 无机材料学报, 1999, 14(4): 674–678.

[217] 卢斌,赵桂洁，彭虎，等. 微波低温烧结制备氮化铝透明陶瓷[J]. 无机材料学报，2006, 21(6): 1501–1505.

[218] Xiong Y, Fu Z Y, Wang H, et al. Microstructure and IR transmittance of spark plasma sintering translucent AlN ceramics with CaF_2 additive[J]. Mater. Sci. Eng. B, 2005, 123(1): 57–62.

[219] Xiong Y, Fu Z Y, Wang H. Microstructural effects on the transmittance of translucent AlN ceramics by SPS[J]. Mater. Sci. Eng. B, 2006, 128(1-3): 7–10.

[220] 张芳. γ-AlON 透明陶瓷制备及稀土掺杂的上转换发光[D]. 上海：中国科学院上海硅酸盐研究所，2009.

[221] Yamaguchi G, Yanagida H. Study on the reducing spinel: A new spinel formula AlN–Al_2O_3 instead of the previous one Al_3O_4[J]. Bull. Chem. Soc. Jpn., 1959, 32(11): 1264, 1265.

[222] Glide G A, Patel P J, Lasalvia J C. Method for making dense polycrystalline aluminum oxynitride: USA, 7163656[P], 2007.

[223] Parimal J P, Gilde G, Mccauley J W. The role of gas pressure in transient liquid phase sintering of aluminum oxynitride (AlON)[J]. Ceram. Eng. Sci. Proceed., 2003, 24(3): 425–431.

[224] Parimal J P, De Gil G, Mccauley J W. Transient liquid phase reactive sintering of aluminum oxynitride (AlON): USA, 7045091[P], 2006.

[225] Harnett T M, Gentilman R L, Maguire E A. Aluminium oxynitride having improvedoptical characteristics and method of manufacture: USA, 4481300[P], 1984.

[226] Cheng J P, Agrawal D, Zhang Y J, et al. Microwave reactive sintering to fully transparent aluminum oxynitride (ALON) ceramics[J]. J.Mater. Sci. Lett., 2002, 20(1): 77–79.

[227] Cheng J P, Agrawal D, Zhang Y J, et al. Fabricating transparent ceramics by microwave sintering[J]. Am. Ceram. Soc. Bull., 2000, 79(9): 71–74.

[228] 刘学建，袁贤阳，张芳，等. 碳热还原氮化工艺制备 AlON 透明陶瓷[J]. 无机材料学报，2010, 25(7): 678–682.

[229] Clay D, Poslusny D, Flinders M, et al. Effect of $LiAl_5O_8$ additions on the sintering and optical transparency of LiAlON[J]. J. Eur. Ceram. Soc., 2006, 26(8): 1351–1362.

[230] Oyama Y, Kamigiato O. Solid solubility of some oxides in Si_3N_4[J]. Jpn. J. Appl. Phys.，1971, 10(11): 1637–1642.

[231] Jack K H，Wilson W I. Ceramics based on the Si-AI-O-N and relate systems[J]. Nature Phys. Sci.，1972, 238(80): 28, 29.

[232] Hampshire S, Park H K, Thompson D P, et al. α-Sialon ceramics[J]. Nature (London), 1978, 274(8): 880–882.

[233] Ekstrom T, Nygren M. Sialon ceramics[J]. J. Am. Ceram. Soc., 1992, 75(2): 259–276.

[234] Izhevskiy V A, Genova L A, Bressiani J C, et al. Progress in SiAlON ceramics[J]. J. Eur. Ceram. Soc., 2000, 20(13): 2275–2295.

[235] 苏新禄. 稀土掺杂 α-Sialon 陶瓷的透光及发光性能研究[D]. 上海：中国科学院上海硅酸盐研究所，2004.

[236] 赵兴宇，郭文利，葛昌纯. 透明 α-Sialon 的研究进展[J]. 材料导报，2005，11(19): 286–289.

[237] Mandal H. New developments in α-SiAlON ceramics[J]. J. Eur. Ceram. Soc., 1999, 19(13, 14): 2349–2357.

[238] Su X L, Wang P L, Chen W W, et al. Translucent α-Sialon ceramics by hot pressing[J]. J. Am. Ceram. Soc., 2004, 87(4): 730–732.

[239] Chen W W, Su X L, Wang P L, et al. Optical properties of Gd–α-Sialon ceramics: Effect of carbon contamination[J]. J. Am. Ceram. Soc., 2005, 88(8): 2304–2306.

[240] Jones M I, Hyuga H, Hirao K, et al. Highly transparent Lu-α-SiAlON[J]. J. Am. Ceram. Soc., 2004, 87(4): 714–716.

[241] Su X L, Wang P L, Chen W W, et al. Optical properties of SPS-ed Y- and (Dy,Y)-α-sialon ceramics[J]. J. Mater. Sci., 2004, 39(20): 6257–6262.

第 10 章　陶瓷的结构与功能一体化

随着社会的不断进步，人们对材料的使用要求日益提高，功能陶瓷也需要在耐冲击等苛刻环境下使用，于是提出沿用结构陶瓷中的强化与增韧机理改进功能陶瓷的力学性能。另外，通过在结构陶瓷中添加功能性组分，也逐渐开发了它的光、电、磁等方面的应用。此外，利用日益完善的陶瓷制备技术，通过精确控制结构陶瓷制备过程，发现某些结构陶瓷本身就是很好的功能材料，模糊各类材料的界限[1]。目前，结构功能一体化材料主要包括高温结构陶瓷和陶瓷基复合材料、新能源陶瓷、透明陶瓷和生物陶瓷等。作为应用最广泛的结构陶瓷之一，氧化铝陶瓷是较早实现结构功能一体化的材料。早在 20 世纪 60 年代，美国通用电气公司就研制成了半透明氧化铝陶瓷。这种氧化铝陶瓷具有高透光率、高强度、抗碱金属腐蚀能力强以及透雾能力强等特征，用于制作机场、公路和街道照明用的高压钠灯电弧管。高压钠灯的工作温度高达 1200℃，所承受压力大、腐蚀性强，氧化铝透明陶瓷高压钠灯的发光效率比高压汞灯提高一倍，是使用寿命最长的高效电光源，具有很大的市场。图 10.1 是国内制备的陶瓷金卤灯用“五件套”透明氧化铝管(左图样品端塞有台阶，右图样品端塞无台阶)。具体采用挤出成型管材/干压成型有台阶和无台阶端塞的方法，通过共烧结工艺获得。图 10.2 是用这种灯管进行的装灯和点灯实验。

(a)　　(b)

图 10.1　“五件套”透明氧化铝管

(a) 样品端塞有台阶；(b) 样品端塞无台阶

又如，具有比玻璃更高的强度和硬度，且重量轻的镁铝尖晶石($MgAl_2O_4$)和氮氧化铝(AlON)透明陶瓷已在军用车辆、飞机和导弹的前视窗口、条形码扫描仪窗口和抗

图 10.2　透明氧化铝灯管的装灯和点灯实验

划痕透镜等方面具有广泛的应用。

在高温结构陶瓷中，如 SiC 陶瓷，传统上大量用作耐磨材料、发热元件、高温部件、半导体 Si 处理的各种附件、支架等结构件，后来研究人员发现利用其光学性能，可以作为卫星和预警飞机对地空间详查相机用的反射镜材料。强激光反射镜材料近年来受到空间科学技术和国防新技术的关注，正成为该领域的重要支撑材料，如在第 2 章所述。

在陶瓷基复合材料中，连续纤维增强碳化硅陶瓷基复合材料结合了碳化硅陶瓷强度高、抗氧化、高温性能优异和纤维高强度、高比刚度和应力作用下的高应变等优点，同时改善了碳化硅陶瓷的韧性，表现出各种优良的性能，在航空航天、国防军工、新能源及交通运输等领域具有广泛的应用前景(如火箭喷管、核反应堆壁以及轻量化支撑结构、核聚变反应直接接触的第一壁构件、超高马赫数飞行器耐热部位、高速刹车系统材料等)[2–5]。此外，SiC 陶瓷基复合材料被认为是唯一可在高温条件下(≥600℃)应用的聚变材料，对聚变发电和聚变制氢具有重要意义。主要应用有两方面：用作聚变堆中第一壁材料和适用于做高温冷却介质的材料 PbLi 的壁材料[6]。

生物陶瓷是指与生命科学、生物技术、生物医学及生物老化等领域有关的陶瓷材料。随着全人类加速走向老龄化，以及交通事故、各种灾害造成伤残，对组织、器官的需求与日俱增。生物陶瓷主要作为生物硬组织的替代材料，用于骨科、整形外科、牙科、口腔外科、心血管外科、眼外科、耳鼻喉科及普通外科等方面，也可用于测量和诊断治疗等[6]。作为硬组织的替代材料，主要分为生物惰性陶瓷和生物活性陶瓷。生物惰性陶瓷是指化学性能稳定，具有较高的机械强度和耐磨损性能，与机体组织生物相容性好的陶瓷材料，主要包括多晶氧化铝、单晶氧化铝、氧化锆、热结碳等材料。碳化硅、氮化硅等陶瓷在临床上也有一定的应用。此外，铌酸锂、锆钛酸铝和钛酸钡等也有应用，用作人体信息探测的压电传感器。生物活性陶瓷材料包括生物活性玻璃(磷酸钙系)、羟基磷灰石陶瓷、磷酸三钙陶瓷等几种[7,8]。从组织工程发展的趋势来看，支架材料的研究方向是向拟生态技术发展，寻求一种结构和功能与人体骨相似，具有降解可调节性、合适的机械强度，且表面具有黏附、识别、引导、诱导成骨等作用，并能大量生产的组织工程化骨支架材料。

要实现陶瓷材料的结构功能一体化，需要对材料进行合理设计和可控制备，以达到材料集结构与功能特性于一身。接下来我们将重点介绍两个结构功能一体化的实例：CNTs/SiO_2 复合材料和金属陶瓷复合材料。

10.1　CNTs/SiO_2 复合材料

10.1.1　CNTs/SiO_2 复合材料的研究思路

碳纳米管是 20 世纪 90 年代发现的一种一维纳米碳材料，由碳原子形成的六方网格按一定的螺旋角卷曲而成，它的直径在纳米尺度，而长度可达数微米[9]。许多材料科学家从理论计算和实验测试得出了碳纳米管具有优异的力学性能——高的弹性模量和抗拉强度[10–12]。Yakobson 等[13]通过“连续壳层”模型模拟计算了碳纳米管的弹性模量，发现其变化不遵守胡克定律，其计算值最高达 5.5TPa。Treacy 等[14]在电子显微镜下，通过测试多壁纳米管的本征热振动振幅，首次对单独的纳米管弹性模量进行了研究。对 11 个试样测试得到弹性模量的平均值为 1.8TPa，最高可达 3.4TPa。Wong 等[15]则在原子力显微镜(AFM)下，直接测试了分离的单根多壁碳纳米管的刚度和强度。通过测试载荷与位移的函数关系，得到碳纳米管的弹性模量为 1.2 TPa，平均弯曲强度为 (14.2 ± 8)GPa。

碳纳米管除了具有优良的力学性能之外，还具有很好的热性能、导电性、电磁性能和光限辐性能。碳纳米管被认为是极好的一维导热材料，尽管目前的设备还不能满足测试单根纳米管热导率的条件，但已经得到的一些计算模拟结果和对宏观块体材料测试的性能，已经能证明纳米管的确具有很高的热导率[16,17]，至少不比金刚石的低。Dai 等[18]对单根纳米管测试得到多壁碳纳米管的电阻率为 $7.6\times10^{-4}\Omega\cdot cm$，研究还发现，在缺陷处的电阻率比结构完整的纳米管增加了一个数量级，因此完整无缺陷的碳纳米管应该具有更低的电阻率。依靠管径和卷曲角的变化，碳纳米管可以呈金属特性和半导体特性，具有特殊的电磁效应。研究发现碳纳米管对微波和红外都表现出较强的宽带吸收性能[19]。碳纳米管具有密度小、高温抗氧化能力强、电磁参数可调以及环境稳定性好等特点，是一种新型的电磁波吸收剂，研究开发的领域十分广阔。首先碳纳米管大的比表面，对其表面的缺陷进行控制可以调节它的电磁参数；其次是碳纳米管具有中空结构，碳纳米管本身没有磁性，利用毛细管力可以实现对碳纳米管的管内填充磁性颗粒(Fe、Co、Ni 等)，使其具有电损耗和磁损耗，满足吸波材料的要求[20,21]；最后碳纳米管具有优异的机械性能，可以替代碳纤维作为复合材料的补强体，是一种很好的结构型吸波材料的吸波剂。因此，碳纳米管已成为新型吸波剂研究的热点，在军事国防领域具有潜在的巨大应用价值。

纳米管的发现引起了先进材料学界的极大的重视，但是如果没有任何支撑介质比如说构成结构部件材料的基体的话，单独的纳米管是很难获得广泛的应用。因此，纳米管复合材料的研究就成为开发纳米管应用研究的热点之一。纳米管复合材料也就是通过在不同的基体材料中引入碳纳米管，利用碳纳米管所具有的优异性能进一步改善基体性能或者通过基体与碳纳米管性能的耦合作用，从而开发出新的应用特性。

碳纳米管独特的结构和优异的性能，使其在作为复合材料的增强体、场发射体、生物传感器、纳米电子器件以及能源等方面均有重要潜在的应用。由于手性和管径的不同，碳纳米管可以呈现出半导体特性和金属特性，因而在纳米物理器件上具有潜在的应用[22]；在生物方面，由于碳纳米管的管端化学性比较活跃，可以进行改性，作为药物的载体[23]；在光学领域，碳纳米管具有共轭大 π 键和低的功函数，对 532nm 和 1064nm 的激光具有较好的光限幅效果[24]；在力学方面，碳纳米管具有超强的机械性能(高模量、高强度、高刚度)，可以替代碳纤维作为复合材料的增强体[25]，在这一领域具有极大的应用潜力。碳纳米管在补强增韧金属、聚合物和陶瓷基体的同时，必会给复合材料带来更多的功能特性，为开发结构型功能材料打开了新的窗口。

近年的研究也发现碳纳米管(CNTs)具有良好的光限幅性能，从而成为了该领域新的研究热点。Vivien 等[26]研究发现单壁 CNTs 悬浮水溶液对 532nm 的激光与 C_{60} 的甲苯溶液以及炭黑的悬浮水溶液具有相似的光限幅性能，同时对 1064nm 的激光也有很好的限幅效果。C_{60} 的溶液虽然对波长 532nm 的激光具有很强的反饱和吸收，但是对波长 1064nm 的激光则没有明显限幅效果[27]，限幅的波段不够宽。此外，Chen 等[28]制备了悬浮的多壁 CNTs 乙醇溶液并且研究发现该悬浮溶液的光限幅效应优于 C_{60} 和碳黑悬浮溶液。CNTs 不仅限幅波段宽，而且具有响应速度快、限幅阈值低的优点，因而是一种很有前途的光限幅材料。但是，CNTs 悬浮液不能长期稳定且难于器件化，故可溶性碳纳米管及碳纳米管复合物的研究成为必要。Riggs 等[29]制备了可溶的碳纳米管，发现其光限幅效果弱于悬浮液的效果，认为均一的 CNTs 溶液光限幅可能是由非线性吸收产生的。Tang 和 Xu[30]合成了 PPA 包裹的 MWNTs，可溶于氯仿、四氢呋喃、甲苯等有机溶剂，有较好的光限幅效应。Zhan 等[31]通过溶胶-凝胶法把 MWNTs 分散到二氧化硅凝胶中，在 532nm 和 1064nm 的激光下，该凝胶显示出较好的光限幅效果。以上研究表明 CNTs 在液体或者固体基质中均有良好的光限幅性能，但是液体不易器件化、不方便使用，固体有机基质或凝胶基质的耐高温、抗老化性能不佳，把 CNTs 引入陶瓷基质当中是解决这些问题的有效途径。

由于碳纳米管表面与聚合物接近以及容易分散在聚合物中，碳纳米管/聚合物基复合材料研究较早，研究的体系较多，报道的文献也相当多，在这里不做详细介绍。对碳纳米管/金属基复合材料的研究主要集中在纳米管对基体的强化(如强度、韧性、耐磨性等)和电性能上，在这里也不重点介绍。相对于碳纳米管/聚合物基复合材料和碳纳米管/金属基复合材料来说，碳纳米管/陶瓷基复合材料方面的研究起步相对较晚。Siegel 等[32]制备了碳纳米管/纳米 Al_2O_3 陶瓷复合材料，使材料的断裂韧性提高 24%。Zhan 等[33]采用快速等离子体烧结工艺(SPS)制备了单壁碳纳米管/纳米 Al_2O_3 复合材料，材料的韧性提高了约三倍。An 等[34]采用聚合物转化法制备了碳纳米管/SiCN 复合材料，其弹性模量和硬度都较基体提高了 50%。Balázsi 等[35]采用热等静压烧结和放电等离子烧结(SPS)两种方法制备了碳纳米管/Si_3N_4 复合材料，研究发现 SPS 可以在较低的温度下快速烧结获得致密的复合材料，避免了碳纳米管与 Si_3N_4 基体的反应而保留了完好的结构。黄庆[36]将碳纳米管引入到功能陶瓷体系钛酸钡中，采用 SPS 快速烧结，获得了致密的 CNTs/$BiTiO_3$ 复合材料。碳纳米管的加入，显著提高了钛酸钡基体的韧性。Wang 等[37]采用原位法合成了碳纳米管/莫来石复合粉体，经热压烧结制备了碳纳米管/莫来石复合材料，当碳纳米管体积分数为 5%时，复合材料的抗弯强度和断裂韧性分别提高 10%和 78%。但是这些碳纳米管/陶瓷基复合材料的研究主要集中在以碳纳米管对陶瓷基体力学性能的改善上，对其功能特性的研究相对较少。

在开发碳纳米管/陶瓷基复合材料的功能特性时，容易得到采用熔融石英作为陶瓷基体。熔融石英是一种高纯的玻璃材料，它具有较低的密度($2.16g/cm^3$)，小的热膨胀系数($0.5\times10^{-6}K^{-1}$)以及优良的耐高温、抗烧蚀、抗热冲击性和环境稳定性等综合性能。此外，它的电导率为 10^{-13}S/m，是良好的绝缘材料。熔融石英还具有优异的介电性能(1MHz 频率下损耗正切为 $2\times10^{-4}\sim4\times10^{-4}$，介电常数为 3.4~3.8；8~10GHz 频率下损耗正切为 4×10^{-4}，介电常数为 3.3)。特别是石英在高温熔化后熔融状态的黏度特别大，不易被气流冲刷流失。 这些优异的性能使石英有了应用于高技术领域的基础，因而它广泛应用于光学、光电子器件、微波介电材料以及通信窗口(天线窗和端头帽等)和耐火防热材料等[38]。同时，石英的可见光透过率高(>90%)，能保证光电传感器、人眼等对信号的接收，因此适合作为光限幅材料的基质[39]。

针对碳纳米管/石英复合材料体系，科研工作者试图在提高材料的力学性能的同时，挖掘该材料的潜在功能特性。碳纳米管的电磁性能，特别在微波波段，一直受到研究人员的关注。研究发现轻质、高长径比、具有超高力学和独特电性能的碳纳米管是一种很有前途的电磁波屏蔽与吸收剂。但是，碳纳米管微波吸收性能主要集中在聚合物复合材料上，这主要是因为碳纳米管在聚合物中容易分散，而聚合物具有合成简单、介电性能和韧性好等特点，可以满足大批量应用的要求。相反，碳纳米管/陶瓷基复合材料的整体研究相对滞后，并且目前大量研究工作依然集中在碳纳米管对陶瓷机械性能，特别是韧性的改善上，对它的微波衰减和吸收性能的研究还很少。对碳纳米管光限辐性能的研究也主要集中在溶液和聚合物体系中，对碳纳米管/陶瓷基复合材料的光限辐性能研究也几乎没有。

中国科学院上海硅酸盐研究所在成功制备碳纳米管/石英复合材料的基础上，深入研究了该体系的微波吸收和光限辐性能。碳纳米管/石英复合材料吸波性能的研究对于开发一种新型的微波吸收材料具有重要的探索意义，也具有潜在的应用前景[40,41]。碳纳米管/石英复合材料光限辐性能的研究则为开发宽带限幅、透过率高、使用携带方便的固体光限幅材料奠定了基础，试图改变目前激光防护材料相对激光的发展滞后的状况[39]。

10.1.2　直接混合法制备 CNTs/SiO_2 复合材料

1. CNTs/SiO_2 复合材料的制备

目前 CNTs/SiO_2 复合材料的制备方法有直接混合和原位复合法两种方法。直接混合法是一种比较简单和常用的方法。Ning 等[42]以深圳纳米港有限公司生产的多壁碳纳米管(纯度大于 90%，直径为 20~40nm，长径比大于 100，密度约为 2.0g/cm^3)和中国科学院上海硅酸盐研究所生产的无定型石英粉体(中位粒径 d_{50} = 3.1μm，理论密度 2.16g/cm^3)为原料，以中国可达仪化实业公司生产的三氯甲烷(trichloromenthane，分析纯)为分散介质，采用磁力搅拌和超声分散工艺制备了 CNT/SiO_2 复合粉体。图 10.3 是碳纳米管及复合粉体的 TEM 显微形貌照片。从照片上可以看出，碳管之间彼此没有团聚，与 SiO_2 粉体混合相对比较均匀。

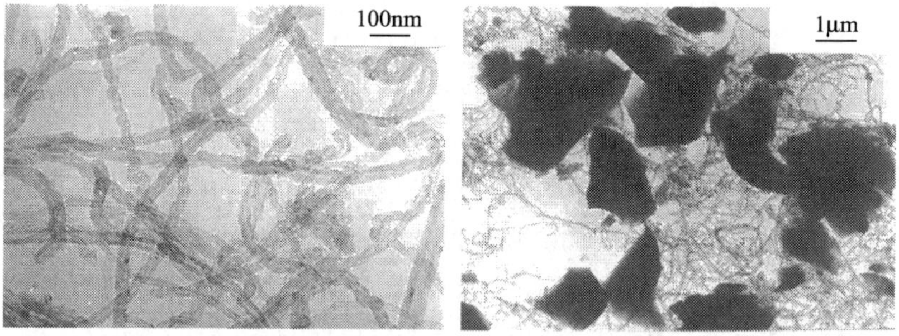

(a)　　(b)

图 10.3　(a) 碳纳米管；(b) 碳纳米管/石英复合粉体的 TEM 形貌照片[42]

获得的 CNTs/SiO_2 复合粉体采用热压烧结工艺(1300℃ × 30min，25MPa，30℃/min)制得不同碳纳米管含量的 CNTs/SiO_2 复合材料。图 10.4 是 CNTs 添加量为 5%和 10%(体积分数)的 CNTs/SiO_2 复合材料的断口 FESEM 形貌。从图中可以看到有明显的碳管拔出现象，拔出的长度在几百个纳米到几个微米。碳纳米管与石英基体之间的结合很紧密，很可能在界面上形成某种化学键合[43]。

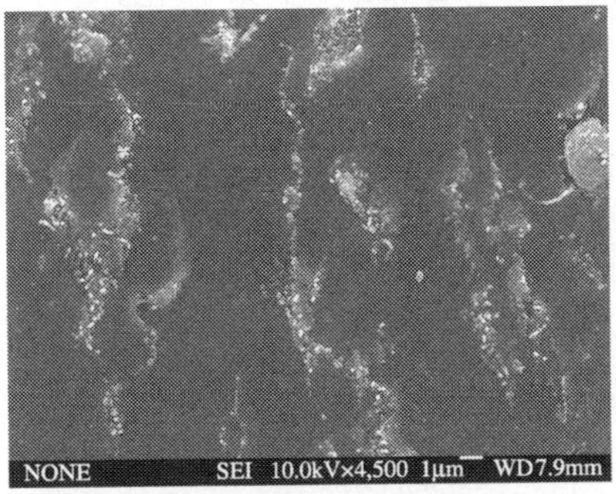

(a)

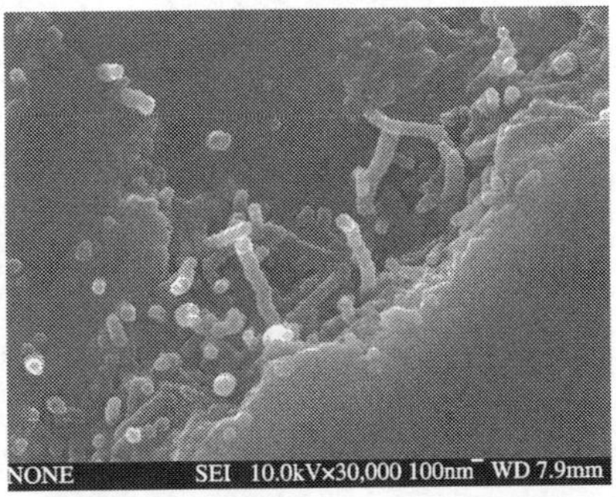

(b)

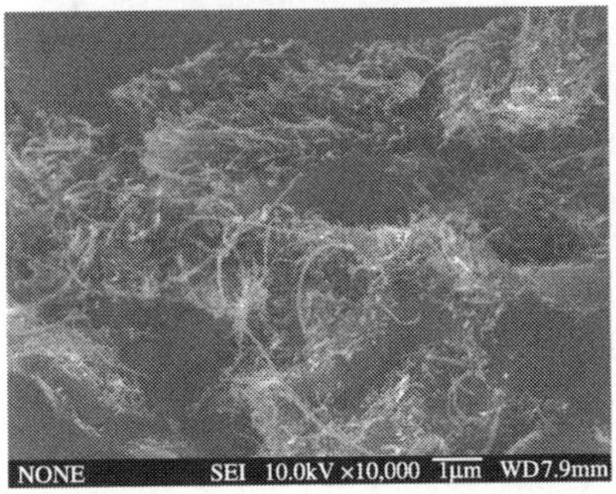

(c)

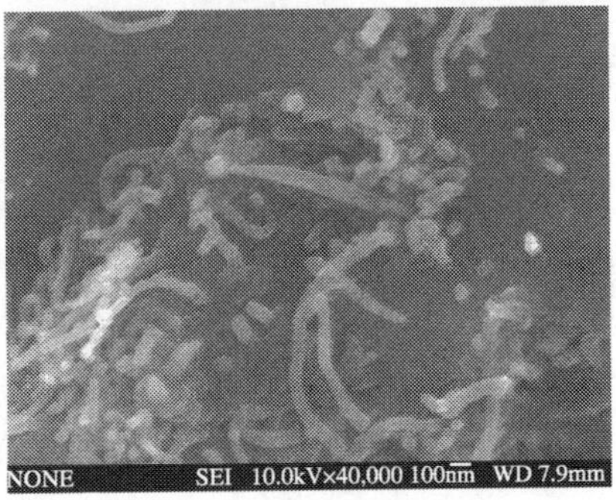

(d)

图 10.4　热压烧结 CNTs/SiO_2 复合材料的断口 FESEM 形貌照片

(a), (b) CNTs 的添加量为 5%(体积分数)；(c), (d) CNTs 的添加量为 10%(体积分数)[42]

2. CNTs/SiO_2 复合材料的力学性能

图 10.5 是热压烧结 CNTs/SiO_2 复合材料的力学性能与碳纳米管含量的关系[38]。从图中可以看出，当碳纳米管的含量小于 20%(体积分数)时，CNTs/SiO_2 复合材料的整体力学性能与 SiO_2 基体材料相比，都是增加的。当 CNTs 的含量为 5%(体积分数)时，复合材料的抗弯强度和断裂韧性均达到最高值。其中强度比纯 SiO_2 基体提高 65%，韧性提高一倍。碳纳米管加入到 SiO_2 基体一方面对材料起到了补强增韧的作用，但另一方面由于碳纳米管的团聚也会对材料致密化起到阻碍作用，导致材料整体性能的下降。当加入的碳纳米管量比较少[5%(体积分数)]时，其对材料致密化的影响不大，碳纳米管对基体的补强作用得以比较充分的发挥，其强度和韧性均达到最大值。当碳纳米管的含量大于 5%(体积分数)时，随碳纳米管含量的增加，碳纳米管的团聚对材料致密化的阻碍作用进一步加大，所以材料的致密度下降，使材料力学性能大大降低，从而把

加入碳纳米管所带来的正面补强效果抵消。当碳纳米管的体积含量达到 20%(体积分数)时，复合材料的强度与韧性基本与基体相持平，说明此时正面的纳米管强化效果与负面的致密度下降导致的弱化效果相互抵消。

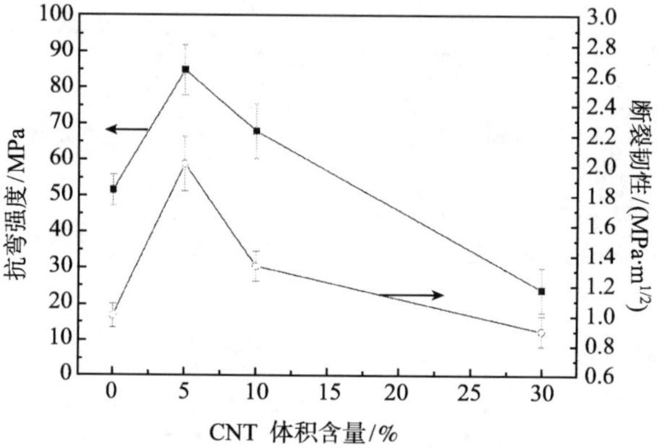

图 10.5　热压烧结 CNTs/SiO_2 复合材料的力学性能与碳纳米管含量的关系[38]

10.1.3　溶胶-凝胶法制备 CNTs/SiO_2 复合材料

1. CNTs/SiO_2 复合材料的制备

直接混合法是一种简单、快捷制备 CNTs/SiO_2 复合材料的方法。但是，从显微结构来看，碳纳米管在基体中的分布不是很均匀，从而对材料的性能造成不良的影响。溶胶-凝胶法制备 CNTs/SiO_2 复合粉体可以实现其在分子水平的均匀混合，从而有可能改善复合材料的显微结构和性能。Ning 等[44]以正硅酸乙酯(TEOS)和碳纳米管为原料，以 C_{16}TMAB 为分散剂，采用溶胶-凝胶法制备了 CNTs/SiO_2 复合粉体。具体实验步骤如下[38]：首先称取一定量的 C_{16}TMAB 溶于去离子水中，搅拌，配制 C_{16}TMAB 水溶液备用。按比例量取 TEOS 加入 C_{16}TMAB 水溶液中，在磁力搅拌器上搅拌，然后按比例加入碳纳米管，搅拌大约 5min 后，将混合溶液置于超声振荡器中超声分散 10min。超声分散后的溶液置于磁力搅拌器上继续搅拌，同时缓慢滴入 1.16M 的盐酸溶液，调节 pH 值到 0~0.5 后继续搅拌水解 2h，得到 CNT/SiO_2 溶胶复合体系，然后滴入氨水，调节 pH 值大于 10，在滴加氨水的过程当中，混合溶液的黏度不断增加，在大约 5min 之内快速胶化，形成没有任何流动性的凝胶块。凝胶在室温下静置 0.5~1h 后，抽滤，洗涤。将洗涤后的粉于烘箱中 110℃烘干，研磨，过 200 目筛，即得到 CNT/SiO_2 前驱复合粉体。将前驱复合粉体在箱式电阻炉中 500℃煅烧 1h，以烧掉表面活性剂，进一步促进 SiO_2 分子之间的脱水缩合，最终得到 CNTs/SiO_2 复合粉体(图 10.6)。

图 10.6　溶胶-凝胶法制备的 CNTs/SiO_2 复合粉体的 FESEM 形貌照片[38]

所得的 CNTs/SiO_2 复合粉体装在石墨模中进行热压烧结(1300℃×30min，25MPa，30℃/min，纯氮气氛)。图 10.7 是 5%(体积分数)CNTs/SiO_2 复合材料的断口 FESEM 形貌照片。从图中可以看出，采用溶胶-凝胶法和 C_{16}TMAB 分散剂的使用有效地改善了 CNTs 在 SiO_2 基体中的分布，并且碳纳米管与基体具有良好的界面结合。

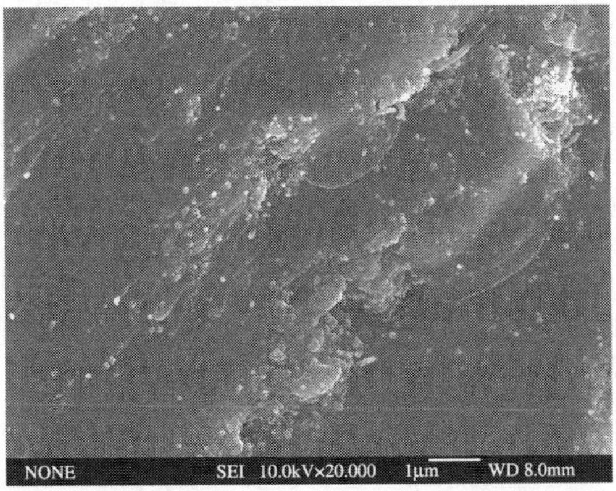

图 10.7　热压烧结 5%(体积分数)CNTs/SiO_2 复合材料的断口 FESEM 形貌照片[44]

向长淑[40]在 C_{16}TAB 分散碳纳米管的基础上，结合溶胶凝胶法合成了碳纳米管/石英复合粉体。复合粉体经热压烧结工艺制备了 CNTs/SiO_2 复合材料，图 10.8 是该材料的高分辨透射电子显微(HRTEM)形貌图。从图中可以看出，碳纳米管保存完好的多层碳壁结构，没有发生明显的损伤。另外，碳纳米管与石英基体的界面很干净，不存在反应生成物，这也说明在热压烧结过程中，碳纳米管与石英基体具有很好的化学相容性，只是石英基体中的 Si 与碳纳米管表面的 C 形成了 Si—C 键合[45]。

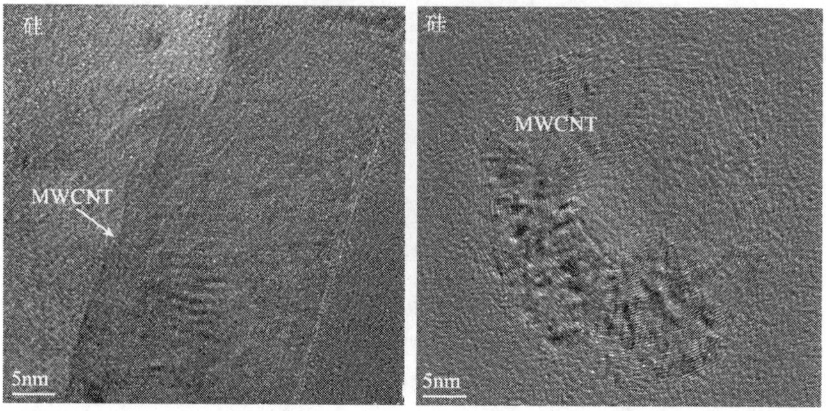

(a)　　(b)

图 10.8　碳纳米管/石英复合材料的高分辨透射电子显微形貌图[45]

(a) 电子束垂直于碳纳米管；(b) 电子束平行于碳纳米管

2. CNTs/SiO_2 复合材料的力学性能

对 5%(体积分数)CNT/SiO_2 复合材料做力学性能测试，结果见图 10.9，发现该材料的平均抗弯强度大于 120MPa，断裂韧性达到 1.53MPa·$m^{1/2}$。碳纳米管在基体中的均匀分散以及碳纳米管与基体之间良好的界面结合是复合材料强度提高的内在因素，而断裂韧性的提高来源于碳纳米管拔出、断裂、桥联、裂纹偏转/绕过等方式的综合作用。

3. CNTs/SiO_2 复合材料的电学性能

由于碳纳米管/石英复合材料的电导率对复合材料的微波衰减性能影响很大，调变材料的电导率可以显著改变材料的微波衰减性能，因此在研究碳纳米管/石英复合材料的微波衰减性能之前，首先需要研究该体系的电学性能。表 10.1 是热压石英复合材料的室温电导率及其测试方法。从表中可以看出，纯石英的电导率很低，约 10^{-12}S/m，是一种绝缘材料。采用高阻计测试的纯石英电导率为 1.71×10^{-12}S/m，与理论值相当。当添加 2.5%(体积分数)碳纳米管时，复合材料的电导率几乎没有提高，为 6.49×10^{-12}。但当碳纳米管含量增加到 5%(体积分数)时，复合材料的电导率以 12 个数量级急剧提高，高达 4S/m，这意味着存在一个阈值转变，阈值理论表明在这之间存在一个临界碳纳米管含量，当达到这个临界含量时，复合材料体系中形成了连通的导电通道，使得复合材料由绝缘体向导体转变。因此，对碳纳米管/石英复合材料，它的导电阈值在碳纳米管体积分数为 2.5%~5%(体积分数)。当超过这个阈值后，如碳纳米管体积分数提高到 10%，复合材料的电导率进一步增加至 57.4S/m[45]。

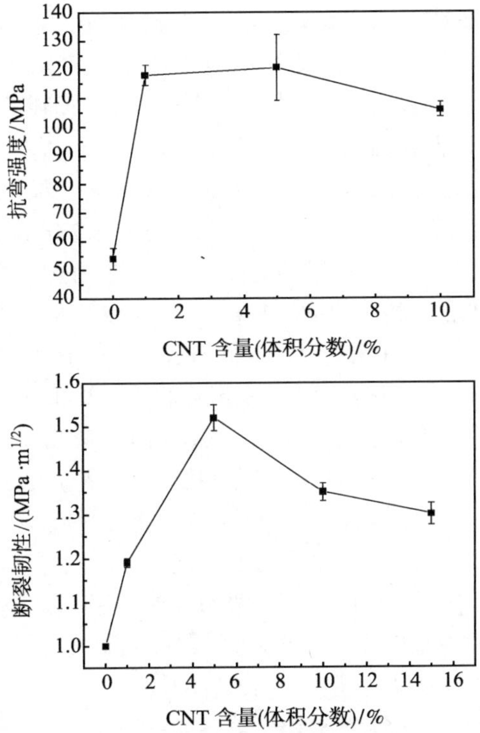

图 10.9　CNTs/SiO_2复合材料的抗弯强度/断裂韧性与碳纳米管含量的关系[38]

表 10.1　热压烧结石英和碳纳米管/石英复合材料的室温电导率及测试方法[40]

体　系	相对密度/%	电导率/(S/m)	测试方法
纯熔融石英	100	1.71×10^{-12}	高阻抗仪
2.5% (体积分数)CNTs/熔融石英	100	6.49×10^{-12}	高阻抗仪
5% (体积分数)CNTs/熔融石英	98.9	4.00	HL5500 霍尔系统
7.5% (体积分数)CNTs/熔融石英	98.5	21.8	HL5500 霍尔系统
10% (体积分数)CNTs/熔融石英	95.6	57.4	HL5500 霍尔系统

碳纳米管的加入，大幅度提高了复合材料的导电性能，这样必然会提高复合材料的静电耗散性能和电磁波衰减性能。结合电磁波吸收材料对电导率的要求，Xiang 等[45]发现 5%(体积分数)碳纳米管/石英复合材料的电导率 4.0S/m 正好满足吸波材料的电导率要求，从理论上可以预测该复合材料具有较好的电磁波吸收性能。

4. CNTs/SiO_2复合材料的微波衰减性能[40]

由于不同波段的波导腔体尺寸不一样，所以在测试前将不同体积分数的碳纳米管/石英复合材料精确加工成尺寸为 22.86mm×10.16mm×5.0(厚)mm(X 波段，8~12GHz)

和 7.12mm×3.56mm×5.0 (厚) mm(Ka 波段，26.5~40GHz)，采用 WILTRON 54169A 矢量网络分析仪分别测试样品在 X 波段和 Ka 波段的微波衰减性能。图 10.10 为添加不同体积分数碳纳米管的石英基复合材料对 X 波段的插入损耗随频率的变化关系图[46]。从图中可以看出，复合材料的插入损耗随着频率的增加，总体趋势是平坦的，只是局部发生了波动现象。结合电磁波理论，我们认为这是由于插入损耗与频率、样品厚度的匹配关系造成了插入损耗对微波频率的依赖，产生约 2dB 的波动。除了厚度和频率对插入损耗的影响产生波动外，纯石英对微波是全透过的，是很好的微波透过材料。随着石英基体中碳纳米管体积分数的增加，插入损耗(绝对值)急剧增加。碳纳米管含量为 2.5% (体积分数)时，在 10GHz 处的插入损耗为 7.34dB，当碳纳米管含量提高二倍至 5%(体积分数)后，在 10GHz 处的插入损耗达 21.52dB，提高了 3 倍。当碳纳米管含量增加到 10%(体积分数)时，在 10GHz 处的插入损耗高达 31.76dB，根据公式 $SE_T = IL = 10\lg(P_T / P_I) = SE_A + SE_R + SE_M$ (其中 SE_T 表示总衰减量，IL 为插入损耗，P_I 和 P_T 分别表示入射电磁波与透过样品电磁波的能量，SE_A 和 SE_R 分别表示样品对电磁波的吸收和反射造成的损耗。SE_M 是指电磁波在样品内部多次反射的损耗，确切地说是多次反射的修正项)可以得出，$P_T = 0.00067P_I$，说明碳纳米管/石英复合材料对 X 波段的微波具有很好的衰减性能，99.9%入射微波的能量被样品衰减掉了，具有商业应用的前景。另外，微波衰减性能对碳纳米管的体积分数相当敏感，当碳纳米管体积分数从 6.25%(体积分数)变化到 7.5%(体积分数)，插入损耗也明显增加，敏感程度相当高。

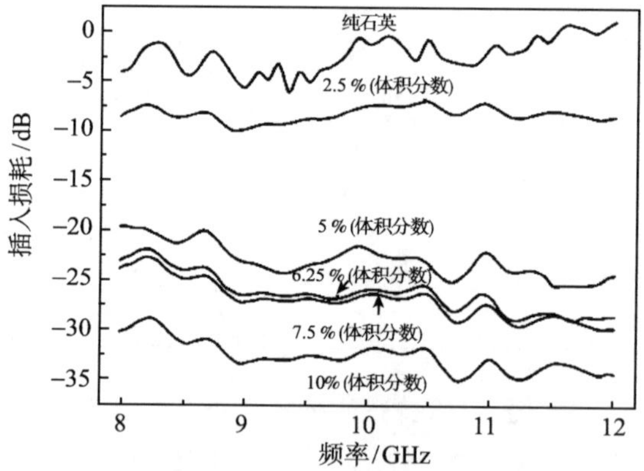

图 10.10　X 波段碳纳米管/石英复合材料的插入损耗[46]

目前，微波的发展不断向高频段扩展，研究碳纳米管/石英复合材料的高频微波衰减性能具有重要的意义。图 10.11 是测试的碳纳米管/石英复合材料对 Ka 波段微波的插入损耗随频率的变化关系图[47]。复合材料的插入损耗对碳纳米管的体积分数依然相当敏感，从 6.25%(体积分数)增加到 7.5%(体积分数)，在 35GHz 处的插入损耗从 52.5dB

增加到 53.8dB，增加了 1.3dB。插入损耗在整个高频段下对微波频率依赖性不明显，曲线基本平坦;局部与低频的现象相同,有约几个分贝的波动。结合图 10.10 和图 10.11，对于 5%(体积分数)、6.25%(体积分数)、7.5%(体积分数)和 10%(体积分数)的碳纳米管复合材料在 10GHz 处的插入损耗分别为 21.52dB、25.76dB、26.21dB 和 31.76dB，而在 35GHz 处的插入损耗分别高达 42.69dB，52.5dB，53.8dB 和 66.7dB，从这些数据可以看出复合材料在 Ka 波段的平均插入损耗是 X 波段的两倍以上，说明碳纳米管/石英复合材料具有更好的高频微波衰减性能。10%(体积分数)碳纳米管复合材料在 35GHz 的插入损耗为 66.7dB，即 $P_T = 0.000000213P_I$，透过样品的微波能量很小，复合材料对高频微波具有更优异的衰减性能。

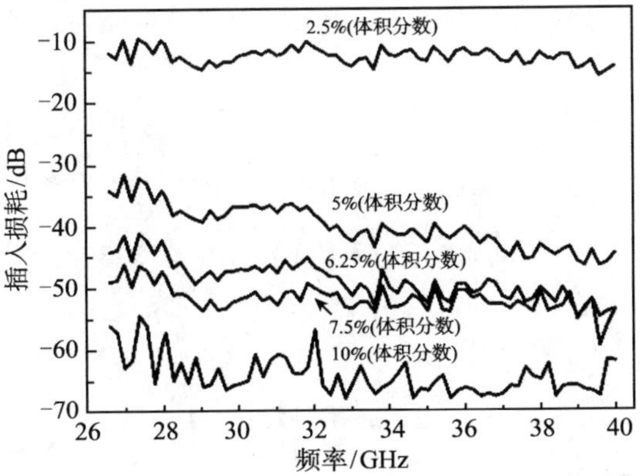

图 10.11　Ka 波段碳纳米管/石英复合材料的插入损耗[47]

与石英基体相比，CNTs 添加不仅使 CNTs/SiO_2 复合材料具有优良的力学性能，同时也提高了材料的热导率和热扩散系数以及电导率，使材料的介电常数增加 1~15 倍，损耗因子增加 2~5 个数量级。纯的 SiO_2 是良好的透波材料，即当电磁波穿过时损耗非常的小。而加入碳纳米管以后，电磁波在复合材料中衰减加剧。对于电磁波在材料中的损耗，可能有以下三条途径[40,47]：一是纳米管加入以后，提高了材料的电导，使得电磁波进入介质以后，电导/漏导损耗对其起衰减作用，这是其损耗的主要途径；二是偶极子的作用，即导电的碳纳米管在电磁波的激励下，其行为相当于一偶极子，由于纳米管本身有一定的电阻，所以，这种偶极子的振动是有阻尼的振动，从而造成电磁波的衰减，换一个角度来说，由于纳米管本身有一定的电阻，其波阻抗不为零，必然有一部分电磁波入射到纳米管中去被吸收，另一部分被反射的电磁波则会进入其他的纳米管中，这样造成多重反射-吸收的关系；三是多重反射过程中介质的作用，电磁波入射时，在碳纳米管之间产生多重反射，在各次反射的路径上，介质材料对电磁波有一定的损耗。

5. CNTs/SiO_2复合材料的对微波的反射与吸收

碳纳米管/石英复合材料无论对低频厘米波段(X 波段)，还是高频毫米波段(Ka 波段)都具有优异的衰减性能，特别是对高频毫米波段具有更好的衰减性能。微波衰减性能即插入损耗表征了材料对微波的屏蔽效果，包括复合材料对微波的反射损耗和吸收损耗。反射损耗小而吸收损耗大的复合材料可以考虑作为微波吸收材料。因此，研究碳纳米管/石英复合材料对微波的反射损耗和吸收损耗具有重要的意义。

图 10.12 和图 10.13 分别为不同体积分数的碳纳米管/石英复合材料在 X 波段对微波的反射损耗和吸收损耗随频率的变化关系[40]。由于微波插入损耗与样品的厚度、频率有一定的匹配关系，所以样品对微波的反射损耗和吸收损耗也会产生相应的波动。从图中可以看出，纯石英对微波的插入损耗主要是反射损耗的贡献，几乎没有吸

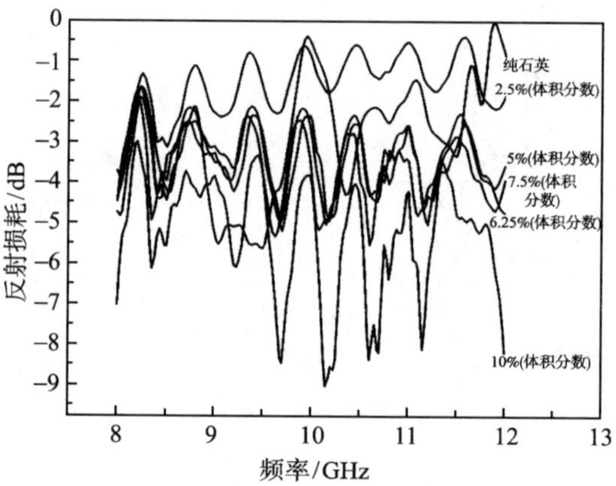

图 10.12　碳纳米管/石英基复合材料对 X 波段微波的反射损耗[40]

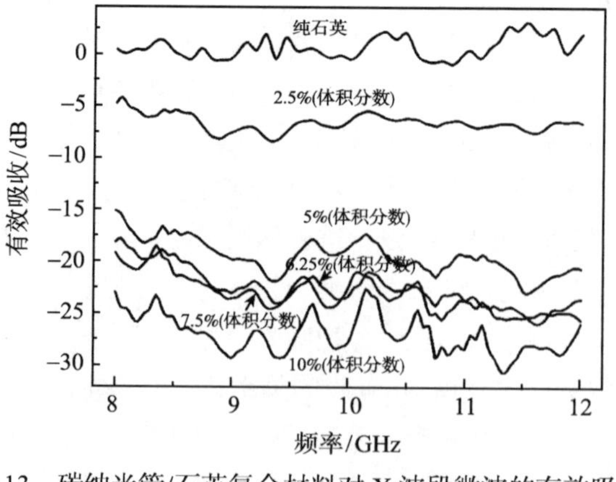

图 10.13　碳纳米管/石英复合材料对 X 波段微波的有效吸收[40]

收损耗，是很好的透波材料。而添加碳纳米管的复合材料对微波的衰减主要是对微波的吸收，反射很小，特别是碳纳米管体积分数增加到 10%，该复合材料对微波的有效吸收最大达 30dB，这说明碳纳米管/石英复合材料是很好的微波吸收材料。

结合碳纳米管的独特结构和石英特性，认为复合材料具有优异的微波吸收性能主要有以下原因[40]。首先，碳纳米管的加入，显著提高了复合材料电导率，当微波辐射到样品表面时，在样品中形成大的涡流，涡流在样品中运动转变成热能而吸收微波的能量。其次当在透微波的石英基体中加入导电的碳纳米管后，由于中空的碳纳米管具有大的长径比和比表面积，所以在体系中形成了大量的碳纳米管/石英界面，而这些界面的取向是杂乱无章的，当微波进入样品后，会在这些界面上发生来回的反射和散射，最后将微波转变成热能等其他能量耗散掉，吸收微波能量。另外，碳纳米管具有优异的导电性能，微波进入石英基体后辐射到体系中的碳纳米管表面时，会发生趋肤效应，使得微波沿着碳纳米管传播而出不来，最终耗散在碳纳米管中[48]。这三个机理加上石英基体本身是很好的微波透过材料使得碳纳米管/石英复合材料具有很好的微波吸收特性，而由阻抗匹配造成的微波反射相对较小。

碳纳米管作为电磁波吸收剂具有很大的优势，它既可以发挥优异的力学性能提高石英基体的力学性能，又可以使碳纳米管/石英复合材料具备电磁波吸收性能，成功实现了这种新型复合材料的结构-功能一体化。

10.1.4　CNTs/SiO_2 层状吸波复合材料的设计与制备

电磁波入射到材料表面时，由于自由空间与材料的特性阻抗不一致，会产生界面反射，作为吸波材料来说，减少界面反射大有必要为了降低界面反射，一般需采用多层设计，多层设计是将与自由空间特性阻抗相近的材料放在外层，减少电磁波的界面反射，然后再逐渐增加材料对电磁波的损耗达到提高电磁波的吸收效果，其设计的模型如图 10.14 所示，其中 ε_i, μ_i, d_i 分别为第 i 层的复介电常数、复磁导率和厚度。此模型的背景材料为电磁波的全反射体-金属良导体(如铝板等)[49]。

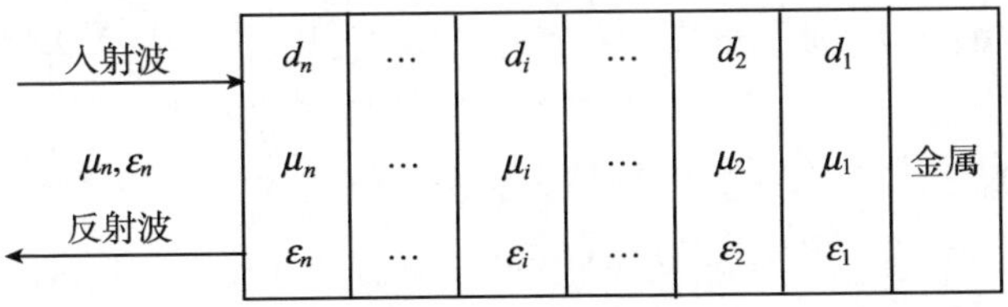

图 10.14　电磁波与多层吸收材料的作用图[49]

目前衡量电磁波吸收性能的主要参数为反射损耗(reflection loss, RL)，它与材料的结构、电磁参数和厚度都有关。因此，单从实验出发研究材料的吸波性能工作量特别大，利用电磁波传输线理论对吸波材料进行辅助设计，可以减少工作量，提高吸波材料的吸波性能[50]。Park 等[51]采用传输线理论模拟了层状结构的碳纳米管复合材料的吸波性能，与实验结果很接近。向长淑等[52]测试了 $CNTs/SiO_2$ 复合材料在、波段的电磁参数，根据传输线理论，采用语言编制程式， 将测试的材料电磁参数代入程式，计算出复合材料的电磁波吸收性能，研究不同成分、不同结构复合材料的电磁波吸收性能。图 10.15 是厚度为 2mm 的单层碳纳米管/石英复合材料在 8.2~12.4GHz 的反射损耗图。 从图中可以看出，该复合材料对 8.2~12.4GHz 波段的电磁波具有吸收效果。复合材料的反射损耗对碳纳米管的含量很敏感。 随着碳纳米管体积含量的增加，材料对电磁波的反射损耗先是增加，最大达到 8dB[5%(体积分数)碳纳米管/石英复合材料在 8.4GHz 处的反射损耗]，然后反射损耗又逐渐减小。

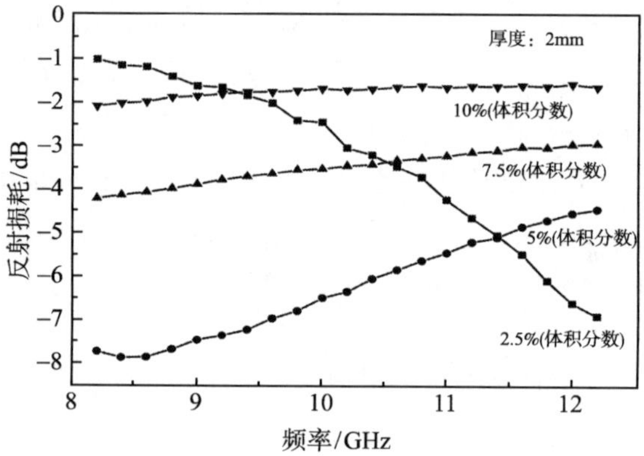

图 10.15　单层碳纳米管/石英复合材料在 8.2~12.4GHz 的反射损耗(厚度：2mm)[52]

图 10.16 是理论计算的单层与两层碳纳米管/石英复合材料的反射损耗对照图。两层复合材料的外层为 2.5%(体积分数)碳纳米管/石英复合材料，与自由空间接触，内层为 5%(体积分数)碳纳米管/石英复合材料，目的是加强复合材料对入射电磁波的衰减。从图中可以清楚地看出，采用两层设计很明显提高了该复合材料对电磁波的吸收效果，在 8.2~12.4GHz 整个波段的反射损耗都大幅度提高，最大值达到 10dB. 这说明阻抗匹配的层状设计是一种有效提高复合材料吸波性能的方法。

在理论计算的基础上，向长淑[40]采用热压烧结的方法(烧结条件为：烧结温度 1300℃保温时间 30min，升温速率 40℃/min，压力 30 MPa，Ar 保护气氛)制备了纯石英–5%(体积分数)碳纳米管/石英，纯石英–10%(体积分数)碳纳米管/石英和 5%(体积分数)碳纳米管/石英–10%(体积分数)碳纳米管/石英三种类型的层状复合材料。将制备得到的层状复合材料加工成 22.86mm×10.16mm×5.0 (厚) mm，每层厚度均为 2.5mm，

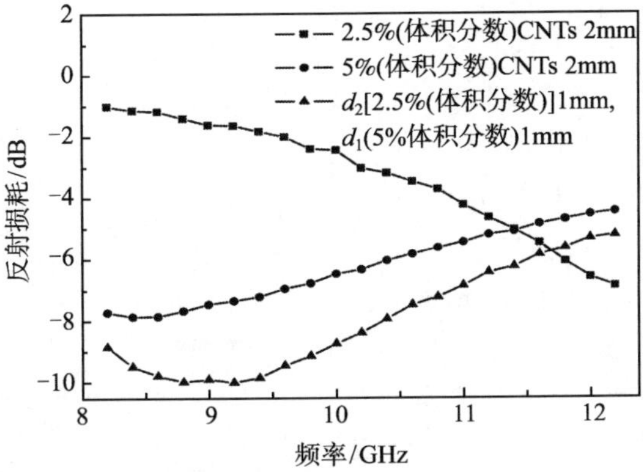

图 10.16 单层与两层碳纳米管/石英复合材料在 8.2~12.4GHz 波段的反射损耗[52]

总厚度为 5mm。采用 WILTRON 54169A 矢量网络分析仪测试它们的插入损耗和回波损耗，研究层状复合材料的微波衰减性能。图 10.17 是制备的三种类型的层状碳纳米管/石英复合材料在不同微波入射方向条件下的微波衰减性能。图(a)、(c)、(e)为它们的插入损耗，图(b)、(d)、(f)为它们对微波的反射。从图(a)、(c)、(e)中可以看出，微波从层状复合材料的前面和后面入射，复合材料对微波的插入损耗基本保持不变，即微波衰减性能基本相同。但是从图(b)、(d)、(f)可以看出复合材料对从不同面入射的微波表现出的反射性能却明显不同。纯石英介电常数和介电损耗小，与自由空间具有很好的阻抗匹配性，是很好的微波透过型窗口材料，而添加碳纳米管后，复合材料的介电常数和介电损耗大幅度提高，所以微波在纯石英与自由空间交界面上的反射要明显小于微波在 5%(体积分数)碳纳米管/石英和 10%(体积分数)碳纳米管/石英交界面上的反射。如图 10.17(b)所示，从层状复合材料 5%(体积分数)碳纳米管/石英面入射的微波产生的反射是从石英面入射的微波产生的反射的两倍多。10%(体积分数)碳纳米管/石英-纯石英层状复合材料的这一现象更明显，微波从 10%(体积分数)碳纳米管/石英复合材料面入射造成的微波反射是从纯石英面入射造成的微波反射的五倍多。这是因为10%(体积分数)碳纳米管/石英复合材料电导高，微波介电常数大，与自由空间的匹配性更差，对微波的反射更大。由于 5%(体积分数)碳纳米管/石英复合材料与 10%(体积分数)碳纳米管/石英复合材料的特性阻抗差别不是特别大，对于 5%(体积分数)碳纳米管/石英–10%(体积分数)碳纳米管/石英层状复合材料，反射相差两倍，小于 10%(体积分数)碳纳米管/石英-纯石英层状复合材料。从以上讨论可以知道，微波从不同面入射，插入损耗基本相同，而反射相差交大，当微波从匹配性好的面(如石英面)入射时，反射较小，那么微波容易进入复合材料体系中被复合材料衰减掉，微波吸收的量增大，吸波性能明显提高，所以采用层状设计明显提高了碳纳米管/石英复合材料的微波吸收性能。

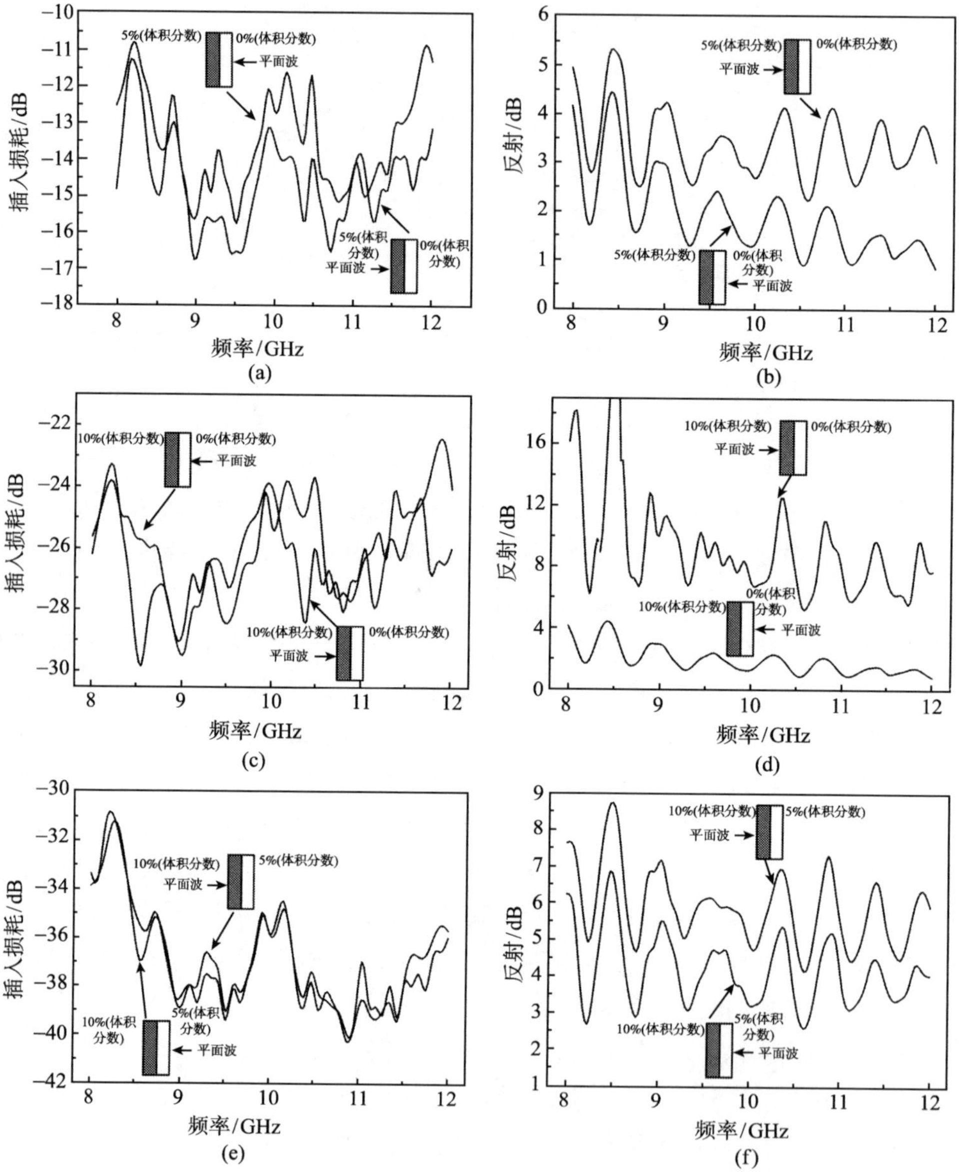

图 10.17 不同微波入射方向条件下三种碳纳米管/石英层状复合材料的微波衰减性能[40]

(a), (c), (e) 插入损耗；(b), (d), (f) 反射

在前面工作的基础上，中国科学院上海硅酸盐研究所深入开展了 $SiO_2/CNTs/C_f$ 层状吸波复合材料的设计、制备与性能研究工作[41]。该研究综合利用 CNTs 的吸波性

能和力学性能，碳纤维 C_f 的反射性能和力学性能以及 SiO_2 陶瓷基体的透波性能，通过 CNTs/SiO_2 层状梯度设计减小表面反射、增强吸收，通过 C_f/SiO_2 反射层进一步增强吸波效率，然后用干压成型法和一次热压烧结工艺，制备了致密的 SiO_2/CNTs/C_f 层状吸波复合材料。朱勇以商业多壁碳纳米管和熔融石英粉为原料，以无水乙醇为球磨介质，采用球磨混合工艺制备了所需的碳纳米管/石英复合粉体。以聚乙烯醇(PVA)水溶液为黏结剂，通过球磨获得了均匀的 SiO_2 浆料，将连续碳纤维(C_f)浸渍到 SiO_2 浆料中进行挂浆，定向缠绕后获得了 C_f 的含量约为 35%的 C_f/SiO_2 素坯；然后利用干压成型的方法，将碳纳米管含量渐变的 CNTs/SiO_2 复合粉体依次加入到模具中，获得了 CNT/SiO_2 层状梯度素坯；最后将 CNTs/SiO_2 层状素坯和 C_f/SiO_2 素坯装入石墨模具中热压烧结(烧结条件：烧结温度 1300℃，保温时间 30min，压力 30MPa，N_2 保护气氛)获得 SiO_2/CNTs/C_f 层状吸波复合材料。表 10.2 列出了热压烧结的 SiO_2/CNTs/C_f 层状复合材料的相对密度。从表中可以看出，CNTs 含量为 5%(质量分数)[5.4%(体积分数)]的 CNTs/SiO_2 块体复合材料(记为 SiO_2/CNT(5))的相对密度可达 98.6%。SiO_2/CNT(2.5,5)双层复合材料和 SiO_2/CNT(0,5,10)三层复合材料的相对密度值较为接近，分别为 95.8%和 95.9%，较单层复合材料 SiO_2/CNT(5)的相对密度略有下降。在引入 SiO_2/C_f 反射层后，相应的 SiO_2/CNT/C_f(0,2.5,5,C_f)四层材料、SiO_2/CNT/C_f(0,5,10,C_f) 四层材料和 SiO_2/CNT/C_f(0,2.5,5,7.5,10,C_f)六层材料的相对密度分别为 94.5%、94.2% 和 93.6%，均略小于 CNT/SiO_2 复合材料的相对密度，而且随着层数的增加，其相对密度略有下降。需要说明的是，SiO_2/CNTs/C_f(0,2.5,5,7.5,10,C_f)层状复合材料表示该材料由 CNT/SiO_2 复合材料梯度层和 C_f/SiO_2 复合材料反射层构成，括号内的数字表示每层材料中 CNTs 的质量百分含量，即层状复合材料从最上层到底层的组成分别是纯 SiO_2 层、2.5%(质量分数)CNTs 含量的 CNT/SiO_2 复合材料层、5%(质量分数)CNTs 含量的 CNT/SiO_2 复合材料层、7.5%(质量分数)CNTs 含量的 CNT/SiO_2 复合材料层、10%(质量分数)CNTs 含量的 CNT/SiO_2 复合材料层和 C_f/SiO_2 复合材料反射层。为了便于描述，SiO_2/CNTs/C_f 层状复合材料的简称如表 10.3 所示。

表 10.2　SiO_2/CNTs/C_f 层状吸波复合材料的相对密度[41]

材料性质	组成(质量分数)/(% CNT)	相对密度/%	简写名称
SiO_2/CNTs 单层	5	98.6	SiO_2/CNT/C_f(5)
SiO_2/CNTs 双层	2.5,5	95.8	SiO_2/CNT/C_f(2.5,5)
SiO_2/CNTs 三层	0,5,10	95.9	SiO_2/CNT/C_f(0,5,10)
SiO_2/CNTs/C_f 四层	0,2.5,5,C_f	94.5	SiO_2/CNT/C_f(0,2.5,5,C_f)
SiO_2/CNTs/C_f 四层	0,5,10,C_f	94.2	SiO_2/CNT/C_f(0,5,10,C_f)
SiO_2/CNTs/C_f 六层	0,2.5,5,7.5,10,C_f	93.6	SiO_2/CNT/C_f(0,2.5,5,7.5,10,C_f)

表 10.3　SiO_2/CNTs/C_f层状复合材料的对应简称[41]

材料组成	厚度/mm	简称
SiO_2/CNTs/C_f(0, 2.5, 5,C_f)四层材料	5	C_1
SiO_2/CNTs(0,10)两层材料	5	C_2
SiO_2/CNT(5.8)单层材料	5	C_3
SiO_2/CNTs/C_f(0, 5, 10,C_f)四层材料	5	C_4
SiO_2/CNTs/C_f(0, 2.5, 5, 7.5, 10,C_f)六层材料	5	C_5
SiO_2/CNTs/C_f(0, 2.5, 5, 7.5, 10,C_f,C_f)七层材料	5	C_6
SiO_2/CNTs/C_f(0, 5, 10,C_f)四层材料	3	C_7

图 10.18 是 SiO_2/CNTs/C_f(0, 2.5, 5,C_f)四层复合材料 C_1、SiO_2/CNTs/C_f(0, 5, 10,C_f)四层复合材料 C_4 和 SiO_2/CNTs/C_f(0, 2.5, 5, 7.5, 10,C_f)六层复合材料 C_5 在 X 波段的插入损耗[41]。从图中可以看出，六层复合材料 C_5 在 X 波段的插入损耗值均小于四层复合材料 C_1 和 C_4；当电磁波频率为 10GHz 时，C_1、C_4 、C_5 的插入损耗值分别为−34.98dB、−36.78dB、−37.72dB，表明厚度相同的六层复合材料 C_5 在这三种复合材料中具有最好的电磁波衰减性能，是一种良好的电磁波屏蔽材料。四层复合材料 C_1 在低频端(小于 10GHz)的插入损耗值大于四层复合材料 C_4，即其电磁波衰减性能低于 C_4；但是在高频端(大于 10GHz)，四层复合材料 C_1 的插入损耗值与四层复合材料 C_4 较为接近，即它们的电磁波衰减性能也比较接近。将 C_1 和 C_4 的插入损耗进行比较可以发现，将层间 CNTs 浓度梯度由原来的 2.5%(质量分数)提高到 5%(质量分数)，同时增加 CNTs 的含量时，在低频端(小于 10GHz)其电磁波衰减性能有所提高；但是在高频端(大于 10GHz)，其电磁波衰减性能并没有得到提高。而通过比较 C_1 和 C_5 的插入损耗可以发现，在保持层间 CNTs 浓度梯度不变[均为 2.5%(质量分数)]的情况下，增加 7.5%(质量

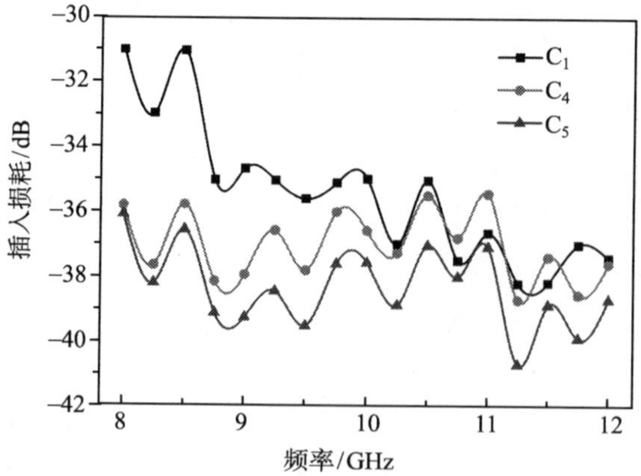

图 10.18　SiO_2/CNTs/C_f层状复合材料 C_1、C_4 和 C_5 在 X 波段的插入损耗[41]

分数)CNT/SiO_2和 10%(质量分数)CNT/SiO_2两个梯度层后，层状复合材料的电磁波衰减性能得到提高。最后比较 C_4 和 C_5 的插入损耗可以发现，引入 2.5%(质量分数)$CNTs/SiO_2$和 7.5%(质量分数)$CNTs/SiO_2$两个过渡层后，层状复合材料的电磁波衰减性能也得到提高。因而在材料厚度相同的情况下，采用较小的浓度梯度和较多的层数(即渐变梯度层)可以提高层状复合材料的电磁波衰减性能。

图 10.19 是 C_1、C_4和 C_5在 X 波段的回波损耗[4]。从图中可以看出，六层复合材料 C_5在 X 波段的回波损耗值均小于四层复合材料 C_4的；当电磁波频率为 10GHz 时，C_4、C_5的 RL 值分别为–4.5dB、–5.6dB，表明六层复合材料 C_5表面具有较好的阻抗匹配特性，电磁波在其表面反射较少。另外，在 X 波段，四层复合材料 C_1几乎所有的回波损耗值都小于四层复合材料 C_4的，即 C_1材料表面的阻抗匹配特性也较好。由此可知，具有较小 CNTs 浓度梯度的层状材料[如 C_1和 C_5，浓度梯度均为 2.5%(质量分数)]，其表面阻抗匹配性较好，电磁波在其表面反射较少。而通过比较四层复合材料 C_1和六层复合材料 C_5的回波损耗可知，在低频端(小于 9GHz)C_1的回波损耗值小于六层复合材料 C_5的，即 C_1的表面阻抗匹配性较好；但是在高频端(大于 9GHz)，C_1的回波损耗值大于六层复合材料 C_5的，即 C_5的表面阻抗匹配性优于 C_1。

综合 C_1和 C_5的插入损耗与回波损耗可知，在材料厚度相同的情况下，采用较小的浓度梯度和较多的层数(即渐变梯度层)可以提高层状复合材料的吸波性能。

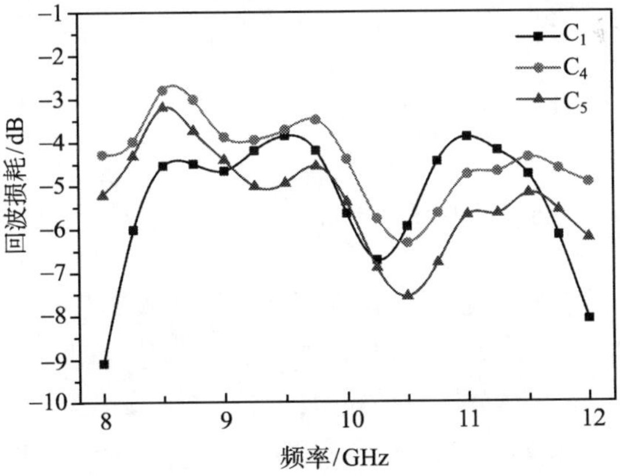

图 10.19　$SiO_2/CNTs/C_f$层状复合材料 C_1、C_4 和 C_5在 X 波段的回波损耗，所有曲线都是电磁波从纯 SiO_2层入射时获得的回波损耗[41]

碳纤维(C_f)具有优良的导电性能[53]。但是，纤维取向不同而导致的各向异性在电性能上表现较为突出：沿纤维轴向，电流能够沿纤维长度方向流动，因而具有较大的电导率；沿纤维径向，电流难以洞穿纤维间的空隙，因而电导率较小。由此可见，单向铺层的碳纤维复合材料将表现出各向异性[54]。所以，当碳纤维单向平行排列时，复合材料的吸波性能呈各向异性；而当碳纤维正交排列时，复合材料的吸波性能呈各向同性。SiO_2/CNTs/C_f(0, 2.5, 5, 7.5, 10, C_f, C_f)七层复合材料 C_6 中含有两个碳纤维/石英反射层，层内碳纤维都是定向排列的，而在层间则形成正交排列。图 10.20 是 SiO_2/CNTs/C_f(0, 2.5, 5, C_f)四层复合材料 C_1、SiO_2/CNTs/C_f(0, 2.5, 5, 7.5, 10, C_f)六层复合材料 C_5 和 SiO_2/CNTs/C_f(0, 2.5, 5, 7.5, 10, C_f, C_f)七层复合材料 C_6 在 X 波段的插入损耗。从图中可以看出，七层复合材料 C_6 在 X 波段的插入损耗值均小于六层复合材料 C_5 和四层复合材料 C_1 的；当电磁波频率为 10GHz 时，C_1、C_5、C_6 的插入损耗值分别为 −34.98dB、−37.72dB、−41.51dB，表明厚度相同的七层复合材料 C_6 在这三种复合材料中具有最好的电磁波衰减性能，是一种良好的电磁波屏蔽材料。由 C_5 和 C_6 插入损耗的比较可以看出，另一个碳纤维/石英反射层的引入提高了复合材料的电磁波衰减性能。

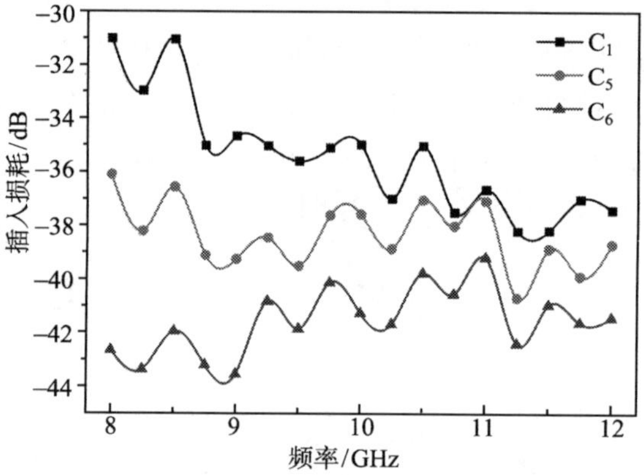

图 10.20　SiO_2/CNTs/C_f 层状复合材料 C_1、C_5 和 C_6 在 X 波段的插入损耗[41]

图 10.21 是 C_1、C_5 和 C_6 在 X 波段的回波损耗。从图中可以看出，七层复合材料 C_6 在 X 波段的回波损耗值与六层复合材料 C_5 的比较接近，而且在高频端(大于 10GHz)，其回波损耗值甚至小于四层复合材料 C_1 的；当电磁波频率为 11GHz 时，C_1、C_5、C_6 的回波损耗值分别为−3.9dB、−5.6dB、−5.8dB，表明另一个碳纤维/石英反射层的引入并没有破坏七层复合材料 C_6 表面较好的阻抗匹配特性，电磁波在其表面反射也较少。另外，对于七层复合材料 C_6，电磁波从不同层入射时回波损耗值相差较大。当电磁波从纯 SiO_2 层入射时，其回波损耗值较小，即电磁波在其表面反射较少；而当电磁波从 C_f/SiO_2 复合材料层入射时，其回波损耗值明显较大，即电磁波在其表面反射较多。由以上分析可知，两个层内定向排列、层间正交排列的碳纤维/石英层对电磁波具有很好的反射性能，有利于将电磁波被反射回吸波层再次被衰减与吸收。

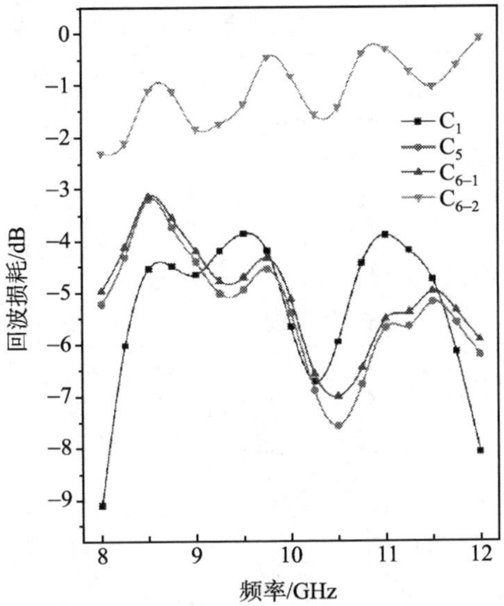

图 10.21　复合材料 C_1、C_5 和 C_6 在 X 波段的回波损耗，其中曲线 C_1、C_5 和 C_{6-1} 是电磁波从纯 SiO_2 层入射时获得的回波损耗，曲线 C_{6-2} 是电磁波从 C_f/SiO_2 复合材料层入射时获得的回波损耗[41]

综合七层复合材料 C_6 的插入损耗与回波损耗可知，引入两个层内定向排列、层间正交排列的碳纤维/石英层作为反射层可以提高层状复合材料的吸波性能。

SiO_2/CNTs/C_f层状复合结构的设计不仅提高了材料的吸波性能，同时也提高了该材料的力学性能，真正实现了材料的结构与功能一体化。表 10.4 是三点弯曲法测得的 SiO_2/CNTs/C_f层状复合材料的抗弯强度，每个数据点测试 5 根试样条，取平均值[41]。具体测试条件：跨距为 20mm，加载速度为 0.5mm/min。从表中可以看出，碳纳米管的加入对 SiO_2/CNT(7.5,10)两层复合材料和 SiO_2/CNT(2.5, 5, 7.5, 10)四层复合材料抗弯强度的提高不明显，仅分别为 6.8%和 18.7%，层数增多其抗弯强度略有提高。原因可能是球磨混合工艺难以将碳纳米管均匀分散在石英粉体中，热压烧结后的 SiO_2/CNTs 层状复合材料中碳纳米管以团聚体的形式存在，显微结构的不均匀性影响了力学性能。而定向排列的碳纤维的加入则大幅提高了层状复合材料的抗弯强度，SiO_2/CNT/C_f(2.5, 5, 7.5, 10,C_f)五层材料的抗弯强度较纯 SiO_2 材料(由熔融石英粉热压烧结而成)提高了 82.8%，较 SiO_2/CNT/C_f(2.5, 5, 7.5, 10)四层材料提高了 53.9%。在引入纯 SiO_2 阻抗匹配层后，SiO_2/CNT/C_f(0, 2.5, 5, 7.5, 10, C_f)六层材料的抗弯强度较 SiO_2/CNT/C_f(2.5, 5, 7.5, 10, C_f)五层材料的几乎相同；而通过引入另一个与之正交排列的碳纤维/石英反射层后，SiO_2/CNTs/C_f(0, 2.5, 5, 7.5, 10, C_f, C_f)七层材料的抗弯强度较 SiO_2/CNT/C_f(2.5, 5, 7.5, 10, C_f)五层材料略有提高，高达 93.41 MPa。

表 10.4　$SiO_2/CNTs/C_f$ 层状复合材料的抗弯强度[41]

材料组成	厚度/mm	抗弯强度/MPa
纯 SiO_2 块体(由熔融石英粉热压烧结而成)	2.8	49.95
SiO_2/CNTs(7.5,10)两层材料	2.62	53.33
SiO_2/CNTs(2.5, 5, 7.5, 10)四层材料	2.34	59.31
$SiO_2/CNTs/C_f(2.5, 5, 7.5, 10, C_f)$五层材料	2.65	91.32
$SiO_2/CNTs/C_f(0, 2.5, 5, 7.5, 10, C_f)$六层材料	2.68	90.75
$SiO_2/CNTs/C_f(0, 2.5, 5, 7.5, 10, C_f, C_f)$七层材料	2.73	93.41

为了改善 $SiO_2/CNTs/C_f$ 层状复合材料的显微结构和综合性能，Zhu 等对商用熔融石英进行了改性处理或是用溶胶-凝胶法合成了 SiO_2 纳米粉体。研究发现[55]，用溶胶-凝胶法合成的 SiO_2 纳米粉体烧结的块体材料具有最优异的显微结构和光学透过率。

在此基础上，Zhu 等[56]利用十六烷基三甲基溴化铵(CTAB)为表面活性剂，3-氨丙基三乙氧基硅烷(APTES)为硅烷偶联剂，通过正硅酸乙酯(TEOS)的碱性水解过程，制备了 SiO_2 均匀包覆的 CNTs 复合粉体(SiO_2@CNTs)。通过改善碳纳米管在石英基体中的分散性以及两者之间的界面结合力，以提高复合材料的力学性能和吸波性能。此外，朱勇[41]还试图在 $SiO_2/CNTs/C_f$ 层状复合材料的表面引入 Fe_3O_4 磁性表面层以提高材料的吸波性能，研究结果表明在材料的表面镀上磁性颗粒后(经还原处理)能有效减少表面反射，提高吸波性能。

10.1.5　CNTs/SiO_2 复合材料的光限辐性能

碳纳米管(CNTs)在液体或者固体有机基质中均有良好的光限幅性能，但是液体不易器件化、不方便使用，有机基质或凝胶基质的耐高温、抗老化性能不佳。徐恒[39]把 CNTs 引入密度低，热膨胀系数小，抗热冲击、环境稳定性好的石英体系中，研制出了一种防护波段宽、透过率高，携带方便的新型非线性光限幅材料。Xu 等[57]以正硅酸乙酯(TEOS)和多壁碳纳米管(CNTs)为原料，采用溶胶-凝胶法制备了 SiO_2 粉体和 SiO_2 均匀包覆的 CNTs 复合粉体(SiO_2@CNTs)。然后以无水乙醇为球磨介质，将这两种粉体球磨混合成 CNTs 含量为 0.02%(质量分数)的混合粉体。将这种混合粉体装入石墨模具中热压烧结(1250℃×30min，30MPa，30℃/min，纯 N_2 气氛)获得致密的 CNTs/SiO_2 复合材料。然后将热压烧结的样品减薄，并双面抛光至 30mm×20mm×0.1mm。图 10.22 是 CNTs/SiO_2 复合材料的实物照片和直线透过率曲线。从图中可以看出，样品在可见光波段的直线透过率接近 70%，而在 1100nm 处的透过率则高达 76%。

为了研究 CNTs/SiO_2 复合材料的光限幅性能，使用飞秒脉冲激光透射式 Z 扫描技术测试了材料的非线性光学参数。图 10.23 是 Z 扫描测试的装置示意图和 Z 扫描技术

测试 $CNTs/SiO_2$ 复合材料的实验结果。结果表明该材料具有光限幅性能，光限幅的主要机理是光学非线性吸收。

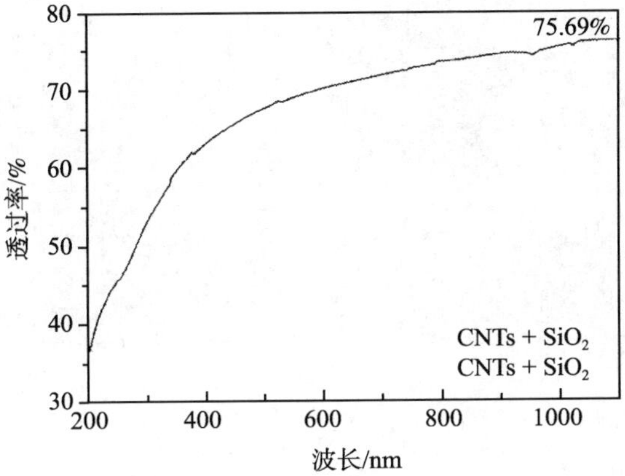

图 10.22　$CNTs/SiO_2$ 复合材料的实物照片和直线透过率曲线[57]

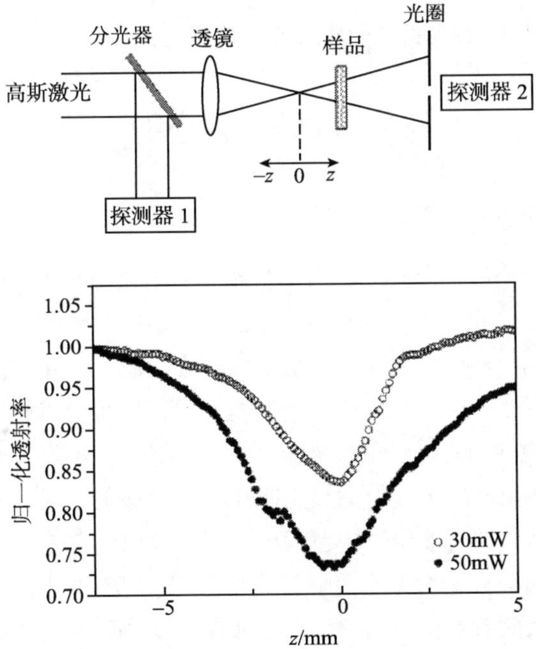

图 10.23　(a) Z 扫描的设备示意图；(b) Z 扫描技术测试 $CNTs/SiO_2$ 复合材料的实验结果[57]

图 10.24 是 $CNTs/SiO_2$ 复合材料在 Z 扫描测试后的 TEM 照片。从图中可以看出，激光辐照没有对石英基体中的碳纳米管发生损伤，这也验证了该材料的光限幅机理是光学非线性吸收，因为碳纳米管在悬浮液中的光学非线性散射会使其升华。

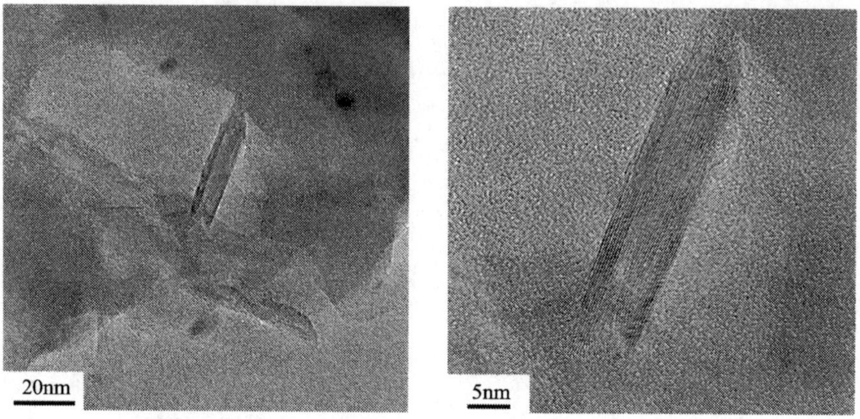

图 10.24　激光辐照后 $CNTs/SiO_2$ 复合材料的 TEM 形貌照片[57]

$CNTs/SiO_2$ 复合材料的非线性光学性质及产生机理的研究，为该复合材料在非线性光学方面的应用提供理论基础。$CNTs/SiO_2$ 复合材料的成功研制，有望使目前激光防护材料相对激光的发展相对滞后的状况得以改变。

10.2　金属陶瓷复合材料

10.2.1　金属陶瓷的研究思路

金属陶瓷复合材料研究集体早在 20 世纪 60 年代就开始注意金属陶瓷的研究方向。要研究金属与陶瓷的系统，我们的考虑是先从最基础研究工作着手。要期望金属与陶瓷两种完全不同习性的材料能够很好地组合在一起，首先考虑的是金属对陶瓷的润湿状态。选取金属 Ni 对 Al_2O_3 陶瓷的润湿实验。结果得出金属 Ni 在氢气气氛中 1550°C，对 Al_2O_3 陶瓷的前进接触角为 105°，后退接触角为 101°，表面张力为 1790dyn/cm（$1dyn = 10^{-5}N$），而在氩气氛下测定的是 1590dyn/cm，这是在氩气氛中的微量氧的影响所致[58]。在陶瓷与金属的封接研究中也得出金属颗粒通过它表面的氧化参与玻璃相的中间体，就有可能与陶瓷结合起来[59]。这样的思路一直影响到日后关于金属-陶瓷体系的研究的设想以及两者封接思路的延伸，如在高压钠灯中金属铌电极与半透明氧化铝管的封接，用含氧化铌的玻璃态中间相是关键所在；在钠硫电池中，β-Al_2O_3 管与氧化铝环的连接，也不缺玻璃态中间相。

陶瓷材料具有硬度高、弹性模量大、耐高温等特点而呈现出比金属材料优越的性能，但其致命弱点是脆性大。为了改善陶瓷的力学性能，材料科学工作者在陶瓷体内加入金属材料，这样既可保证陶瓷的强度，又可有效提高陶瓷的韧性。金属陶瓷是复合材料的典型代表之一。早在 20 世纪 40 年代中期，由于航空航天工业的快速发展，若干氧化物金属陶瓷作为急需合金的替代品而发展起来。同许多商用陶瓷相比，金属陶瓷同时具备金属的延展性好、导电导热性优良及陶瓷强度高、耐高温、耐腐蚀等特性，因此具有耐高温、抗热震性以及高韧性的优势，其用途极其广泛，几乎涉及国民经济的各个部门和现代技术的各个领域，对工业的发展和生产率的提高起着重要的推动作用，对金属陶瓷的研究已成为材料研究领域中一个非常重要的研究课题。比如，Al_2O_3 颗粒增强 Cu 基复合材料是一种新型的高性能材料。它可以同时具有高强度、高导电性，以及优于其他任何一种铜合金的耐热性，是 IC 引线框架、电阻焊电极、连铸铜坯结晶器、氧枪喷头等要求高温下高强度及良好耐磨性材质的最佳选择[60]。ZnO/Ag 具有优良的电导性能和抗电弧、脉冲接触电流的冲击性能，通常被用作电接触材料[61,63]，Al_2O_3/Ni 金属陶瓷以其良好的导热和介电性能被用作介电材料[63]，Al_2O_3/Ni-Co 纳米陶瓷利用金属的磁致伸缩 Ni 特性用于应力遥感测试装置[64]，SiC/Al、WC/金属陶瓷复合材料等具有很高的硬度和高温强度，被用作耐磨材料[65–67]，MgF_2/Ag、Al_2O_3/Co 薄膜可以用作新型光(电)敏感性材料[68,69]，而 SiC/Cu 金属陶瓷是一种实用新型的高温电接触复合材料[70]。

本章将重点介绍 Al_2O_3/Co 和 SiC/Cu 两种典型的金属陶瓷复合材料。Al_2O_3/Co 体系中，Al_2O_3 具有高熔点、低密度、良好的电绝缘性及高的热、化学稳定性等特点，而金属 Co 则除了具有金属的通性，如好的延展性、高的导热、导电性能外，还具有铁磁性。以 Al_2O_3 为基体，以金属 Co 为第二相，既能改善材料的力学性能，同时也能兼顾材料的热、电、磁等性能，实现 Al_2O_3/Co 金属陶瓷复合材料的结构和功能一体化。在 SiC/Cu 体系中，SiC 是一种理想的结构陶瓷材料，具有弹性模量高、抗氧化性能好以及高温强度大等优越性能，同时 SiC 的导热性能好，并且一定结晶形态的 SiC 制品具有优越的半导性能，在室温及较高温下都具有很好的导电性。而 Cu 则是自然界导电和导热性能非常优良的材料，与银相比，质量小、熔点高、成本低；而与铝相比，电导率和热导率远远高于铝。SiC/Cu 复合材料，综合了两者的优点，可以用作航空航天飞行器材料构架、半导体元件基片、电接触开关、电子封装、继电器、热交换器等材料。

10.2.2　Al_2O_3/Co 金属陶瓷复合材料

金属 Co 作为第二相的 Al_2O_3 基复合材料的研究很少。基于传统的金属陶瓷的理念，金属 Co 和 Al_2O_3 基体之间的润湿性不好，难以烧结致密。近年来，纳米技术的发展，为制备 Co/Al_2O_3 复合陶瓷提供了新的思路。利用纳米技术合成高活性的纳米粉体，降低烧结温度，在金属熔点以下通过固相扩散传质来实现复合材料的致密化。在

Co/Al_2O_3复合材料的研究中，Tai 等[71,72]以 α-Al_2O_3(200nm)和金属 Co(30nm)的纳米粉体为原料，通过机械混合，真空中 1270℃热压烧结得到 Co/Al_2O_3 复相陶瓷，并对其显微结构、力学性能和磁性能进行了研究。金属 Co 颗粒均匀地分布在 Al_2O_3 晶界上，粒径随 Co 含量的增加而增大。复合材料的力学性能与单相的 Al_2O_3 陶瓷的力学性能相比，有很大的提高。抗弯强度由 341MPa 上升到 771MPa；断裂韧性由 3.7MPa·$m^{1/2}$ 上升到 6.7MPa·$m^{1/2}$。磁性能的研究表明，Co/Al_2O_3 复合材料具有铁磁性特征，分析了磁参数随金属 Co 含量的变化。Meldrum 等[73]研究了将纳米 Co 离子注入 Al_2O_3 基体中得到的复合材料的显微结构和磁性能。在连续离子注入的过程中，复合材料的显微结构和磁性能的变化非常复杂。可以通过调节离子注入条件来控制显微结构、提高复合材料的平行-垂直矫顽力。石晓梅以 $Al(NO_3)_3·9H_2O$ 和 $Co(NO_3)_2·6H_2O$ 作为阳离子源，NH_4HCO_3 作为碱性沉淀剂，PEG 作为分散剂，采用共沉淀法制备 Co/Al_2O_3 纳米复合前驱粉体，然后在马弗炉和氢气还原炉中分别煅烧处理获得 Co/Al_2O_3 纳米复合粉体[74]。图 10.25 是 750℃还原得到的 Co/Al_2O_3 纳米复合粉体的 TEM 形貌照片。从图中可以看出，金属 Co 颗粒呈球形，平均晶粒尺寸约为 25nm，Co 颗粒比较均匀地分布在尺寸较小的 Al_2O_3 基体颗粒中。

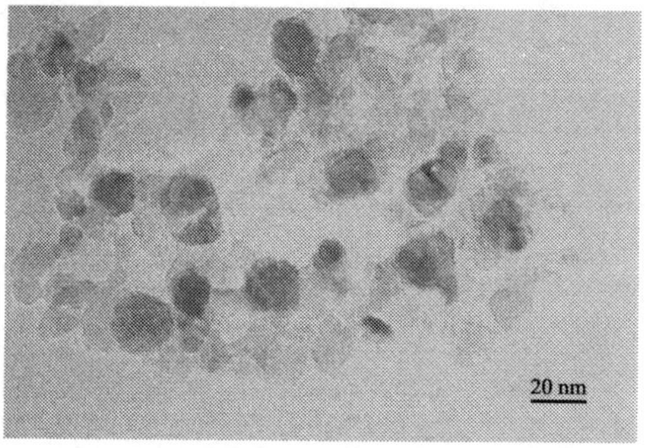

图 10.25　在 750℃还原得到的 Co/Al_2O_3 纳米复合粉体的 TEM 形貌照片[74]

上述 Co/Al_2O_3 纳米复合粉体通过热压烧结获得致密的 Co/Al_2O_3 金属陶瓷复合材料。图 10.26 是热压烧结(1450℃×30min，30MPa，纯 Ar 气氛)制备的不同 Co 含量的 Co/Al_2O_3 金属陶瓷的 FESEM 断口形貌。从图中可以看出，所有样品的断裂方式主要为沿晶断裂；金属 Co 颗粒均匀地分布在 Al_2O_3 基体中。金属 Co 含量较低时，晶粒尺寸细小；随着 Co 含量的增加，Co 和 Al_2O_3 的晶粒尺寸都明显增大。

图 10.27 是不同烧结温度下的 15%(体积分数)Co/Al_2O_3 金属陶瓷的 FESEM 断口形貌照片。从图中可以看出，当烧结温度较低时(1250℃)，样品的致密度不高。随着烧结温度的升高，样品的晶粒尺寸长大的同时致密度迅速提高，在 1450℃下烧结的

图 10.26　不同 Co 含量的 Co/Al_2O_3 金属陶瓷的 FESEM 断口形貌[74]

(a) 5%(体积分数)；(b) 10%(体积分数)；(c) 15%(体积分数)；(d) 20%(体积分数)

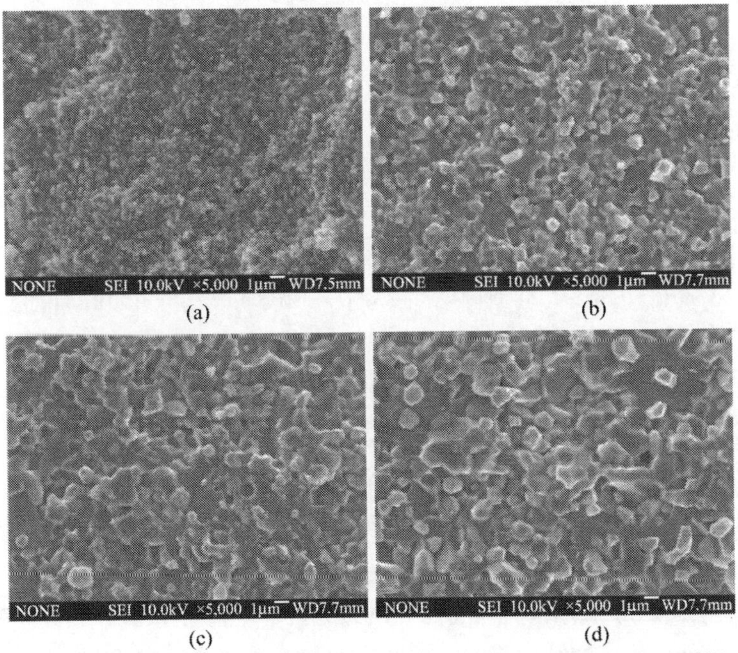

图 10.27　不同温度烧结的 15%(体积分数)Co/Al_2O_3 金属陶瓷的 FESEM 断口形貌[74]

(a) 1250℃；(b) 1350℃；(c) 1450℃；(d) 1500℃

Co/Al_2O_3金属陶瓷的相对密度已经高达 99%。继续提高烧结温度，样品中发生晶粒的异常长大。

同单相 Al_2O_3 陶瓷材料相比，Co/Al_2O_3 金属陶瓷的力学性能有明显的提高。当热压烧结温度为 1450℃，Co 含量为 15%(体积分数)时，Co/Al_2O_3 金属陶瓷具有比较优异的力学性能，抗弯强度和断裂韧性达到 678MPa 和 6.08MPa·m$^{1/2}$，分别比普通的氧化铝陶瓷提高了 74.3%和 50.8%。该复合材料体系的热导率 37.0W/(m·K)，比单相氧化铝提高 24%。Co/Al_2O_3 金属陶瓷具有标准的铁磁性特征。随着金属 Co 含量的增加，剩磁和饱和磁感应强度增加，而矫顽力下降，如图 10.28 所示[75]。此外该材料的导电性能也得到了很大的改善，电阻率为 10^7~10^8Ω·cm，比纯氧化铝陶瓷的电阻率(10^{14}~10^{15}Ω·cm)降低了 7 个数量级。

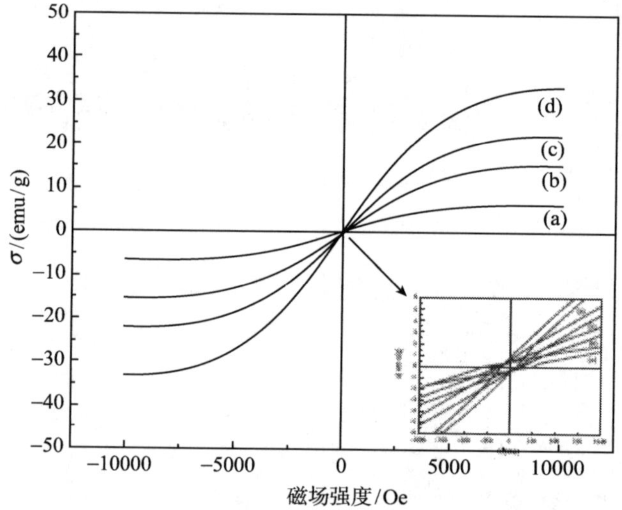

图 10.28　热压烧结 Co/Al_2O_3 金属陶瓷的室温磁滞回线[75]

(a) 5%(体积分数)；(b) 10%(体积分数)；(c) 15%(体积分数)；(d) 20%(体积分数)

10.2.3　SiC/Cu 金属陶瓷复合材料

SiC/Cu 金属陶瓷复合材料的研究多集中在对 SiC 纤维或晶须增强 Cu 复合材料[76,77]，而对 SiC_p/Cu 金属陶瓷的研究则相对较少。Lee 等[78]采用直接混合和颗粒包裹两种工艺方法制备了 SiC_p/Cu 金属陶瓷复合材料，并对其热学性能、耐化学腐蚀及抗弯强度等进行了研究。结果显示，采用包裹粉体制备的样品性能优于直接混合方法制备的样品。SiC_p/Cu 金属陶瓷复合材料的致密度、热膨胀系数和热导率随着 SiC 含量的增加而降低。热压烧结过程中施加的压力越大，则样品的致密度越高，但过高的压力容易引起 SiC 颗粒的脆性断裂，尤其是在 SiC 颗粒含量较高的样品中。5%NaCl

溶液的腐蚀试验结果显示，包裹颗粒制备的样品的耐化学腐蚀性能相对较好，而 SiC_p/Cu 中 SiC 颗粒的含量越高，耐化学腐蚀性能越强。张锐[70]根据非均相沉淀工艺原理，采用不同的化学反应方法获得铜，并通过不同的方式使铜包裹到 SiC 颗粒表面，从而获得铜包裹的 SiC 复合粉体。然后采用无压烧结和放电等离子烧结(SPS)两种方法制备了 SiC/Cu 复相陶瓷材料。

根据金属铜的不同获得方法，采用了置换反应法、歧化反应法和置换反应-旋转沉淀法等包裹工艺路线。置换反应是利用较活泼的金属元素如 Fe、Zn、Al 等将 Cu^{2+} 从溶液中还原成 Cu，置换反应速度过快，被置换的 Cu 颗粒在均匀包裹在纳米 SiC 颗粒表面之前便迅速团聚、偏析，因此造成局部分散不均匀而无法得到分散均匀的 SiC/Cu 复合粉体。利用歧化反应，使水溶液中 Cu^{+}经歧化反应过程缓慢析出 Cu，实现与 SiC 纳米颗粒有机的分散[79]。理论上讲，歧化反应过程中，Cu 颗粒被缓慢释放，细小的颗粒逐渐在纳米 SiC 颗粒表面沉积、聚集，从而实现对 SiC 颗粒的包裹。图 10.29 是歧化反应获得的复合粉体的 SEM 照片。从图中可以清楚地观察到团聚的大颗粒。这种团聚颗粒具有很高的流动性，有利于提高成型和烧成过程中样品的致密度和均匀性。

图 10.29　歧化反应样品中 SiC/Cu 复合粉体的团聚颗粒形貌 SEM 照片[79]

上述两种颗粒包裹工艺过程中，置换反应方法过程简单、速度快，可得到的复合粉体中 SiC 与 Cu 之间的相分散均匀性较差，包裹效果差；歧化反应使得两相之间分散均匀，获得的复合粉体颗粒包裹效果好，可反应时间长、粉体产量小，制粉效率低，从而可能限制进一步陶瓷材料性能研究。张锐等成功开发了一种可以快速、较大批量制备 SiC/Cu 复合包裹粉体的有效途径——还原-旋转沉淀方法[80]。其基本的设想是：根据置换反应原理，利用活泼金属直接使 Cu^{2+}离子从水溶液中还原出来，采用旋转沉淀的方法，使还原出的铜均匀包裹到 SiC 颗粒表面。图 10.30 是原始 SiC 颗粒和 SiC/Cu 复合粉体的 FESEM 形貌照片，水浴反应的温度为 30℃。从图中可以看出，SiC/Cu 复合粉体与原始 SiC 粉体颗粒的形貌有显著的差异。原始 SiC 颗粒棱角分明，形状不规则，颗粒表面较平滑，而包裹后的颗粒表面粗糙，形状接近于球形，没有明显的棱角。同时我们还发现，颗粒表面有连续分布的吸附小颗粒，尺寸在 50nm 左右，均匀的黏结分布在 SiC 颗粒表面。

(a)　(b)

图 10.30　原始 SiC 颗粒和 SiC/Cu 复合粉体的 FESEM 形貌照片[80]

进一步的研究结果还表明，反应温度显著影响复合粉体颗粒的包裹效果和颗粒的包裹结构。高的反应温度无法获得核-壳结构的包裹粉体；低温下可以实现 Cu 微晶对 SiC 颗粒的致密、均匀包裹[81]。图 10.31 是原始 SiC 颗粒和在 10℃，30℃和 90℃反应温度下制备的 SiC/Cu 复合粉体的 FESEM 照片。从图中可以清楚到，反应温度为 10℃时，Cu 微晶的颗粒尺寸很小且很均匀，这些细小的 Cu 微晶致密、均匀地包裹在 SiC 颗粒表面；反应温度为 30℃时，SiC 颗粒表面包裹的 Cu 微晶尺寸增加，包裹层颗粒排列致密性下降，可以明显观察到部分 SiC 颗粒表面；而进一步升高反应温度至 90℃时，完全、致密包裹的 SiC 颗粒不明显，相反，出现很多大的颗粒，这些是快速生长的 Cu 颗粒。

Zhang 等[82,83]采用放电等离子烧结技术(SPS)制备了 75%(体积分数) SiC/Cu 金属陶瓷块体材料，烧结温度为 700℃，保温时间为 5min，升温速率为 70℃/min，压力为 50MPa。图 10.32 是 SPS 烧结的 SiC/Cu(Cu_2O)复合材料的 FESEM 断口形貌照片。从图中可以观察到大的、凝结在一起的 Cu 和独立存在的 Cu_2O 颗粒。利用电子微探针(EPMA)对该样品进行 EDS 分析发现复合材料表面区域的 Cu 相对含量较大，而随着深度的增加，Cu 的量逐渐减小并趋于稳定。这种梯度结构的 SiC/Cu 复合材料由于表面 Cu 的含量高，表面电导率高，且可以进行机械加工，因此适于用作低表面接触电阻材料及表面散热元器件。

图 10.31　(a) 原始 SiC 颗粒和不同反应温度下获得的 SiC/Cu 复合粉体的 FESEM 照片；(b) 10℃；(c) 30℃；(d) 90℃[81]

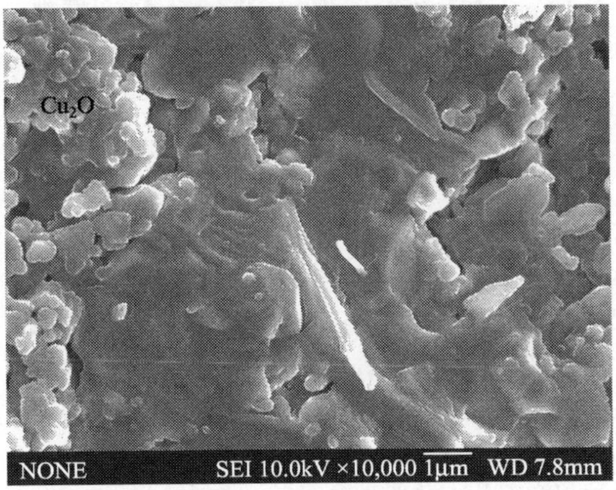

图 10.32　SPS 烧结的 SiC/Cu(Cu_2O)复合材料的 FESEM 断口形貌照片[83]

10.3　结　束　语

先进陶瓷材料因其优异的高温力学性能及特有的光、声、电、磁、热性能组合或多功能复合效应在高新技术产业、传统产业改造和国防军工等领域发挥着越来越大的作用。先进陶瓷今后的重点发展方向是加强工艺-结构-性能的设计与研究，有效地控制工艺过程，使其达到预定的结构和性能。重视粉体标准化、系列化的研究与开发及精密加工技术，降低制造成本，提高制品的重复性、可靠性及使用寿命。探索绿色、环保的先进制备技术，改善和优化材料的性能，走出一条可持续发展的陶瓷材料研发道路[6, 84]。

参 考 文 献

[1] 郭景坤. 从复合材料到多相材料[J]. 材料研究学报, 2000, 14(2): 123–126.

[2] Naslain R. Design, preparation and properties of non-oxide CMCs for application in engines and nuclear reactors: an overview[J]. Compos. Sci. Technol., 2004, 64(2): 155–170.

[3] Kaya H. The application of ceramic-matrix composites to the automotive ceramic gas turbine[J]. Compos. Sci. Technol., 1999, 59 (6): 861–872.

[4] Cheng L F, Xu Y D, Zhang L T, et al. Efect of glass sealing on the oxidation behavior of three dimensional C/SiC composites in air[J]. Carbon, 2001, 39(8): 1127–1133.

[5] He X B, Yang H. Preparation of SiC fiber-reinforced SiC composites[J]. J. Mater. Process Technol., 2005, 159: 135–138.

[6] 江东亮. 高性能陶瓷的研究进展[J]. 中国材料进展, 2009, 28(12): 26–40.

[7] 张媛. 多孔及梯度多孔羟基磷灰石生物陶瓷的制备和性能研究[D]. 上海: 中国科学院上海硅酸盐研究所, 2009.

[8] 李世普, 陈晓明. 生物医用材料导论[M]. 武汉: 武汉理工大学出版社, 2000.

[9] Iijima S. Helical microtubules of graphitic carbon [J]. Nature, 1991, 354(6348): 56–58.

[10] Yu M F, Lourie O, Dyer M J, et al. Strength and breaking mechanism of multiwalled carbon nanotubes under tensile load[J]. Science, 2000, 287(5453): 637–640.

[11] Yu M F, Files B S, Arepalli S, et al. Tensile loading of ropes of single wall carbon nanotubes and their mechanical properties[J]. Phys. Rev. Lett., 2000, 84(24): 5552–5555.

[12] Xie S S, Li W Z, Pan Z W, et al. Mechanical and physical properties on carbon nanotube[J]. J. Phys. Chem. Solids, 2000, 61(7): 1153–1158.

[13] Yakobson B I, Brabec C J, Bernholc J. Nanomechanics of carbon tubes: instability beyond linear response[J]. Phys. Rev. Lett., 1996, 76(14): 2511–2514.

[14] Treacy M M J, Ebesen T W, Gibson J M. Exceptionally high Young's modulus observed for individual carbon nanotubes[J]. Nature, 1996, 381(6584): 678–680.

[15] Wong E W, Sheehan P E, Lieber C M. Nanobeam mechanics: elasticity, strength and toughness of nanorods and nanotubes[J].Science, 1997, 277(5334): 1971–1975.

[16] Berber S, Kwon Y K, Tomanck D. Unusually high thermal conductivity of carbon nanotubes [J]. Phys. Rev. B, 2000, 84(20): 4613–4316.

[17] Hone J, Mhitney M, Zettl A. Thermal conductivity of single-walled nanotubes[J]. Synthesis Metal, 1999, 103(1–3): 2498, 2499.

[18] Dai H J, Wong E W, Lieber M L. Probing electrical transport in nanomaterials: conductivity of individual carbon nanotubes[J]. Science, 1996, 272(5261): 523–526.

[19] 胡传炘. 隐身涂层技术[M]. 北京: 化学工业出版社, 2004.

[20] Kim B M, Qian S Z, Bau H H. Filling carbon nanotubes with particles[J]. Nano Lett., 2005, 5(5): 873–878.

[21] Korneva G, Ye H H, Gogotsi Y, et al. Carbon nanotubes loaded with magnetic particles[J]. Nano Lett., 2005, 5(5): 879–884.

[22] Tans S J, Verschueren A R M, Dekker C. Room-temperature transistor based on a single carbon nanotube[J]. Nature, 1998, 393(6680): 49–52.

[23] Lin N Y, Taylor S, Li H, et al. Advances toward bioapplications of carbon nanotubes[J]. J. Mater. Chem., 2004, 14(4): 527–541.

[24] Riggs J E, Walker D B, Carroll D L, et al. Optical limiting properties of suspended and solubilized carbon nanotubes[J]. J. Phys. Chem. B, 2000, 104(30): 7071–7076.

[25] Harris P J F. Carbon nanotube composites[J]. Int. Mater. Rev., 2004, 49 (1): 31–43.

[26] Vivien L, Anglaret E, Riehl D, et al. Single-wall carbon nanotubes for optical limiting [J]. Chem. Phys. Lett., 1999, 307(5, 6): 317–319.

[27] Spangler C W. Recent development in the design of organic materials for optical power limiting [J]. J. Mater. Chem., 1999, 9(9): 2013–2020.

[28] Chen P, Wu X, Sun X, et al. Electronic structure and optical limiting behavior of carbon nanotubes [J]. Phys. Rev. Lett., 1999, 82(12): 2548–2551.

[29] Riggs J E, Walker D B, Carroll D L, et al. Optical limiting properties of suspended and solubilized carbon nanotubes [J]. J. Phys. Chem. B, 2000, 104(30): 7071–7076.

[30] Tang B Z, Xu H Y. Preparation, alignment, and optical properties of soluble poly(phenylacetylene)-wrapped carbon nanotubes [J]. Macromulecules, 1999, 32(8): 2569-2576.

[31] Zhan H B, Chen W Z, Wang M Q, et al. Optical limiting properties of peripherally modified palladium phthalocyannines doped silica gel glass[J]. Chem. Phys. Lett., 2003, 382(3, 4): 313–317.

[32] Siegel R W, Chang S K, Ash B, et al. Mechanical behavior of polymer and ceramic matrix nanocomposites [J]. Scripta Mater., 2001, 44(8, 9): 2061–2064.

[33] Zhan G D, Kuntz J D, Wan J, et al. Single-wall carbon nanotubes as attractive toughening agents in alumina-based nanocomposites [J]. Nat. Mater., 2003, 2(1): 38–42.

[34] An L, Xu W, Rajagopalan S, et al. Carbon-nanotube-reinforced polymer-derived ceramic composites [J]. Adv. Mater., 2004, 16(22): 2036–2040.

[35] Balózsi C, Shen Z, Kónya Z, et al. Processing of carbon nanotube reinforced silicon nitride composites by spark plasma sintering [J]. Compos. Sci. Technol., 2005, 65(5): 727–733.

[36] 黄庆. 碳纳米管/钛酸钡陶瓷复合材料的制备和性能研究[D]. 上海: 中国科学院上海硅酸盐研究所, 2005.

[37] Wang J, Kou H M, Liu X J, et al. Reinforcement of mullite matrix with multi-walled carbon nanotubes [J]. Ceram. Int., 2007, 33(5): 719–722.

[38] 宁金威. 碳纳米管(CNTs)/石英复合材料的制备及性能研究[D]. 上海: 中国科学院上海硅酸盐研究所, 2003.

[39] 徐恒. 碳纳米管/石英复合材料的光限辐性能研究 [D]. 上海: 中国科学院上海硅酸盐研究所, 2010.

[40] 向长淑. 碳纳米管/石英复合材料微波衰减性能的研究[D]. 上海: 中国科学院上海硅酸盐研究所,

2007.

[41] 朱勇. SiO_2/CNT/C_f层状吸波复合材料的制备及性能研究 [D].上海: 中国科学院上海硅酸盐研究所, 2009.

[42] Ning J W, Zhang J J, Pan Y B, et al. Fabrication and mechanical properties of SiO_2 matrix composites reinforced by carbon nanotube [J]. Mater. Sci. Eng. A, 2003, 357(1, 2): 392–396.

[43] Seeger T, Kohler T, Frauenheim T, et al. Nanotube composites: novel SiO_2 coated nanotubes [J]. Chem. Commun., 2002, 1: 34, 35.

[44] Ning J W, Zhang J J, Pan Y B, et al. Surfactants assisted processing of carbon nanotube-reinforced SiO_2 matrix composites[J]. Ceram. Int., 2004, 30(1): 63–67.

[45] Xiang C S, Pan Y B, Liu X J, et al. Electrical properties of multiwalled carbon nanotube reinforced fused silica composites [J]. J. Nanosci. Nanotech., 2006, 6(12): 3835–3841.

[46] Xiang C S, Pan Y B, Liu X J, et al. Microwave attenuation of multiwalled carbon nanotube-fused silica composites [J]. Appl. Phys. Lett., 2005, 87(12): 123103.

[47] Xiang C S, Pan Y B, Guo J K. Electromagnetic interference shielding effectiveness of multiwalled carbon nanotube reinforced fused silica composites [J]. Ceram. Int., 2007, 33(7): 1293–1297.

[48] Guru B S, Hiziroglu H R. 电磁场与电磁波[M]. 周克定, 张肃文, 董天临, 等译. 北京: 机械工业出版社, 2000.

[49] Shen G Z, Xu Z, Li Y. Absorbing properties and structural design of microwave absorbers based on W-type La-doped ferrite and carbon fiber composites [J]. J. Magn. Magn. Mater., 2006, 301 (2): 325–330.

[50] 肖高智, 华宝家, 杨建生. 薄壁型结构吸波材料电结构设计研究 [J].宇航材料工艺, 1992, 3: 29–34.

[51] Park K Y, Lee S E, Kim C G, et al. Fabrication and electromagnetic characteristics of electromagnetic wave absorbing sandwich structures[J]. Compos. Sci. Technol., 2006, 66(3, 4): 576–584.

[52] 向长淑, 杨炯, 朱勇, 等. 碳纳米管/石英复合材料的电磁波吸收性能 [J]. 无机材料学报, 2007, 22 (1): 101–105.

[53] Wu J, Chung D D L. Increasing the electromagnetic interference shielding effectiveness of carbon fiber polymer-matrix composite by using activated carbon fibers[J]. Carbon, 2002, 40(3): 445–467.

[54] 郭伟凯. 碳纤维排布方式对结构吸波材料吸波性能的影响及其机理分析[D]. 天津大学硕士学位论文, 2004.

[55] Zhu Y, Pan Y B, Xu H, et al. Investigation of devitrification and microwave penetrating propeties of fused silica [J]. J. Non-cryst. Solids, 2009, 355(13): 785–790.

[56] Zhu Y, Pan Y B, Xu H, et al. A simple route to coat multiwalled carbon nanotubes with silica [J]. Chem. Lett., 2007, 36 (9): 1098, 1099.

[57] Xu H, Pan Y B, Zhu Y, et al. Transparent multi-walled carbon nanotube–silica composite prepared by hot-pressed sintering and its nonlinear optical properties[J]. J. Alloy Compd., 2009, 481(1, 2): L4–L7.

[58] 郭景坤, 黄校先. 关于用座滴法研究金属-氧化物体系表面能关系的方法[R]. 科学技术研究报告(编号: 0775). 北京: 中华人民共和国科学技术委员会出版, 1965.

[59] 郭景坤, 张世经, 李于文, 等. 高铝氧瓷的金属化与金属的封接[R]. 科学技术研究报告(编号: 0223). 北京: 中华人民共和国科学技术委员会, 1965.

[60] 王孝武, 宋文峰. Al_2O_3/Cu 复合材料的研究进展[J]. 特种铸造及有色合金, 1998, 5: 50–52.

[61] Ando E, Miyazaki M. Moisture resistance of the low-emissivity coatings with a layer structure of Al-doped ZnO/Ag/Al-doped ZnO [J]. Thin Solid Films, 2001, 392 (2): 289–293.

[62] Kang Y C, Prak S B. Preparation of zinc oxide-dispersed silver particles by spray pyrolysis of colloidal solution [J]. Mater Lett., 1999, 40 (3): 129–133.

[63] Lu J S, Gao L, Sun J, et al. Effect of nickel content on the sintering behavior, mechanical and dielectric properties of Al_2O_3/Ni composites from coated powders[J]. Mater. Sci. Eng. A, 2000, 293(1, 2): 223–228.

[64] Oh S T, Sando M, Nihara K. Preparation and properties of alumina/nickel-cobalt alloy nanocomposites[J]. J. Am. Ceram. Soc., 1998, 81(11): 3013–3015.

[65] Cui M C, Kang S B, Euh K. Thermal conductivity of Al-SiC_p composites by plasma spraying[J]. Scripta Mater., 2005, 52 (1): 51–56.

[66] Candan E, Ahlatci H, Cïmenoglu H. Abrasive wear behaviour of Al-SiC composites produced by pressure infiltration technique[J]. Wear, 2001, 247(2): 133–138.

[67] Nakajima A, Mawatari T, Yoshida M, et al. Effects of coating thickness and slip ratio on durability of thermally sprayed WC cermet coating in rolling/sliding contact[J]. Wear, 2000, 241(2): 166–173.

[68] Sun Z Q, Sun D M, Li A X, et al. Preparation and microstructure of nanocrystalline grain Ag-MgF_2 cermet film[J]. Chin. Phys. Lett., 1999, 16(5): 389–390.

[69] Niklasson G A, Granqvist C G. Optical properties and solar slectivity of coevaporated Co-Al_2O_3 composite films [J]. J. Appl. Phys., 1984, 55(9): 3382–3410.

[70] 张锐. 纳米 SiC/Cu 金属陶瓷复合材料研究[D]. 上海: 中国科学院上海硅酸盐研究所, 2003.

[71] Tai W P, Watanabe T. Prearation and mechanical properties of Al_2O_3 reinfored by submicrometer Co particles[J]. J. Mater. Sci., 1998, 33(24): 5795–5801.

[72] Tai W P, Kim Y S, Kim J G. Fabrication and magnetic properties of Al_2O_3/Co nanocomposites [J]. Mater. Chem. Phy., 2003, 82(2): 396–400.

[73] Meldrum A, Boatner L A, Sorge K. Microstructure and magnetic properties of Co nanoparticles in ion-implanted Al_2O_3 [J]. Nucl. Inst. Meth. Phy. Res. B, 2003, 207(1): 36–44.

[74] 石晓梅. 氧化铝基金属陶瓷的制备及性能研究[D]. 上海: 中国科学院上海硅酸盐研究所, 2006.

[75] Shi X M, Pan Y B, Guo J K. Fabrication and microstructure of a cobalt-dispersed- alumina composite and its magnetic properties[J]. Ceram. Int., 2007, 33(8): 1509–1513.

[76] Yih P, Chung D D L. Silicon carbide whisker copper-matrix composites fabricated by hot pressing copper coated whiskers[J]. J. Mater. Sci., 1996, 31(2): 399–406.

[77] Chang S Y, Lin S J. Fabrication of SiCw reinforced copper matrix composite by electroless copper plating[J]. Scripta Mater., 1996, 35(2): 225–231.

[78] Lee Y F, Lee S L, Chuang C L. Effects of SiCp reinforcement by electroless copper plating on properties of Cu/SiCp composites [J]. Powder Metall., 1999, 42(2): 147–152.

[79] 张锐, 高濂, 虞玲, 等. 粒度分布对包覆颗粒相分布均匀性的影响[J]. 无机材料学报, 2002, 17(6): 1311–1314.

[80] 张锐, 高濂, 郭景坤. 非均相沉淀制备包裹纳米复合粉体颗粒[J]. 无机材料学报, 2003, 18(3): 575–579.

[81] Zhang R, Gao L, Guo J K. Temperature-sensitivity of coating copper on sub-micron silicon carbide particles by electroless deposition in a rotation flask[J]. Surf. Coat. Technol., 2003, 166: 67–71.

[82] Zhang R, Gao L, Guo J K. Thermodynamic behavior of copper-coated silicon carbide particles during conventional heating and spark plasma sintering[J]. J. Am. Ceram. Soc., 2003, 86(8): 1446–1448.

[83] Zhang R, Gao L, Guo J K. Influence of Cu_2O on interface behavior of copper/SiCp composite prepared by spark plasma sintering[J]. J. Am. Ceram. Soc., 2004, 87(2): 302–304.

[84] Guo J K. Exploration of the functions of structural ceramics [J]. J. Ceram. Soc. Jap. 2006, 114(11): 902–904.